滨水空间三十年

刘 云 主编

李振宇　李麟学　孙彤宇　副主编

同济大学出版社·上海
TONGJI UNIVERSITY PRESS·SHANGHAI

《滨水空间三十年》编委会

主　编：刘云

副主编：李振宇　李麟学　孙彤宇

编　委（按姓氏笔画排序）：全先国　李蕾　张帆　周芃

Editorial Board of *Urban Waterfront Research: 30 Years*

Editor-in-Chief: Liu Yun

Deputy Editors-in-Chief: Li Zhenyu, Li Linxue, Sun Tongyu

Members of Editorial Board (listed in order of surname strokes): Quan Xianguo, Li Lei, Zhang Fan, Zhou Peng

右图：本书编委会工作现场

吴志强
中国工程院院士，
同济大学建筑与城市规划
学院教授

　　欣闻刘云教授主编的《滨水空间三十年》论文集编成，感到十分高兴。刘云教授是我们的老师，在同济大学建筑系（今同济大学建筑与城市规划学院）毕业后任教至今，将近 60 年。他长期从事建筑设计及其原理研究，桃李满天下，设计作品和学术研究成果累累。

　　早在 20 世纪 80 年代，刘云教授就带领青年教师和研究生开展滨水空间设计研究；1990 年，第一位硕士研究生卢永春的学位论文就是研究滨水空间设计方法的问题，可谓开风气之先；30 多年来，刘云教授的团队不断探索，积累发展，培养了研究滨水空间设计课题的 15 位硕士、博士研究生。此外，还有一批有见地、有影响的相关学术论文发表，研究的地域在立足上海的黄浦江、苏州河的基础上，逐步发展到华东地区其他城市，以及渤海湾、松花江等滨水地区。

　　水是生命之源，也是城市之源。大多数的城市都有一条"母亲河"，滨水空间不仅是城市自然资源的周转地，也是城市景观的聚集地，更是城市文化的孕育地。刘云先生早年敏锐地关注到这个问题，为我们今天的滨水空间研究发展，起到了导引的作用。更为难得的是，他的关注历经 30 年长期积累，没有间断，不仅产生了许多学术成果，还培养了一大批研究生，他们后来陆续成为对滨水空间规划设计有见地、有贡献的中青年骨干，有的在黄浦江、苏州河两岸治理中发挥了重要作用，有的为杭州钱塘江滨水新区设计了标志性建筑，有的在亚运会滨水空间中创造了新的街区类型，有的在滨海校园空间设计中形成特色……这些都是教学和研究相结合，在研究中培养人才取得的收获。滨水研究课题及其学术思想脉络，由此得以代代相传。

　　刘云教授曾长期担任同济大学建筑与城市规划学院的领导，为学院的发展，为建筑学学科的发展作出了重要的贡献，我本人也深受教益。记得我在 1978 年进校后，就经常见到刘云老师匆匆的身影，印象深刻；等我 1996 年从德国回到同济校园任教时，又得到刘老师诸多亲切的关心和周到细致的帮助。他锐意创新的眼光和对年轻一代的包容与鼓励更是难得。从今天这本集子中，就可以看出刘老师继续对学生传帮带的殷切之情。

　　祝刘云教授和团队老中青三代学人，在滨水建筑研究上不断取得新的成就。

2021 年秋

　　30 年前，我初到同济做博士后，不久便认识了刘云教授。遥想当年，作为学院领导，刘云教授非常关注学科发展前景，是专业团队布局与组建的决策人之一，倡导了产学研一体化的模式探索和机构创建。作为师长和专业领路人，他对学生循循善诱，有教无类，不拘一格提携后进。而刘教授坦诚和蔼的为人、开放活跃的思路、敏锐独到的洞察力，以及大处着眼的设计观，也影响了我的建筑人生。他长期耕耘建苑，20 世纪 90 年代更是瞄准学科前沿，注重术业专攻，拓展了滨水城市空间设计的新领域，完成了丰富多样的研究和设计成果，培养了一批活跃于学界和业界的优秀专业人才，其中就包括他的博士生、曾任同济大学建筑与城市规划学院院长、现任上海市建筑学会副理事长的李振宇教授，以及上海市城市规划设计研究院院长张帆等具代表性的专业领军人物。

　　刘云教授主编的《滨水空间三十年》一书，是他和学生们在该领域完成的研究和设计成果集成。从建筑类学科整体看，如果说城市规划是对一个社会政治、经济和文化意图的空间资源安排，那么，城市设计、建筑设计和景观设计就是对这种安排的意象塑形。该书的一大特色，是将这三类设计提升到了我国滨水城市空间战略性思考的高度，这与数十年来刘云教授在该领域持续不断的观察、体会和实践历练是分不开的。本书涵盖了从松花江流域、环渤海湾到长三角滨水城市形态的诸多命题，尤其是对上海市"一江一河"的基础理论和设计研究，涉及了城市的生态平衡、旧区更新、历史保护、活化再生、风貌管控和文化复兴等关联域问题，可以说是一部有积累、有创意、有锐度的学术力作，对我国城市滨水区复兴具有积极的影响和促进作用，具有相应的指导意义和参考价值。

辛丑冬月作于沪上寓所

自 1952 年院系调整以来，同济大学建筑与城市规划学院已经走过了近 70 年的风雨征程。一直以来，学院非常重视学术传承，形成了优良的传统，经过几代教师的不懈努力，奠定了同济建筑的深厚底蕴。一代代学者们不断探索教学和研究的新方向，在建筑历史理论、建筑设计研究、建筑遗产保护、建筑技术与数字建造、城市设计与更新、乡村振兴等不同领域成果卓著。

刘云教授及其团队，自 20 世纪 90 年代起就聚焦城市滨水空间研究，是同济建筑设计研究领域特色鲜明的一个方向，30 年来，刘云教授与诸多优秀的弟子教学相长、勤耕不辍，结出了累累硕果。得知刘云教授欲将 30 年的成果凝结为专著出版的消息，我谨向刘云教授和他的团队表示祝贺并谈谈我的一点感受。

滨水空间的重要性，在于它往往跟一座城市的过去和未来都密切相关。它见证着一座城市的发展史，它的复苏与再生更指向未来美好的城市意象与优良的空间品质。伴随着现代工业的发展，城市滨水空间曾一度被体量巨大的工业建筑所占据，空气、水体和土壤的污染往往使得滨水空间的环境品质堪忧。从 20 世纪 80 年代开始，全球学界开始关注城市滨水区的治理和再生，诸如美国波士顿的海军造船所被开发改造为查尔斯顿军港，纽约的南街海港修复存留的鱼市场和仓库等老建筑被打造成展示该地历史的博物馆，加拿大多伦多码头区修复和利用滨水区的混凝土仓库，形成有着店铺、住宅、餐馆、小戏院等多元功能的码头，重新恢复滨水空间的活力。滨水空间在工业发展过程中是工业建筑的聚集地，在后工业时代就成为城市改造更新的重点区域，在塑造城市意象和提升公共空间品质方面具有重要的地位。

在我国的城市发展历程中，城市滨水空间更新和改造的经典案例也不断涌现。以上海为例，继 2013 年西岸双年展、2015 年上海城市空间艺术季在徐汇西岸飞机库旧址举办之后，2017 年第二届城市空间艺术季在浦东民生码头 8 万吨粮仓旧址举行，聚焦黄浦江两岸的开放空间贯通和城市空间品质提升。2019 年城市空间艺术季选址于杨浦滨江，继续立足"一江一河"公共空间开发战略，聚焦"滨水空间为人类带来美好生活"这一世界性话题，向全世界介绍上海各类滨水空间贯通、品质提升的建设成就及未来愿景。2019 年习近平总书记在上海考察时深入杨浦滨江公共空间杨树浦水厂滨江段，看到"工业锈带"变成"生活秀带"，也提出了"人民城市人民建，人民城市为人民"的美好愿景。

刘云教授所带领的学术团队，准确地捕捉了城市滨水空间这一方兴未艾的设计研究对象，以同济人"把论文写在祖国大地上"的精神，锲而不舍坚持了长达 30 年的研究与设计实践，表现出显著的前瞻性和系统性。本书总结了应对不同功能内容、不同使用方式、不同分布特点的城市滨水空间建筑与环境的更新策略，并对上海苏州河沿线滨水空间从整体更新策略、景观设计方法、滨水天际线研究等方面作了详细的解析，呈现出系统性、连续性的思考，必将是国内城市滨水空间研究与设计方法方面的代表性著作。期待本书的出版，能进一步推动上海"一江一河"的可持续开发与更新，助力城市滨水空间的研究与建设更上一层楼！

2021 年 11 月

目录

刘云教授学术
简介

刘云，同济大学建筑
与城市规划学院教授，
博士生导师，长期担
任学院学术委员会副
主任委员。

1986 年学院成立即首任副院长，20 世纪 90 年代初担任现代住宅发展与
旧区改造更新团队首席责任人，期间从事上海、香港两城住宅政策与设计
比较研究，就如何解决低收入家庭的住房问题展开研究，获得国家自然科
学基金资助。30 多年后的今天，正如先前所预判，解决低收入人群的住
房问题已上升到国家战略层面，国家为此向内地提供大量的公租房、经济
适用房等保障性住房；而香港各届特首也长期将此作为最大的民生问题。

20 世纪 90 年代末，刘云教授开始着手滨水空间基
础研究，特别是上海黄浦江、苏州河两岸滨水区域。

30 多年来，刘云教授指导了 20 多届硕士生、博士生以"滨水空间"作为论
文主题，涉及城市生态平衡、旧区更新、历史保护与活化再生、风貌管控和
文化复兴等研究。滨水空间课题的研究中，刘云教授调研的项目有美国波士
顿西海岸的海军造船厂改造项目、纽约的南街海港鱼市场修复存留项目，这
些老建筑已成为该地区的历史博物馆；改造后的巴尔的摩内港区，现已形成
具有商业、文化、休憩功能的城市滨水带；日本横滨港的滨水空间开发；德
国莱茵河水体治理后的生态环境效应；等等。

在水体空间更新改造的理论研究基础上，刘云教授同时进行了设计实践的
尝试。2000 年前后，在富春江桐庐段 8000 米长区域滨江岸线的规划设计

实践中邀请了李德华教授任规划顾问，李铮生教授任景观顾问，包小枫团队参与协作；本项目由台商投资，中国银行库尔勒市支行融资。另外还参与渤海锦州湾区几百万平方米拟建锦州石油之城的相关项目，无锡南禅寺的古运河城市更新板块相关项目（包括商业、旅游、办公、贸易等项目），以及浦江之滨复兴岛之光项目（杨浦区区委书记、区长与同济大学党委书记、校长都参与其中进行讨论，双方展开全面的战略合作，为未来指明了发展方向）。

20 世纪 90 年代有几件值得回忆的学术事情。

第一件事，1989 年应联邦德国文化部邀请，组建了古典建筑与现代建筑访问团，出访者来自全国多所知名院校和多个重要规划设计部门，其中包括清华大学建筑学院学术委员会主任关肇业教授、北京市规划局平永泉局长、首都规划设计院总师蒋大伟、同济大学郑正和莫天伟教授，刘云教授担任访问团团长，大家一起访问了柏林等十几个重要城市。这次访问开拓了这一批建设者的国际视野，提高了他们的建筑专业水准。第二件事，经刘云教授组织，同济大学建筑系 30 名师生首次被派往德国进修学习，为建筑系积累了难得的人才骨干，如吴长福、蔡永洁等。第三件事，1992 年组织同济大学建筑系 10 多人的学术团队与香港大学开展国际学术交流，同时刘云教授在香港作了题为"现代的建筑空间与有机肌理的复合材料的组合"的学术报告。第四件事，同济大学建筑系硕、博士研究生与柏林工业大学几十位学生一起参加了柏林墙拆除后的纪念性场所设计。刘云教授指导的博士研究生高德宏，经多轮专家教授评比，获得设计第一名。

历年来刘云教授主持参与了很多建筑创作，相关设计在各竞赛中取得了卓越的成绩。北京中关村 60 多万平方米规划与设计，是由清华大学、香港大学、天津大学、同济大学等七所院校参加的全国设计竞赛，同济团队获得了第一名，刘云教授为第一责任人，由此获得接受时任总理朱镕基在北京人民大会堂颁奖的殊荣；全国 60 家单位参加的无锡市人民大会堂设计竞赛，由刘云担任第一负责人的同济团队获第一名，方案获得实施；天津市高铁西站国际设计竞赛，由刘云教授担任第一负责人的同济团队与国际合作者获第二名。40 年来刘云教授参加了 50 多个大中型项目的方案设计及工程实践。20 世纪 90 年代，刘云获"全国 50 名优秀中青年建筑师"称号；同时期，作品入选《中国百名一级注册建筑师作品选》。

滨水空间研究
的回顾

一、滨水研究的缘起

我待在上海这座城市已经 60 多年，上海已成为我的第二故乡，因而我对黄浦江、苏州河几十年的变迁有着深刻而美好的印象。

童年时我在东海之滨一个小镇上居住、上学。那里只有一条街，街两旁是鳞次栉比的商铺，一条弯弯的小河静静地流淌在街的南边，临河空间散落着大小不等的"泥地广场"，也有贴着河边的院落，街上的居民们淘米、洗菜、挑水、洗衣都在这条河里。夏天里，大人小孩在河边的硬地纳凉，享受着河风吹来的清爽；冬日又在挡风一侧沐浴阳光。沿河的步道，宽窄不等，临水建的院落有时会阻断步道；船夫背纤时有时也会走下河床，踏出一条条深浅不一的泥脚印小道，方便了来往行人；下雨天或发大水时，小路便又淹入水中。河对岸的藤蔓枝条，长长短短的，一直垂落到河水中——这就是我对滨水空间的最初印记，我的童年滨水梦由此而起。

后来在同济大学建筑系执教，从事城市滨水调研、访谈，我仍对童年滨水小镇的那条小河念念不忘，对水的美好记忆，时常跃入眼前。拜访厦门的鼓浪屿时，十几条街道随意纵横开去，一幢幢石头别墅，在路旁散开，错落有致，别有一番意趣。墙院内也常传出朗朗的琴声。恍惚中，仿佛滨水岛屿和音乐有着某种默契，互为衬托。恐怕这就是滨水城市和谐的文化魅力吧。

记得出差青岛，落日余晖下，曲折的海湾，岸边不远处，山峦上一排排、一簇簇黄墙红瓦的别墅，碧海、蓝天、红瓦、黄墙，再加上绿树、青草……好一幅亮丽的风景画，太美了！这就是人们所说的滨水城市吧！之后我又走访了美国的巴尔的摩、波士顿，德国莱茵河畔的波恩，日本的横滨，中国的香港等，这些城市又给我更多滨水环境的生动体验。

20 世纪 80 年代以来，黄浦江与苏州河交汇处"黄水、黑水"分明，黑臭的苏州河，使居住在河边的人家，终年不敢开窗，大量的工业废水和生活污水未经处理直接排入河中，河里鱼虾早已绝迹，恶臭之味使人掩鼻。

黄浦江岸，特别是浦东岸边，也是十分萧条。20 世纪 70 年代末 80 年代初，"文化大革命"刚结束不久，恢复经济是压倒一切的任务，滨水环境的治理暂未提到日程上来，苏州河的状态一直没有得到改变。而正是那个时期，一些发达国家开始普遍关注自然生态环境，城市滨水区的可持续发展研究的重要性日益提升。旧城改造、城市滨水区复兴，在当时已是一种趋势和潮流，是西方城市规划和城市建设的重点。两种截然不同的滨水环境的发展撞击着我，沸腾着我的思绪。

1990 年，我第一次指导研究生课程设计，方向还是单幢建筑的方法研究，但脑海中常会思考一些宏观的课题，包括建筑和所处的环境之间的相互作用、建筑设计的生态意向，等等；特别是浦江苏河的现状，在无形地呼唤着我。我那时决定，把滨水空间作为课题的大背景，从此滨水开发研究一做就是 30 年。

21 世纪初，为了提高城市环境的舒适性、增加地域风貌特性，人们开始重新认识城市滨水区的潜力，并对河流、湖泊之滨的既有开放空间、环境护岸、历史性水路复兴，以及滨水建筑的整治与设计等进行了规划和不同形式的尝试，特别强调了把滨水空间还给市民、城市再次回归滨水的重要性，可以说是一场重大的、有计划有组织的生态变迁活动。

二、15 篇研究生的论文

我从 1990 年开始指导研究生论文，时至 2020 年，已有不少研究生陆续走上工作岗位。他们中有的担任高等院校的教师，有的直接从事滨水空间的城市改造。跟我一样，他们也对滨水环境有着特殊的情结，因此直至现在，我们仍然关注着专业滨水研究领域。

三十年前，我专门成立了滨水空间的研究生团队，按照不同的方向对滨水研究进行划分。比如，按照城市滨水空间的内容划分为滨水空间的基础开发研究、滨水区建筑与景观设计研究、滨水区的城市复兴策略、滨水区与历史保护建筑的关联；按照滨水空间的使用特征又分为滨水区的大型公共空间的再生、城市滨水区住宅规划设计、城市滨水区旅游度假区的开发与设计；按照滨水区在我国的地区分布又分为南方和北方滨水，南北滨水建筑与环境的更新策略也不相同，又细化为江南城镇滨水区公共空间、北方松花江流域即寒冷地带的滨水区研究、环渤海城市滨水区景观研究，等等。

在这一系列的研究论文中，大家特别针对上海苏州河滨河空间做了详细的解析。多位研究生以不同的视角，对苏州河做了整体规划、整合更新、区域布局设计；从城市节点的设计、建筑单体的构思，到整体开发的更新设计、再生的可能性、有机更新内容及手段，具体包括景观设计、步道设计、滨水天际线设计等，对苏州河进行了系统的梳理。一本本厚实的论文，凝结了研究人员付出的辛勤汗水，他们的调研足迹，南到福建、广东沿海，北到哈尔滨松花江水域。我国的滨水风貌全景，在一本本论文详尽朴实的论述中，跃然纸上。

20世纪90年代初，中国的经济条件只能允许有限的资金投入到滨水系统更新中去。在财政困难的情况下，上海市政府自1996年开始分三期对苏州河进行整治。第一期在苏州河上游，解决水系支流污染问题；第二期针对苏州河的黑臭、泵站污染，建造了许多调蓄池；第三期，疏通清理河底淤泥，改造防汛墙。至2018年，苏州河已经全面消除河道黑臭问题。政府的巨大努力，为今后苏州河的更新提供了技术性的保障。

三、滨水空间的更新——重整黄浦江、重整苏州河

2017年年底，黄浦江45千米滨江岸线全线贯通，上海着力于在这条"母亲河"的两岸打造世界级滨水区。2019年北外滩整体规划设计落地之后，获得了市民们的广泛好评，也得到在上海的许多国际友人的赞许。搬迁后的杨树浦水厂、上海香烟仓储区都被划入大规划实践区，成为著名的历史保护区；有些老旧建筑经过更新，成为为市民服务的第一综合功能区。每当我们行走在北外滩，不由得慨叹时代风潮与历史变迁，更充满了对璀璨未来的展望与期待，沿线历史保护建筑林立，区位优势更加凸显。还有一个大手笔正在酝酿中，2020年北外滩最新规划"世界会客厅"震撼发表：480米高的新地标，连同周边200余栋高端写字楼、企业总部、名品潮店，构建起苏州河北岸、黄浦江畔最壮丽的天际线，与陆家嘴金融区、外滩历史建筑保护区隔岸呼应，成为黄浦江的"黄金三角"——这是城市立体滨水空间的再现，也是创造世界级城市滨水空间的伟大壮举。

再没有哪一条河流像苏州河这样，与上海如此亲近，密不可分。溯流而上，从外白渡桥至外环线，苏州河途经黄浦、虹口、静安、普陀、长宁和嘉定六个区。上海开埠后，外国商人知道从这条河可以行船至苏州，便叫她"通往苏州的小河"。这条绵长的河水，在上海腹地流淌出一道温柔的印记，城市空间就这样沿着河堤两岸，密密生长，蜿蜒了42千米。这条美丽的苏州河不仅承载着美丽的乡愁与文化记忆，还有数不清的荆棘印刻。正如王雪芳《阅读苏州河》的诗篇所叙："坐在河边，看日升日落，我老了，苏州河的歌，依然那样年轻。"

长宁区苏州河段全长11.2千米，这里沿苏州河建设了楔形绿地，打

造"绿水青山"主题。由于该地段遗留了不少老旧厂房，在设计师的精心打造下，这些曾经代表上海民族工业品牌的老厂房走出历史，以齿轮、少女、雕塑等文化元素，建起了体育、休闲、音乐三个特征明显、风格各异的公园。

普陀区苏州河段是苏州河流经最长的区段，全长 21 千米。区内人文底蕴深厚，涵盖工业遗迹、民居宅邸、革命史迹等，因此，普陀区也成为受苏州河滋养最多的城区。苏州河普陀段更新采取分段提质的策略，在空间维度上进一步拓展功能，在时间维度上注重深度挖掘城市记忆，围绕重点地区，串联主要节点，打造城市"项链"。苏州河普陀段分三个段落：东段有"苏河之冠"，中段有"圣大清湾"，西段有"上虹湾区"。其中苏堤春晓小区成为不可多得的景区，创享塔成为真正意义的滨水综合体。以布局 25 座各具特色的"苏河轩"驿站提升开放空间的服务水平，步道边设置多样化公共设施，如咖啡吧、饮水亭、公厕、充电桩，甚至快餐店、小卖店等。

静安区苏州河段长约 6.3 千米，坐落着著名的上海总商会旧址、四行仓库等历史文化地标，也有蝴蝶湾公园等。这里平日里会举办具有文化气息的书画竞赛，凸显格调高雅的文化氛围，今后这里将继续沿河打造滨水步道和亲水平台。

黄浦区苏州河段全长 2894 米，沿岸的历史建筑很多，有些在修缮更新后被用作众创空间、酒吧，正体现了"向史而新"的设计理念。在沿岸道路狭窄的黄浦段中段，设计采用了"玻璃防汛墙"——防汛墙下部保留，行人视野换上符合防汛要求的强化玻璃，人沿河散步可以轻松看到河水，为此还得了个传神而好听的名字"苏河之眸"。这次采用玻璃防汛墙，从过去的单纯的挡水、防水变为亲水、享水、观水。下一步将实施推动公共空间向腹地延伸的举措，除了建 5 处码头，还要规划 11 处码头，并将开辟水上巴士、观光游船，提供完善的基础设施。这些不局限于黄浦区，将贯穿苏州河整个河段。

虹口区苏州河沿岸地区历史建筑较多，这里曾是中外交流的重镇，除规划形成"世界会客厅"、打造"黄金三角"之举外，用四个梦幻花园——蓝梦花园、时光花园、信使花园、星空花园，向市民打开最美河滨会客厅的大门。为了更好地呈现北外滩地区苏州河沿岸的历史文化底蕴，虹口区段开展了沿线夜景照明提升工程。夜间，浦江两岸外滩、北外滩灯光闪亮，水韵流光遥相呼应，真是太美了！

曾经苏州河两岸，万商云集、工厂林立，创造出上海乃至中国近现代工业史上无数个第一。如今，随着工业时代"繁华逝去"，越来越多厂房仓库、货栈码头，如上海香料厂、味精厂、缝纫机厂、面粉厂等，逐渐淡出人们的视野。为纪念上海民族工业品牌，这些厂房被改造成为文化园区、博物馆、展览馆，传统优秀建筑得到了保留与保护，它们以另一种方式迎来华丽的转身，成为受人追捧的网红地标。走在42千米苏州河绿色通道上，人们可感受春可探花、夏可有阴、秋可赏叶、冬可观姿的美景[1]。九子公园、最美花园、梦清园、风铃绿地、音乐公园等的落地建成与42千米的贯通几乎同时，也是苏州河边的精彩妙笔。

1. 李一能：《走通苏州河》，《新民晚报》2020年12月24日。

苏州河上的桥不仅仅是联系两岸通行的"舟"，也是城市形象的独特表达，是现代化城市具有标志性的重要元素。在桥上凭栏远眺，视野开阔，美景尽收眼底。苏州河上的桥共33座，为了配合苏州河贯通，2020年完成11座桥的"装饰"，另外22座桥也在设计改造中。这些桥从外白渡桥至成都路桥为东段桥，桥龄近70年；从成都路桥到中山西路为中段桥；强家角桥至外环路吴淞江桥为西段桥。三段桥设计实施的策略，是根据桥梁历史地位、桥梁所在的区段及桥梁的结构材料来确定桥梁的改造更新方案，由东向西逐渐为精做、雅做、简做。夜景灯光照明改造方面也分桥上段和桥洞内，桥上段强调与周围环境相适宜，桥下段强调要利于夜航通行。总而言之，既要经济节省，又要气氛热烈。11座桥的更新实施基本不做加法，崇尚简洁、明快，把一些裸露的电线、外包装的附件去掉，以配合景观、融合景观为主。桥梁中最美的桥还是外白渡桥，距今已有近120年桥龄（1907年建成）的钢桁梁结构桥，经过重新移位加固、养护，钢桁架的力量美与分段跨节带来的韵律美很是匹配，粗犷而不失细腻。乍浦路桥桥型简洁，下桥框又非常柔美，灯光照明下柔和的弧线恰到好处，称得上设计精良。

桥在苏州河上的地位不亚于滨河步道与绿化景观。由于苏州河上的桥建造的年代不同，桥体的审美标准也有差异性，甚至个别桥体面貌已经与这座现代化的城市不相协调，因此桥的改造更新实践，应保持与苏河的总体规划和总体建筑风貌协调一致。有些桥应重点"浓妆"，而另一部分桥应"淡妆"。弯曲的苏州河把中心城区割裂成两部分，这些美丽的桥又通过形态各异的精美轮廓，用匀称细腻的城市针脚，将苏河两岸弯弯曲曲的风土人情，再次巧妙完整地缝合起来。

在苏州河步道贯通过程中，我深深感觉到此工程的成就不亚于浦江两岸贯通。苏州河边有些小区、企业沿河而建，侵吞了国家保护的部分土地，从而使得这条河没有岸线，给河步道的实施带来了巨大的困难。修复工作的贯彻，正是通过层层沟通、上下通气，在设计方案的反复比较中艰难推进才得以完成。世界上没有哪一个国家能只用一年时间使42千米全线贯通，这就是体制带来的优势。

从中央到上海市的目标要求是贯通一致的：中央提出重点打造蓝天、碧水、净土保卫战，要迎来更多蓝天、绿水的好生态；市里提出加快推进惠民工程，核心规划建设"一江一河"，为实现苏州河2020年岸线贯通目标，同时把沿岸公共空间和设施功能提升同步推进，把更多的工业"锈带"变成"生活秀带""发展秀带"。一江一河的治理、更新，带来日新月异的变化与发展，将会更好地为人民创造宜业、宜居、宜乐、宜游的魅力环境。

2020年苏州河六个区的步道贯通是极不容易的大事情。随着沿岸各项公共空间设施建设的推进，在苏河办领导下实行"三总"——总规划师、总建筑师、总结构师负责制。如果把苏州河的空间格局看成是"长藤结瓜"，则总规划师负责宏观控制"长藤结瓜"的总布局，即结什么瓜，结多大瓜，在长藤哪个节点结瓜；总建筑师宏观控制"瓜"的具体使用功能、形态，乃至建筑体量高度、色彩，配合其他工程师完成相关配套工作；总结构师需要配合对结构体系进行多方案比较，控制投资预算，选取最简单又轻巧的结构。而这些琐碎繁杂的工作，都在今天苏河沿岸的更新文化里得到了完美呈现。

苏州河防汛墙的高度是影响观水的最棘手问题。苏州河宽仅约50米，比黄浦江的500多米小多了。行人在河步道上行走，难以较好地观水，特别是老年人坐在轮椅上，更无法看到水面。九子公园设置玻璃防汛墙造价虽不高，但苏州河42千米全部采用玻璃防汛墙也未必可行。黄浦江有些区段已经采用了玻璃防汛墙，其外貌特质远胜厚重的混凝土墙。防汛墙的作用顾名思义，即防潮、防洪、防特殊气候的暴雨，即所谓"三碰头"。目前苏州河、黄浦江交汇处设置的水闸，使用了当今更好的潮水水位控制技术，另苏州河上游也设置了水闸和疏通排水设施。苏州河沿线多增设蓄水池，以解决雨水过多问题。我们希望防汛墙越低越好，甚至希望能用现代高科技手段控制苏州河维持恒定水位，真正实现观水、亲水、享水的理想生活愿景。

仍记得到访德国波恩莱茵河时的场景，约6米宽的河步道直接贴近水面，清晨有人在散步、跑步，还有快速单车驶过，甚至有母亲带着孩子在水边戏水。步道内侧挡土墙上形成台地，上栽树木；房屋也在其上，自步道要走上十几级台阶方可到达台地上的广场。莱茵河对岸有大量藤萝绿化，一片葱葱绿绿，雾水蒙蒙，十分迷人。相比之下，苏州河边的散步道长期以来多用于游人的往来漫步。这里有滨河的视野，新鲜的空气，周围的环境、建筑、一棵野树、一处座椅、一尊雕塑，都让这段"沿河之旅"变得格外有趣。近些年，城市对单车出行的倡导，对沿河步道的功能复合化提出了进一步要求：沿河步道不仅仅是市民散步的活动场所，未来将成为城市"白领"的休闲首选地；单车出行不再是一种交通需要，更是一种生活方式。黄浦江某些区段已实施了复式步道设计方案，步道宽6米，另规划有2.5米宽作为单车道。局部步道，可建为廊道，边上另有边廊做"驿站"，基于步道宽度，廊道也是6米宽，顶篷可用玻璃覆盖，也可选用其他覆盖材料。"驿站"可以2.5米宽，结构上可以与廊道分开设置，从而减小跨距。"驿站"可布置休息区域，如饮水区、咖啡吧、公厕，甚至快餐店等让人驻足停留的空间。如此，增加了步行者的便利。跨步道的廊道设置，不单纯是为打破单一无变化的步道空间，同时也改善了步道的使用模式。

滨河步道不一定完全贴合河岸，可以穿越建筑物，可以竖向穿越，也可以横向穿越。在竖向穿越时，设计师采用与建筑物本体使用功能隔离的手法；横向穿过相对更容易安排，只要保证步道边跨及上层空间不受步道使用影响即可，黄浦江北岸上海烟厂的仓储库房就是很好的例证。该项目被亚洲建筑相关部门评为优秀设计项目，落实了"还河于民"的重要理念。总之，两岸的贯通开放还有很多文章可做，我们期待更多"有故事的空间""有思考的设计"一步步呈现出来。

苏州河公共空间向腹地延伸的做法也非常值得提倡。苏州河上将会开发游艇航行、扩大码头建设，沿河历史风貌保护文化建筑将串联成旅游线路，单一的线性河道已满足不了人们的需求，特别是外地旅游者，他们更需要了解苏州河的文化、当地风土人情、特色小吃等。苏州河周边应形成鱼骨形街道、与沿河文化匹配的市貌，做好重要的商业闹市节点细化设计，如街心广场、街道公园等，也要考虑将苏州河景区扩大甚至延伸为商业区。美国巴尔的摩港[2]将商业零售与休闲娱乐产业组织在一起，保障了巴尔的摩港24小时的城市活力。波士顿的罗尔码头[3]，改建范围超过40公顷，改建项目包括住宅、办公楼、商业集市、公园、水族馆、游艇码头和城市照明工程等，成功复苏了城市中心区的经济。这些都是值得我们借鉴的复兴滨水空间的经典案例。

2. Tripadvisor Inner Harbor 条目 , https://www.tripadvisor.com/Attraction_Review-g60811-d261225-Reviews-Inner_Harbor-Baltimore_Maryland.html.

3. 汀澜书院：《国外城市滨水休闲区经典开发案例（三）美国波士顿滨水区开发》, http://www.360doc.com/content/19/0412/11/9683657_828245953.shtml.

滨水城市环境是最具魅力的公共场所之一，突出"一江一水"的开发与更新是我们这个时代的需要。我们的年轻学者适逢其时，正好顺应了当今社会需要。尽管我们 30 年前就已经着手滨水的研究，但那时也仅仅是一个心愿，而只有国富民强的今天，国家进入了经济高速增长的快车道，滨水更新的实践才能真正贯彻。这些无不证明，从理论到实践有一个漫长的转化过程，滨水更新实践会带来更多的实战经验和技术积累。值得骄傲的是，30 年前的我们，已经坚定地迈出了积累的第一步，实现了从"零"到"一"的质变，并且深刻意识到，成功的滨水治理将是一个城市发展的至关重要的经济财富基础，也是任何文明社会的不可或缺的重要文化因子。

光阴荏苒，白驹过隙。再次伏案重读，体会弟子们多年来积累下的滨水空间及环境开发的著作，和一篇篇刊登在国内外知名期刊杂志上的专业论文，"书生意气，挥斥方遒"，字里行间透出年轻人立足于全球成功滨水开发的视野，审视国内这些没有被充分发掘的滨水区资源、自然生态遭到破坏的沿江沿河景观，以及一系列空间职能缺失的破碎场地……是他们的努力，系统性地开创了国内滨水空间研究理论的先河。如今，上海浦江两岸以及苏州河的更新硕果累累，成绩斐然，已然超越了世界上先进国家的滨水开发水准。从最初的滨水基础要素，到今天滨水环境发生了轰轰烈烈、天翻地覆的变化，难以言表的激情引导着我、催促着我，将这 30 年时代变迁中的滨水开发，作为弥足珍贵的研究成果，以时代的脉络整理撰写出来。本书所甄选的论文章节，乃是他们对国内外典型的城市滨水空间的深入思考与诚恳建议，现将此成果完整地呈现给对滨水环境开发感兴趣的广大同仁，呈现给肩负着我国滨水环境未来更新重任的更多有识之士！

最后，由衷希望本书的出版，能为我国伟大的滨水开发事业锦上添花，为把我国滨水空间全面打造为可持续人居环境的瑰宝，打造为现代化的宜居、宜人、宜游的理想生活之地，贡献出一份有分量、有价值的思考！

学位论文
选编

————

Selected
Dissertations

城市滨水区环境设计研究
——暨上海苏州河沿岸更新设计

卢永春

卢永春，工学博士、日本一级建筑师。1984 年毕业于同济大学建筑系，同年于同济大学任助教。1989 年获得同济大学建筑学硕士学位。1995 年获得日本广岛大学博士学位。1995 年至 2001 年任广岛大学助教，之后于日本都市景观设计公司工作至今。

论文时间

1990 年 6 月

摘要

本文摘选自笔者的硕士毕业论文，原论文从比较学、形态学和设计学的角度，通过大量的实例分析、比较，对城市滨水区环境设计的概念、内容、方法、类型以及设计原则进行了初步的研究，并对上海苏州河滨水区环境的发展提出了个人之见。

原论文由三部分组成：第一部分比较了东西方水意识与水空间意象之异同，提出对自然界认识方法和态度的不同所导致的设计结构与形态上的差异。同时，通过分析有关典型实例，总结出传统的城市滨水区环境意象构成与特点。

第二部分通过分析当时面临的问题和课题，提出了城市滨水区环境设计的方法、内容与类型；通过对国内外十四个实例的分析、比较，梳理城市滨水区环境设计的特点和发展趋势；最后，总结出一套指导性的设计原则。

第三部分综合上述研究成果，结合国内突出的问题点，选取了上海苏州河滨水区这一典型案例，进行了环境（更新）设计探索，提出了一套完整的设计构想方案。

一、引言

(一) 问题的提出

正如"大阪国际水都首长会议精神"[1]中所表明的那样，近年来，人们为了提高城市环境的舒适性和地域风貌特性，开始重新认识城市滨水区（Waterfront）的潜力，并对河流、湖海之滨的环境护岸整治，历史性水路的复兴，喷泉与小河所拥有的开放空间以及滨水建筑设计，等等，进行了规模与形态的不同尝试。如英国伦敦泰晤士河的"港口区再建计划"，西班牙巴塞罗那的海滨"1992 奥运村 Novalcaria 计划"，美国纽约曼哈顿下城哈得逊河畔的滨水游步道设计，美国费城的德拉瓦河岸边 Penn's Landing 开发计划，日本名古屋的堀川综合整治计划，日本富山的 21 世纪水公园神通川计划和富岩运河公园计划，日本大阪的"中之岛"改修与滨水游廊计划，新加坡的新加坡河地区更新计划，等等，不胜枚举。

在我国，城市滨水区的整治和开发利用，也正在起步。天津的海河沿岸整治，南京的秦淮河仿古建筑群，合肥的环城公园，沈阳的环城河绿带建设等都已初具规模。此外，江南水乡城镇的保护与更新，也受到了越来越多的关注。但是，国内在进行滨水区建设时，暴露出一些不足。主要表现在：内容上的单一化、形式上的程式化和景观上的贫困化等方面。问题在于，当我们认识到了滨水区的作用，并且有了钱和用地时，我们应当怎样来组织规划和设计，才能更充分地发挥滨水区的潜力。换句话说，以什么方式来建设，以什么面貌出现，等等，这些正是本研究的主要课题。

(二) 研究的方法、目的和意义

本文试图在分析比较国内外有关实例的基础上，结合当前我国城市建设的现况，提出适合我国国情的城市滨水区环境设计原则，并选取笔者所在城市上海的苏州河，进行沿岸环境更新设计的实际操作，以深化课题内涵。

上海是我国重要的经济、文化中心城市，而苏州河的环境现状不能与之相配。20 世纪 90 年代以来，上海的产业结构有重大调整，同时各项城市基础设施工程与环境综合整治工程都在逐渐展开。在这样的形势下，笔者认为更新苏州河滨水区环境的条件业已成熟，苏州河水一旦变清，两岸的用地将会有所调整，那时，苏州河将会以什么面貌呈现在我们面前呢？这正是有待探索的问题。而且，苏州河滨水区环境的更新，会成为上海旧区环境改善的一个重要动因，进而对黄浦江两岸环境的研

1."国际水都首长会议"定于 1990 年 7 月在大阪市举行，同时举行花与绿的博览会。会议的宗旨是："为创造面向 21 世纪的水都，揭示出大城市与水相关的问题点和方向性课题，以及城市应有的理想状态。"

究、浦东滨水区开发和旧外滩改造等都将起到积极的推动作用。

（三）定义与分类

所谓城市滨水区，是指在城市中的陆域与水域相接部分的一定区域范围的总称。它由水面、水际和岸地三部分组成。通常"水边""水岸""岸边""滨江（河、海）"等词，也用来表达"滨水区"的含义。本文为了研究上的方便和概念的严密性，统一规定用"滨水区"一词。根据城市选址的不同，滨水区可以分为海滨、湖滨和河滨三种基本类型。鉴于海滨、大湖滨的极端的气候条件，在历史上，城市较少地直接面海（大湖）而建，更多是在引入的港湾或运河边发展起来，如威尼斯城和新加坡城等。因此，本研究拟以河流和小湖泊的滨水区环境设计为主要对象。

城市滨水区是城市环境中的敏感区域，往往是城市风貌特色的主要载体，一般采用环境设计（environment design）的方法，来处理一系列复杂的矛盾和问题。所谓环境设计，乃是现代城市设计的基本观念和方法，它注重城市环境构成要素的相互关系及人们的行为和感受，其基本目标是在物质和精神、生理和心理诸方面满足使用者的要求，改善空间环境质量。本文试图运用这样的方法来剖析、研究城市滨水区的环境设计问题。

城市滨水区的利用有各种情形，现按其土地使用内容分为：滨水公园区（带）、滨水住宅区、滨水商业区、滨水史迹区、滨水自然风致区、滨水文化区、滨水综合活动区、滨水工业区、港口区、滨水自然湿地区（包括农田）等十类。其中自然风致区，即城市内尚保留的一些特殊而有环境景观价值的地形地貌。文化区指文化设施（如电影院、剧院等）集中布置的区域。综合活动区是一些以娱乐为主的具备多重功能设施的区域。自然湿地区为河滩地等尚未被完全城市化的区域。

……

二、当前的实践

（一）城市滨水区环境设计的内容、方法与分类

1. 内容

城市并非物质的简单堆集，而是由多种主体以不同方式运营的有机复合体。城市的空间是利用并依存于其周围的环境而存在的，它与环境都是

有机复合体的一部分。城市滨水区也不例外，它同样是置于一定的物理性文脉与社会性文脉之中的。在既有城市中，其物理性文脉是作为文化积淀的织物形态而存在着的。然而，滨水空间的形态，作为社会的产物，往往具有强烈的性格。在这里，物理性文脉与社会性文脉是一个统一体的两个方面。它们是沿着时间轴平行移动的两根直交轴——空间轴和社会轴，这是城市环境构成的基本结构模式，也是滨水区环境构成的基本规律。环境设计的日常工作和直接对象是物理性的环境构成，即空间轴的内容。这也是本研究的主要内容。

城市滨水区环境设计的内容，既有一般城市设计的共同内容，又有其自身独特的方面，其内容主要有空间与体形环境设计、社会与行为环境设计两项。

这两项内容是同一设计过程的两个不同方面，在设计中必须同时考虑。为了使设计工作易于操作和控制，可以把上述两项内容细分为七个主要项目（要素），下面拟分别叙述：

① 城市滨水区土地使用方式

这是设计的关键问题之一，因为土地决定了城市空间的二维基面和基本的活动场所特性。它包括三个方面的内容：（a）滨水区使用功能的合理组织，以期保持高利用率和适合的环境容量；（b）开发滨水区潜力，同时保护生态环境；（c）完善地下基础设施。

② 城市道路与交通体系

道路交通体系反映了滨水区活动地点（场所）的可达性和利用率。它的主要工作是组织好步行、非机动车和机动车等不同交通方式，使之既不相互干扰，又联系方便。

③ 滨水区建筑形态及其组合

这是设计的主要工作之一，包括建筑体量、高度、容积率、外观，以及风格、材质等。

④ 滨水区开放空间体系

滨水区最大的特征是拥有开放空间，它包括水域、滨水道路、广场、绿地。此外室内的公共性活动空间如中庭、室内街等有时也被组织到体系中去。空间的节奏和景观是开放空间体系规划（设计）的重要组成部分。

⑤ 社会邻里结构与场域分配体系（人的活动）

这里的社会邻里结构指包括居住团体在内的有一定的内向性结构的空间或社会关系。场域分配则是与人们的活动行为相应的具有结构自明性的场所分配规划与设计。

⑥ 驳岸或护岸与滨水游步道

这是滨水区环境中最敏感，也最容易被破坏的部位。既是人们获得亲水性感受的理想地点，又是环境景观基调形成的标识。

⑦ 标志与铺装等

标志是城市环境明晰性（可辨性）不可少的工具，大到作为地标的建筑物或自然地形，小到环境识别的指示牌都应是环境设计的对象；铺装主要指人们视野范围内的表面所铺设材料的材质、色彩等。此外，照明、植栽与环境音响等等，也常常成为滨水区环境设计的重要内容。

2. 方法

在引言中已经提及，环境设计是现代城市设计的基本观念和方法，它的基本过程如下图。

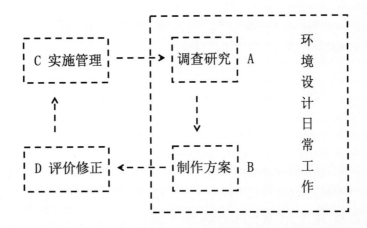

人们的意象（image）是人对生活现状和事物的反映中直接产生的，并且，这种意象是可加权的。也可以说市民们沉积了该城市的多样化的形象。这是环境设计的出发点。

整理人们所描绘的城市空间意象，然后回到具体的现实的空间里加以验证，并通过空间的规划和设计使其具象化。这是环境设计的日常工作范围，也是本研究的主要着眼点。

环境设计的日常工作，主要包括两个方面，即规划与设计。规划方面是指与城市空间重构相当的空间单元的量的决定与分配，以及区域的设定。它偏重一般化的、客观的立场。设计方面是指与城市空间重构相当的空间单元的质的决定，并赋予相互间的具体的位置关系和形态、材质等。它偏重主观性的、经验性的立场。环境设计过程则是上述二者的统一体，是人们所拥有的有关意象的物象化行为。

3. 分类

城市滨水区环境设计的分类与城市滨水区性质的分类基本内容是一致的。但从设计操作方式上可分为新建和改建两大类。具体又可分为：拆除全部现有设施，按新的意图进行设计；甄别现有设施的价值、拆除部分设施，然后进行整建更新设计；保留原有设施的物质形态，更换功能，完善设备和基础设施；保护原环境设施，适当调整功能，完善设备和基础设施；等等。

由于当前的城市滨水区环境设计，从某种意义上说，是实质上的城市更新设计，是"在原文中改写或重写的作业"。因此以上四类，具有普适意义。另外，若从设计操作的外部特征与内容来看，大致上可以分为四类：港口区（旧）改建设计、滨水市街地更新设计、驳岸（或护岸）改修与滨水游步道设计、滨水公园（区或带）设计。

以下拟结合国内外实例，分析当前滨水区环境设计的特点和发展趋势，为今后我们的努力提供方向性设计原则。

……

4. 小结

城市滨水区环境设计是城市设计问题中的一个重要类型。它既有一般城市设计的共性，又有自己的特殊性。它的工作重心是城市滨水地区的开放空间组织，而其中景观和活动是它的基本内涵。

环境设计是一项综合性极强的融技术与艺术为一体的技巧（方法），但是，它"并非仅仅是作为数量技术的城市规划工作的综合手段，也并非单纯地是城市的装饰，而是要去考虑城市形态问题上所具有的基本存在价值"[2]。

……

2. 长岛孝一、阮志大：《城市设计》，《建筑学报》1984 年第 10 期。

（二）当前城市滨水区环境设计的特点和发展趋势
——结合国内外实例分析

1. 城市滨水区环境设计原则

（1）滨水区土地使用设计原则
以娱乐、休闲为主的文化、商业、饮食、居住等多功能综合利用模式，在合适的环境容量控制下（按一定的地域特性），提高滨水区土地使用效率，为人们提供更多的活动场所和选择性。

不同的地域特性，采用不同的土地利用模式。如公园以休闲为主，市街地以居住、商业为主，综合活动区则以娱乐、文化及饮食服务为主，等等。

积极开发滨水区潜力，同时注意生态保护措施和城市防灾。

（2）道路与交通系统设计原则

以滨水林荫步道为主的多层次交通体系。强调安全性、易达性、舒适性和选择性，使行人、非机动车和机动车相互之间干扰较小而又联系方便，但以行人通道为主要设施。

充分的停车空间，为人们提供方便。

（3）建筑及其形态组合原则

突出亲水性意象，表现为迎水、引水等手法。所谓迎水，即滨水立面的高亲水性表情，体现了建筑与水的亲和性。所谓引水即将水引入建筑空间，而引起亲水情感。

强调城市地域文脉的特色性、连续性与历史感。由于建筑实体及其表面是城市形象与空间构成的主要因素，所以尽量多地保留有价值的老建筑的物质形态。一般地把功能加以更换，以期产生新质而在新的环境中产生连续性。新建的建筑在体量、高度、容积率、外观以及风格等方面严格控制。一般情况下，体量尽量减小其尺度感，高度控制应使滨水区越近水处高度越低，形成层层后退趋势，以达到视觉穿透效果（即使更多的人能直接看到水面），同时又确保水域开放空间的舒展性。外观与风格则以高亲水性和地域特性（包括历史感）为控制目标。

建筑布局（非公园）一般围绕水滨配置，基地后部空间以畅通林荫道等方式设计，以期老远就可见到湛蓝的水和水滨亲水活动。

（4）开放空间设计原则

开放空间的存在是滨水区的一大特征，正是开放空间的存在，才使众多的公共活动成为可能，才让城市风貌特色得以体现。开放空间设计原则，有两个要点：系统性和多样性。系统性表现为滨水区内的开放空间成一连续的网络状态，同时与地域外的城市开放空间系统相结合，成为重要而有机的组成部分。多样性则表现为开放空间的场域特性的不同，产生多样化的感受和多样化的意象。

29

开放空间的要素为水域空间、滨水步道、广场、绿地，乃至室内商业街、骑楼廊道、中庭等，常常屋顶空间也在考虑范围之内，如众多的屋顶花园和屋顶运动场等等。滨水区开放空间系统设计的主要手法是利用滨水步道，串连一系列不同大小、性质、气氛的建筑与空地，使形成网络状。

景观是城市空间的基本内涵，而滨水景观尤显突出。景观组织突出亲水性意象，充分利用水的景观作用如整合性、跃动感和多样性等。

空间耦合关联因素的考虑和运用，使尺度不大的滨水区两岸成为一个连续对耦关系，形成一种旷奥相间的秩序感。

（5）活动与行为环境设计原则

滨水区开发利用的最终目的是为人们的活动和行为提供保障。活动的多样性，行为的自由感、满足感等是评价的标准。

人们的活动与行为受社会邻里结构与场域分配体系的限制和引导，同时还受到行为人的情感因素、行动能力等因素的支配。

滨水区活动场所供所有的人使用，如观光者、市民（老人、小孩、妇女、职业者、购买者等）及船员。特别对儿童、老人和行动障碍者提供相应的设施和方便。

此外活动的安全性、选择性、舒适性、休闲性、娱乐性等也是滨水区开发的目标。

（6）驳岸（护岸）和滨水游步道设计原则

突出亲水性设计和人性化倾向，如尺度小、曲线柔和、有亲水意向体验等。

防洪、游憩、玩水等因素统一考虑，充分利用水位落差和丰水期、枯水期的河床变化。

滨水游步道既是开放空间体系的一部分，又具有独立性。游步道的设计以亲水性和多功能性为目标。

（7）标志与铺装等设施的设计原则

标志以明晰性为前提，既满足人们的心理预期，又激起人们好奇探寻的欲望。

铺装以柔和、耐久材料为主，在人可接近的地方尽量多用木、石等天然材料。

在水色与绿色基调中点缀以鲜艳之色彩。

2. 小结

总之，城市滨水区环境设计是一项复杂的高综合性、高情感性、高技术性相结合的工作。它以人的活动多样性、亲水性为主线，组织开放空间体系和建筑形态，注重地域文脉特性，在大城市中复苏宝贵的自然环境要素——水，使人们重新回到水滨，找回他们曾拥有的事物（空间）。在我国，这项工作虽然由天津海河、南京秦淮河、合肥环城公园、上海陆家嘴等设计与实践开了先路，但成功的经验不多，到目前为止仍属初级阶段，加上各地的城市河水污染还有加剧的趋势，往往使人们对城市中的"水"缺乏信心。另一方面，人们向往着国外发达国家优美的滨水空间，也眷恋着我国江南水乡的素朴情调，但是，如何创造 20 世纪 90 年代乃至 21 世纪我国新的城市滨水区环境呢？当代的"模式"怎样才能适用于我们的国土呢？这些问题促使笔者在注重实效的研究基础上，把个人的体会与想法结合笔者熟悉的城市——上海的苏州河滨水区环境设计的具体操作，以深化大课题内容，并探寻我们的问题之关键所在。

三、上海市苏州河滨水区环境（更新）设计

（一）操作研究对象的选择

从广泛的视野来看：在城市滨水区环境设计研究与实践方面，有关水乡城镇、古城水域保护与利用方面已有不少实例，如苏州的河道整修，南京的秦淮河改建，合肥与沈阳的环城河绿带开发，等等。但是对近代发展起来的大中城市的滨水区环境则研究较少。本文选择了笔者所在城市——上海的滨水区环境为研究对象，首先是因为笔者在这个城市中生活、工作多年，对其城市环境较为熟悉。其次，上海是全国的经济、文化中心之一，是近代形成的国际性大城市。研究其环境设计，不但具有典型意义，而且是一个紧迫的、责无旁贷的课题。

从上海市区的河流环境形态构成的特点来看，根据空间尺度大小不同，可分为三级：

一级河流黄浦江，宽 500 米，外向性强，具有城市边缘意象；二级河流苏州河，宽 50 米，既有外向性，又有内向性，具有大城市内河意象，有较大的环境资源开发潜力；三级河流日晖港等，宽在 20 米以下，具有较强的内向性。

笔者选择了二级河流苏州河为研究对象,是因为苏州河横贯市区中心的特殊地位。它不是城市的立面,而是城市的断面。它把这个城市的内部构造,真实地暴露了出来。50米的宽度使苏州河具有独特的空间意象,同时具备内向与外向的性格,因而具有较大的环境资源再开发的潜力。

通过分析上海市城市总体规划及有关区域的详细规划,走访了有关方面的专家,结合苏州河全河滨水区现状的考察,笔者选择了恒丰路以东段为深入考察研究的对象,并从中选取河南路与晋元路段进行形态设计操作,该段处于东区的中段。前段河口至河南路桥是外滩空间环境的延续,建筑质量与环境质量都较好,以修缮更新为主;后段则与前段刚好相反,宜以新建、整建更新为主(有关部门已结合成都路改建工程做了详细规划),而中段则介于二者之间:(a)有其相对独立性;(b)有个性与空间优势(改建潜力);(c)需要改建。因此该段拟以改建更新为主,见下图。

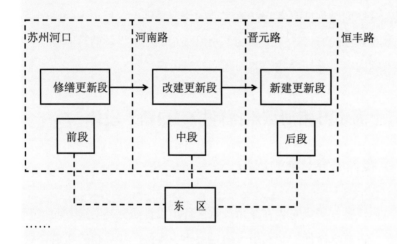

(二)滨水游步道与水域开放空间设计

1. 设计理念

提供人车分享,和谐共存的道路系统。

提供多样化的活动场所,增进人际交往与地域感。

提供舒适、方便、吸引人的购物路径和休憩场所。

提供安全、舒适的亲水设施和多样的亲水步道。

以游步道串连各活动设施、广场、绿地等开放空间以及室内公共活动空间。

提供合乎人性的空间尺度、生动多样的时空变换体验。

配置美观的植栽、色彩与晚间照明。

2. 设计操作分析

滨河游步道既是实质意义上的闹市区带状公园，更是展现城市意象的重要途径。所谓意象是指观察者对外界物象所形成的认知，包括瞬间的感觉和过去的经验，通常生动有组织的事物形象最易为人所接受，进而产生鲜明的印象。现就凯文·林奇（Kevin Lynch）所提出的构成城市实质环境的五种要素予以说明。

通道（Path）

在基地内通道有三种，游步道是其中一种，另两种是苏州河河道，购物公园等活动设施内部的长廊街路。这三者形成网络，把整个基地的开放空间与活动串连起来。滨河游步道设计考虑具有清晰的讫点、方向性、连续性、植栽的特性，建筑物的特色，活动的密度、强度，空间宽窄收放的变化，亲水性的体现，开放空间的联系和视觉的引导等。

边缘（Edge）

所谓边缘是指滨河游步道两旁地带一种线性的环境界限，可使观者察觉环境与环境间的区分。滨河游步道设计的边缘，路两旁强度不一，一边靠后背地，以建筑立面为界，具有可视性、连续性；而另一边靠水域，边缘模糊而轻快，具有穿透性与穿越性等视觉特征。

区域（District）

对游步道而言，区域是由其串联起来的包括水道、活动设施在内的基地公共活动空间领域系统。观者可穿行其中，并经由片断组合借各区域间的共通性于环境中成为一体。设计考虑了活动设施的特性、界限的明确性、植栽特色、活动类型和音响、照明等特性。

节点（Node）

节点通常位于交通往返、活动密集、环境转换的地点，并兼具集中与交汇点的双重特性。游步道设计根据特定地点限制，组织了一串相互关联的空间节点。设计考虑了节点的空间特性、交通的转换、环境中的参考点、特殊用途的集中性、人为构筑物的特殊性、视觉的引导性和丰富性等。同时，节点处理还宜考虑河道两岸的关联耦合因子，加强节点的连续整合效果和控制整个水域空间环境意象与特色。

地标（Landmark）

地标通常作为参考点，使观者在某一距离之外即可察觉，并可借以辨明方位，故位于水道两旁的建筑物及桥梁等都可以作为地标处理。地标具有外形突出、活动多样，可见性与纪念性强等特征。设计考虑了标志点的位置、方位、强度、意义等因素，设置了适当数量的地标。考虑到以上五种意象要素，在不同的角度、不同的时间下观察往往会改变其所扮演的角色，或是在相同的情况下兼具二者以上的意义，所以设计操作从多方面探索形态要素组合的可能性和实际构成效果，进行了多种尝试性解答。

3. 设计内容

（1）仓库建筑

仓库群的存在成为现状苏州河（基地范围）的特色。其特征是：（a）位置重要，多在河边、桥堍，对既有城市面貌的形成起支配作用；（b）朝向面水，随河道弯转，形成围屏；（c）外观封闭、坚固，形式单纯，实用性强，为典型的 20 世纪 20 ～ 40 年代近代建筑风格，也有少数为简化古典样式。

更新设想为尽可能多地保留仓库建筑的物质形态，替换功能，改建利用。具体手法：（a）沿河外墙面后退 2 ～ 3 米，留出走道或平台供公众利用；（b）底层与二层部分开敞，增加公共活动空间，同时与外部开放空间连成一体；（c）屋顶建成活动平台，布置绿化与可移动建筑；（d）在功能方面以大型购物公园、博览场所及多功能文化娱乐中心为主。

（2）居住建筑

苏州河边（基地）居住建筑有三类：旧里石库门建筑、棚户、新公房。

① 旧里石库门建筑

从时间上看在基地内有三种：1915 年前后建的四合院（极少数）、1927 年前建的老式旧里，以及 1930 年前后建的新式旧里。

从结构类型上看多为砖木结构，极少数为钢筋混凝土结构或混合结构。

更新设想为充实、完善、更新为高级滨河住宅区，拆部分质量极差的建筑群，辟出绿地。

② 棚户

为旧里或店面建筑演化而来。有些因是过渡性使用而缺少维修，有些则是在原建筑上搭建而成。在苏州河边很多地方普遍存在搭建，由于搭建使建筑物失去了原形，而呈现出种种变态。正是这种变态，形成了苏州河边特有的景观。

搭建方式有两种：(a) 在屋顶上加一层至三层简屋；(b) 在原外廊、阳台处搭屋加坡，增加围护结构。大多具有小尺度、多样性、实用性、简约性等搭建特点。

更新设想因棚户质量极差故以拆除重建为主，但拟保留一幢（山西路西侧），原建筑质量尚好，属钢筋混凝土建筑，临北京东路立面完好。改善内部设施与整修临河立面，整旧如旧，保留其风貌，改建成富有人情味的、多样的、有历史联想成分的居住建筑。

③ 新公房

苏州河边的新公房仅二幢，其中一幢为高层综合楼，是苏州河边唯一高层，由于立基太靠近苏州河，造型闭锁性强又背水而立，故设想采取外观的柔化措施来改变景观质量，如面材色彩以及绿化等。

(3) 工厂建筑

基地内工厂建筑多与里弄混杂，也有部分独立成团的，现状环境杂乱，更新原则是保留部分质量好的、有历史价值的或有特色的建筑，大部分简屋宜拆除，是基地内争取绿化旷地的重要对象。主要有三处即西藏路桥堍煤气公司（煤气包）、河南路桥堍电子研究所与灯泡厂以及现城市排水管理处所在地（原西牢）和上无十二厂。设想三者分别更新为娱乐总会、食文化研究博览中心与视觉艺术陈列中心。

(4) 桥梁

基地内河南路桥、西藏路桥与四川路桥形式相似，保存完好，造型秀雅，有古典折衷风格，拟加保护，适当改造。

西藏路桥保留栏杆，灯柱形式向西拓宽一桥面宽度，利用新材料与手法设计栏杆、灯柱、桥磴，与原东边形式相协调。

浙江路桥为重点保护桥梁，拟整修桥面，拓宽人行步道。

福建路桥为重点改建桥梁，拟重建或部分改建如栏杆、桥磴等。

设想在贵州路建人行步道双筒桥，桥底设管箱，桥面抬高，成为良好的观景处。

设想在山西路建非机动车桥梁，与北京东路有平交和立交两种方案构思，似以立交为妥。

(5) 驳岸、码头、道路与防汛墙

基地两岸边有道路两条，路面质量极差，与桥堍汇合处经常发生交通

35

事故。现防汛墙是在原有驳岸基础上层层加高的，故遇汛期到来险情百出。基地内还有一些顺岸式码头。

设计（更新）设想：由于沿河地点不同，限制条件也相异，拟根据特定地点采用特定手法处理。总的原则是：（a）与桥梁、南北干道立交；（b）拆除部分防汛墙，改变剖面形式，分层处理防汛要求（平时高潮与最高潮分档防范），把原车行道改造成以步行、自行车为主的滨江游步道，使人们能充分接近水面。保留部分码头，改建成游船码头。

（6）标志与铺装

现状地标有五六处，但无统一系统的指路牌等，铺装现以一般沥青石子路面为主，质量很差，多处积水。设想形成统一有序的标识，铺装以人行路面为目标，铺设石块或混凝土预制块如外滩。

（7）植栽

植栽种类分行道树、花坛、草坪、组景树、树林（公园）。植栽方式为多种树配合种栽为宜。以梧桐树为主，近水岸地植柳树，特殊地点种植银杏、香樟等。在公园等处种成片樱花树。草坪以天鹅绒草皮为佳，个别地点宜种杂草（花），以点野趣。花坛中植花以成片成块为宜。

（8）色彩与照明

现状沿河建筑以黑色、灰色为主，间以红砖墙的建筑物，显得很凝重。河水呈褐色，起波。沿岸水边为灰色水泥防汛墙和砖头，码头上的点点吊车以红、橙、黄三色为主，色调显得较沉闷。沿岸无夜间照明设施。

计划中的色彩，因沿河增加了绿化、花木，河水也变清了，成为浅褐色三级标准地表水，景观效果向轻快、明朗、活泼转化，鉴于此，计划色彩以红色、蓝色、浅灰白色为主调，杂以黄色、橙色等鲜亮色调。沿岸设置夜间照明灯柱。

（9）景观

考虑多层次多视点观景需求，设置滨江游步道，沿江建筑多设有空中走道和阳台，屋上花园也是观景的好去处。由于设计过程中以空间环境的连续性、多样性、耦合性、关联性等为目标，因此给景观效果带来了极大的效益，能满足多方面的需求。

中国寒带城市滨水建筑环境研究

白小鹏

白小鹏，哈尔滨工业大学建筑学院建筑设计及其理论专业教授，中国国家一级注册建筑师，中国环境行为学会委员。

论文时间

1991 年 12 月

摘要

本文摘选自笔者的硕士毕业论文，原论文通过对实例的分析，对我国寒带地区城市滨水区建筑环境改良的可能方向做了探讨，并提出了若干努力方向。原论文由三部分组成：第一部分通过对寒带水系自然地理特征及寒带居民水意识特征的分析，归纳出寒带城市滨水环境的一般特征；第二部分通过对松花江流域内三个城市滨水建筑环境历史形成及现状的分析，对良好滨水建筑环境的构成因素作了概述；第三部分通过对来自不同方面的关于滨水环境改良最佳意向和实例的分析，由松花江流域三城市滨水建筑环境改良方向的研讨引申出我国寒带城市滨水建筑环境设计与改良的若干努力方向。

考古学的成就可以提供许多例子证明，自远古时代开始，人类对于择岸而居就有偏爱。许多具有悠久历史的城市、村镇都滨临江河湖海等不同类型的水系。中国近代以沿海及内河城市为主体发展了一大批滨水建筑群体，这一时期的滨水建筑环境更加趋近于近代的生活方式。滨水建筑环境由比较单一的酒楼茶舍、市井家宅发展为具有较多专业设施的码头、仓库、工厂等多种多样的并具有极大综合性的滨水建筑群。人们在滨水区的活动也由以消闲为主演化成以劳作为主。经过近代的发展，当代滨水区多数城市环境不良，加之水体普遍遭受严重污染，因此城市滨水环境恶劣。20 世纪 60 年代后期，我国开始着手治理若干城市滨水区环境，取得了令人鼓舞的成效和宝贵的经验。但是，这些改良多数由于各种因素的制约而效果受到极大削弱，滨水总体环境质量仍然无法令人满意。随着社会文明的发展，建筑界系统内部感受到来自各方面越来越多的压力。笔者的导师刘云先生在 20 世纪 80 年代初就开始系统研究滨水区建筑环境设计问题。

我国寒带地区的滨水环境改良一般只是随着工业布局的调整和堤防建设而进行，虽然富有一定实效，但与投入相比，其结果尚不可言佳。城市居民对城市滨水区建筑环境寄予的美好期望与城市建设水平的反差不见缩小。近年来各地方十分重视"地方资源优势"价值的再认识、再开发，寒带地区城市无不以其城市濒临的水系是宝贵资源。建筑师对滨水建筑环境的形成负有极大的专业责任，在此方面迫切需要进行认真的、系统的研究。

本文中"滨水区"泛指陆地与水系相接的部分，特指城市与江河岸地直接相连的地带。因为本文研究对象限于江河水系，所以这里所说的"地带"一般限于水际至陆地纵深方向宽 300 米左右的条带。

本文中"城市滨水环境"的意义包括城市滨水区中所有较为长久的存在因素，这些因素分为如表 1 所示水体和岸体两部分：水体指液态水及水的衍生形态，水体是地表或一定自然空间领域内被水覆盖的综合体[1]；岸体包括滨水区内人工的、半人工的及自然形成的几乎所有因素。

1. 侯宇光等：《水环境保护》，成都科技大学出版社，1990，第 5 页。

表 1　滨水环境组成

滨水环境组成	水体	水，冰，雾，水中杂质，水中生物（鱼类、两栖类）；底质（沙、泥、石）；船只；航标等
	岸体	建筑物，构筑物；小品；绿化；广场；堤岸；码头；车辆；人物等

2. 生活空间（Ecumene）是古代希腊作家首先使用的名词，专指地球表面那些有人居住的地区，借以区别其他无人居住的地区。R. 盖达和 L.E. 哈梅林修订并扩充了这个名词的概念。

3. 周进：《中国旅游地理》，浙江人民出版社，1985，第380页。

4. 黄就顺：《中国地理概论》，香港上海书局出版社，1982，第135页。

5. 中国科学院黑龙江流域综合考察队：《黑龙江流域及其毗邻地区自然条件》，科学出版社，1961，第27页。

本文中"寒带"界定为有寒冷气候特征的生活空间[2]，在本文中将我国东北地区称为寒带，理由如下：（a）从全球来看，东北地区处于中纬度地区，但就我国而言，它是全国纬度最高、气温最低的地区之一。（b）东北地区与北半球寒极东西伯利亚临接，从北冰洋暴发的寒潮经常经过这一带南侵；东北地区西面是海拔千米的蒙古高原，西伯利亚寒流以高屋建瓴之势直袭下来；东北地区东北方向是素称"太平洋冰窖"的鄂霍次克海，从那里发源的鄂霍次克海气团常常来到本区。上述原因使东北地区冷季气温较同纬度大陆低10℃以上[3]，与全球生活空间中寒带地区相似。

一、寒带城市滨水建筑环境概观

本文选择松花江作为研究实例。松花江流域地处我国东北中部，是比较典型的寒带水系，在其上游、中游、下游选取吉林市、哈尔滨市、佳木斯市作为具体分析对象，有利于加深对北方寒带城市滨水环境的系统性认识。

寒带水系一般具有如下自然特征[4]：（a）寒带水系流域一般人口密度较小，上游源头地段多山谷沟壑；中游干流多呈集中宽大的格局，河道稳定；下游水网交叉密集，多沼泽漫滩。（b）寒带水系存在不同程度的春汛和夏汛。（c）普遍有较长时间的封冻期。（d）寒带水系流域原始自然生态一般保持状态较好。（e）寒带水系对其流域内的人类生活影响巨大[5]。

二、寒带水系居民的水意象

中国以汉文化为主体的传统思想的水意识可以归结为由水的三个基本特征而衍生出来的三个核心：属阴、性活、向下。在构成中国传统世界观的阴阳二极结构中，水是阴性的典型代表与化身，因而水被赋予了许多象征进步、美好、广博、深邃的意义。由此，中国的水空间环境中就尤以表现这三个核心为传统，极其崇尚与追求水的第一自然属性。另外，中国传统水意识还很重视对于水空间诸因素的完整体验。在西方更为广泛的认知中，水是大自然中最具活力的因素，而在科学革命时代到来之前，他们就倾向于试探、驯服与改造自然界具有无穷神秘色彩的水[6]。西方传统上更倾向于表现和欣赏为人类所加工过的、改造过的、驯服了的水态，更热衷追求水的第二自然的属性。中西方传统水意识的不同造成了较明显的差别，体现在西方城市广场和宫殿中的水景与中国古典园林中的水景的差异，西方习惯使用大量机械的、光学的装置使水在精密构思、严正规则的池、台中充分地表演；中国则使用与自然界几无二致，但又更精巧、更有概括力的材料和手法，使水安静而优雅地憩贮在那里。

中国寒带地区的农业居民曾面对极为广阔的沃土，他们比较容易选择到地表水利特征良好的地区，因此他们就不一定非要到濒临大河的地方。历史上的农业社会几乎都是自给自足的，近大河有洪涝之患，因此这一地区很多先期形成的农业定居点都不与大河太近，而是保持 2.5 至 10 千米的距离。在中国寒带地区，传统上有相当多的居民是渔猎和游牧居民，相对于农业居民，他们在这一地区的活动区域更接近大河。游牧居民更多是利用自然水系养育自己，他们以迁徙的方式来应付各种水利情况。所以，游牧居民对水的崇拜不如农业居民那样根深蒂固和谨小慎微，他们选择机会较多，所以态度上多少有些"漫不经心"，较少有关于水的迷信，更容易接受相关的新思想。由于中国东北寒带地区农业和牧业居民水意识中共同"消极"因素的作用，使得中国东北地区的大多数水系呈现原始的自然状态，这种情形一直持续到近代。

中国东北寒带地区的用水在近代发生了相当巨大的变化。随着工业时代的到来，这一地区成为主要的工业发展地区，城市迅速发展，对水的利用由农牧时代飞速进入了工业时代。居民为迅速发展的工业经济所感召，热烈追求工业时代的生活方式，在很短的时间里改变了濒临大河城市居民的用水意识。由于其中相当一部分是由外来力量领导和推动的，又由于这种新的力量所带来的新的水意识源自工业文明的发源地——西方发达的工业国家，就不可避免具有了西方传统水意识的因子。近代以来，当地传统的水意识不再是指导思想，而新的西方式的水意识迅速以强大力量将当地传统水意识冲击得几乎无影无踪[7]。

寒带地区的气候和地理特点所形成的寒带水系和其居民水意识的特殊性，决定了寒带城市滨水环境的一般特征：

其中最为突出的特征是分季节改变其景观。这一地区的多数河流均有长达二至七个月的封冻期，在这期间，原本流动的、液态的水体变为固定的、晶状的冰体，人们头脑中习惯了的关于江河水面的意象为这一

6. 埃伦·G.杜布斯：《文艺复兴时期的人与自然》，陆建华 译，浙江人民出版社，1988。

7. D. F. 普特南、R. G. 普特南：《加拿大——区域分析》，周起业 等译，北京出版社，1980，第34页。

景象所彻底改变。这一特征造就了寒带城市滨水环境分季使用的特点。即使在春、夏、秋三季，大多数城市滨水环境也由于水位的大幅度变化而明显改变，春、夏水位较高，秋季径量则大大减少，往往使河川中沙床、漫滩等露出水面，从而明显地改变水体景观。

寒带城市滨水环境的另一特征是滨水区内功能的严格划分。一般寒带城市滨水区域内的功能划分都严格而单一，例如将岸线划分为公园、林地、广场、码头、仓库，等等。这种严格的划分往往使各功能区域各自封闭，也会造成相邻区域之间岸线景观明显不协调，而功能区域内又往往单一有余，丰富不足。

再次，寒带城市滨水区内的各功能分区与城市相关功能中心的关系一般是较为松散的，表现在二者间空间距离较大。

另外，为了防汛（洪汛和冰汛），对于穿过城市的水体，多用严格的方法将其防护起来，石材或混凝土构成的堤坝构成了滨水环境的重要景观因素。

三、松花江流域三城市滨水建筑环境分析

松花江属黑龙江水系，是寒温带性的季风型河流，春、夏成汛，全长 1956 千米，流域面积超过 54 万平方千米[8]。松花江有南北两源，以南源为正源，发源于长白山脉的长白山天池，向西北流经吉林省与嫩江汇合，始向东北。松花江干流流经处地势平坦，至哈尔滨一直向东，至同江与黑龙江、乌苏里江汇合，由哈巴罗夫斯克（伯力）向东北，于俄罗斯境内流入鞑靼海峡。松花江水量充沛，通航里程超过 1500 千米，是中国东北地区航运价值最大的河流。在封冻期，松花江封冻江面冰厚达 1～2 米。松花江江宽水阔，沙量小，风景优美，上游流经茂密丛郁的森林区，中下游流经富饶广阔的农田。

8. 吉林省博物馆自然部编：《吉林省自然地理》，吉林人民出版社，1960，第 66 页。

表 2　松花江流域分布概要

水系	总长 (km)	黑龙江省长度 (km)	吉林省长度 (km)	总流域面积 (km²)	黑龙江省流域面积 (km²)	吉林省流域面积 (km²)
松花江	1956	1990	1010	546 000	423 605	122 395
西流松花江	900	—	900	77 885	—	77 885

1. 松花江流域三城市滨水建筑环境的历史形成

（1）吉林市

吉林市位于吉林省中部偏东，松花江从南向北贯通全市，地势从东南向西北坡降，气候四季分明，最低月平均气温－18℃至－20℃（一月）。吉林市的发展是以吉林大桥为中心的左岸地区辐射开来的，最早的居住建筑、公共建筑、工厂等均集中于此，随着政治、经济活动在左岸的日益增加，在这一地段的滨水区内逐渐兴建起了办公楼、学校、银行、教堂等，从而明确了这一滨水地段在吉林市的中心地位。作为城市中心区，这里又恰是松花江的凹岸，受江流冲击严重，所以较早对此段江岸进行了人工加固整修。吉林建城的早期由于较少受到外来工业浪潮的冲击，所以其城市发展明显与传统中国文化相吻合，它环山临水，城市中心区位于凹岸腰部，面朝东南，迎朝阳而面大江，与风水学说中的有关要目非常接近。

（2）哈尔滨市

哈尔滨市位于松嫩平原东部，松花江由西向东穿过城市北侧，地势呈东南高，西北低。这里冬季严寒，春、秋季短暂，最冷月平均温度－19.7℃（一月），最低温度可达－41.4℃，多晴朗天气。19世纪初叶，这里形成了由十几处农牧村落聚合而成的居民点。哈尔滨在尚未形成城市格局时就迎来了外来文化冲击，从而导致自身进入工业化时代。1896年俄国在中国东北"被"赋予了修造、管理中东铁路的特权，同年俄国在香坊设立了建设指挥机构，并确定哈尔滨为其中心。为了适应修建铁路的需要，在道里兴建了码头、专用线、铁路工厂以及道路。在这一时期的规划中形成了旧哈（香坊）、新城（南岗）、八站（道外）、埠头（道里）的城市四区格局。工业时代到来之前，哈尔滨作为农牧时代的居民点，对于松花江是一种"若即若离"的关系（图1）。但随着工业建设的开始，为了方便运输，首先在沿松花江的道里区、道外区大量兴建了码头和专用道路，使沿江滨水地段立刻成为开发热点和核心（图2），形成了以工厂、码头为核心的同心圆放射式发展的格局，且建筑功能极为混杂。松花江哈尔滨城市段江面宽阔、较少弯曲，对岸太阳岛上林木茂盛，这一时期滨水区中以江上俱乐部一段所形成的滨水公园环境为最好。

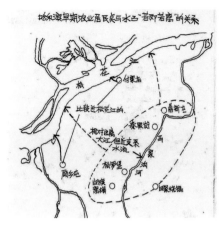

图 1　早期哈尔滨与松花江关系示意

图 2　哈尔滨城市由江岸核心向腹地发展示意

（3）佳木斯市

佳木斯市地处东北地区东北隅的黑龙江、松花江、乌苏里江流域的三江平原，松花江由西向东横贯其中。这里最冷月平均温度 - 20.2℃（一月），最暖月平均温度 22.9℃（八月）。佳木斯市开发较晚，其经济早期也属于自然经济类型。在日伪时期，并无一个相应的统筹城市建设方针，市区滨水环境呈自然发展的形态。松花江水运港成为其城市滨水区的核心。在这一时期，城市滨水区即以码头、仓库、堆场及民房为主调。

通过表 3，上述三城市滨水环境的历史形成一组对照。

表 3　松花江流域三城市滨水环境的历史形成

| 城市 | 滨水环境初步形成的时间 | 滨水环境形成的原因 | | | 主要用水方式 | 水质 | 防灾措施 | 滨水区功能组成 | 环境评价 |
		政治	经济	民俗					
吉林	1673 年以后	政治行政机关驻地，政治中心，水军基地	造船等	中国传统的水意识	航运、生活、游乐、少量的工业生产	良好	城市中心有比较坚固的人工堤坝，局部使用人工砌体	机关、商店、住宅、码头、造船厂、教堂、滨水大道	比较好
哈尔滨	1898 年以后	外强侵入外国文化传播中心	兴建铁路等	外来的具有西方因子的工业社会文化	工业生产、航运生活、少量供渔猎及游乐	受到污染	自然质地的垒筑，疏于修整，堤岸薄弱	工厂、码头、仓库、住宅、公园	比较差
佳木斯		外强入侵	开发资源	中国传统意识与外来文化松散的结合	航运、渔业生产、生活、少量工业生产	良好	随机为应付洪汛而筑成的自然质地大坝	码头、仓库、堆场、民居	杂乱

43

2. 松花江流域三城市滨水建筑环境现状及分析

（1）吉林市

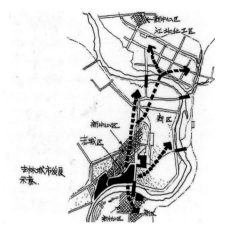

图3 吉林市城市发展示意

吉林市 1950 年以后城市发展迅速，市区建设用地以老城区为核心，沿吉林大道向北发展，加上旧城北部松花江右岸上新建了吉林化学工业公司，市区面积扩展数倍（图3）。在市区上游左岸老城区一线，形成以松江路这一滨水大道为主体的沿江景观，滨水大道的一面邻靠松花江，一面是办公、金融、文化、商业等公共建筑。这一区域滨水大道与护堤结合自然，江堤形象严整，岸边植有高大树木，是吉林全市欣赏夏日江景及冬日"树挂"的最佳去处。中游自吉林大桥至龙潭大桥一段，左岸几乎全被工业企业占据，工厂、仓库、住宅混杂在一起，堤坝下多为漫滩，坝顶距水面较远，滨江大道内侧围墙、建筑间或屏挡。右岸龙潭山下铁路车站占据此段江线 1/3 左右，其余以山体为江水背景，成为绝好的滨水风景。下游滨江两岸江体变化较多，河床漫滩开合起伏，吉林化学工业公司坐落于此段江右岸，与左岸的工厂区将松花江夹在中间，除江北公园一带之外，此段滨水区内建筑形态混乱，色调灰暗，空气及江水污染严重。吉林四周环山，松花江呈 S 形穿过市区，为城市提供了较长的滨水岸线，对构成城市良好的滨水景观极为有利。但目前除吉林大桥以上一段江岸之外，沿江其他各段环境均不理想，滨水区建筑较少考虑总体环境效果，也几乎没有商业服务设施在此。

形成上述情况的原因大致有二：第一，吉林市自 20 世纪 50 年代以来大力发展工业，一切为工业发展让路，城市北部新区几乎为工业用地占满，近年虽有意于江畔环境的开发整饰，但格局已成，难于立见成效；第二，吉林市四周山明水秀，古迹颇多，市区内良好的滨水环境尚不成为市民唯一选择，市民对不良的滨水环境反应相对淡漠。

（2）哈尔滨市

哈尔滨的大规模城市建设与发展是与 20 世纪 50 年代的工业迅速发展同时开始的。有幸的是，在这次发展的初始就注意了松花江滨水区的环境改良。中华人民共和国成立以来没有再在这一地段新建工业企业，并逐步将原来布置在此的码头、仓库向东迁移，使市区滨水区 5/6 左右的岸线得到了解放。同时，统一将滨水区建筑从江堤处后退 100 米至 300 米。结合防洪修堤，将堤防区改造成长达 48 千米的沿江公园。目前，右岸西起顾乡大坝、东止松花江船厂，形成了一条带状滨水公园，它与左岸的太阳岛绿化带相呼应，为夏日的哈尔滨在波光粼粼的松花江畔嵌上了道浓绿的花边。这里已经成为哈尔滨居民最喜爱的地方之一，其中最受青睐的是铁路松花江大桥上游至九站公园一带，这里设施较为完备，而且该段岸线与城市中心区最近，又直面对岸太阳岛风景区，交通便利。对于城市腹地的居民来说，来此地游玩不仅可以享受最美丽的江畔风光，领略九站游泳场的泳趣，而且交道路线相对短捷，还可以在路途中经过繁华的中心商业区，一举多得。在秋季枯水期，沙洲露出了水面，它不仅使两岸之间多了一个中间层次供人临江观看，而且为热情奔放的人们提供了又一尽情挥洒的场所。严冬时节，这一区域活力依旧，各种冰雪运动在这里展开，在冰面上，有足够的平坦场地提供给各种活动。从道外七道街开始向东是哈尔滨港，由此向东至船厂的滨水区环境与公路大桥向西至顾乡大坝西端的情形差不多，这里的滨水区环境安逸宁静；公园主要为附近的居民服务，也有刻意追求清静而来的游客和垂钓者。从左岸看过来，这一滨水公园为右岸嵌上一条绿带使江景轮廓变得统一、协调。公园内小环境的组织也受到了重视，例如大桥公园的角墩处的空间处理，向阳、背风、通视，即使是在较冷的春、秋季节也有人在此休闲。如图 4 和图 5 所示的剖面形态是结合防汛大堤做滨水公园的例子，这种形式比较充分地提供了能满足不同游览角色需要的环境。滨水环境层次与人的关系如表 4 所示。

表 4 滨水环境层次与游览者行为和心理需求

	滨水层次	第一层次	第二层次	第三层次
环境	与水面关系	直接相邻	稍有距离，但与水面通视	有一定间距，且视线有遮挡
游览者	行为需求	戏水、游泳、垂钓、坐在台阶上观江或交谈……	观看江景、阅读、小憩、散步、健身运动……	谈话、小组举行小型聚会、情侣约会……
	心理需求	有展示欲望的、公开的、无所谓的	平静的、景色优美的	安静的、隐蔽的、不受干扰的

江畔餐厅不仅以美观的建筑形象为滨水建筑环境增添了优雅，而且面向大江的平台又为客人于饮食间亲近水面提供了良好场所，江上俱乐部挑入江面的建筑体亦有异曲同工之妙。同样一个比较成功的例子是老头湾游泳场所提供的滨水建筑环境，人们在这样的环境中各得其乐，这种在不太大的空间中包含若干环境层次的布局手法，对于习惯以家庭为单元游览的居民来说具有重要的意义。

哈尔滨的滨水环境有如下成因：第一，哈尔滨城市内及城市周围除松花江之外，几乎没有什么诱人的风景游览区，市民对松花江风光资源视如珍宝；第二，有计划地将市区滨水岸地从专用部门解放出来，压缩上述部门必须保留的部分于最短、最集中的岸线段落，并尽量置于市区下游，从而使滨水区最大限度向全体居民开放；第三，重视滨水环境设计细节处理，尽可能为人们提供良好的视觉环境和有效实用的设施。

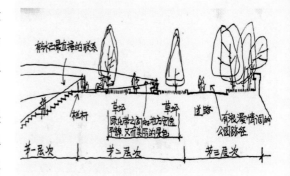

图 4　哈尔滨结合大堤建设的滨水公园断面示意 1

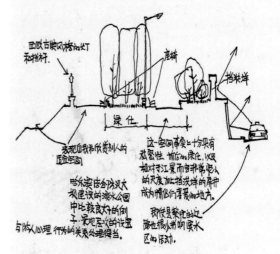

图 5　哈尔滨结合大堤建设的滨水公园断面示意 2

（3）佳木斯市

佳木斯市目前已发展成为黑龙江省东北部的政治、经济、文化、交通中心。佳木斯滨水区目前以港口为主体的格局也许仍将在滨水区中占据相当重要的地位。佳木斯市区中心沿江地段基本格局与哈尔滨类似，纪念塔作为滨水公园主要入口标志屹立于广场中间，形成明显的视觉中心，拾级而上即可极目大江，左右两侧的堤上公园和对面江中柳树岛都是居民、游客喜爱的地方，消夏时间还在这里举办文艺活动，冬季则在这里雕冰塑雪。人们往往会批评两地滨水环境甚至在细节上都有太多的雷同，而我认为佳木斯在细节设计上是丰富的、有个性的，以此完全可以达成有相互区别的风格和特点。

通过表 5 可以将上述三座城市滨水环境现状作一组比较分析。

表5　松花江流域三城市滨水环境对比分析[9]

城市	城市人口（万）		城市主要经济活动	用水方式	滨水区用地性质	分季变化	防灾措施	水质	滨水区与市中心关系	环境评价
	全市	市区								
吉林	400	99.87	化工生产、电力、冶金、造纸	工业生产、生活日用、排污、航运、游览	工厂、仓库、公共建筑、住宅、滨水大道、码头	不封冻	严格，样式单一	严重污染	滨水区中心与旧城中心直接毗邻，城市岸线长	较差
哈尔滨	396.18	274.76	机电工业、机械加工工业、林木加工、亚麻纺织	工业生产、航运、游览、生活日用、排污	滨水公园、码头、公共建筑、住宅	封冻	严格，样式变化较多	污染较重	滨水区中心与城市中心有一定距离	较好
佳木斯	273.35	59.67	造纸工业、林木加工、矿冶工业	航运、工业、排污、生活、游览	港口、工厂、仓库、堆场、滨水公园、住宅	封冻	严格，样式变化单一	严重污染	滨水区中心与城市中心有较为直接的联系	较差

9. 表中所示人口数量为1988年年底的人口统计结果。

四、对哈尔滨市最佳滨水环境意向的调查和分析

对哈尔滨城市最佳滨水环境意向的调研所得资料经分析归入如下三个方面。

1. 政府方面的意向

哈尔滨市政府部门一直认为松花江的天然景色驰名中外，横贯市区的江体，江宽水阔，沿岸近水漫滩，沙质细软，是理想的天然浴场。太阳岛位于松花江左岸，具有质朴的自然美感，是度假、避暑、疗养的胜地。而且，哈尔滨市附近再无其他风景游览区，因此为全市居民提供最佳的滨水环境一直是政府部门不懈努力的目标[10]。1984年哈尔滨城市总体规划中又对此在如下方面作出了努力：（a）在道外区五道街至七道

10. 王之堃、王连贵：《面向未来的哈尔滨》，红旗出版社，1985。

街沿江岸线增设轮渡码头；扩建哈尔滨松花江客运港及其广场于七道街至十二道街区段；十二道街以下岸线将作为沿江公园进行绿化扩建，其中原十二道街至十八道街省航道局船航管修及生产船舶停靠区迁至江北岸，原十二道街至二十道街的市、地方船运码头迁至东大坝之外新建，在海军船坞及东大坝下游扩建部分专业码头，并设专用铁路线，建立粮食、木材、煤炭、建材固定作业区。（b）整治松花江水的污染，新的措施包括减少城市区段大江和支流的排污口；新建污水处理中心；敦促和协同上游地区治理污染。（c）严格管理沿江堤防地段，严格控制江岸地段的环境秩序。

　　这些措施的实施对于提高哈尔滨市的松花江滨水环境质量具有积极意义。措施（a）使道外区滨水环境得到极大改善；措施（b）明显地改善了水质；措施（c）在实施过程中建设了一条沿江岸线与城区之间的纵向道路，这条道路不仅为防洪抢险提供了极大方便，而且明确地将滨水公共活动区同其他区域划分开来，保证了滨水公共活动区不受挤占和蚕食。现在，政府在达成上述努力的同时，正在积极对滨水区环境做新的开发尝试，包括在其中开办各类商业服务，同时鼓励在滨水区举办各种群众性活动。政府认为，这些活动能够吸引更多的人来领略松花江风光，有助于为居民提供健康、优美的生活环境。

2. 居民方面的意向

　　夏日到松花江、太阳岛野游一直是哈尔滨人最喜爱的活动之一。几乎每一个家庭都要在一个夏季中至少举办一次这样的活动，各类社会团体也热衷于组织自己的成员来这里游泳、野餐或者举办篝火晚会。松花江滨水环境对于居民来说有非常直接的关系，居民对这一滨水环境的关心程度甚至超出了我们原先的预想，许多人对此有相当系统的见解，其中关于滨水区最佳环境的意向比较集中地反映在如下方面：（a）绝大多数人对滨水区作公园状都十分满意，对其评价是"安静""自由""视野开阔""对身心健康有好处"。（b）江水的污染构成了对良好滨水环境的威胁，大多数人谈及此事时表示严重忧虑和不安。（c）当被问及冬天时节这里的景象及个人感受时，大多数人认为"可怕""受不了""很少去"；另一部分人则认为"更安静""更美妙"。（d）夏季是滨水区的黄金时节，应提供更多的供游人使用的空间，这里难以找到比较理想的空间来满足游人自身的需要，多数被访问的人都提到了这个问题。

（e）居民们普遍希望在滨水区内增加生活服务设施。现有的服务设施基本上只能满足最低层次的需要，许多人认为如果想要在这里度过一段愉快时光，就要事前做许多准备工作，他们认为如果滨水区本身具有一定水平的服务，则不必做这些准备工作或者至少工作量不必那么大。（f）对于居住地点不在滨水区及其附近的居民来说，滨水区环境问题的概念往往包括了他们与滨水区之间的交通问题。（g）居民们认为滨水区应当有更多、更丰富的活动；许多人尽管承认自己也许漫无目的，但却希望能有些东西吸引自己。

居民是滨水环境最多数也最直接的体验者，意向纷繁而细致，并且是建立在自己直接的切身生活感受之上，总体来说具有相当广泛的代表性。

3. 游客方面的意向

多数的外地游客对太阳岛的现状表现出极大的失望，认为"名不副实"，他们认为这里应当加强类如他们想象中的那些供人游乐的设施建设；其次，他们认为这里的服务设施不完备，在这方面的反应，游客的措辞远比居民激烈；另外，只有极少数游客领略过冬季的松花江滨水区，即使是未封冻的秋季，游客也觉得它"太冷了"。

游客的意向也许与他自身的生活环境背景有关，但是游客面对一个陌生的环境所作出的评价往往比常住在此的居民更客观、更尖锐。而且，去除由于角色的不同（常住居民或游客）而造成的生活要求方面的差异之外，游客的体验由于更多抛弃了地方主义式的偏爱和故土依恋，客观性就更大了一些。

4. 哈尔滨市最佳滨水环境意向调查总结

来自上述三方面的意向可以简略地归纳于表6中。

49

表 6 最佳滨水环境意向调查总结

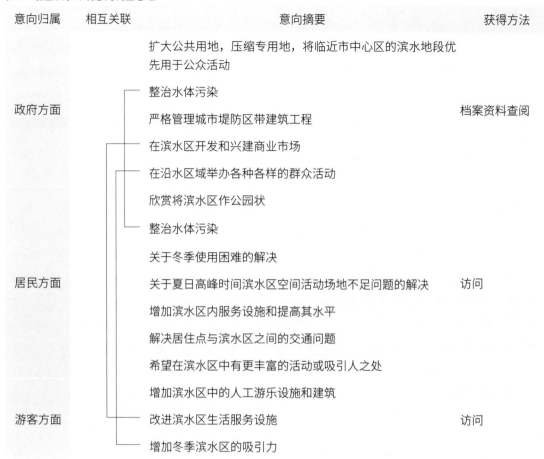

意向归属	相互关联	意向摘要	获得方法
政府方面		扩大公共用地，压缩专用地，将临近市中心区的滨水地段优先用于公众活动	
		整治水体污染	
		严格管理城市堤防区带建筑工程	档案资料查阅
		在滨水区开发和兴建商业市场	
		在沿水区域举办各种各样的群众活动	
		欣赏将滨水区作公园状	
		整治水体污染	
居民方面		关于冬季使用困难的解决	
		关于夏日高峰时间滨水区空间活动场地不足问题的解决	访问
		增加滨水区内服务设施和提高其水平	
		解决居住点与滨水区之间的交通问题	
		希望在滨水区中有更丰富的活动或吸引人之处	
		增加滨水区中的人工游乐设施和建筑	
游客方面		改进滨水区生活服务设施	访问
		增加冬季滨水区的吸引力	

　　考虑到观察在搜集非语言行为意向方面的优势，还在本研究中进行了实地的非参与性的观察。

　　将观察所得到的结果按照"什么活动－什么人－什么地点－什么时间－为什么"的模式[11]归纳于表 7 中。

11.阿尔伯特·J.拉特利奇：《大众行为与公园设计》，王求是、高峰译，中国建筑工业出版社，1990，第 177 页。

表 7　非参与性观察结果

活动	人物	地点	时间	说明
聊天、练自行车、游戏	老人和儿童	城市堤防的最两端顾乡大坝公园西端	上午 9 点	安静而阳光充足
垂钓	中、青年男性	江流切入城市边缘的浸滩	上午、中午	与城市最近的具有野趣的漫滩，空气中有很大腥味，老年的和其他一些垂钓者停留在大坝脚处
游戏	儿童	顾乡大坝公园中段	中午、下午	有较大的冷风，成年人也感到不适
散步、晒太阳、听收音机	老年人	顾乡大坝公园最靠近城市中心的东段	上午 10 点	这里可以看见城市的高楼大厦而又听不见城市的喧嚣
看顾幼儿、游戏	妇女和儿童	顾乡大坝公园最靠近居住区的地段	上午	有些带小孩的妇女在此，住宅小区的入口在大坝下 200 米处
观江、摄影	各种身份、年龄、性别的人	公路桥附近的桥头堡	中午 12 点	晴朗的星期天中午，这里有不少于 10 对新婚者由家人陪同在此游览，并由此造成一定混乱，执勤警察上前维持秩序
晒太阳、阅读、游戏、下棋、聊天	老人、幼儿、妇女	九站老头湾	中午 12 点	在长廊围合下的空间中聚集人数较多，沙坑附近也有很多人
练功、健身	老人	九站附近树林中	下午	安静，几乎没有干扰
演唱	老人及各色游览者	道外客运港以西300 米处	下午 2 点	这种即兴活动吸引了大量退休者和游览者，在一年良好的天气中这一活动总是进行的
下棋、晒太阳、聊天、商业活动、散步	老人、商贩	道外客运站以西500 米内	下午 4 点	全汇段平时聚集人数较多的地段，小商品买卖、文化娱乐、儿童游戏设施设备密集
/	/	下游滨水区城市住宅前	下午 1：30	多为居住者在此活动，平时很少有外人来到此处，只有刻意追求安静的阅读者、思考者、情侣才偶尔来此
放风筝、观江、小商品交易	各种身份、年龄、性别的人	景阳街口	全天	春秋两季这里人最多，使交通发生混乱
观江、练功	老人、情侣	道外客运站西侧凸入江中的平台	全天	平台距水面很近，而且视线开阔，平台靠近江一侧角落不受行人干扰
/	/	斯大林公园中部	早晨	居住在附近的居民在此进行健身活动

活动	人物	地点	时间	说明
/	/	/	上午	有小学生在这里活动
			下午	游人如织
			傍晚	警察在这里操训，吸引许多观看者
跳舞	老年人、青年人	斯大林公园友谊门前	傍晚和清晨	几乎天天如此
/	/	少儿活动中心，老干部活动中心	/	无人在此停留
/	/	下游专业码头区以东	/	冷漠的防爆墙及巡逻的哨兵使人望而生畏，无人停留

五、松花江沿岸三城市滨水环境改良的可能方向

1. 滨水区用地属性的抉择

在滨水区内应尽可能扩大公共活动用地，压缩专用地域，并且应将资源最良好地段优先用于城市公共活动区的开发。在哈尔滨市区岸线的右岸，长达 48 千米的大坝上均已建成了比较完备的带状公园，已成为哈尔滨市最具有吸引力的公共活动场所之一，在其下游的岸线上建有以码头和仓库为主体的专用区域，这一划分形成的格局对于生活和生产作业都是有利的。虽然也可以将住宅与商店、饮食店、文化娱乐场所共同归入半公共活动场所这一范围，但由于住宅区既不欢迎大批不速之客造访，又没有能力完全拒绝打扰，所以住宅最好建于滨水区中那些相对远离城市中心区的地段，将住宅建于滨水区的非中心地段还可以增加这些区域的活力。

2. 滨水区公共场所的形式

寒带居民在经过了严冬之后大多数人更愿意来到户外，而松花江浩大宽阔的江面使得滨水区呈现出城市中少见的旷阔清新，这就要求滨水区向人们提供大面积的室外活动场地。

（1）总体布局

角色理论认为，人们无论在做何种事情都是在自觉或不自觉地扮演一个在自身心理上有所印记的角色形象。到滨水区来的人也是如此，在滨水区这个环境大舞台上上演着自己的剧目，当这个舞台为角色的上演提供了恰如其分的背景时，角色扮演者（那些来滨水区的人们）就在心中产生愉悦感，对滨水区产生发自内心并将永远融入记忆的好感。相反，如果这个环境舞台与角色不协调，甚至相违背，就极大地阻碍了角色的实现，使得这个角色的扮演者心绪黯然。在这种时候，无论这个舞台对于别的角色来说是多么合适，但对于这个受阻碍者来说是没有什么积极意义的。虽然可以认为角色能反过来适应舞台，并由于舞台而诱发灵感，但这对于本身即在心理上处于"自觉与不自觉"这样一种微妙状态的游人来说并无多大实际价值[12]。通常，游览者担当的角色可以分别用"探险者""诗人""领主"这三个名字概括成三类："探险者"类游览者最大的乐趣是要体验于"无助"的情况下在自然中生存，进而了解和自然的感觉；"诗人"类游览者喜爱那种对自身没有危害，并可以诱发其激情和灵感的富有戏剧性的景观。"领主"类的游览者则较多用以归属性为基础的偏爱情绪来领略周围的环境。在滨水环境特征方面，相应也就可以划分为三类：第一，"美丽如画的"风景；第二，"浪漫的"风景；第三，"荒野的"风景。第一种是泛指那些城市的、乡村的、世俗化的、人工构造痕迹明显的风景；第二种是指那些具有园林化倾向的、精致的、变幻的、有更多拟人化组织的风景；后一种指那些在生态学意义上比较严格的与人类生活相隔绝开来的风景。它们分别对于"领主"类、"诗人"类、"探险"类的游览者具有强大的吸引力。在滨水区公共活动场形成的总体布局上应当注意层次性分布，如（图6）所示。

从表8中可以看到其中的分析要素。

12. 参见杨公侠教授的《环境心理学》课程。

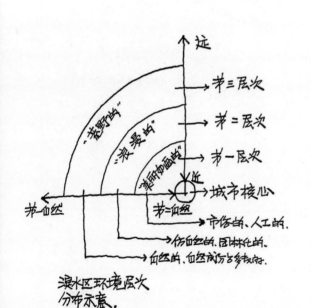

图6 滨水区环境层次关系示意

表 8　风景环境特征与游览角色的关联

环境层次	与城市中心区的关系	环境特点	环境角色	活动	进行活动的代价	举例
第一层次	直接相邻	"美丽如画的"风景环境	"领主"类的	休闲、小憩、散步、阅读、一般观光等	时间短，费用低	吉林松江路，佳木斯防汛纪念塔，哈尔滨江堤带状公园
第二层次	邻近/稍远	"浪漫的"风景环境	"诗人"类的	野游、野餐、游泳、观光等	时间长，费用中等	哈尔滨斯大林公园江堤与漫滩
第三层次	稍远、较远	"荒野的"风景环境	"探险者"类的	主题活动、团体活动等	时间长，费用高	吉林龙潭山纵深，哈尔滨太阳岛纵深

　　环境层次的划分方式是多样的，比如哈尔滨道里堤岸的剖面形式就提供了两个环境层次（图7）。吉林、哈尔滨、佳木斯三城滨水环境，都有在这方面努力完善的可能性。吉林第一、二层次欠缺明显，第三层次比较完备；哈尔滨第一、二层次比较好，而本应作为第三层次的太阳岛区目前建设日益城市化，破坏了滨水区总布局的层次分布；佳木斯的柳树岛也存在同样问题。

（2）设计处理

　　滨水环境的核心是满足人的亲水性，一是视觉的，二是切肤的。人在可能条件下总是需要最充分地享有滨水空间的

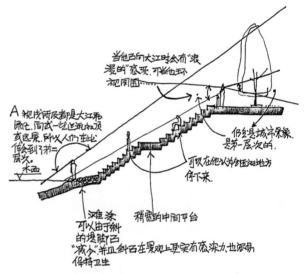

图 7　哈尔滨滨水公园环境层次示意

更全面的体验，而不是仅仅满足于看到美丽的水景，为此采取丰富的岸线剖面形式比较有利。在滨水区内，纵向的环境空间构成也应当注意其景观变化层次，江水折弯处应作为环境景观视线的集中发出点而得到重视，人们往往倾向于在这些地方逗留。滨水大道的设计必须使邻水一侧有"留人"空间才会为滨水空间环境增添亲水意义上的良好品质。

3. 建筑环境与水环境的交融

首先是城市建筑环境与滨水建筑环境的合理过渡。单纯的以对水体的直接感知而形成的滨水区概念，已经开始以各种形式向城市环境辐射开来，在人们开始向江岸走来时，便应当体验到滨水环境的感染和影响了。通向滨水区的主要道路是这种影响的直接载体，许多人仅仅是由于它直通水岸在意念上赋予它浪漫的情调，而如果这一道路所形成的街区环境恰好能代表这一城市所具有的或仅仅是来访者意念中认为应当具有的浪漫情调，那么，这里就会被认为是与滨水区呼吸相通的城市灵魂的所在，滨水区环境也就由此而扩展到比地理位置更宽广的地域中去了。实际上，当人们可以自由选取通向滨水区的路径时，他们多数愿意选择上述这种不光在地理上通达滨水区，而且在街区环境效果中也充分体现了这种由于通达滨水区而被赋予的与滨水区相称的、令人想入非非的情调。因此，与城市水区相连的主要街路应被赋予特色，使这一部分街道空间能够担当传达滨水区环境所特有情调的载体。哈尔滨的中央大街是哈尔滨最引以为荣的街道，也是人们往返于滨水区与住地的最受欢迎的路线。传统的在这种道路的尽端设置广场、在广场上建立纪念碑一类中心物的做法仍不过时。

其次是滨水区内的建筑本体。在滨水环境中建筑和水体具有几乎同等重要的地位。我们无意在此对建筑做过多的限制，比如在高度和色彩方面，因为就吉林、哈尔滨、佳木斯来说，松花江江宽水阔，河床在市区段均有 500 米至 1000 米宽度，加上大堤和绿化带的掩映，在这样的江岸上建造"高大"和"艳丽"的建筑并不太唐突。滨水区的建筑应当更加注重室外空间环境的缔造，使得不光建筑内部的人有舒适的环境和良好景观，而且也为建筑外部的人提供同等的条件。另外，滨水区的建筑形象应当是精致的，这里的建筑应作为景观本身加以考虑。松花江冷食店、江畔餐厅、铁路江上俱乐部是一组优秀建筑作品，为滨水区增添了浓厚的浪漫情调。

4. 分季节使用

松花江存在明显随季节而变化的特点。严冬时节，松花江大部水体表面封冻，而且这一流域冬季多雪，所以，冬季时松花江是一条银白而平坦的长链。夏季高水位时，吉林、哈尔滨、佳水斯三城市江水均达大堤，不露滩涂，江中沙洲被淹没；秋季水位下降，两岸坝脚暴露，而且有相当一部分滩涂呈现在堤坝与水面之间，江中沙洲露出水面。这种变化使得人们所感受的视觉层次发生明显变化（图8）。吉林段松花江由于受其上游水电站的影响而冬季不封冻，并形成"树挂"的景象，松花江沿岸柳树上的树挂尤为精彩，它成为吉林市冬季江景最重要的组成部分。哈尔滨和佳木斯江段冬季千里冰封，目前，在此开展了一些江上冰雪运动以吸引居民和游人，这些冬季滨水区活动具有两个特征：第一，短时性，一般由于气候寒冷多风，所以人在此活动时间较短，较少超过2小时；第二，运动性，人们很少停留下来，在参与活动时几乎全是在运动中进行，较少有人保持静姿。为此，在环境设计时首先应充分注意动线的设计，一般以集中、短捷为宜；其次环境应以视线通达为主调，使人可以在短时间内发现和参与更多的活动；再次细部处理时需要考虑冬季使用的方便，比如不应当设置大量的斜坡道，即使是台阶也应当平缓宽大且有扶手；还有树木在冬季叶落枝枯，通视度大为提高，极易显露景观处理的不当之处；另外，应预见到冬季环境色彩相对单调，建筑物可以在形体、色彩、肌理上表现出更多的变化。

秋季枯水期，水中沙洲和城市大堤下的滩涂暴露出来。沙洲往往起到中景和江中舞台的作用而使滨水环境更加丰富；但滩涂往往由于比较脏乱而大煞风景，如果在堤岸剖面设计中借鉴中国古典园林中叠层水岸的方法，这一情况将会有所改善。

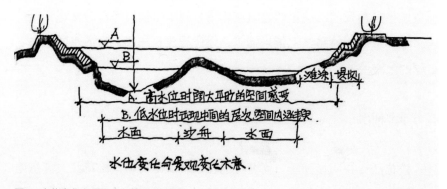

图8 水位变化和景观变化的关系示意

5. 服务设施水平的提高

吉林、哈尔滨、佳木斯三城市滨水区中普遍存在辅助性服务设施水平低下的问题。以哈尔滨为例,现在的情况是除了一些古老的服务设施之外,大多数新的设施都是不十分严肃的,使得服务档次很低。因此,在滨水区应当设计建造一些与良好滨水环境相称的、既能满足人们需求又美观的生活服务建筑。当条件比较成熟时,在城市滨水区可以考虑形成若干以多功能商业服务中心为主体的综合体,使滨水区成为城市生活更好的舞台,而且,这种大型综合体使人在寒冷的气候条件下也能有足够的空间进行舒适的活动。

6. 治理水体的污染

松花江流域的三个大城市都是工业城市,生产和生活对松花江污染严重。当务之急先要解决排污问题,地处城市滨水岸线上游、中游以及城市上游江段的排污口要坚决取消,目前看来必不可少的排污口也要尽量置于城市下游,这样至少可以利用污染物暂时带状分布和河水自净能力减少污染的危害。同时应当对松花江水域进行严格有效的流域性污染控制。

六、寒带城市滨水建筑环境改良的可能方向

我国寒带地区城市一般濒临较大的河流,其滨水区多呈现出较为旷阔广大的环境景观特征。中国寒带多数城市滨水区环境条件与吉林、哈尔滨、佳木斯有许多共同之处,通过对这三座城市滨水环境的分析,可以归纳引申出若干共同的设计与改良方向:(a)在滨水区用地选择上优先提供公共活动空间。(b)在滨水环境设计中注意空间环境的层次性。(c)由于寒带濒临大川的城市滨水区景观具有极开阔的特性,在环境景观设计上应采用雄伟的体量组合和大尺度的、具有雕塑性的要素。(d)在质感和色彩方面应更为生动和丰富。(e)在滨水环境设计中注意适应季节性变化的特点。(f)提高滨水区综合服务设施水平。(g)严格控制沿江岸线土地的使用,防止建筑群逐渐向江岸挤占。(h)控制沿江岸线的城市轮廓天际线,避免呆板平直。(i)城市滨水区建筑设计要

充分注意对外部空间的影响，以能提供在建筑内舒适以及不妨碍建筑外部其他人在滨水区的行为，以及不破坏滨水区总体环境意向作为滨水区建筑设计的最基本附加条件。滨水区建筑应作为景观建筑进行设计，在建筑个性上表现亲水的意向。（j）保护水体不受污染。这虽不是建筑学单一专业能解决的问题，但却是良好城市滨水建筑环境存在的基础。（k）加强滨水区内各功能分区与城市相关中心区的联系，改善这些区划内的交通、通信、上下水、能源等条件，这对于维系滨水公共活动区的活力有重要意义。在对旧的专业区划所进行的改造中，这一方面的努力所达成的结果对于重新开发本身来说具有决定性意义。（l）尽可能在滨水地区作大面积绿化。因为只有相对较大面积的绿化才具有生态意义方面和气候方面的意义。

历史地段保护设计初探

张帆

张帆，上海市城市规划设计研究院院长，教授级高级工程师。1992年上海同济大学建筑与城市规划学院硕士毕业，后进入上海市城市规划管理局工作，担任规划处副处长，参与了上海这时期从总体规划、地区发展到法规制定等一系列重大工作；2003年调市政府黄浦江两岸开发办公室担任负责规划建设的副主任，并兼上海申江开发建设投资集团副总裁，经历了从起步谋划、规划深化到初步建成的十二年发展过程；曾先后赴美国、法国、德国等多个国家和中国香港地区进行学术与管理交流。

论文时间
1992年

摘要

历史滨水地段的环境与建筑作为历史信息传递的物质载体，其精神价值在于从社会历史、文化审美、科学技术等方面给接受者多层次、多角度的种种暗示，拓展人在现实生活中的情感，使人们能够生活在文化层次富足而非"文化沙漠"的环境之中，使环境变得具有人情味。由此，在历史滨水地段的保护态度上，必须顺应新陈代谢的规律，具备"保护"与"更新"的双重认识，要实现"新与旧"相容，进行本质上的动态保护。动态保护思想是历史滨水地段保护的根本出发点与基石，要求在对历史地段进行保护时，既要切实保护其具有历史价值的物质基础，又要充实新的、服从于现实生活的内容，从而使历史滨水地段保持活力。

在亲历了上海黄浦江、苏州河滨水地区（简称一江一河）规划和建设重大工作后，回溯近三十年前刘云教授指导的硕士论文，笔者感慨良多。这篇"历史地段保护设计初探"研究的是上海的历史风貌保护和利用，今天看来虽然内容已显得生涩简单，却为本人后来从事上海规划建设工作建立了一个扎实的基础。上海滨水建设在大拆大建的时代背景下，体现出上海母亲河的温度，呈现了多彩的历史人文风貌，同时也提升了上海这座国际大都市的功能等级，使其面向世界充满了自信。

59

一、历史保护的基本态度

研究历史地段的保护与更新，首先要充分理解其意义，确立正确的学术基点。

一个城市的内涵存在于历史发展的不同时期、不同人群、不同建筑的积累过程，并为新的建筑活动提供历史依据。建筑师只有建立起正确的历史保护观念，其作品才能与原有的历史环境自然地构成"给予与索取"的协调关系，才能保证历史传承的连续，最终实现"创造高质量的生存环境与空间"的最高职业宗旨。

后人遵奉柯布西耶、路易斯·康、文丘里等先辈大师，是因为他们极其尊重绵延不断的建筑文化，把握住了在历史环境下处理建筑的正确准则。保护者们要牢记建筑文化的双重性：首先，历史是条流动的长河，承上启下不可分割，任何时代的建筑文化都只是历史的一部分；再者，历史上的建筑文化都应有一定的历史地位，必须具备当时的时代特征，有着自己独特的、不可替代的性格。

由此可见，在历史地段的保护态度上，必须具备"保护"与"更新"的双重认识，要实现"新与旧"相容，进行本质上的"动态"保护，顺应新陈代谢的规律。"动态保护"思想是历史地段保护的根本出发点与基石，动态保护要求在历史地段保护时，既要切实保护其具有历史价值的东西，又要充实新的、服从于现实生活的内容，使历史地段保持活力。

1. 历史保护与《威尼斯宪章》

历史地段保护概念的正式提出，是在 20 世纪 60 年代初。1964 年 5 月 31 日，国际 ICOMOS（International Council on Monuments and Sites）第二次会议通过了《保护文物建筑与历史地段的国际宪章》，简称《威尼斯宪章》。它开宗明义："文物建筑是人民千百年传统的活的见证。人类越来越意识到人类各种价值的统一性，而把古代的建筑创作为共同遗产，大家公认，为子孙后代而妥善地保护它们是我们义不容辞的责任。"在这次会议上，文物建筑的概念扩大到历史遗址，近现代经济、文化、社会领域内有重要意义的建筑群落，历史城市中具有重要意义的地段。此外还明确表示："必须把文物建筑所处的环境作为专门的注意对象，要保护它们的整体性，要保证用适当的方式清理与展示它们。"

所谓的"历史地段"（Historic Site），是指在历史文化中占有重要的地位、反映社会生活与文化的多样性、代表着文脉和传统特色的地区。其文脉性体现在自然环境、人工环境与人文环境三个方面，具有内涵丰富、层次深厚的历史特色与意象，较全面地表达了各层次历史物质形态的动态保护的意义。1964 年 5 月 31 日，ICOM（International Council on Monuments）第二次会议正式将 ICOM 改为 ICOMOS，增加了历史地段（Sites）一词，可见"历史地段"的重要性。

所谓"保护"（Sauvegarde），是指鉴定、防护（Protection）、保存（Conservotion）、修缮、复生、维持历史的或传统的环境与要素，使它们重新获得活力，这是 1976 年《内罗毕宪章》的含义，在以后的各国历史保护实践过程中，又进行了补充，增以修复、迁建、重建、改造等更细致的内容，其宗旨如初，始终是焕发历史地段新的活力，特别重视与保护至今仍然在城市中担任角色的"活"的历史载体，它们是传统文化的活见证，也是时代特色的具体表现。

当然，对于这样的历史地段进行保护，困难是很多的。特别是现代社会的生产方式、交通运输、生活方式的急剧变化，不断冲击历史地段的原有结构与形态，而世界文化的趋同、观念形态的更新也在推波助澜。因此，解决历史保护与时代更新的矛盾是历史保护的根本问题。

2. 主要流派与代表思想

谈到历史地段的保护，就要研究建筑保护的历史演变和思想过程。

文物建筑的保护早在古罗马时期就受到关注，到文艺复兴时期，罗马教皇正式设立了文物建筑总监及相应的机构，首任总监是著名的艺术大师拉斐尔。文物建筑的保护作为专门的科学始于 19 世纪末 20 世纪初，先后形成了法国派、英国派与意大利派三种流派。这三种流派都有自己不同的文物保护思想，各有各的合理性，并有体现自己思想的成功之作。在以后的发展中，它们各存己见，直到 1964 年 ICOMOS 在意大利城市威尼斯召开会议，确立了《威尼斯宪章》，最终在意大利派的基础上，吸收了英国派、法国派的长处，确立了统一的、文物保护的主要思想。它被作为当今世界公认的权威性文件，至今三十多年来的文物建筑保护的实践虽不断地对宪章进行着补充，但从未有过动摇其基础的挑战。

（1）法国派

1794 年，大革命年代的法国国民公会发布文件，要求保护古代建筑中的珍品杰作。他们认识到文物建筑是过去某个时代的活的见证，这标志着法国文物历史保护意识的觉醒。到了 19 世纪初，浪漫主义成为法国文艺中的主流，他们珍视中世纪的文物建筑，当地罗马式与哥特式教堂的修复成了热门的建筑活动。尤其是法国派的奠基人维奥莱 - 勒 - 迪克，他提出了"整体修复"的古建筑保护原则，并给巴黎圣母院做了成功的修复设计工作（1844），后来形成了法国派负有盛名的"风格修复"体系，提倡"负责修复的建筑师，不但要确实地熟悉各时期特有的风格，而且要熟知各流派的特点……要有丰富的结构知识与经验……熟知各种建筑的建造方法"，它主要针对当时修复文物建筑时只求外表形似，而弃结构不顾，甚至把从不同时期、不同地点、不同风格的建筑废墟上拾来的构件安装到同一座待修复的建筑上去的做法。

但是，法国派的思想存在着很大的缺陷，最根本在于它没有全面认识文物建筑的综合价值，即历史的、文化的、经济的、功能的各方面价值，由此产生了两个主要失误：第一，只把部分少量建筑史上的精品杰作当作文物建筑进行保护，而忽略了大量具有其他各种价值的建筑物，文物保护的概念过于狭窄；第二，片面强调特定风格统一的重要性，忽略了对文物建筑所可能携带的其他时期的历史、文化、科学信息的保护。总的来说，法国派的失误在于过分强调风格统一，而使文物建筑的保护固定在"静止"的状态。

（2）英国派

英国派也是于 19 世纪早期形成的，它的主要思想认为历代加到文物建筑上的修饰，都像原物一样珍贵，值得精心保护，不应为了风格统一而剔除。它的早期代表人物是英国建筑理论家拉斯金，他崇拜自然与自由的神秘性，认为建筑物成为废墟是摆脱了人为的有限制之形，变成了自然的无限制之形，妙不可言。废墟是文物建筑的最后阶段，也是最激动人心的阶段，不必修复，只需用绿地围起来，供人凭吊。1877 年，英国派稍晚时的杰出人物莫里斯，创立了英国历史上第一个全国性文物建筑保护组织，名为"古建筑保护协会"，并制定了宣言作为英国派的纲领，主要论点是：第一，修复古建筑是根本不可能的，名为修复，实质上是破坏古建筑的面貌而使之成为毫无生命的假古董；第二，要用"保护"代替"修复"，保护古建筑身上的全部历史，用经常的照料防止它的毁坏；第三，凡为加固或遮盖而用的措施，都要一目了然，而决非要伪装成什么，也决不篡改古建筑的本体与装饰。

英国派的缺陷表现为过分偏激与极端，它反对一切为了延长文物建筑所必需的修缮与修复。实质上，这也是没能真正理解文物建筑的综合价值，而以科学的态度采取恰当的措施，力争使它们传之永久。然而，英国派将文物建筑保护的范围扩大到了"具有历史意义或与历史意义有关的建筑物"，这无疑是一个进步。

（3）意大利派

意大利派的崛起较晚，形成过程也较长，它汲取了18、19世纪以来有关文物建筑保护的理论与方法的合理因素，因此，其理论最显周密与成熟，意大利派的奠基人波依多完善了文物建筑的概念，明确提出："文物建筑不仅仅是艺术品，也是文明史与民俗史的重要因素和珍贵资料，它的价值应是多方面的。"他主张，必须尊重文物建筑的现状，修缮的目的只是为了保护，要保护历史对它的一切改变与添加，即使它们模糊了原来的面貌，一切有过的改变都要有详尽的记录。1883年，罗马举行的工程师与建筑师的大会，更进一步明确了修复文物的指导思想：第一，除非绝对必要，文物建筑宁可加固而非修缮，宁可修缮而不修复；第二，添加的部分，必须与原有部分具有"显著不同的材料"，有跟原有部分"显著不同的特点"；第三，文物建筑具有多方面价值，保护时要着眼于它所携带的全部历史信息；第四，不仅要尊重原来的建筑物，还要尊重以后陆续添加的部分，它们是文物生命的积极部分，都是真实的文化史迹，必须使它们清晰可读；第五，要保护文物建筑的环境。

（4）威尼斯宪章

第二次世界大战以后，历史建筑及其地段保护的要求更加迫切。1947年，在联合国教科文组织领导下成立了ICOM，即国际文物建筑工作者会议。1964年，ICOM在第二次会议上改成了ICOMOS，即国际古迹遗址理事会，并通过了《威尼斯宪章》。它在意大利派原有的理论基础上有几点重大的发展：第一，扩大了文物建筑的概念，文物建筑不仅包括个别伟大的建筑作品，也包括因文化流失而获得文化意义的、在过去比较不重要的作品。第二，它规定保护一幢文物建筑要适当保护整个环境；任何地方，凡传统环境还存在就需要保护，文物建筑不可以从它所见证的历史与它所产生的环境中分离。第三，必须利用一切科学技术手段，在需

63

要的情况下用来保护和修复文物建筑。第四，保护文物建筑，必须尽可能使它传之永久。（显然，第三、四点是针对英国派保护思想的片面性的。）第五，针对法国派的保护思想，宪章明确规定，要尊重文物建筑后来添加的部分，它们都是真实的文化遗迹，是文物生命的积极部分。第六，对于一些遗址，预先都要禁止任何形式的重建，以免造成假古董。第七，它允许"为社会公益而使用文物建筑"，这点为文物建筑保护的可行性提供了前提，减少了为了单纯的保护而遭受的困难。事实上，合理使用文物建筑，以及为适合新要求而改建文物建筑在欧美各国已被普遍接受。

此后，各国随着文物保护的实践，就许多新问题对宪章进行了补充。1976年11月，ICOMOS在肯尼亚的内罗毕召开会议，制定了《关于保护历史的或传统的建筑群以及它们在现代生活中的地位的建议》，简称《内罗毕建议》，1986年又草拟了《保护历史性城市的宪章》。由于具体保护情况十分复杂，该宪章又具有很大的灵活性。

3. 普遍认同的基本观点

历史地段保护看似是城市建设的内容，实际上涉及经济、社会和文化的方方面面，经过历次ICOMOS国际会议的不断补充和完善，基本归结为七方面要求，并为国际社会普遍接受。

一是历史地段保护工作者的构成，应是多学科专业人员的协同组织，历史地段的保护必须由考古的、历史的、建筑的、经济的等各方面专家进行必要的先期调查研究；二是为了促使公众参与地段保护，必须要采取各种可能的鼓励措施，尤其是经济性措施；三是必须控制历史地段内部的与外部汽车交通，使道路系统与停车场地不致扰乱历史性布局，或损害历史的环境；四是历史地段内的传统习俗作为历史性地段的一个保护要素，必须妥善地予以考虑；五是历史地段的保护决定，新的功能必须适合地段的特点，有利于或至少不妨碍它的保护时才可以接受，如果必须建造新的建筑，它必须与原有的环境取得关联；六是必须细致调查与登记保护地段内的文物古迹，并向公众展示，保护计划要明确哪些建筑群落要细致地保护，哪些要在一定的条件下防护，哪些要在特殊的有详尽记录的环境下防护，哪些要拆除；七是历史地段的保护包括不断的维护与修缮，为了使之能适应当代的生活，要细心地设计或更新公共设施，保护计划必须包括采取尽可能有效的措施，防止人为的或天然的灾害。

历史地段保护要求具备保护历史与适应发展的双重认识，在充分保护地段中具有历史价值的物质要素的同时，注重充实"活"的生命功能，既要使之面目如旧，又要采取适当的措施使之传之永久。

二、历史地段的认知思路

1. 历史地段的文化分析

研究历史地段必须理清"文脉"(context)，进行全面的社会调查和文化评判。历史地段作为所处历史城市的典型区域，应放在大的"社会、经济、人文"的背景中来识别其文化属性，把握其综合价值和现实作用。

历史地段经济发展的文化价值。人类的经济活动是城市文化发展有力的促进因素，美国纽约就是个典型，它在美国200多年的历史上一直是经济中心，从工商业起步，逐步发展娱乐、产品设计、造型业、广告业、新闻出版业、电台电视业，成为了继法国巴黎之后新世界的文化中心。可见历史地段一定受到城市经济发展的影响，会打上深刻的烙印，形成自己的经济特性，呈现独特文化魅力。

历史地段政治活动的文化价值。历史上政治因素也大大参与了城市文化的酝酿，法国巴黎一直是政治中心，在长达千年的君主专制统治下，凡尔赛宫周围充斥着政治权贵，贵族文化登峰造极，艺术家聚集在此寻求庇护。另外，罗马教皇的"政教"合一，使巴黎的宗教文化得以空前发展。所以，一个城市的历史地段必然会表现出一定的政治文化色彩。

历史地段人文聚集的文化价值。城市化效应会带来高涨的移民运动，从而对文化形成促进效应。人是文化活的载体，移民们的风俗、礼仪、衣食住行等日常生活，宗教、伦理、哲学等精神活动，都会与本土文化发生碰撞，重塑历史地段的人文结构，体现新的更具活力的文化繁荣。

2. 历史地段的结构认知

历史地段有着特定的空间结构。这种空间结构本质上是社会经济文化意志的综合结果，这种综合意志越强，它的构图就越明显、越特别，并很少会出现深层次的频繁变化，具有某种规律性。要进行历史地段的保护，首先要极力发现隐藏在背景之后的那种规律性因素，了解其后的综合意志，认识其隐性结构和文化依据，由此判断历史地段的价值，明确保护利用的正确方向。

梳理特定空间结构的关系特征。目前国际上已有许多研究探索，意大利建筑师在对罗马 17 世纪城市分析时常用一种"图—底"法，以平面图的形式，将研究对象作为"图"，其他作为"底"，通过这种抽象方式，排除干扰信息，明确对象与环境的关系。这样，空间形态的初始意图便一目了然，公私区域也被准确地表达了出来。美国的城市学家凯文·林奇也提出了被誉为具有划时代意义的认知方法，他曾将给人们印象深刻的城市形态诸要素，用分类的方法进步分析，筛选出四个代表性形态要素：边界（edge）、道路（path）、地标（land-mark）、节点（node）。他断言，世界上任何一座城市都可以用这些要素描绘出抽象的图画，从而超越文化的差异重新认识一座城市。最近，笔者看到了关于建筑风格的语义描述与定量测定的有关文章，它是根据法国建筑师库勒于 1972年提出的"认识环境的语义描述模式"理论（SMB），应用 SMB 模式，通过与特定的语义标尺的比较，建立坐标，可以对一些历史建筑的风格作出语义的测量与描述，其焦点在于研究建筑与它的意义之间的联系，笔者认为这种对于建筑形成的意象进行测定的研究很有意义。在此基础上，可以演化出多种的分析手段，例如如何分析历史地段的公共活动场所，如何分析地段内"界"与"质"的场所限制，线型地段结构的空间分析、复杂地段结构的空间分析、地段中内外部公共空间的综合分析，地段结构研究中对不同元素的抽象分析，以及地段标志要素的构成方式。合理地应用这些方法有利于对地段结构认知的深入。

判定特定空间结构的背景原因。在明确空间结构特征后，更重要的是进行背景分析，发掘深层的社会原因。日本建筑学家槙文彦从城市哲学的角度将其定义为"弄清某一城市或区域及其形成的地域社会所特有的规律与规律之间相互关系，并获得其线索与框架"。我们来比较一下：古希腊的米利都城的希波丹姆斯式的图案，具有格状的形态特征，它的广场取代卫城为城市中心，这是当时希腊国家强调市民平等性的反映；美国纽约的曼哈顿区的格状特征，是由于当时经济的迅猛发展，城市开发追求经济、实用、快速的结果所致；中国古代的唐长安的格状特征，更强地表现为一种社会意识，居住者通过所属格状布局的位置、大小，显示出不同的身份地位。这些城市都具有格状构图，其结构的内在含义却不同。

3. 历史地段的现实取向

全球经济发展和城市化大背景下，历史地段保护如何更好地融入城市发展呢？具体地说，就是如何把握合理尺度与分寸？

前不久，美国建筑评论家迈克尔·索兹沃斯（Michael Southworth）收集了 1972 年以来美国 200 多个城市的 138 个城市设计实例资料，对其中的 70 份（来自 40 个城市）符合要求的案例进行了分析，还对两个不同时期（1950—1972 年，1972—1989 年）的城市设计做了比较研究。研究发现，美国城市建设的第二位目的是强调新发展要与原有历史相融合，要对具有特色和特别意义的场所加以保护，以维护整体环境的质量与特色。在此基础上，迈克尔·索兹沃斯又罗列了高质量环境的具体内容，大约有 250 种、15 大类，分别为结构及其形式清晰度、舒适与便利、可达性、交通与安全、历史保护、活力、自然保护、多样性、协调与和谐、开放性、社会性、平等；维持能力、含义和控制等。其中 20% ~ 40% 涉及历史保护，排在第六位。以上我们可以看出，历史地段保护具有广泛的现实意义，已清晰地昭示出现实的价值方向。

目前，中国尚处在城市化的过程中，城市发展振兴是首要问题，如何正确认识历史地段保护的重要性？

上海外滩 20 世纪 30—40 年代第一代外滩防汛墙的栏杆形式是在 4 米左右间隔的柱子上挂下垂的铁链，地面是砖石铺地；第二代防汛墙建设升高了地坪，将栏杆形式简化为水泥砖砌，显然感觉忽视了历史地段的基本文化特征。相比来看，贝聿铭先生设计的卢浮宫新馆对原有环境更为尊重。巴斯曼设计路德维希美术馆时对其与科隆大教堂的关系处理，反映出二者历史观念的根本不同和技术的巨大差异。

三、历史地段的保护原则

历史地段保护的基本原则可以分为四类：历史地段保护的社会制约性原则，历史地段保护的继承性发展原则，历史地段保护中的分类对待原则，历史地段保护中的环境再生原则。

1. 社会制约性原则

历史地段的发展很大程度上取决于整个社会发展与经济文化发展水平，历史地段的保护不能超越时代，坚持社会制约性原则，会使保护设计具有现实性和可行性。

历史地段保护的社会制约性原则要求我们在进行历史地段保护时，

坚持物质功能与精神功能的两元论，力求使二者高度统一。我们的建设活动，一方面要满足公众的精神需要，使其本身与本土文化历史取得天然的联系；另一方面，历史保护的最终目的是让历史地段更好地融于今天的现实生活，满足公众现实的物质生活需要。苏联经过六十余年的实践后指出：历史地段的保护应当被看作是与现实生活的一种"共同创作"，这启发我们思考当今的中国历史地段保护的道路问题，例如如何从社会意识的角度确认社会主义条件下的历史保护模式，如何在我国目前允许的经济发展条件下进行历史地段的保护，如何解决历史地段的保护与我国传统文化心态中的"拆旧建新"的偏好之间的矛盾。

2. 继承性发展原则

历史地段有着自己相对稳定的结构，这种结构是所处的地域文化背景所特有的综合意志的构建成果，在进行历史地段的保护时有必要坚持历史地段结构的继承和发展原则。苏联建筑师们对伏尔加河流域一些古城的研究表明，虽然某些古城在近两个世纪的发展中扩大了好几倍，并变成了各种工业中心、文化中心，但城市结构与规划元素的继承保留率高达 60% ~ 70%。莫斯科古城的发展也证明了这项原则。这个城市的基本结构——克里姆林宫、工商区、市场，以及一些重要的教堂、修道院等历史建筑，在几个世纪的发展过程中，始终保持着原有的体系，并在此基础上形成了一些新的功能及空间结构。18 世纪至 19 世纪的改造，只是改变了城市的道路网格，使之变得更加"规整"，但没有改变基本结构的规律性要素。因此，在历史地段的保护设计中，坚持结构的继承性发展是保证保护工作具有生命力与现实性的重要原则之一。

3. 分类对待原则

自《威尼斯宪章》确定至今，保护对象的范围在不断扩大，因此在进行历史地段保护时必须分类对待，确立保护的不同层次，采取不同的保护对策。在不同的历史地段中，最有价值的保护对象往往是不同的。同一地段中，各种不同的物质构成要素的保护价值也有不同的层次。比如在外滩历史地段，我们知道最值得保护的是近代西洋建筑群体；而在福州的三坊七巷历史地段，最有价值的保护对象是传统居住环境格局。对待历史建筑的保护，要根据评定分出级别，采用保存、保护与振兴等多种不同的保护方式。

4. 整体再生原则

整体再生的含义有两方面：首先，是确定历史地段的保护应从整体上更加具有活力，适应时代生活，发挥更大的作用；其次，是强调环境改造的整体性。单幢历史建筑保护再成功，如果失去空间联系，效果也很难令人满意。进行历史地段保护时，可以复原历史中地位重要、而今不复存在的历史建筑，在中国历史上不乏这样的例子，许多古建筑于战乱烧毁后又被重新建起。但关键是如何恢复？决不能孤立地恢复单幢建筑，做简单的仿古游戏，而要真正重构其合理的历史现实共生的文化结构关系，并在新旧群体性建筑的风貌中表现出来。

四、历史地段保护的设计方法论

近十年来，历史地段保护已经成为国家历史文化名城保护的重要内容，全国各地广泛开展了历史地段保护的设计实践探索，结合北京、上海的实践，笔者思考和整理出了一些相关设计的方法框架及研究内容。

1. 设计目标的确定

优秀的历史地段保护设计首先要有合理目标，要兼顾五个方面。

第一，发掘历史地段的高价值。历史地段之所以令人难忘，是其曾有的历史繁荣和社会作用决定的，是人文自豪和发展自信的基础。这是历史地段保护设计的源泉和逻辑，一切形态要素都可以作为设计的内容，尤其是重要的历史建筑群落和人文环境。

第二，塑造历史地段的新形象。历史地段是城市的一个局部，不可避免地承担着现实功能，要深刻分析历史风貌、空间结构与历史功能之间呈现出的逻辑关系，历史风貌元素可以是"老"的。但空间逻辑不能全是"因循守旧"的，否则难以容下现代功能。例如外滩历史地段是开埠初期作为贸易港口，今天已变成了旅游场所，功能要求变了，风貌保护和空间利用就不能简单照旧了。

第三，加强历史地段的识别性。在历史地段的保护中要充分调动历史的元素，加强区域重要标志的可识别性，明确界定公共空间、半公共空间、私有空间及空间转换的节点，理清地段道路格局，加强空间特征对公众印象的影响，建立清晰的地段城市意象。

第四，突出历史地段的归属感。人都有社会性特征，对文化都有认同要求，对空间内容都有偏向性，设计时要加强文化传承，关注空间归属感设计，使公众感到方便、亲切和舒适，产生精神认同。

第五，丰富历史地段的多样性。人的需求是多方面的，"多样性"也是历史地段引人入胜的原因之一。因此，在强调区域特色的同时，也要注重设计的多样化，做到各种生活设施齐全、安排合理，为居民提供多种选择，加强历史地段对社会生活的承受能力。

2. 设计需求的分析

历史地段保护要以"人"为核心，开展全面细致的价值评估和需求分析。《城市意象》的作者凯文·林奇认为，要使城市设计具有意义，建筑师和规划师必须深入了解使用者的思想与行为。戈尔登·朱伦（Gorden Cullen）创立了城市景观理论，关注街道的景观、行人的舒适度与视线的原理。简·雅各布斯（Jane Jacobs）提出了关于良好社区的评价标准，等等。借鉴这些方法无疑会使我们少走弯路。

目前进行历史地段保护设计，应该做好四种基本分析：第一，土地利用分析。从土地利用的种类着手，分析开发强度、功能布局、历史分区、风貌特质和建筑质量，确定历史元素的价值总量。第二，空间结构分析。从地段空间网络着手，分析景观结构、空间特征、特定场所、视觉走廊与关键天际线，确定历史元素的价值分布。第三，交通出行分析。从地段交通结构着手，分析人行车行、街区形态，特别是步行者的意向和体验，确定历史元素的保护前提。第四，建筑使用分析。通过对建筑形式、类型、体量、材料、色彩、细部的分析，确定历史元素的特征过程。

3. 历史特色的判别

历史元素是历史建筑及空间处理时表现出的特别内容，是传递历史信息的形象符号，如中国古代的斗拱、古罗马的柱式等，可以从三大类特色进行判定：人文意象、历史格局、天际轮廓线。

一是人文意象。历史地段的人文意象，是指人们对历史地段积累起来的心理形象，是对历史地段认同的基石，是价值评分的依据。历史地段调查要关注人文意象的"丰满度"，这种丰满度是对历史元素及其环境所包含综合价值的领会与反映程度。由于历史原因，历史地段在历史与文化方面留下了很深的烙印，加之历史叠加和观念改变，形成更多层次与内涵，体现出精神层面的多元价值。在进行历史地段保护设计时，首先要进行人文意象的公众调查，对历史地段"丰满度"进行画像，在保护设计时加强有利要素，补充缺失要素，并相应叠加在道路、节点、场所、标志等四类城市设计的主要载体上。

二是历史格局。每个历史地段都因其独特的自然地理环境与历史背景而形成了独特的格局。它隐喻着历史变迁与发展，同时体现特有的自然地理与气候的个性。地段的格局包含很多含义，北京的道路格局体现了传统皇城文化的规整，绍兴的水乡格局传达的是江南文化的妙趣横生。对于外滩历史地段，笔者做了简单的公众意象调查，90%以上的人可以画出外滩的大致道路格局，外白渡桥、匣桥、苏州河、黄浦江的位置，并能较清晰地说出南北向只有一条主干，东西向道路南京路、北京路、延安路、福州路等主要道路，并指出丁字形的道路交接关系。可见道路格局是历史格局的重要内容，所以，保护历史格局就意味着要很好地处理历史道路下的新交通格局。

三是天际轮廓线。历史地段内宫殿、教堂和市政厅等建筑群形成的天际轮廓线极为重要，它们往往是一个城市或地区的形象代表。对历史天际线的保护设计，关键是对构成天际线的重要具体历史建筑的保护，通常应该采用分级的保护方法，视重要程度定为一级、二级、三级等不同保护级别，制定相应的严格要求，对于特别重要的历史地段如外滩万国建筑群，还应该制定详细的保护条例，像现在外滩建筑的屋顶搭建是绝对不允许的，保护设计要在条例的指导下进行。

历史地段天际轮廓线的保护设计，关键是两个方面。

第一是如何让公众有欣赏天际线的最佳场所。根据德国建筑师麦尔登斯（H. Martens）的见解，人眼的水平感知范围一般为54°的视角，垂直方向上是27°的仰角，可以据此来确定建筑物与群体全景观察的重合平面，找出最佳场所。

第二是如何控制天际线后的建筑高度。历史建筑水平全景是54°的视角范围，垂直方向上是27°的仰角范围，原则上这个范围是控制背景高层建筑高度的依据。但事实上对于像上海这样的特大城市来说，这样的要求是特别苛刻的，会在很大程度上限制城市的必要发展，因此结合城市既有的观赏场所进行实事求是的管控比较合理，如针对外滩万国历史建筑群的天际线保护，应该有两个基本控制底线：一个底线是至少应该保证在外滩防汛墙观景台上看不到后面的高层建筑，根据最低影响的基准线，可以求出背景基本高度控制区；另一个底线是黄浦江对岸不应该看到背景上高层建筑的无序叠合。背景中现有的三幢超高层建筑（联谊大厦、电管大楼、文汇报社）虽处于外滩防汛墙观景台背景高度遮蔽区内，但紧邻第一界面街坊，其影响是十分负面的。

4. 历史地段保护的价值取向

历史地段保护设计做得好不好，是否有价值，是需要通过公众认同才能真正判断的，这就要求在历史地段的保护设计中，尽可能提供更多公众与历史建筑及要素充分"对话"的机会，如同一张纸币只有流通才能体现价值一样。ICOMOS历次会议强调适当开辟文物建筑的旅游功能，近年来欧美有关专家强调合理调整文物建筑的使用功能，其实都是这个道理。

一是建立历史价值传导的"亲密度"概念。信息传递包含"三要素"，历史信息的给予者是历史地段的建筑及其历史元素。历史信息的接受者通常是历史地段内居住、工作的人，以及旅游人流。前两个要素相对比较稳定，而第三个要素历史信息的传递渠道就完全不同了，变化的几率会很大，如何选择渠道、疏通渠道，决定着保护设计的成败。问题的关键在于增加历史信息给予者与接受者之间的"亲密度"。

二是扩大历史要素与公众接触的范围和程度。扩大接触的范围要求进行保护设计时，在历史要素所影响涉及的地段范围之内尽可能多开辟、设置对话场所，它可以是外部与历史要素有视觉联系的公共广场，也可以是处于历史要素内部的场所，如特定街巷格局内经过精心设计的一小块绿地，经文物建筑改建的小型展览馆等，其目的是提供多而好的信息传送渠道。加深接触的程度，要求在进行保护设计时，考虑增加接触时间，选择最佳的接触方式，增强对公众的开放性。比如，对于某一文物建筑的体验，远观与进入建筑内的活动就完全不同；再如，同一历史建筑改建为办公楼和改建为剧场，对公众体验的影响也不同；另外在历史建筑前设置可停留性强的休息广场与可停留性弱的交通广场，使公众获得的信息量也有所不同。在外滩历史建筑现状调查之后发现，历史建筑公共性太薄弱，现状功能绝大部分是办公楼（如汇丰大厦中国银行上海分行、海关大楼等）；一部分具有公共性的场所，消费的层次却太高，限制了公共性，如和平饭店、东风饭店等；另一部分为地段管理机构所占，比如交通处大楼、延安东路的古风塔为派出所所占。这种状况严重影响历史信息传递的"亲密度"，保护时必须做出使用功能的调整。

5. 历史地段保护的分级体系

1990 年颁布实施的《中华人民共和国城市规划法》规定"历史保护应贯穿于城市规划各阶段"，历史地段保护因此具有了规划的法律地位。

根据国家城市规划体系特征，结合对历史地段保护设计的思考，对历史地段保护设计工作做如下阶段和内容的界定：第一阶段是在城市总体规划层面，确定历史地段保护的规划原则、目标和范围，确定总量规模和要求；第二阶段是对历史地段内各类历史要素进行综合价值调查和分析，实施价值分类分级，进行保护方法的多元研究；第三阶段是划定保护单元，确定保护范围，明确要保护的空间结构，确定各单元的一级绝对保护区、二级控制保护区、三级环境协调区；第四阶段是编制控制性详规，融入历史地段保护、控制和利用的相关要求；第五阶段是深入建筑单体阶段，包含两方面的内容——旧建筑的保护与新建筑的建设。对于历史建筑我们可以根据价值评定，分出级别，采取保存、修复、修缮、迁建、重建、迁建、改造、更新等不同的方法处理。对于新建筑可以根据引导性条例结合建筑师对地段文脉历史的理解进行设计。

以上是历史地段保护设计的体系模式，实际上在历史地段保护设计中包含了城市规划、城市景观设计、建筑单体与群体设计三方面内容。

五、历史建筑的保护设计

历史建筑的保护设计涉及的内容很多，本文就两个难点问题进行分析论述。

1. 历史建筑的"财产目录"

在历史地段的保护中，首先要对历史地段内的建筑进行调查，做出评价，建立"财产目录"，依据历史价值的评定标准，确定建筑物的保护等级，采取保存、修复、修缮、重建、迁建、改造、更新等不同方式处理。其中如何确立历史价值评价标准是关键问题。最近，苏联的文化界在总结其从 20 世纪 60 年代到 80 年代的历史建筑保护经验教训时，指出了两个最大失误：一是过分强调"代表性"，一些重大建筑受到了保护，忽视了许多小建筑的保护；二是过分强调社会政治价值，造成了保护的不均衡。为此，应从三个方面建立历史地段的历史价值判定标准。

第一，历史主义原则。历史主义原则要求我们客观对待历史发展过程中的不同建筑。不要局限于某个时期，以免各历史时期历史建筑保护的不平衡。历史主义原则可以详细分为三类：一是历史价值标准，就是对被评价的建筑在历史上的不同时期所起的作用进行分析，找出其中具有典型代表意义的历史作品，重视在形象上、数量上的唯一性意义，如某一流派代表作品；二是社会历史标准，即将社会历史的变化在建筑上的反映作为评定的标准，比如名人故居；三是功能与结构类型的价值标准，即可以反映当时建筑的科学技术水平，如同济大礼堂。

第二，艺术评价的原则。它要求我们对评价对象的设计水平从审美和专业两个角度作出评价，客观地确认它所具有的艺术美学价值。当然，我们必须对各历史时期的艺术美学价值标准进行科学的客观的认识，要从设计者及所处时代所局限的价值标准系统出发，进行客观评价。如罗马的斗兽场与中国的故宫都具有同样独特的审美艺术价值。

第三，建筑质量及景观评价原则。通过对建筑的建造技术与结构的评价，确定建筑本身质量的高低，同时评价建筑对环境所起的景观作用，比如悉尼歌剧院也因为对景观的特殊贡献被列入保护名录。

2. 历史建筑的改建设计

历史建筑的改建设计最为复杂与多样，也最能体现一个国家对历史保护的认识水平和建筑保护设计的能力。所谓历史建筑改建，是指根据新的功能需要，对建筑的原有外形与内部做一定的改动。实际上建筑改建类型多样，涉及建筑外观的全部保存、部分保存与要素保存，也涉及内部全部改造、结合中庭进行新旧结合改造，也有部分保留、部分新建等。改建设计可以是多样的，但改建的好坏应该有正确的基点和合理的标准。总的来看，改建的好坏应该看它是否有利于历史文脉的延续、是否有利于新功能的使用、是否有利于环境品质的改善、是否有利于地区活力的复兴。

在美国和加拿大的一些城市中，往往将一些不适合发展的仓库、厂房、学校、办公楼等改为旅馆、商业中心等。旧金山市的吉拉德里（Ghirardelli）广场是美国最早进行选择使用的实例，这里原是巧克力厂房，经巧妙地改建，原有厂房成为别具特色的商业中心。波士顿的昆西（Quincy）市场是又一选择使用合适的佳作，它原是码头储建区的仓库与批发市场，做改建时，结构基本未动，只做了一定的装修与改造，在原来玻璃摊位的地方设置了暖房，既扩大了室内营业面积，又使室内外空间相互渗透。下面就两个方面通过实例进行改建的方法介绍。

（1）历史建筑的外观改建方法

第一，对建筑立面的全面保存。日本中京邮局（1902年始建）在改建中全部保存了外墙立面，并进行了加固、内部更新。具体的做法是在原有的砖墙之后打上一道钢筋混凝土墙，二者用螺栓与树脂紧紧连在一起，下部做连续的桩基。改建很成功，最近日本一些专家进一步完善了这种保护的方法，提出了完全用钢结构替代钢混结构，以保证历史建筑保护的可逆性。

第二，建筑立面在整体保护下的部分改动。在英国皇家剧院改建国际竞赛的中选方案中，英国建筑师杰·狄克逊对原建筑花神厅的处理保存了原有的铸铁立面，只做了些新结构的处理，并暴露出来。这种改建方法是基本按原有的历史建筑立面保存，保持原有立面的整体构图，只进行少量的、必要的立面处理。

第三，建筑立面的新旧均衡的改建。法国贝尔福市立剧院是19世纪的古建筑，其附属部分做过消防站，经过改建之后成为有100座的大剧场和60座小剧场的现代化剧院。改建中，原来作为消防站的附属建筑拆除了部分，用新的材料与手法进行了处理，以使室内可以更大限度地看到所邻的河畔风光。这种改建方法的特点是将原有的建筑立面与新的立面结合处理，分量上基本均衡。

第四，建筑立面的部分保留。清华大学所做的中国儿童艺术剧院的改建方案，即属于此种方法的改建。此方法的特征是历史立面主要部分只作为新立面的一部分而参与构图。

第五、建筑立面的元素的保留。美国辛辛那提的市议会中心设计时，把历史建筑的片段元素移到入口处，使之镶嵌在新的建筑立面之内，并具有色彩对比，效果很好。这种改造方法对于历史建筑的立面只做一些元素的保留，这些元素也往往使用在新建筑的入口处、转角处与顶部的标志上。

（2）历史建筑的内部改建方法

下面我们来进行建筑内部改建的归类分析。

第一，建筑的外观不动，对内部加层。美国哈佛大学的一幢历史建筑，在改建时保留了原有建筑的外壳，内部采用了新的结构形式，原来的两层变作五层，而总高度不变，这样在大大增加了使用面积的同时，保护了校园的总体气象。此种改建方法适合于建筑层高较大的历史建筑。

第二，利用中庭空间对历史建筑内部进行改建。中庭设计在城市历史地段中的作用已为公认，利用中庭空间，既能使建筑物满足新的需要，又可以完整地保护历史建筑特点，并丰富了自身的趣味性。对于无意扩大的大体块历史建筑，常见的方法是在旧建筑中间从顶层到下拆除一部分楼板作为中庭。这种做法的前提是建筑本身是框架结构，折去几根梁板即可。美国明尼阿波利斯市的巴尔待商场的中庭空间就是这样形成的，原有建筑是个大体量的仓库，改建时设计者在建筑中间做成了一个不规则的中庭，又有意将原有结构暴露在外，不同色彩的构件起着重要的装饰作用，丰富了中庭空间。

第三，保持原有结构的主体，做部分改建。法国奥赛博物馆（Musée d' Orsay）的改建属于此类，它被誉为法国近年来文化建设的主要成就之一。原有建筑坐落在塞纳河畔，为废弃的奥赛火车站，1939 年停用后曾用于办公展览。改建后的建筑基本保留了原建筑的钢结构、拱顶、石砌外墙，并采用了历史构件参与室内设计，有效面积达到了 45 000 平方米。维琴察巴西利卡是意大利 1444 年哥特式的市政厅，意大利著名建筑师伦佐·皮亚诺对其进行了成功的改建，他采用了处理建筑无形元素（如光、声、热）的手法将其改建为文化中心。为了得到最佳音质效果，在原有的窗上再加了层玻璃，形成了双层窗；在现存的天花板下加了一层特殊的隔音材料，并加设了空气层。中心大厅成了巴洛克与古典主义时期音乐演奏的理想场所。为了使大厅变得温暖干燥，皮亚诺采用了地热的方式，并解决了倒灌风的问题；他还设计将暖光射在墙上，使阴冷的墙面变得有人情味。

历史建筑改建的成功作品很多，上述案例只是一种前奏，历史地段保护设计的广泛实践，会为人类文明增添更多的精彩。

滨水区建筑与景观设计
——城市滨水区开发研究

孙彤宇

孙彤宇，博士，同济大学建筑与城市规划学院教授、博士生导师，同济大学建筑设计研究院（集团）有限公司都市建筑设计院主创建筑师，德国柏林工业大学和斯图加特大学访问学者，奥地利维也纳工业大学客座教授、博士生导师，中国建筑学会城市设计分会常务理事，建筑教育分会副秘书长，上海市绿色建筑协会副会长。主要研究领域为城市设计及建筑设计理论与方法，主持多项国家和省部级科研项目，曾多次获得国家和地方设计的奖项。

论文时间

1992 年 2 月

摘要

世界上许多大城市都与江、河、湖泊、海洋相联系，或依滨水而建，或有河流穿越而过，或湖泊镶嵌其中，滨水景色之美往往都是这些大城市的亮点所在。随着工业化的发展，城市滨水区曾一度被污染的水体所影响。从 20 世纪 80 年代开始，城市滨水区的整治和再生、让滨水区重新焕发活力等议题越来越受到西方发达国家的关注，而我国也很早将城市滨水空间列为城市更新和公共空间改善的重点。

本文节选于笔者 1992 年由刘云教授指导的硕士论文，原论文从城市设计和建筑设计的角度，对城市滨水区开发以及滨水区建筑及景观设计进行了系统研究，分析了城市滨水区的历史演变及现状、城市滨水区的环境特征，以及人们在此特定环境中的行为心理需求和对空间环境的感受，提出城市滨水区开发的相关原则。原论文对滨水区建筑和景观进行了类型学的研究，在分析有代表性实例的基础上，总结提炼滨水建筑及景观设计的类型和特点，以及具体设计手法和要点，以期对城市滨水环境更新和建设提供参考。

一、城市滨水区复兴的意义

水是生命的组成部分，河流海洋湖泊之滨是人类文明的发源地，水对人类有着极其重要的意义。世界上许多大城市都有令人流连忘返的"城市倒影"——如巴黎的塞纳河、柏林的斯普雷河、纽约的哈德逊河，这些城市的生活圈多与水体完美契合，有良好的滨水环境及滨水景观。

随着产业发展、技术进步、工业化水平提高，城市功能、规模的飞速发展给城市带来了不少问题，主要因工业、生活排放的污水，使水质污染日益加剧，许多岸芷汀兰的河流成了臭水沟，使人们不再心向往之，反而避之不及了。为了提高城市的环境质量，提高城市居民的生活活力，让城市回到水滨必然成为迫切的任务。

为了推动城市滨水区的开发和复兴，1989 年，威尼斯大学建筑系发起成立了"国际滨水城市研究中心"（International Center Cities on Water），并于 1990 年在日本大阪举行了首次会议，其会议的宗旨即为"为创造面向 21 世纪的滨水城市，揭示出大城市与水相关的问题点和方向性课题，以及城市应有的理想状态"。会议提出了应该重新探求"建设自然与人类共存和谐的城市，由水和绿的保护和活用，建设舒适的城市，由滨水和绿空间的再生创造，建设美好的城市"。[1] 在这一组织的推动下，各国对滨水区的开发、复兴作了不同程度的尝试。这个组织于 1991 年在威尼斯举行了第二次国际会议，"滨水区——一个新的城市前沿地带"（Waterfront: a new urban frontier）会议展示了各方面的研究成果，包括全球十六个国家在滨水区开发、复兴方面的实例[2]。滨水区的开发、复兴已经成为不可阻挡的潮流和趋势。我国拥有 18 000 千米的海岸线，更有不可胜数的优美河川湖泊，而且近年来各方面对水系在城市环境中的重要意义又有了一定的认识，对水资源给予了充分的重视，对河流的整治和水污染的防治研究使河水变清成为可能，这是滨水区开发、复兴的重要前提。

国内城市滨水区开发、更新也已起步，对于历史性滨水区的复兴、河岸的整治等做了不少尝试：如天津海河沿岸的整治、上海外滩道路的改造及上海浦东陆家嘴金融贸易中心计划，等等。总的来说，这些实践是可喜的，但同时存在一定的问题：第一，还没有把滨水区的开发、更新作为一个整体性的城市空间系统改善工作来做，纵然一些项目正好在滨水区，但还不是为了提高城市环境质量而充分利用滨水区优良特点加以开发；第二，开发计划还停留在传统的规划设计理论上，没有对水域

1. Ceccarelli P., "Cities On Water," *GeoJournal*, 19(1989):237-244.

2. Hall P. H., *Waterfronts: a new urban frontier*. University of California at Berkeley, Institute of Urban and Regional Development, 1991.

予以高度的重视；第三，在具体的建筑与景观设计上手法贫乏、单一、公众意识淡薄等。

因而本文的研究主要是使滨水区开发及滨水建筑与景观设计的研究系统化，并为今后的开发计划提供全面的分析和依据。在着重分析国外先进实例的基础上，提出滨水区开发的原则及滨水区建筑与景观设计的手法，以期对我国城市滨水区开发、更新提供借鉴和参考。

二、城市滨水区及其历史发展

1. 城市滨水区概念及分类

笼统来说，城市滨水区（waterfront）指的是在城市中的陆域与水域相接部分的一定区域的总称，由水域、水际线和陆域三部分组成。但是涉及到其具体区域的划分方法，却还难以定论。而实际上，在有关滨水区的开发利用方面，了解它包括的具体区域是非常重要的——它对于考察滨水区在其所在城市中所处地位是很有必要的。

要明确滨水区的区域，从大方面划分有两种类型，即从水际线开始的以距离、面积来衡量的空间位置关系，以及滨水区所在地区和滨水区有关的所有内容，这两方面相互补充，形成了滨水区。但这只抓住了一般所说的滨水区限定区域的物理概念，而没有对它作全面认识。简单地说，就是"以水际线为界，水域部分包括多少，陆域部分包括多少，总体上来说限定到什么程度"这个问题。

的确，调整限定滨水区区域的数据有时在施行计划方面很有效，特别是根据法律开发、保护的时候。例如，如果把美国《沿岸管理法》《沿岸区域管理计划》中所说的沿岸区域，当作这里所说的滨水区，水域部分包括从水际线到领海部分，陆域部分包括从水陆线开始的 100 英尺（约30 米）到 5 英里（约 8 千米）不等，或者一直到道路干线，对大体的区域下了定义。

与学术界有关的领域，像上面所说的展示限定滨水区区域距离的例子极少，广阔区域内，从分水岭到水际线，或是对海湾某个海水群有影响的陆地上的流入范围，从陆域现界可及范围等广泛的区域，到沿陆地浅海部分这样抽象的概念，不同的学术领域，其解释也各不相同。正像上文所说，可以说在滨水区开发方面是无特定的距离可言的。

有关城市滨水区的区域有好几种见解。北见俊郎把临港地域（滨水区）的区域当作"港湾机能和城市机能最好的交流地"[3]，长尾义三先生（土木工学领域）根据"不考虑人类社会如何开发保全滨水区，而是考虑滨水区域内，人类社会如何生存"[4]这一观点，引出了滨水区域这个问题。另外，《城市滨水区的开发》的作者道格拉斯，围绕滨水区问题，认为不应只考虑城市中水际线的位置，而应该从城市的角度加以考虑。这是把城市和滨水区相互联系起来的考虑方法。这些见解，都是站在同一立场而言的，即根据滨水区在城市中如何被看待的这一考虑方法得出其区域必然是被限定这一结论。有关滨水区域，如上所述，有各种说法，除了作为法律制度以外，完全限定滨水区的区域也没有太大的必要。

研究滨水区、筹划制定开发计划的时候，了解滨水区对周围地区的居民有何意义这一点是很重要的。由此，滨水区域所说的范围也各不相同。滨水区包括计划及利用的初步形式，所以滨水区是基于滨水区利用的立场及计划立场的相互促进来处理的。在城市居民看来，滨水区域可以根据滨水区的维持或是意识内在化的程度来设定。这就是说，所谓滨水区域，不是指从水陆线可以机械地求得的距离的长短，而是指城市居民对滨水区日常意识浓度较高的地区。对规划者来说，其规划中滨水区这个场所，是可以让城市居民意识到水的存在的那个区域。

平时，我们经常讲到的"水边""岸边""水岸""滨江（湖、海、河）"等都有"滨水区"的内涵，即是人们意识中的滨水区，根据城市选址的不同，而有海滨、湖滨、河滨。滨水区在海滨的城市，像青岛、厦门、北戴河等；在湖滨的如杭州；最多的则是河滨，像上海等。

滨水区域按其土地使用的不同可以分为十类：滨水住宅区、滨水商业区、滨水文化区、滨水工业区、滨水综合活动区、滨水史迹区、滨水公园区、滨水自然风致区、港口区、滨水自然湿地。其中滨水文化区是指文化设施（如电影院、剧院、会议中心、美术馆、图书馆等）集中布置的区域，综合活动区是指一些以娱乐为主的具备多重功能设施的区域。商业区是指商店、金融中心等集中布置的地区。滨水自然风致区，是指城市尚保留的一些特殊而有环境价值的地形地貌。自然湿地为河滩地等尚未被完全城市化的处女地。

所谓"滨水建筑"指的就是在滨水区域的建筑，在视觉上与水相关联的建筑，不仅是指与水直接接触的建筑或是水际线之后第一层次的建筑。与滨水区的概念相应，滨水建筑应是城市居民对滨水区意识浓度较高的区域的建筑。

3. 北見俊郎：《「港湾問題」と港湾政策——部門政策論の形成をめぐって〔「日本経済政策学会第42回大会」[3]〕——（自由論題）》，《日本経済政策学会年報》1986年第34期，第114-118页。

4. 長尾義三：《沿岸域問題と土木計画》，《土木計画学研究・論文集》1987年第5期，第1-13页。

滨水建筑是城市滨水区环境景观中的主要角色，水域为滨水建筑提供了展示的场所，建筑在水边的展示要比在街道上的展示有更多的余地；从另一角度讲，建筑的形态在滨水环境中的表现对滨水环境景观的形成是十分关键的。

由于滨水建筑参与了滨水环境的景观构成，因而它的特殊作用也就在此体现出来，滨水建筑可以有更多的可能性积极地参与到景观构成中去。内外部空间的渗透、水域与陆域的沟通、建筑中公共空间的开发等手法的运用，将建筑融于滨水环境之中，对于提高滨水环境景观的活力有着重要意义。滨水景观的设计并不是消极地在建筑之外画"配景"，也不是对建筑形象的单纯追求，而是要让建筑结合进滨水环境中去，创造充满活力的滨水空间。

2. 城市滨水区的历史演变

大多数城市曾因滨临水域而得以发展，因而城市滨水区在历史上几乎都有过繁荣的阶段。工业革命以后，世界发生了深刻的变革，随着经济的突飞猛进，城市人口也持续激增，用地紧缺，建成区不断膨胀。由于大量工厂的建设，生产污水、废水对河水的污染，使得很多城市河道改变了它们早先岸芷汀兰的面貌，变得又脏又臭。

随着时代的发展，人们慢慢认识到清洁的河道对城市生活的重要性，19世纪之后，西方各国陆续开始设置处理污染的设施，使得污染程度有所控制，情况逐渐好转。

近年来，全球性生态保护运动蓬勃发展，在这一运动的推动下，人们重新注意这一百多年以来，成天工作生活在毫无感情、冷漠的钢筋混凝土机器里，离自然越来越远了。于是旅游和度假成了热门话题，然而日常生活的环境并没有因此得到改善，噪声和废气仍然包围着人群。人们向往有一片乐土，有一个可以享受休闲又适于居住的场所，不必只在远方，就在家庭住址边上，于是旧的河道、废弃的滨水地带又重新受到人们的青睐。重新评价引起土地利用的再开发，一系列的尝试正在世界各地风行，从旧港活用再建到运河公园建设，从大规模的绿地开放空间网络开发到滨水游步道、护岸建设，等等。

世界上很多河流都经历过"自然生态平衡—污染严重—重新获得价值"的过程，这是一个比较普遍的现象。当前回到水滨的趋势，反映出人们试图找回他们曾经失去的那部分价值的愿望。

在对滨水环境的开发中，也面临着一些问题，对于发达国家来说：（a）全球性的生态保护运动，促动人们向往自然、亲近自然的倾向，由此而引起了追求高质量城市环境和城市重新回到滨水区的趋势。在很多发达国家，城市中心的滨水区环境一直有很好的景观和管理，当前的主要趋势是利用和重新发展那些废弃的河道和港口区的土地潜力。（b）随着传统制造业等工业衰落、产业结构调整，土地使用性质也随之转换，原来滨水的工业地区转向了其他用途，早年使城市发达的内河港口废弃了。然而城市地价日益增长，怎样有效地发挥滨水区土地的潜力，已成为当务之急。（c）第二次产业革命，带来了文化趣味上的多样化和价值观的多元化，共存、兼容成为人们生活中的习惯守则。后现代城市文化[5]所提倡的复杂性和历史感已为众多的人们所接受。（d）同时人们的思维方式也随之更新。汽车交通已不再是人人心向往之，步行是更健康的生活行为。于是城市空间结构与交通系统都重新得到调整。（e）由于经济低速稳定增长，人们休闲时间增多，休闲生活要求提高。城市生活环境从满足物质享受到精神充实要求，因而游憩活动、交往活动增多。

我国属发展中国家，与西方发达国家的情况有很大差别，对滨水环境的改造面临着不同层面的问题。（a）全球性生态保护运动，也促进了我国改善城市生态环境的工作，特别是治理河水污染、增加绿地面积等已成为热门话题，一些城市已开始利用原有水道组织滨水绿地系统。但是污染问题仍然很严重，而且有加剧的趋势。（b）面临国际经济大环境的影响，我国一些沿海大中城市的产业结构开始调整。同时开发有潜力的大港深港，原有小港由于设备陈旧、场地设施不足而将逐步淘汰。（c）改革开放、搞活经济带来了积极的成果，人们的物质生活水平有明显增长，然而城市公共场所与设施均较落后，精神生活方面出现了种种不平衡现象。城市空间结构混乱，景观贫乏，缺少有独特风貌的城市。千篇一律与粗制滥造在不少大城市里存在着。滨水区环境衰败，使应有的资源埋葬在厚厚的黑水之中。（d）以悠久历史闻名遐迩的水乡城镇正面临着严峻的挑战。由于城镇的基础设施与城市空间结构及容量相对不足，出现了一系列的矛盾和问题。

纵观世界许多城市滨水区域的历史发展，由于河流如前所述经历了"自然生态平衡—污染严重—重新获得价值"的过程，滨水环境也因而经历了相应的阶段。现在人们注意到，应该为重新找回滨水环境的价值

5. 弗·杰姆逊：《后现代主义与文化理论》，唐小兵 译，北京大学出版社，1997。

而努力，但是由于社会经济等因素的差异，各国有着各自需要对付的问题。一方面，很多欧美城市有着优秀的外部空间设计传统，滨水区往往有众多优美的景致；而我国几千年来，相对来说重内部秩序，对一些公共性的城市开放空间的建设往往重视不足。另一方面，国外发达国家开发滨水区在很大程度上是社会经济机制所致，是经济生活与社会发展的协调并进，而我国在这方面落后了很大距离，因而我们的任务是艰巨的。

3. 城市滨水区现状

目前，为了顺应大城市的各种要求而兴起的滨水区开发，大小混杂，规模不一，有一些计划已经开始施行，也有的已经完成。这些项目，是对水边土地的偶然利用，还是出于城市居民的迫切希望呢？作为城市功能空间要求的源泉，这一点必须充分讨论。

若要对这些项目进行更详细一些的研究，可以根据其开发规模，分成几种类别。一是在被利用的土地上，引入办公楼、商业作为主要功能（或再加上居住功能），使其功能综合化，这是通过建几幢高层建筑达成的规模比较大的、井然有序的开发；第二是不考虑综合功能，而是以再开发为核心的小规模开发模式；此外还有利用港湾杂乱的仓库、工厂的一部分空间作为商业功能的样式。如上所述，这些项目可以分为三种灵活性的开发利用项目。

大规模的开发，由于规模大而要强调核算及公共性，故办公、商业及关联附属业态、港口、公共服务等功能的输入将成为主体。参看国外大规模开发的土地利用计划，可以发现不容否认的一点，就是各种功能完全区分开来之后，街道房屋排列显得太单调了，缺少变化和情调。的确，这些计划涉及引进各种功能，让人想到可以体会功能的变化，但这终究是鸟瞰的结果。居民及游客的日常活动范围，充其量不过半径为 500 米的徒步圈，他们大部分是生活在居住、办公这些单一功能区域范围内，事实上也有些规划中人住在滨水区内而日常生活中看不到水的情况。因而筹划制定计划时应以人类为着眼点，让人们日常生活能与水发生联系。

滨水区因为有水域的存在，凭水的情趣及由此产生的浪漫情调可以吸引到很多人，这些滨水因素要胜过很多别的区域，如果能积极地把它们考虑到计划中去，可以创造出极富魅力的空间。

反过来说，现在正在规划中的大规模的滨水区开发，由于把滨水区作为空间供给源来考虑，因而在认识上停留在"规划区域内偶有水域"的程度，这样滨水区的诸多优点就不能得到充分发挥。正因如此，即使在城市中水际线附近有滨水公园等设施，从那一步跨入陆域，就是任何地方都有的城市景观。通过利用广阔的滨水区进行的大规模的开发，却难以对城市整体施加影响，但至少可以做到让更多的人了解滨水区的优良性，为更多的人提供滨水区的优良环境。

与此同时，涉及小规模再开发及灵活利用问题，情况就不一样了。其中大部分，从规模上来说是商业、居住等单一的功能，由于规模小，故没有像大规模开发那样在计划区域中植树、造广场等在区域内造就独特环境的余地。

因此，可以说自然而然地积极利用眼前水域，充分发挥滨水区的有利之处，这种计划能收到很大效果。特别是灵活地利用，虽然规模极小，但凭滨水区的优良性具有吸引力这一点，对城市居民的影响不亚于大规模开发。

总之，城市滨水区的大部分，历史性看来是城市开发地，所以文化积淀很高。对滨水区多目的、多功能的利用，必将给城市空间带来活力。

三、城市滨水区建筑设计

在城市滨水区开发和更新中，建筑物的形态在整体景观中占据了极其重要的地位。滨水建筑与滨水环境融合的关系，并非在建筑物之外给建筑画"配景"，而是要让建筑积极参与到景观构成中，将建筑设计与滨水环境设计结合起来，创造丰富多样的开放空间，以满足人们的亲水心理及亲水行为，使城市空间充满活力。

由于城市滨水区富有其独特的个性，因而滨水建筑参与到滨水环境的景观构成后也会有更充分的发挥，对滨水建筑的研究，除了一般建筑物的共性问题之外，还有其独特的水域与建筑的互动关系，是促成滨水建筑焕发其独特魅力的创新源泉。建筑与水体的关系直接影响到建筑设计与滨水景观的形态，建筑与水体的关系一般可以分为以下六类：（a）建筑与水体直接接触；（b）建筑直接临水（但没有接触），建筑与水体无视线遮挡；（c）建筑与水体之间有自然地域相隔（如草地、湿地、树林等）；（d）水际线有明确的护岸，建筑与水体之间有道路（道路有不同等级，如机动车道或步行道）；（e）建筑与水际线距离较大，之间有道路、滨水公园等非建筑设施；（f）在水际线或水域甚至是对岸视觉范围内的建筑物（这些滨水建筑塑造了城市天际线）。

在这六类关系中，第一种即建筑与水体直接接触时，建筑需要解决的技术问题较多，如建筑防水、季风的影响、水体侵蚀、潮汐或浪潮冲击、处理常水位和洪水位的落差问题等，但这些也是滨水建筑能够发挥其独特魅力之处。如加拿大温哥华的会展中心，就是在突出于水面的德雷里克特（Derelict）码头区建造的，这个项目包括了会议中心、宾馆和游轮码头，建筑群的基础深入到水体之中，游轮出口处即为会议中心，有两个甲板形式的人行步道与之衔接。会议中心的上部是白色帐篷顶的展厅，从海港看上去整个建筑群就像是海上航行的航船。建筑设计充分利用了建筑与水体接触的条件，创造了丰富的亲水空间，同时又具有某种象征意义来表达海湾主题，是较为典型的滨水建筑案例（图1）。

悉尼歌剧院是建筑直接临水的典型案例，建筑物建在突出于海港的场地上，白色的建筑造型象征扬帆待航的航船，也像是一组白色的贝壳，充分体现了海港的主题，同时其洁白的形体与蓝色的海水、天空以及古朴的大桥结合在一起，构成了一幅优美生动、富于浪漫色彩的滨水城市景观，其周边的场地也是极好的亲水活动空间（图2）。

图1 温哥华会展中心

图2 悉尼歌剧院

85

悉尼达令港展览中心虽然没有直接临水，但是与水体之间是绿化和步行道，同样在水边形成非常具有标志性的形象，重点是将建筑物的形态与蓝天、绿树、海水一起，以高技术的形象与环境形成鲜明的对比（图3）。

第四、五种类型是滨水建筑最常见的类型，通常建筑设计中会充分利用滨水景观，同时也需要为滨水街道塑造沿街界面和提供为行人服务的设施，如零售商店、座椅、遮阴、照明、标志牌等。伦敦码头船坞区（dockland）开发项目中，许多建筑都充分利用了滨水景观，使建筑获得更多面向水体的朝向，也塑造了非常丰富多样的街道形态（图4）。

第六种滨水建筑类型是大多数城市形成城市轮廓线的主要区域，通常需要通过城市设计来确定建筑群的相互关系，也需要在开发时在城市规划管理上给予高度重视，世界上许多大城市的城市天际线通常都是从城市的主要河流或海面、湖面的视线看到的。如美国纽约的曼哈顿城市轮廓线就是从哈德逊河上看到的，高低错落、高差迭起，富有强烈的节奏感（图5）。

图3　悉尼达令港展览中心

图4　伦敦码头船坞区

图5　曼哈顿城市轮廓线

四、城市滨水区公共空间设计

城市滨水区开发必须涉及对所开发区域的历史背景的把握，回顾滨水区利用的漫长历史，调查该地域形成要素，探讨使用功能的变迁和现状、残存的历史建筑有无再利用的可能性、街道的特征和居民意识。为创造有个性特色的滨水区，什么该留下来，什么该改建必须十分明确。

地域的气氛和人们对那儿的印象，往往被该地的建筑物所左右，建筑的形态直接与滨水区环境质量相关。建筑不仅为滨水区提供眺望和被观望的景观，它同时也与克服气象、海象等自然条件的手段有着密切的关系。

1. 历史遗产再利用

在很多的滨水区，残留了许多各种各样的历史遗产，例如：仓库、工厂、港湾办公楼等砖瓦建的建筑，已成古董的船舶处的码头和栈桥，以及造船厂的遗址。随着这些遗产的活用，才有了继承该地传统文化的可能，才能形成有本地特色的滨水区。

作为滨水区为数较多的历史建筑物的保存和修复，以及进行普遍开发的例子很多：如波士顿的查尔斯顿军港（Port of Charleston）、纽约的南街海港（South Street Seaport）和圣路易斯的雷克里德码头（Laclede's Landing）等。

波士顿的查尔斯顿军港是由废弃的海军造船所再开发而形成的，以集合住宅为中心，在这个19世纪初开设的造船所里，残存着近200年建筑学历史中重要的建筑和造船设施，并在再开发的时候，尽量利用了那些历史建筑，形成了有历史安定气氛的街道面貌。对景观的考虑很彻底，居住者用的车也设置在红砖造的建筑里（图6）。

纽约的南街海港，一个多世纪以前是世界有名的港镇，也是作为鱼市场活跃着的场所。那以后，随着船舶的大型化而逐渐衰退，又没有立即进行再开发，变得人迹罕至而荒废了。再开发的目的是再现纽约最大港市的面貌和当时的繁华，由于修复存留的市场和仓库等老建筑而形成了解该地历史的博物馆。为保存低层的砖瓦建筑，把地域上空的开发权转让给周围，使用从那得到的资金进行修复作业，这提高了建筑的利用率，并吸引了很多观光客（图7、图8）。

87

图 6　波士顿的查尔斯顿军港

图 7　纽约南街海港更新 1

图 8　纽约南街海港更新 2

多伦多的金（King）码头改造项目修复和利用了滨水区象征着历史的建筑遗产，金码头是 1927 年作为仓库而建，是加拿大最早的现浇混凝土建筑。当时，因为没有构造的安全基准，造得十分坚固，而这成为了修复中的一个难题。但是正由于其坚固，其上再建四层也不成问题，而且内部还可以挖出大中庭。经过巧妙设计后，现在的码头有着店铺、住宅、餐馆、小戏院等多样功能，作为港口区再开发的先驱的象征，博得人们的青睐。砖瓦建造的港口博物馆以前是一座火力发电所，外壁恢复了以前的形状，内装焕然一新，现在作为博物馆再生利用，使人们想起发电所的烟囱和雁状屋顶等特征，给滨水区的景观带来了特色（图 9）。

西雅图联合湖畔（Lake Union）更新项目对原来滨水煤气工场的设施进行保留和改造，保存了老的煤气工厂的一部分设施，开放让人们了解产业历史及游玩的公园，现广受市民欢迎。从这里可以眺望西雅图市全景，以及联合湖美丽的水边景观，假日期间，来野餐的人非常多（图10）。

由于城市滨水区在历史上通常因水路交通的便利而成为码头、仓库、工厂等，在城市滨水区的再开发和更新中，保留和利用工业遗产是一个很重要的策略，一方面保留了历史记忆，让人们对城市发展的历史有一个切身的体验；另一方面，工业遗产与城市的其他设施和建筑有较大的反差，也适合成为城市公共活动场所中具有标志性和吸引力的要素，使滨水区成为城市的新地标。

2. 护岸设计

在把滨水区仅仅看作城市边缘的时代，护岸在人们头脑中只有保护土地自身和居住在其上的人们及财产的作用，只要造得坚固结实就行。所以，设计护岸时，提高所谓的经济性和安全性是首要的问题，至于设计性与亲水性则很少考虑到。但是，由于近年来人们对于水边的认识改变很大，亲水性开始受到人们的重视，在设计护岸时，不仅仅满足于治水方面，考虑到舒适性的设计变得有必要了。

护岸是水域和陆域的交界线，也是陆域的最前沿。人在看水时护岸也会自然而然地进入视野中来；人在接触水时，护岸是到达水边的最终阶段。所以护岸的设计，对于滨水区开发就具有重要的意义了。也就是说，护岸设计的好坏可以决定滨水区能否成为游玩的人们喜欢的空间。

图9 多伦多金码头

图10 西雅图储气罐公园

89

设计护岸，第一必须注意它的治水性质。只有充分满足治水功能——护岸本身的作用，人们才能在水边安心赏玩；第二是要保证亲水性，无论在哪儿，人们都应能看到水面，毫不费力地接近水边，同时可接触到水；第三是从对岸或者水面上可观赏到美丽的水边景色。

护岸的这种设计，一方面将水域和陆域分开了，另一方面则是将二者连接起来。粗看起来，这两个方面恰好相反，但只有巧妙地解决了这个问题，才能产生滨水区的情绪性的气氛。

本来，只要将具有较高亲水性设计的护岸设置在各个滨水区就行了，但实际上，有很多情况下是很难做到这一点的。因为护岸的功能比较单纯，随着它周围水域的条件或陆域条件的不同，它的设计也受到很大的制约。此外，在各个水域既定的制约条件下，如何最大限度地提高亲水性，如何创造出受人们欢迎的滨水区环境，这对护岸的设计来说也是十分重要的。

城市滨水区开发中具有代表性的护岸设计类型有：（a）堆石直立式护岸；（b）堆石倾斜式护岸；（c）碎石护岸；（d）阶段式护岸；（e）人工沙滩；（f）水与地面统一的护岸。

3. 滨水广场设计

滨水区对城市居民来讲应是公共财产，应该作为保证谁都可以到达水边、较为容易地接近水边的公共场所来设计。这里的"公共"并不仅仅限定于受公共管理的空间，还包括了显示各地区特性的水边的开放（Open to public）。

广场和公园也是各色各样的人集中的公共空间，是供城市居民们休息娱乐的共有财产，可供游乐、娱乐、休息的场所，会面、谈话的场所，举行庆典的场所等，它们赋予了城市丰富的情态。在欧美常以广场为中心建造市区，广场、公园成了城市的核心部分。从另一角度来说，广场是将滨水区作为公共空间的最合适的设施之一，同时，它也与以滨水区为起点的街道构造中心有着紧密的联系。

（1）亲水广场

面向广阔水面的滨水广场给人们以无上的心灵上的解放感。特别是在喧噪的城市里，可谓是恢复劳动、生活疲倦的城市中的绿洲。

巴尔的摩的内港（Inner Harbor）是一个想通过再开发荒废了的港湾地域、恢复滨水区活力的计划。虽说这是个拥有办公楼、商店、旅馆、会议中心等复合性质的大规模开发，但其中作为焦点的都是由小卖店和餐馆组成的空间，港区分成两幢建筑物，中间建有用砖铺成的广场，广场面向港口略带缓慢的倾斜度，中间有可看到水面或停泊在附近的帆船的石椅。作为来港区游玩的购物者及后面办公楼中工作的人们的休息场所，这里终年热热闹闹。另外，到休假日或有重大事件时，音乐家或有名的艺人就会举行各种演出活动，广场更显得人山人海。

纽约南街海港（South Street Seaport）17 号码头，是开发面临东河的17 号埠头，建筑是由小卖店和饮食店组成的商业设施。埠头的陆地连接的地方是由板拼成的大面积的广场，此外，沿着水边，渡船一直延续到埠头的尖端部分，广场的一角是上下游览船的地方，此外，水面上漂浮着的各种帆船，吸引了大量的游客，由于从华尔街到这里步行不到十分钟，这里成了在办公楼工作的人们休息的场所。午休时有不少提着快餐到这里放松情绪的工作人员，5 点以后更是挤满了要恢复一天工作劳累的人们。

波士顿市中心区修建成的克利斯朵夫·哥伦布公园是观看波士顿港口绝好的地方。公园中，环水边是用自然石块铺就而成的，成为了环绕波士顿滨水区的散步路的一部分，滨水区附近有水族馆、旅馆、商业中心、住宅、办公楼等各种各样的设施。另外，广场的陆地部分整理成草地公园，夏天温暖时，有时可看到住在附近的人以及在办公楼工作的人们晒日光浴的情景。

圣地亚哥（San Diego）的希尔特（Shelter）岛的水边建成敷设了草皮的公园，人们将桌子、椅子等野营用具带进这个广阔的公园，边眺望圣地亚哥湾雄壮的海洋景观，边享受烧烤野餐的乐趣。

神户人工岛（Port Island）的北端，最接近神户市区的北公园设计成看得见港口的休憩场所，广场用漂亮的砖石铺成，从这里可一览六甲山脉、神户市区、大型船舶和小帆船来来往往富有动感的港湾。此外还可欣赏到连接神户市区和人工岛的鲜红的神户大桥，大桥夺人眼目，富有力度和生气，神户大桥桥脚接地的地方用水泥固定成，在这儿坐下来高度正合适，尽管眼前是庞然大物，但不会给人带来异样的感觉。

（2）码头式广场

在水面上伸展开来的"甲板"状的广场，给我们带来了与水的亲密感和整体感，假如在水面上造广场的话，广场的周围被水包圈，和水相接的水际线的长度增加，再者，板下面的流水能产生令人身心舒爽的潮水声。特别是，因为潮汐的干满差很大，滨水区不能直接和水接触的时候，码头的广场所起的作用是极其大的。根据向水面伸展方式的不同，码头广场也有好几种类型。

温哥华的格兰维尔岛的码头广场是面向水面成矩形状的，是利用埠头的栈桥那些旧木材而建起来的，在宽敞得极有舒适解放感的广场上配有木椅子，是眺望福溪（False Creek）水面和对岸温哥华市街优美景观的最佳场所。

希尔特（Shelter）岛的滨水区是利用靠近市中心的生产用埠头建造而成的，埠头和埠头间的这个广场是用木结构支撑起来的，上面是木板的"甲板"，广场的平面形状不单是让长方形的"甲板"伸向水面，而且还是根据了水际线的凹凸变化设计的，即从陆地的道路部分到一边的埠头是圆弧形的，另一边是雁形的，与码头广场上桌椅一致的木制街道家具安置在上面，人们能够边欣赏港口的景色边进餐。

加州的一群橘红色的木桥是人工湖中面向湖面的公园的一角，这里也做了一个向湖面突出的"甲板"，由木桩支撑起来的这个"甲板"通过栈桥和陆地相连，周围被湖水包围，"甲板"的规模虽小，但有能遮盖全部地面的屋顶，还在上面设置了椅子，供人休憩、观赏。

邻近圣迭戈的斯波布来格（Sipotblege）的一个船坞（Marina）公园里，也有木制的"甲板"，圣迭戈湾的水面上，"甲板"突出，后侧有简单的屋顶，可遮蔽强烈的阳光，可以作为休息的场所，和"甲板"相并的左侧，设计有能和水直接接触的石阶，在这个因为干满差的缘故而与水接触机会较少的公园中，造出了几个亲水空间。

（3）流水广场

在滨水区的水边环境中，可以选择再造流水池，增加人直接与水亲近的机会——这在由于常水位和洪水位差较大而人不能与水直接接触的、或是水面被污染的滨水区，就显得特别重要。还有供小孩玩耍的浴池、戏水池，不限于滨水区，哪儿都可设置，但尽管同样可以承受日照，设置在滨水区会感到更温暖，在心理上，也确实会有一种解放舒畅的心情。

波士顿的滨水区，不仅因为和水面的水平差这个主要因素，而且由于交通和生产利用的原因而使水质变坏，很难直接和水接触。由于这个原因，在查尔斯顿军港（Charleston Navy Yard）的一个造船公园的一角，有石头和砖建造起来的流水广场，给孩子们提供了直接和水亲近的机会。

大阪南港的西南端的海水游泳场，有水深1.2米的人工沙滩的池塘，这是在大阪湾大都市的滨水区中设置砂浜海水浴场的一个例子。为了维持安全、舒适的环境，费了不少人工。例如，利用堤防将大阪湾切断，但水底敷有很多砂，从海底层涌出来的海水被充分利用了。而且也考虑到了净化水，控制水量、净化装置，补充水道水的给水口，砂浜的后面种有草和椰子树，水面上还设置有具有南国风情的小屋，创造了愉快的气氛，在夏天，不仅是大阪南港附近的人们，而且周围较远地方的人们都来到这儿，尽情享受海水浴。

在加州的伍德布里奇，也设有利用人工湖得到湖面和浅滩的流水广场，池的周围和水底都由石头加固，而且，湖与湖间由混凝土隔开，这是考虑到孩子们的安全和防止湖中的泥土进入池中，但是隔堤和湖面大致高度一致，所以湖与池不是完全分离，有时湖与池的水在离水面近的地方可以相互浸透，现在，这个流水广场周围由低的栅栏围起，只有伍德布里奇的居民才能利用。

（4）喷水装置

喷水也是给滨水区的环境加深印象的设施之一，设置在滨水区的喷水有两种类型，一是和城市其他地方的一样，在陆上设计出来的人工水盘上展开，这在难以接近水面及难以与水直接接触的滨水区，起着加深亲水性效果的作用，还有一种，在滨水区的水面上喷出水来，这个可以给静的水面提供无穷的变化。

神户的人工岛的南部公园中，安置着大型的油船使用的螺旋桨，利用其作为喷水，下方水声势浩荡地被喷出来，好像是船的螺旋桨在运转时的情景，喷水是在离水边 100 米的场所设置的，这样，众多的航行中的游船的姿态与之重合，使滨水区的氛围进一步加深，作为这一地域的明确特征的喷水，使滨水区的环境变得更加出色、壮观。

以形成住宅区为主要目的的郊外型滨水区开发，也有设置喷水的例子，如弗吉尼亚州的来斯特新镇及加州的伍德布里奇，在湖面上设置喷水，由喷水产生出波纹，给水面带来无穷的变化，同时也可欣赏到美妙动听的水音。

（5）看台

朝向水面建造起来的台阶状的看台，给人们提供了各种可以自由眺望滨水区的地方，也可作为观众席，可以眺望在水面和水中演出的各种节目。

在旧金山的海洋博物馆的旁边，建造了混凝土的看台，前面的水际线做成人工沙滨，看台是作为从背后的道路降到沙滨的通道而设置，在这里，旧金山湾的雄大的水面，金门大桥的雄姿，还有对岸的景致也能眺望到，而且音乐家们经常聚集在这儿尽情地演奏，观光客们围着那些人，在滨水区开敞的氛围中尽情欣赏音乐。

旧金山郊外的福斯特城，水网密集，水面上建有亲水性很高的住宅，在水路聚集的中心部，有广阔的人工湖，面向水面的住宅，可以乘汽艇、小船到人工湖去，面向人工湖的一角，有圆弧状的看台，可以眺望湖面的景致，而且这个看台上长有草皮，平时天气好的时候，人们可以一边享受日光浴，一边读书。

4. 滨水游步道设计

在城市中徒步行走是最基本的、最重要的行动手段，同时与街亲近，是理解街道的一个手段，正因为众多的人来回行走，使街上充满活力，也就是，街道不仅供人行走，也是形成街道个性、散发街道活力、对城市起着重要作用的一个空间。

在滨水区内设置游步道，有两方面的作用，一是人们边欣赏边愉快地行走的水边空间，亲水性高，谁都可以在滨水游步道上行走，让众多的人们认识到滨水区的良好价值；另一方面是连续市街地和滨水区，市街地和滨水区由于地势及自然条件往往被隔断，而游步道则起着连接者的作用。

游步道的氛围和行走意欲有着极大的关联，即使距离很长，也让人们不觉得累，兴致盎然地想再走下去，步行意欲和天气与游步道的设计有很大关系。

例如在水边设置小船坞（Boat work），用自然石块、砖等铺设有人情味的游步道，不仅给路面增加变化，同时也表现滨水区的风情。接近水际线的缘石、栅栏、支柱等的装置，要使人们感受到水性，也要花一番工夫，还有，用照明灯装饰着航海旗，能够取得海洋般的浪漫情调。这样，人们在滨水区尽情游玩，通过人们步行这个基本行为，迷人美丽的滨水区成为城市的一部分，这就是放置滨水游步道细微、巧妙之处。

滨水游步道设计的八个要素包括：（a）铺地；（b）木板步行道；（c）缘石；（d）栅栏；（e）支柱；（f）坐椅；（g）旗帜；（h）室外照明。

（1）铺地（地面铺装）

滨水游步道的设计，首先考虑到的是与人们直接有关的行走方便，铺地是指石、砖等整铺成的路面，铺地设计主要有三个目的：一是作为连接市街和滨水区的部分，能创造出地域的连续性；二是创造多样的空间氛围，使人们意识到空间的多样性，特别是滨水，要确保安全，提醒人们这里是水边；三是游步道可增添情趣、散发魅力。

城市的滨水区，从市街到水边，很多场合都是高速公路和铁道纵横，阻扰了市街和滨水区的联系，欧美的滨水区开发中，已改善了这一点，把人们引向滨水区已取得了显著的成功。

从波士顿的新秀丽（Faneuil Hall Marketplace）到面向港湾的公园的途中，有高架的高速道路横切，若要到水边去，必定要通过高架路下的道路，这样才不至于切断空间，但是代替人行道的（Marketplace）露天市场铺着石块，确保从市街到滨水区的连续性。

纽约的富尔顿商场(Fulton market)到曼哈顿岛周围也有很多高架路，然而从富尔顿商场周围铺起的石路代替人行道通向水边，把被高架路阻碍的空间又联系起来了。以上两个例子说明，铺地手法的统一对连接市街和滨水区起着重要作用。

铺地的设计，不仅可以带来一体化，也可以造成空间的分离和多样，特别是在滨水区中，还确保了水边行走的安全。巴尔的摩的内港，设有能在水边行走的广阔的空间，在水边设有栅栏，把步行空间设计成有几个不同风格的类型，使人们能接近水，又能唤起人们的注意。

铺地的另一作用是把步行空间作为散发魅力的城市环境，这个也要花各种各样的功夫。波士顿的查尔斯顿军港在游步道上铺着整齐的石块，作为住宅地，加强了幽静的气氛，用石头作为素材，融合了波士顿的都市的氛围，给整体带来了统一感。费城的 Penn's landing 在绘有波状的堤防上设置游步道，上面铺设了各种颜色各种情调的材料，人们可以尽情游玩欣赏。

（2）木板步行道

把游步道设计成木板步行道第一个有利之处是，木板有一定的弹力；第二，木材特有的颜色和手感符合人们的感性认知，随着时间推移，更增加自然的风味，而且能调和周围的环境。在很多港口的历史中，木材是主角，因而使用木材能体现历史延续性。

木板步行道在滨水区使用的例子很多，如纽约南街海港 17 号码头在埠头外面设置木板步行道和椅子，创造出港湾的繁华气氛，两边重新利用栈桥的古木建造了建筑和广场，可以体会、回味港口历史和风情。这里在商业性开发上成功的诀窍之一就是这个细节的布置。

95

（3）栅栏

设在水边游步道的设施还包括防止掉入水中的安全设置，聚集人数不定的滨水区尤其要注意这一点。欧美国家的水边管理体制和社会习惯与我国不同，他们一般认为，在应注意的地方发生事故是个人的责任，因此欧美的一些实例中，在水边几乎不设栅栏，只在少数聚集人数较多或步道狭窄的地方设置；即便是有栅栏也不高，这是为了确保亲水性，以充分享受水边情调；假如过分追求安全性而设置很多栅栏，就失去了滨水区固有的活力。

圣安东尼在运河两岸设有游步道，栅栏几乎没有，但是在两岸的不能造游步道的地方和水面上步行道狭窄的地方，局部地设置了钢的栅栏。人们聚集热闹的旧金山的 39 号码头，周围和建筑一样，设置着古老的木栅栏，防止人们落入水中的同时，又增添了木材带来的古朴气氛。在波士顿的集合码头，有石造的栅栏，通过石头和周围砖、石等建造的建筑调和一致的同时又能防止潮风的浸蚀。

（4）缘石

在游步道的水边设置缘石，能给街路增添变化，有时还能起到椅子的作用，尤其是在滨水区，尽管没有栅栏那样大的强制力，但能唤起行人的注意，不但不妨碍景观，还起到安全保护的有效手段。

在巴尔的摩的内港，广阔的游步道的水边，埋着 15 厘米的混凝土缘石，和游步道的路面相差很少，但和游步道的茶色砖形成对比，缘石是白色的，在视觉上更能促使人们把视线引向水边。

在温哥华的法尔斯·克里克南岸，围绕水边的游步道的边际，用石块设置的 10 厘米的缘石，唤起行人的注意，这儿就是越过缘石，下面也是平缓起伏的护岸，还是比较安全的。同样在温哥华的格兰维尔岛，干满差很大，设置在岛上的周围的木板"甲板"（deck）的边上有防止落水的角材，这个角材有 15 厘米，二层缘木，足以唤起注意，而且二层缘木的内侧一面可以用作椅子。

（5）支柱

设置在水边的游步道的支柱的作用，也是提醒人们注意，防止落水，确保安全，当然也能给滨水区的景观提供一点变化。

在温哥华的法尔斯·克里克南岸，沿着水边的游步道，从护岸旁边的缘石 1 米左右的内侧，每隔二三米有高 50 厘米的支柱，不仅唤起人们接近水边的注意，还可以分隔开行人与自行车，而且在并列的支柱的每三根中种有一棵树，成为绿荫丰富的游步道的自然景观。波士顿的查尔斯顿军港的一段栈桥，设置着能系留船只的支柱，饱含着海的浪漫和作为造船厂的当时的旧貌。

巴尔的摩的内港整体变化的广阔的游步道成为与水亲近的开放的亲水空间的特征，这里的支柱设计是白色的一米高的支柱，上有青绿色的球，这样起着栅栏所不能取代的、引起人们向开放的水域空间注目的作用。

（6）座椅

在构成滨水区的环境要素中，椅子也有着左右当地空间良好特点的重要作用。滨水区的一个作用就是城市的使用功能，并能吸引人们，又能让人们感觉舒畅愉快的休息场所。而且，有时还要演变出各种各样具有艺术形态的空间，特别是在滨水区设置的椅子，丰富的形态设计无疑为滨水区增添了不少活力。

温哥华的法尔斯·克里克南岸，沿着水际的游步道的各处，在混凝土制的支柱间有木制的椅子，使水边空间更增情趣。费城德拉瓦河边的游步道，石制的支柱之间也有木椅和系船柱成一体，并配有照明设备，而且椅子是设计在游步道的稍低一点的地方，能确保后面的眺望，从椅子处能眺望从眼前经过的船只，又能舒畅地放松休息。圣迭戈市的希尔特岛，设计在埠头的用粗木材建起来的椅子并列着，成为人们眺望海景、享受美餐的地方，这些椅子的周围环绕着木栅，起着调和的作用，形成了一个安静优雅的环境。温哥华的格兰维尔岛，在沿着水边游步道的地方设置椅子，吸引了不少人在这儿休息，欣赏对岸的景致。巴尔的摩的内港在热闹的地方港口广场的前面有石造的阶梯状广场，阶梯也可作为椅子，广场起着联系滨水商业设施和文化设施的作用，有足够的魅力吸引众多的游客来访、休息。纽约南街海港的 17 号码头、埠头上是木板，上面有箱形的一排椅子排列着，靠水最近的木板步行道，因为稍低，坐在椅子上也能眺望美景，椅子和木板步行道起着同样调节色调、构造的作用，创造出了一个协调一体化的环境。

（7）旗帜

色彩缤纷的旗帜也给滨水区增添了色彩，滨水区的环境设计在空间上作为海运通商的根据点，而且还可吸收外来文化，象征着港湾具有悠久的历史，众多的旗和美丽的景致相协调，而且在滨水区所演出的各种

97

各样丰富的节目中，起着强化效果、增添氛围的作用。

圣迭戈市的希尔特岛的滨水区一带的街路上，利用电线杆，装饰了各种色彩的旗子，在旗上设计有鱼的图案，更增深了水边的情趣，能有效地吸引人们走向滨水区。纽约的南街海港的 17 号码头，建筑的顶部有造船公司的旗帜迎风飘扬，不仅再现了当时作为港口城市繁荣的气象，而且增添了滨水区的欢乐和热闹气氛。

（8）室外照明

室外照明不仅给夜晚增添美景，在白天也能起路景变化的作用，特别在滨水区，利用彩色照明器具，更会创造出一种港湾的气氛，所以经常被采用。

在费城的德拉瓦河滨步道深黑的铁制的支柱上饰有照明，在傍晚，给在公园椅子上休息的人们带去一种柔和朦胧的氛围。

五、结语

城市滨水区的开发和更新，最重要的是让空间回归到城市公共生活，让城市滨水环境真正为市民日常生活所用。从国际城市滨水公共空间案例来看，作为充满魅力的城市滨水区，应是能够吸引城市居民进行活动的良好场所，因而空间公共性应该是放在首要的位置。另一方面，城市滨水区开发，还需要和城市腹地有较好的连接，实现区域内步行系统的整体性和连续性，使得滨水环境的打造，能够充分发挥其城市活力空间的作用。

城市滨水居住区规划
设计研究

周芃

周芃，博士，同济大学浙江学院
建筑系副教授。1993 年同济大学
建筑与城市规划学院建筑学硕士
毕业后留校任教于建筑系建筑设
计基础教研室。

论文时间

1993 年 3 月

摘要

　　本文节选于笔者的硕士学位论文《滨水居住区规划设计
研究》，并于 2021 年进行了改写。原论文从滨水居住区的
选址限制、九个勘察项目、总体策略和规划、建筑设计、居
住区建成五个方面，运用典型案例分析法来阐述滨水居住区
规划设计的规律。

一、城市滨水居住区选址的限制

我国东部从北至南，跨温带、亚热带、热带三大气候区，北有寒流南下、南有暖流北上，调节气温及湿度，雨量充沛，土质肥沃，物产丰富。我国海岸线长达一万八千多千米，沿岸及海中有大小岛屿六千多个，岛岸线长达一万四千多千米；又有长江、黄河、珠江等河流总计近百条，一路往东呈百川入海之势；再加上星罗棋布的大小湖泊、运河、水库，共同形成面积巨大的滨水区域。但都市的形成及城市滨水居住区选址却有着生态规律上的限制，并非所有滨水区域都可以作为城市滨水居住区的基址。

降落到地面的雨水或冰雪融化的雪水经水流运动，由小溪、小河汇成大河，这样构成的脉络相同的河流系统，叫河系，即由干流和许多支流、湖泊、沼泽或地下暗河彼此相连的集合体。其中干流指河道长、水量大、流域面积大的主河道，河系中除干流之外均为支流，其分级方法为：把直接注入干流的河流称为一级支流，直接注入一级支流的河流称为二级支流，依此类推。在自然环境和土地利用特征上，高级序支流流域面积小、河道狭窄，是自然水资源供给区，土地利用以山林为主，具有强烈的山村性格，河川利用管理比较松散，为生态上游区；而低级序支流、干流流域面积大、河道宽阔，是自然水资源的消费区，土地利用以都市和农田为主，具有都市形成的要素，河川管理高度组织化。基于保护整体自然资源与环境的需要，高级序河川流域不宜开发为建筑用地，以避免断丧其生态机能，导致低级序河川地区不良水文变化，水质污染，以及泥石流等自然灾害。如严格控制淀山湖、太湖区域内居住区、疗养区的开发，就是为了保护其下游诸多城镇，特别是上海市的水文及水质。低级序河川流域具有开发为建筑用地的强大潜力，然而有些沼泽地、低洼地等河域是珍贵的野生动植的栖息地，如野鸟区、稀有植物生长地、红树林等受到国家法律的保护，对居住区的开发应该限制。另外一些河川流域具有涵养洪水的机能，其存在对保护已高度开发地区免受洪水灾害有极大的贡献，也在居住区开发使用范围之外。剩下来的低级序河川流域，才容许开发为居住区用地。

所谓"容许"应来自国家法律的规定。我国现行的《土地管理法》《环境保护法》《水污染防治法》《海洋环境保护法》及其实施条例，是对江河流域、海洋环境开发的法律保证及有效限制。但是，在这方面的工作中我国与其他发达国家和地区有着相当的差距；差距并不在总的目标，而在具体的实施方法。比如美国在其《海洋管理法》（CZMA，1993 年版本）第 302 节（C）项中明确指出：因人口及经济发展引起的，对于我国海岸带土地及其他水域竞争性的要求（包括工业、商业、住宅建设等），业已造成海洋生物资源、野生资源及富营养区的丧失、生态系统永久性不利变化、公用海洋空间的减少以及自然海岸线的侵蚀，应鼓励沿岸各州联邦、地方政府及私人利益集团合作，务必做到以下几项：(a) 鉴别国家特别关注区域，决定特定区域内各种用途的轻重缓急。(b) 制定保护具有环境、历史、美学、生态或文化价值的公共海滩和沿岸地区，并提供进入这些地区的具体计划及政策。(c) 为了减轻侵蚀影响、恢复受到侵蚀影响的地区，制定评价岸线侵蚀和开发控制战略的具体方案。日本在《自然环境保护全法》（1993 年版本）中指出："全面保护面积达到标准以上的保持着优秀状态的海岸、湖泊、河川地区，包括生存其内的一切动植物。"中国台湾在其《非公用海岸土地放租办法》（1993 年版本）中更具体地指出："承租人需提出适当之保证金后开始动工，该保证金以供回复土地原状所需为限，承租人于建筑完工或中途放弃原营建计划，经自动回复土地原状，通知国产局检查无讹后，无息退还。"以上三宗法律或条例均来自于这些先行发达国家和地区过去痛苦的教训，对我们来说弥足珍贵。我们不应重复他们失败的过程。

二、城市滨水居住区的基地勘察

滨水居住区基地在自然构造、生态、景观等方面具有特别个性，在规划设计前，应针对其水文、地质、地形、灾害、动植物、小气候、污染、特定场所意象及社会人文历史脉络九个方面进行分别的详细调查和梳理，从而判断出相应策略。

1. 水文调查

需了解滨水居住区所濒临水体的最高水位、最大水位落差、岸线位置、常年淹没地区的界限、平均水量、流速、风浪，应特别调查其地下水位常年高度及季节性的升降变化。地下水位是一个起伏的、流动的表面，沿地形行进，遇湖泊、河流、渗水处流出。滨水地区的地下水位通常较高，过高的水位会给居住区开发时的开挖带来困难，引起地下室积水、基础不稳等问题。一般可由系统勘探获取地下水位资料并判断是否会引起灾害，高水位也可由井水水位高度、渗水处有斑点的土壤及生长喜水性植物如杨柳、赤杨、芦苇等来判断。对于地下水渗出的地方要格外注意，最好不要在其上面建筑。

2. 地质调查

指对滨水居住区基地范畴之内的土壤、砂石、碎石、岩石的承载力的调查。可采用均匀的现场采样，分析其在不同压力或不同含水量下承载力的差异，碎石、砂、淤土或黏土所占的成分比，含水的限制，有机体的数量。一般表层土是植物生长的主要媒介物，调查内容主要是它的排水性、腐殖土含量、pH 值以及其他用以滋养的物质，像钾、氮、磷等。一个意境优美、完整的滨水居住区离不开较好的植被，因此，表层土的化学成分及酸碱度应予以试验。但对于工程来讲，我们要更重视表层土以下，受力承载土层的综合质量，包括土壤的结构、土层厚度、粒径、空隙或滑动平面，并且在均匀采样后以最坏土壤部分作为计算标准。

近来有许多旧的滨水垃圾掩埋场、废弃的港口堆场被重新利用，经填土、压密后进行居住区的开发。这些垃圾及填土的压密程度需仔细探查，以防自然压密沉陷导致建筑的坍塌。

3. 地形调查

有着起伏变化的纵向标高、曲折蜿蜒的水平边界的地形对滨水居住区开发是很有吸引力的。它对形成私密性、创造相互守望的邻里氛围、形成舒适的小气候都提供了先决条件。地形调查可分竖向、水平两个方面。

在竖向方面，坡度是关键。坡度 4% 以下，属于平坦，适合各种密度居住区的布置；坡度 4%～10% 为缓坡，可供车道自由布置，不需要梯级，居住区布置不受地形约束；坡度 10%～25% 为中坡地，需设梯级，车道不能垂直等高线布置，居住区布置受到一定影响。地形愈陡，其土壤越不易透水，流水很快地流走，造成土壤侵蚀，地下水减少以及洪水等灾害，护坡费用增高。[1]

在水平向，将会出现三种基地滨水形态：湾式滨水形态、半岛式滨水形态、岛式滨水形态。[2] 这三种形态随着滨水岸线逐步增长，则滨水居住区亲水性、可达性、可视性与均好性逐步增强，滨水环境利用价值逐步提高。

4. 灾害调查

对于滨水居住区来讲，大潮、暴雨、热带风暴、海啸、地震是其主要灾难。虽然我国东部大部分地区避开了环太平洋地震带及欧亚横贯的地震

1.《建筑设计资料——山麓、高原、湖畔、海滨》，日本建筑思潮研究所。
2. 日本横内研究室：《滨水区开发手法》，鹿岛出版社，1998。

带，但是每年从 4 月至 11 月的大潮、暴雨、热带风暴、海啸仍然是滨水居住区的主要灾害。因此必须考察当地历年的灾害气象资料，并以抗极度破坏力为设计的准则。灾难过度频繁的地方不宜做居住区的开发。

5. 动植物资料调查

滨水居住区的现状植物分水生（在浅水生长或深水中浮游生长的植物）、湿生（在河岸或地下水位高处生长的植物）、中生（对干旱、湿涝有较好的适应性的植物）、旱生（在干燥地区生长的植物，不耐水涝，抗旱性较强）等几种生态类型。现状植物经过长期自然选择，对地区生态有着高度适应性，一些古树、名木更见证了历史的变迁。应对其名称、种类（常绿木本、落叶木本、藤本植物、草本植物）、生态习性、观赏特性（观花、观叶、观果、观干、观姿）仔细调研。一般枫、赤杨、山菜、黄松、杨柳生长在排水不良的湿地。针枞木及枞木长在寒冷潮湿的地方。木麻黄、黑柚则生长在带盐分的海风吹拂的海边[3]。滨水成带的植物具有防风作用，当它的宽度能达到高度的 10 ~ 12 倍时，风的能量可以减少 50% 以上。而疏松的高大乔木与密集的低矮木混合生长时能起到综合防风作用。常绿树与灌木在冬天挡风效果最佳。从动物方面来看，滨水区留鸟较多或候鸟经常光临的地方一般水质良好，生态系统完备。

6. 小气候资料

滨水居住区小气候调查应对的是针对舒适度的规划策略。小气候有物理和人文两方面的特性：物理特性包括温度、湿度、降水、蒸发、风向、风速、日照、冰冻等数据的平均值及极端值，人文特性包括居民的人生经验、文化背景、年龄和日常活动，这两个因素共同影响着居民对于舒适度的感受。

一般大面积的水面，由于水的热容量高，因此能调节季节或每日的温度。使得昼夜温差相对较小，夏季相对不太炎热，冬天不太寒冷。在水边选择略湿、表面深色、较密实的基地会因反射率低、传导率高，从而产生温和且稳定的小气候[4]。再者，即使少风的日子，一般午后均有风由水面吹上岸，夜间从岸上吹向水面。上述三者的结合，使得滨水居住区冬暖夏凉、温润朗泽，非常惬意。当然，有时光线的入射角非常低，水面会同镜子一样反射率极高，在高纬度地区和太阳西晒时对于居住建筑是不利的，应有应对措施。对于比较小一点的水面来说，流畅的河道往往具有渡风的

3. 林奇、哈克：《敷地计划（第三版）》，成其琳 中译，詹氏书局，1986。

4. 同上书。

能力。河道汇集四面来风对滨水地区起到冷却温度、蒸发及散热的作用。

地形的适合坡度亦会增加小气候的舒适度。一个南向 10% 的斜坡会与接近赤道地区的平坦之地的太阳辐射量相同，在冬天因坡度造成的不同太阳辐射影响会使北向之坡比南向之坡少了将近 50% 的辐射量[5]。地形影响亦会使空气流动有所变动，在崖处风速比平地大 20%。一般滨水地区风都较大，主要原因在于水面与陆地热容性的差异导致空气冷热差异，造成气流的水面—陆地—水面的循环。人对风速的感觉变化多端。一般在室外可憩坐场所，风速不宜超过 4 米／秒；在散步时，风速不宜超过 12 米／秒；在任何时候，人们利用户外场所时风速不应超过 16 米／秒。狂风肆虐，会限制人们的户外活动。

5. 同上书。

7. 污染及地方病资料

滨水居住区附近有没有有毒废气、废水、废渣的源头？有没有易燃、易爆、放射性物质的贮藏？岸边有没有由于潮汐现象或水体污染带来的经年不退的恶臭？会不会受到航道高音频、间歇性鸣号的噪声骚扰？附近有没有地方病的发生？有没有经常性的意外事故？偶尔的负面事故可在居住区规划时采取应对策略，经常性负面事故则不宜做居住区开发。

8. 特定的场所意象

每个人眼中有每个人的风景，特定的场所意象来自于对主观感受的捕捉与提取：水面的形状变化，水体的色彩变化，河道的弯曲变化，岩石体积、质感的变化，土壤色彩、疏密的变化，山崖天际轮廓的变化，水声高低、层次、韵律的变化等都是特定场所意象的组成要素，更有每日日落月升、春夏秋冬四时更替的变化，使得特定场所综合意象具有复杂性和可变性，是居住区规划设计研究的重点。

9. 社会人文历史

我国悠久的历史给许多滨水基地内留有相当数量的古迹、古物、古建筑，比如 19 世纪中叶抗击外国侵略者的海防古战场、古炮台等，又如 20 世纪 30 年代许多外国殖民者在滨水城市租界沿岸修建的各种建筑，还有很多老的滨水工业基地留下大量的工业遗物，这些人文景观资料作为历史的见证值得被后人尊重、保护，宜一直保留下去。

三、城市滨水居住区的规划目标的确立

无论是城市滨水地区旧港口、老工业基地的居住更新开发模式，还是人工填海造地新建开发模式，规划者首先宜就居住密度、环境形态、安全措施、公建设施等四个方面的关键决策，与政府管理部门、开发者、业主、使用者通过调查问卷、访谈、案例研究、模拟推演、公示、辩论等各种方式取得土地利用平衡概要（包括基地面积、拟建户数、居住密度、停车方式、泊船方式）及开发事业费用平衡概要（包括用地取得费、土地改造费、浸水防止应对费、居住区建设费、公用事业配套费等）。

1. 居住密度控制

滨水居住密度是开发者、业主、使用者三者权益再平衡的结果，基于滨水区独特的景观资源，其迷人的小气候、复杂的环境整治都增加了土地购买和基建开发的成本，而低密度却意味着有充足的阳光、空气、水面、岸线，其亲水性、私密性、可达性及可视性等品质占有巨大优势。因此滨水居住区的居住密度有一定的范围。决定密度最高的因素，须考虑滨水住宅市场的需要量、拟建住户数、滨水基地所能包容总人口、公用设施、空地率及社会结构平衡的维护。决定密度最低的因素，须考虑维持必要的公共设施，居住区内社会结构均衡所需之最少人口。具体决定居住密度的有两大因素。

（1）住宅形式

独立式、并列式、联立式、多层楼梯公寓、高层电梯公寓为目前五大主要住宅形式，在滨水居住区的规划中，为了有效地利用滨水资源，并且确保住户的眺望、亲水等需求，往往采用多种建筑形式混合布置的办法，其密度便可由各种类型的住宅密度乘以该类型住宅占全部住宅的百分比相加而得。一般水岸线较短而平直、地形平坦的基地，密度可以规划得小一些，水岸线曲折、地形起伏大的地方，密度可以规划得大一些。离岸地块建筑层数加高，密度渐大，以保证沿岸线密度较低，住宅间隔大、层数低。在初步设计中可以估算一下各类住宅的面宽、进深、平均高度、层数、住宅前后左右间隔距离，来进行居住密度的计算。

（2）空地比率

空地指除了住宅及一些公共建筑基地以外的未建地，包括私人庭院、停车场、儿童游戏场、运动场、人工沙滩、道路、绿化及其他公共开放空间。空地比率指空地面积与总基地面积的比率。一般滨水居住区的沿岸空地率较高，离岸空地率较低。

2. 居住区形态控制（图1）

居住区的整体色调及表面材料质感，特别是屋顶、墙身、地面铺砌的色彩及质感，宜与四周土壤、植被、岩石、天空、水面的色彩相互对比协调，须达成视觉上的美学效果。

住宅的体量组合、疏密安排、屋顶造型须与地形、山势、水面相得益彰，以在迎光时有丰富的视觉层次，而在逆光时能勾勒出优美的天际轮廓线。

确保住宅之间一定的缝隙，使得滨水小气候的恩惠能遍及整个居住区。温度、湿度的差异在整个居住区内力求最小。

确保居住区内滨水意象在视觉上的连续感，保证户外活动时，能有对滨水方位的辨认。并且保证对轮船、游艇、帆船的观赏视线的畅通。适当设置人工水景，加强区内的滨水意识。

确保每户居民在室内对水面的眺望活动至少发生在一个主要房间内。并能从室内快捷地步行至水岸或者游艇码头。

确保植物在种类、花期、色彩、落叶等各方面的相互匹配。创造在风晴雨雪、春夏秋冬、昼夜更

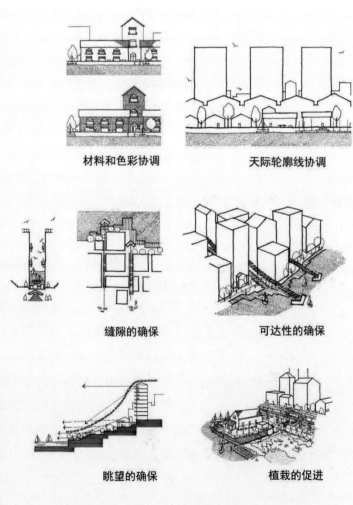

材料和色彩协调　　　　天际轮廓线协调

缝隙的确保　　　　可达性的确保

眺望的确保　　　　植栽的促进

图1　滨水居住区形态控制（本文作者参考《滨水区开发手法》自绘）

替中始终富有变化魅力的滨水景观。

3. 居住区的浸水安全保障

（1）最低建筑平面标高

最低建筑平面标高一般可根据水体的常年最高潮位，并附加 20～30 年的防洪安全高度来确定。这个高度，若太高会增加土地整治费用，太低则在心理上易形成不安，因此需由业主、设计人员、居住者共同决策。在最低建筑平面标高以下可以结合停车场、散步道的设计，既提高土地利用率，又保护了高处的居民不受浸水威胁。

（2）土地整治方案

土地整治牵涉到开发初期的投资量，一般有堆土、堆碎石和用混凝土人工地基三种方法。如果能结合人工湖的开挖，那么堆土土方就能在内部平衡，是一种经济的方案。通常情况下土方及碎石都要从基地外调进，由于土方需要经过密实处理，其实际土方量比计算土方要增加 5%，是一种花费较大的方案。混凝土人工地基可结合地基上部住宅及地基下部的停车场来设计，充分利用空间并形成良好的外观，而且用在基地条件特别差的滨水区更能起到加固基地的作用，当然，这也是代价最昂贵的一种方案。

（3）护岸的选择

滨水居住区中护岸的设计分别为：堆石直立式护岸、堆石倾斜式护岸、碎石护岸、阶梯式护岸、人工沙滨、水与地面统一，共计六种办法。在选择护岸形式时占第一位重要的是其治水性质，其次才是保证亲水性及美观。

（4）水门、水闸的位置及泄洪沟的排洪量

水位变化剧烈的居住区内设置水闸能起到调节水位、防洪抗灾的作用。并且可以在一定周期内关闭水闸抽干水，进行清洁工作。闸门的位置及其构筑物空间尺寸需在有关专家的配合下确定，并且还要设定排洪总量以确定泄洪沟的管道口径及长度。

107

4. 居住区公共设施配备

　　滨水居住区除了根据总的规划人口进行商业、医疗、通信、消防、保安、社区中心的常规公共设施的配备外，还要增加具有滨水区特色的公共设施。游艇码头可建设在风平浪静的自然港湾或人工开挖的河道里，泊船数量视居住区内居民使用量及可向区外开放的公共泊船使用量来确定。滨水居住区沿岸的建筑小品，如散步道，漫水台阶的铺地，水岸的栅栏、缘石、椅子，屋外照明的种类、数量，人工沙滩等应视居住区内居民及可向区外开放使用的人数总和来确定。

四、城市滨水居住区的详细设计

1. 低密度城市滨水居住区

　　低密度城市滨水居住区的密度控制在每公顷 20 ～ 90 户范围之内，是建设滨水居住区最理想的一种尺度。其住宅形式多为独立式、并列式、联立式等。大多拥有私人的车库、进出口通道、前庭、庭院和露台，高度不超过三层，每户都有水面景观眺望视线，沿水岸的还大多拥有私人游艇泊位，或区内集中游船泊位。

　　居住区内环境气氛亲切、安全。极易亲水，易与滨水环境达成和谐。由于这种类型的住宅区对环境的利用率较低，公共设施费用大，相对来讲造价是较高的。在目前我国的经济情况下，案例较少，只有深圳的东方花园、汕头的翠涛花园略接近[6]。而在一些经济发达的欧美国家，其面向中等收入以上的居民居家之用。近几十年来，在欧美国家，这些低密度亲水滨水区的开发很多，其中以美国加利福尼亚州福斯特市（Forster City）及红木城红杉木水岸（Redwood Shores）滨水居住区开发为典型案例。

6.1992 年当时的情况。

（1）水平方向总体布置——策略一

　　福斯特市在旧金山市的东南面，是旧金山湾西南角的填海筑地的半岛，建于 20 世纪 60 年代，以低密度人工滨水居住区著称，每公顷 20 户，是美国最适合居住前 25 位小城之一。福斯特市总面积 51 平方千米，其中陆地面积 9.85 平方千米，水域面积 42 平方千米，总人口约 3 万人。

其总体布置的最大特色是有一个丝带状不规则的湖泊蜿蜒镶嵌在城市当中，并有 12 个大小不一的人工岛沿湖岸线突入湖面，使得总沿湖岸线扩大了一倍，达约 25 千米，低密度滨水住宅得以沿湖岸带型散落分布，其岛屿分布可分为北部、中部、南部三大区域（图 2）。

北部 7 个狭长的人工岛平均宽约 70 米，长约 450 米，平均约每岛 40～50 户。住宅沿岛四周比肩布置，中央为一条四车道尽端式道路，贯通整个基地。尽端式的道路通向每户的背面，与住宅入口和车库、前庭相连。住宅正面面对开阔的水面，最开阔处达 70 米，最窄处 18 米。住宅与水面之间有私人庭院、阳台等半私密空间。岛内中心有丁字形交叉道路通向区外的主要干道。在岛内，道路则兼作公共停车、人行步道等邻里公共空间。

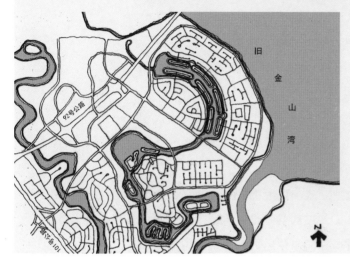

图 2　美国加利福尼亚州福斯特市滨水居住区总平面图（作者参考《滨水区开发手法》自绘）

中部有 3 个人工岛，一为类似北部的狭长岛屿，另一个则为边长分别为 200 米和 280 米的三角形地块。由于沿湖岸布置已不能满足对滨水景观的充分利用，因此三角形地块在北侧做了一宽 24 米的湖水引入，使得 80% 的联立式住宅能直接有滨水景观。与北部 7 个狭长形人工岛中央快速车行道不同的是，这两个岛采用的是入岛慢行和集中停车系统，快速车行干道终止于小岛入口，除沿岸线布置的环形公共步道和公用游艇码头外，岛内停车场、步行道、绿地、儿童游戏场互相围合成组成团，形成安全的小岛内部环境。还另有一岛以联立式集合多层公寓住宅环岛布置，通过调整房屋间距，每户都能获得良好的水面景观。

南部有两个面积较方正的人工岛，其中一个运用引入河道的做法，将完整方正的岛变成犬牙形，河道平均宽 15 米，道路平均宽 10 米，布置类似于北侧那个狭长形人工岛，住宅沿湖岸线带状布置，每户都和水面相接，有沿河游艇码头和私人庭院，其中 4 条尽端式道路和步行道、绿地、人工沙滩、游泳池和儿童游戏相连形成小岛内部公共活动空间。另一个岛由于宽度平均达 150 米，长度达 450 米，布置上由干道接两个环形内部道路，从而串联起沿湖岸带型布置的住宅环，和两排平行于湖岸的中心住宅。公共活动空间被移至北部，大片绿化与蜿蜒的散步道、公共游艇码头共同形成亲水环境，解决内部不与水面毗邻的住宅的亲水性问题。

（2）水平方向总体布置——策略二

红杉木水岸滨水居住区（Redwood Shores）毗邻福斯特市南部，旧金山湾西南角，也是填海造地，在一片沼泽中诞生而成的半岛，建于1960年代。原为盐蒸发池，后变身为美国海洋公园，1986年后逐渐成为独立别墅、联排别墅、多层公寓、保护区，也是高技术公司如甲骨文公司曾经的总部所在地，目前美国艺电公司（Electronic arts）总部、任天堂美国总部、祖睿(Zuora)公司、科力斯（Qualys）公司、晶体动力（Crystal Dynamics）公司都汇聚在此，是美国福布斯排行榜上最富有的社区[7]。

7. 记录为2021年。

岛内湖泊纵横，以红杉木潟湖与沼泽地为主，经人工整治后共计嵌入湖面10多个大小不一的半岛和小岛（图3），实际总潟湖岸线扩大一倍，达到15千米。住宅平均密度约为每公顷25户。滨水住宅沿湖岸以带状分布，由于采用碎石护岸，绝大多数独立式小住宅都有贴近的私人码头和私人庭院，亲水意向强烈。有些人工岛被刻意修整成犬牙形，或向内嵌入小湖面以使沿湖岸线增加，从而增加滨水住宅数量。狭窄型岛内车行道路约10米宽，成线性尽端式布置，连接到内住宅的前庭和车库前区，使住宅正面能与水面相连，其中湖面最宽处达360米，最窄处也有30米，滨水环境特征非常显著。块状型小岛内道路则环形勾连，连接集中停车场、小区绿地等。与福斯特相比，由于护岸方式不同，亲水界面更加柔和自然。

（3）水平方向总体布置——策略三

美国加利福尼亚州斯托克顿（Stockton City）林肯湖（Lake Lincoln）滨水居住区与前述两例则相反，林肯湖滨水社区是用人工开挖引入邻近的大量自然水体形成犬牙形人工滨水基地（图4）。岸线

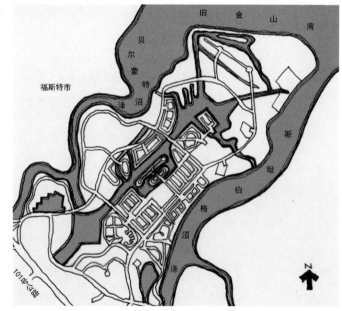

图3 美国加利福尼亚州红木城红杉木水岸滨水居住区总平面图（作者参考《滨水区开发手法》自绘）

总长 4.5 千米，密度 12 户 / 公顷，约 250 大小幢住宅沿水岸呈带状分布，数个隔河相望狭长型半岛将水面切雕成犬牙状。陆地内部处理同前述两例，基地平均宽度 100 ~ 200 米，内都有环形道路加末端枝状道路贯通，道路宽度 15 米，辅以绿化，空地率大，沿岸线有较大的浸水安全退后距离，大多数独立式住宅都退岸 8 米左右。当然人工开挖会滋生许多生态上的连锁反应，所以有时也可以将上述处理方式简化处理。利用住宅呈锯齿状的排列形成一个一个三角形的户外空间，也能部分达到景观及生活氛围上的如前述的优秀状态。如美国加利福尼亚州蒙特里市（Monterey City）海洋港口（Ocean Harbor House）滨水住宅区。

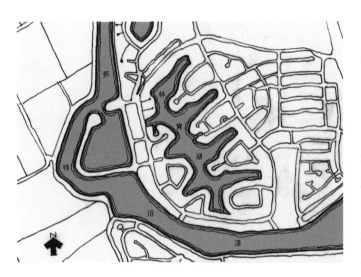

图 4　美国加利福尼亚州斯托克市林肯湖滨水居住区总平面图（作者参考《滨水区开发手法》自绘）

（4）竖向布置总体布置——策略四

美国加利福尼亚州桔县（Orange County）米逊维耶荷（Mission Viejo）滨水居住区，坐落在坡向水面米逊维耶荷湖（Lake Mission Viejo）的缓坡上，沿着等高线，并略与等高线成一定角度布置住宅（图 5）。沿着等高线布置不仅很容易满足每户对眺望水面的要求，而且与地形融洽相接，自然等高线不受扰动。道路则略与等高线成角度，可以更方便出入，避免完全垂直于等高线而使道路坡度比较陡，地表径流较大。而且基地纵深可以做得很大，密度亦可获得较高。当然，如果基地地形能从东、西、南几个方向向水面起缓坡，密度的增加更为可观。有时为了追求此种形式，也可结合人工湖的开挖，用挖出的泥土、砾石来改造基地，从而获得景观上、经济上、居住密度上、防洪抗灾等几重利益。这种布置形式，空间向水面的开放形态被地形大大地加强了，居民对岸线的利用出现了集中的形态，邻里活动中心偏移至岸边的公共游艇码头、餐厅、健身美容、人工沙滩等公共娱乐设施中。

（5）公共空间设计

由于一些低密度滨水居住区拥有私人沿岸庭院，大多私人停车库又可

111

以结合住宅而建，因此区内道路、路缘临时停车区都在住宅背面。漫步道、儿童游戏、邻里问候等公共空间不免清寂，不在居民监护视野内。因此可以结合尽端式道路的端部环绕空间设置临时停车区，或结合道路转折处设置临时停车场形成邻里交往中心，使用起来比较方便，也有个照应。

在一些滨水岸线不被私有的居住区内，居住内的步行系统宜将人们从住宅引向水边，使得区内公共环境的重点移至水岸。因此沿岸连续的住宅院落不宜过长，应以滨水环境惠及整个小区为目标。在步行空间内，还特别需要户外照明设计来保证其夜间的安全性，特别是有

图5　美国加利福尼亚州桔县米逊维耶荷湖滨水居住区总平面图（作者参考《滨水区开发手法》自绘）

上下高差变化之处及转角处。步行通道的地面铺砌应选用具有耐滑性能而富有弹性的材料，如木材、耐磨地砖等；步行道的植栽，则以尺度近人的灌木、观赏性的花草为主。如果条件允许，在人工湖周围建设的滨水住宅区，可选用水面与地面标高相差无几，或者地面自然坡向水面与水面直接衔接的护岸形式，平静的水面能清晰完整地倒映出岸上的建筑、树影、花姿、小舟、家人。如果采用其他形式的护岸，那么在尺度、色彩上宜选择纤细小巧、雅致温和的护岸材料如碎石、小石块等，给人以亲切的视觉及触觉感受。护岸边的植栽应以不遮挡眺望视线为准则。

区内步行道路如采用与集中公共停车场相互既可见又隔离的方式连接，可利用植栽来改善停车场的微气候。植栽可以选用一些落叶乔木。夏季浓荫时可以遮挡阳光，冬季落叶时又能使阳光透过。也可利用停车场边绿篱、透空的围墙，或者将停车场下沉，又或在公共停车场边设置带绿化的土坎，都能起到视线上的遮挡作用，使停车场看上去较安静、隐蔽。停车场的规模以6辆至10辆为宜，不宜过大。在停车场内设置一些水景小品如喷水、涌泉等，其蒸腾的水气及玲珑的水声对于加强滨水居住的气氛、软化环境有很大的益处。另外，居住区内所有的管道包括通讯线路、给排水、电能、热能、燃气等管线都可集中设置在道路下面，

并与城市总体管网相连。

游艇码头宜集中设置在风平浪静的港湾内。一般云集的游艇停泊时易形成对建筑物立面的遮挡，因此除非有地形高差，否则不要将游艇码头设置在建筑物的正立面前。其他公共建筑如会所、运动场等设计与一般居住区无异。

（6）半公共空间的设计

由前庭和庭院组成的半公共空间是低密度住宅区另一特点，其空间模式从居住区道路、前庭、住宅、庭院、岸堤之间的可能范围内保持与邻人视觉、听觉的接触和保持自我展示的空间，那么人际关系及邻里亲睦的一个半公共性的层面便产生了（图6）。

前庭的设计应该是弹性的，除了与小区建筑形态密切相关的建筑要素，如屋顶形状及屋顶的建筑材料，建筑立面的构成材料、色彩及门廊等需要统一以外，其他设计权力如门厅门、窗都可以交给以后的居住使用者联合打造，或开敞（包括门厅前的小路、草坪、花草、观赏树、爬蔓植物、高大树木）或封闭（围墙门、木栅栏或碎石围墙、绿篱、观赏树或小灌木、爬蔓植物），一个个充满居住者个性及展示的前庭形象将会使居住区充满生活情趣。

庭院的设计也应与使用者联合工作，由于是滨水区，庭院中的一部分可以是一个被架高的平台，有台阶可从上面走下来，来到敞开的庭院。边界是用低矮的栅栏来限定的，保证了视觉上的通畅连续。当水位上升时，淹没前半部分庭院，被架高的平台则被三面之水环绕。形成水榭，其上仍能进行居家休闲活动，凭栏远眺，风光无限。但它也有缺点，因为水位经常变化带来的垃圾需要时常去打扫，而且植物花草也不易生长。因此有的设计将前半部分做成层层下跌的平台，边界则做成固定的低矮花台，那么就比较容易清洁，而花草亦易存活。如果庭院的标高与水面相差很大，挡土墙很高，那么可将挡土墙处理成台阶式，配以开敞式的绿篱及低矮的植栽就成为一个良好的设计。

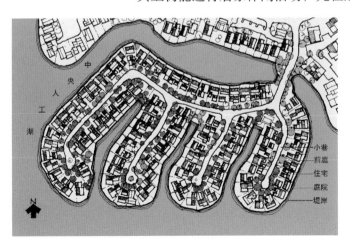

图6 美国加利福尼亚州福斯特市捕鲸湾滨水居住小区总平面（作者参考《滨水区开发手法》自绘）

（7）住宅建筑设计

为了提高岸线的利用率，尽量增加直接近水的住户。一种面宽窄、进深大的平面形式成了低密度滨水居住区住宅的典型形式。平面布置时，起居厅、客厅、餐厅及主要卧室均面向水面布置，集中在长方形平面的一端。次要卧室、客房则面向道路布置，集中在长方形平面的另一端。楼梯间、浴室、厕所集中在中间布置。长方形平面中间常设有天井、光庭等用来调节由于过大的进深带来的内部通风及采光的问题。在剖面布置时，一般运用上下贯通的起居室，运用采光天窗、景窗将自然的景观引入室内。

一般沿水面展开的建筑立面被确认为滨水居住区的主要立面，这个连续的界面对形成该居住区的滨水气氛起着决定性的作用。由于低密度滨水居住区住宅高度多不超过3层，因此没有明显的天际线的变化，加上单体的重复性又强，所以在对建筑体量、比例、材料、色彩、门窗、屋顶等外观形象因素设计时，多采用"求大同，存小异"的手法。如美国加州福斯特市捕鲸湾（Whaler's Cove）滨水居住区（图7），沿湖面展开的是独立式住宅的山墙面，虽然每幢住宅都是二层楼的，但通过统一的斜坡屋面和墙面的处理，使它们看上去都像只有一层楼，形体非常有亲切感。但它们并不完全重复，山墙上烟囱的位置，窗、门的形状，披檐、平台的形式都存在少许不同。

建筑外部色彩对于滨水居住十分重要。如福斯特市诸岛（The Islands）中总体调子采用了高亢的明调子（图8）：屋面采用宝蓝色的机制瓦，遮阳棚选用明黄色，墙面为白色，在碧水蓝天绿树映衬下显得亮丽、健康、明快。又如马里兰州哥伦比亚的潮落（Tides fall）滨水居住区（图9），以纯白色为建筑的分户墙颜色，层层叠叠宛若仙女裙裾，轻舞水面，与倒影浑然天成。

2. 高密度滨水居住区

高密度滨水居住区的密度在90～300户/公顷的范围之内，建筑形式包含多层和高层公寓。高密度居住区不仅能提高环境及公共设施的利用率，而且高层公寓更能提供一个更新、更高、更开阔的视野，来欣赏滨水地区的鸟瞰景色。高密度滨水居住区的开发在日本及欧美等发达国家比较多，主要是结合旧港口、码头的改建，来进行高密度滨水居住区的建设，这些住宅非常具有多样性。其中以伦敦船坞码头区

图7 美国加利福尼亚州福斯特市捕鲸湾滨水居住区立面图

图8 美国加利福尼亚州福斯特市诸岛滨水居住小区建筑色彩

图9 美国马里兰州哥伦比亚的潮落滨水居住小区建筑色彩

（DockLands）开发改造为成功的典例。

（1）总体策略——伦敦泰晤士船坞码头区（Docklands）滨水住宅

19世纪末，伦敦作为大英帝国的中心，泰晤士河码头区成为集散欧洲及本国各地货物的世界上最繁忙的港口作业区之一。20世纪30年代码头区的发展达到了鼎盛时期，码头、仓库、货站、大型吊车、船厂、传送带、产业工人住宅、烟囱鳞次栉比，每天处理大宗世界航运货物的装卸、进出口及粗加工，港区直接雇工3万名，与港区业务相关的工作人员达10多万人。二战期间码头区遭到德军集中轰炸，几乎被毁。战后，随着世界贸易格局变化，船舶大型化和集装箱化等物流方式的转变，老码头船坞区的产业连同与之休戚相关产业家族式的社区一起衰落了。1968年，从大码头（London Docks）开始被限制弃用，到1981年皇家码头（Royal Docks）所有码头被关闭，整个21平方千米的伦敦码头区遭废弃，人口流失、失业率高、公共设施薄弱、犯罪滋生，社区崩塌，土地价值一落千丈。1971—1981年间，码头区常住人口下降18.5%，区内83%的人住的是由政府提供的公屋，其中20%状况极差[8]。1979年撒切尔夫人上台后，主张以市场力量主导城市更新，"码头区被作为显示政府放松控制和展示私人经济成就的窗口"[9]。

1981 年 7 月起由大伦敦地区政府牵头组成半官方性质的伦敦码头区开发有限公司（LDDC），分 3 个阶段，其中第一阶段（1981—1986 年）为规划、筹备、预热阶段，第二阶段（1987—1990 年）为社区基础设施建设阶段，第三阶段（1991—1998 年）为完善改造阶段[10]，历时 17 年，将几近废弃的老码头区，从以港区产业为主的工业经济转向以办公、居住、商业、轻工业为主的服务经济，虽然开发过程饱受争议，但更新改造使这块废弃码头区获得了广泛的经济效益和社会效益，成为世界老工业基地码头区复兴的典例。

在第一阶段，LDDC 确定了总体战略：以改善基础设施为框架，构建区域内外的紧密交通联系，通过灵活、多样和集中开发策略，形成区域复兴的长期模式。在规划控制、项目筹划阶段积极引入民间投资，通过对整体市场的判断，首期开发从狗岛区启动，LDDC 在 18.6 亿英镑的投资总额中，将一半资金花费在交通基本建设上，其中包括 29 千米的码头区轻轨线路（Docklands Light Railway, DLR）。码头区轻轨这条交通大动脉于 1987 年建成，为港区改造提供了关键支撑力。借力伦敦市政府在税收、供地、市政建设方面给予的特权，市政设施得以迅速改善，银禧线（Jubilee Line）被延伸至码头区，1987 年又建成了伦敦城市机场，大大提高了码头区土地价格，刺激了私营经济的投资热情。大码头区（London Docks）、萨利码头区（Surrey Commercial Docks）、狗岛区（Isle of dogs）沿岸，特别是夏德维尔船坞沿岸（Shadwell Basin，改建完成于 1987 年）、圣凯瑟琳码头沿岸（St. Katharine Dock，改建完成于 1990 年）、萨利码头沿岸（Surry Dock，改建完成于 1990 年）、莱姆船坞沿岸（Lime House Basin，改建始于 1990 年）等，相继试水高级滨水公寓的新建与改建，因其良好的滨水环境、产权私有的特质在码头区大获成功，从而推动伦敦码头区高级滨水住宅区市场的发育（图 10）。

在总体设计上，在第一阶段大码头区沿岸滨水住宅建设时，由于私人资本刚刚小规模进入，LDDC 提供了宽松的项目选择，开发商大多选择直接改建老仓库、老厂房，采取沿岸公寓直接面向泰晤士河原建筑朝向，如奥利弗码头住宅（Oliver's Wharf Apartment，完成于 1972 年）（图 11）、米勒码头住宅（Millers Wharf House，完成于 1985 年）、圣约翰码头公寓（St. John's wharf Apartment，完成于 1986 年）等。或者选择围绕老船坞如夏德维尔船坞住宅区（Shadwell Basin）、圣凯瑟琳码头住宅（St. Katharine Dock）面向船坞水面单排建设集合住宅。码头滨水住宅

8. 刘克峰：《伦敦码头船坞区开发，英国》，《世界建筑》1990 第 5 期。
9. 同上。
10. @wxc0102：《滨水区更新和改造》，https://wenku.baidu.com/view/07b03ec10342a8956bec0975f46527d3240ca687.html。

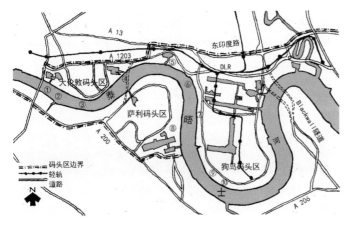

图 10 伦敦码头（西部）滨水住宅区开发策略总图（参考 London's Riverside- Lost and Found，The London's Found Riverscape Partnership.2000，by Checkmate Art Books International，作者自绘）

图 11 伦敦码头区奥利弗码头公寓

11.此处为2021年改写。@wusiqian："码头改造案例研究"，https://wenku.baidu.com/view/abac0a8559fafab069dc5022aaea998fcd2240cc.html。

12.同上。

的滨水舒适性和多重历史阅读性因此得以充分发挥，开发商获得了最大的投资效益，并极具广告效应。但沿岸住宅对后排住宅的亲水性易产生视线及可达性阻挡。因此在第二、三阶段及以后，开始采用与河岸成夹角的布置方法，并向水面层层跌落，一方面延长了沿岸滨水住宅的立面展开长度，另一方面形成喇叭形豁口使后排住宅的视线能通过，如自由贸易码头住宅（Free Trade Wharf，第一期完成于 1987 年）、特拉法加住宅（Trafalgar court，完成于 1991 年）、千禧年港口住宅区（Millennium Harbor，完成于 1999 年[11]）等滨水居住区。当建筑与河岸夹角逐渐扩大至垂直时，其两个主要立面就都拥有水面的眺望视线，配合增加滨水景观广场，如伯勒尔码头广场住宅区（Burrells Square，完成于 1988 年）、圣戴维广场住宅区（St. David Square 始建于 1998 年[12]）滨水居住区，极大增加了滨水面长度，带来更大的滨水视野。

过度依赖私人投资而缺乏统一规划所带来的后果是，码头区绝大部分滨水住宅区都各自拥有岸线私有使用权，由于相当多第一阶段开发的滨水住宅，特别是大码头区、萨利码头区、狗岛区西岸，住宅区紧贴岸线建造，没有为城市滨水公共空间留出足够的纵深。居住区沿岸只能向住宅所有者开放，即使局部放大绿化空间、亲水平台也大多各自为政，只有组团级公共空间的功能。虽然泰晤士河漫步道（Thames Path）于 1989 年被"孤独星球"系列丛书评为世界最佳城市步道之一，但在第一阶段，码头区的泰晤士小径（Thames Path）每隔几百米就被沿岸住宅区的围墙、大门、摄像头横腰拦断，使得外来者不得不绕行。而中产阶级及其生活方式的进入，使得码头区原低收入的产业工人及其家族普遍感到物质、社会、心理的威胁和对抗，其社区、工会、地区议会与 LDDC 就拆旧更新始终有摩擦。

LDDC 在第二阶段引入城市设计师，加强了狗岛区沿河岸漫步道、人工沙滩、沿河小公园、眺望平台等城市公共空间的规划控制和建设投入，泰晤士小径狗岛东岸的东北延伸段（Thames Path NE Extension）终于在城市大尺度上得以局部贯通（1996年开放），并融入城市道路网络系统。LDDC还加大了社区基础设施的投入，包括政府公屋、医疗中心、教育及培训机构，以平衡新老住宅区之间的贫富悬殊。并且规定新建住宅总量的40%必须出售给原住民。

适逢英国经济20世纪80年代中后期和90年代的黄金时期，良好的市场收益带来了滚动开发，私人资金不断涌入。迅速提升了码头区的地价，使得原住民在土地协议收购时失去议价实力，不得不搬去地价更便宜的远郊区，原有的产业家族式社区结构被破坏，社会不公的现象日益凸显。

第三阶段[13]（1991—1998年），伴随泰晤士河的综合治理，到1991年，整个码头区宏观经济活力和社会生活得以全面恢复，1998年LDDC完成历史使命解散。LDDC除了总投资的44%用于道路和基础设施建设、13%用于公屋及社区设施改善外，充分运用灵活的开发策略引入的4倍于LDDC投资总量的大量私人投资。18年（1981—1998年）中，码头区的住宅从15 000套增至38 000套，超过24 000套的家庭住宅为新建，其中17 700套是自有住户（占到总量的46%，以前只有5%），5300套是归于住宅协会，主要用于出租，约1000套赠与当地的政府使用，约2000套用于社会公共住宅，并对8000套现存老住宅进行了修缮，对19世纪滨水老仓库进行了保护性改建。整个伦敦码头区人口为18年前的2倍，公交轻轨、地铁、隧道、高速道路与伦敦中心区快速连接，并配套了19家护理院、55所小学、10所中学、6个运动场、63所幼儿园、6所警察局、3个消防局、10个图书馆、9个休闲中心。原本不在规划目标中的狗岛区金丝雀码头一跃成为伦敦第二大国际金融中心。

13. 改写于2021年。@wusiqian："码头改造案例研究"https://wenku.baidu.com/view/abac0a8559fafab069dc5022aaea998fcd2240cc.html.

（2）建筑设计

伦敦码头区高密度滨水住宅建筑设计平面布置的类型非常多样化，从1居室到5居室，但大都尽量采用延长立面展开长度以获得更多的临水眺望界面的方法。具体方法是在每一套单元中，起居室、餐厅布置在靠近岸线的外部，并通过起居室与阳台、露台的连接，为滨水住宅争取最多的南向和景观资源。室内空间的分隔借用低矮、透明的家具或间隔，使得滨水眺望视线开敞。厨房、卫生间等集中在靠近公共走道或楼电梯间的内部。如伦敦船坞码头区的夏德维尔码头住宅区的沿岸公寓（图12，Shadwell Basin，完成于1987）、圣凯瑟琳住宅区的沿岸公寓

（St. Katharine Dock，完成于 1990 年）、格林兰码头住宅区的沿岸公寓（Greenland Dock，完成于 1990 年）、莱姆码头住宅区的沿岸公寓（Lime House Basin，始建于 1990 年）。

而平面类型不是伦敦码头区滨水公寓获得成功的根本原因，其于码头区环境文脉的织补，在建筑立面、材料、色彩、细部上的努力才真正唤起伦敦人对往昔光辉时代的追忆，引起了伦敦广大市民的共鸣。如夏德维尔船坞（Shadwell Basin）是大码头区幸存下来的带有水面的船坞，采用了 19 世纪沿岸仓库建筑的排列方式，过去大货栈所特有的米黄色、砖红色相间的砖墙、白色柱廊、拱券、断裂的山花、黑色的铸铁栏杆等细部处理手法都被吸收了进来，使人们联想起这个地方货栈林立、生意兴隆的旧日景象。该项目已于 2018 年被增补为英国国家历史遗产保护二级名录，是名录中第一批后现代建筑作品（图 12）。又如萨利码头区的芬兰船坞区（Finland Quay, Greenland Dock），这里曾经是伦敦木材交易中心，大量木材由北欧芬兰、挪威、瑞典及俄罗斯运到此地集散。建筑师将北欧传统民居的敦实的体积、简约朴素的屋面、部分刷白的墙面，与滨水住宅设计时惯用的转折延长的景观窗糅合在一起，远远望去好像北欧民谣仍然在那里摇曳吟唱。

当时这种用历史建筑的片段、符号在现代建筑中整合、拼贴的手法，遭到历史学家的强烈批评，最典型的是瀑布大厦（Cascades Tower），该项目已于 2018 年被增补入英国国家历史遗产保护二级名录，是名录中第一批后现代建筑作品，起伏的墙面、圆窗、凸阳台、大斜坡的消防楼梯，会使人联想到河面上的灯塔、船上的烟囱、舷窗、传送带等。查尔斯王子曾将它作为自己的著作《英国视角》（*British Vision*，1989 年）的封面，表达了他对这个后现代主义建筑的挑剔，但时间已经将瀑布大

图 12　伦敦码头区夏德威尔船坞住宅立面

119

楼编进了伦敦码头区的历史，伦敦人戏称它为"雅皮士大楼"。当年建筑师解释说，他们想用这个戏剧化的大斜坡屋顶来隐喻附近曾经的煤码头运输机，所有怪异、有趣的细节处理是对于原址主人、狗岛区最大雇主，及对现代高层住宅表示的一种追忆（图13）。

五、滨水住宅区的建成

无论是低密度的还是高密度的城市滨水住宅区，应该以织补历史文脉、重构社会结构为目标，修复生态环境，展开填海造地、船坞重建、沿岸整治等工作。开发商、建筑师、营建者和使用者在建筑后评估、环境维护、养育、社区公平方面理应长期配合，而时间是最重要的治愈手段。

在我国，城市滨水居住区开发工作方兴未艾。应利用我国独特的自然环境和社会环境，向各国已建成之优秀案例学习，避免重蹈其覆辙。富有中国地方特色新型滨水居住区可以期待。

图13　伦敦码头区瀑布大楼

城市滨水区开发的
基础研究

周明祥

周明祥，广州日报报业集团项目
办主任，主持广报中心等多个综
合性文化地产项目的策划、规划
设计和实施管理工作。1982 年至
1989 年期间在武汉城建学院学习
并留校工作。1990 年至 1993 年
同济大学建筑学专业研究生，获
硕士学位。

论文时间

1993 年 3 月

摘要

　　本文摘选自笔者的硕士毕业论文，原论文借鉴西方国家
城市滨水区开发经验，从城市滨水区的历史探究出发，提出
城市滨水区概念及其范畴；围绕城市滨水区特点和类型，
进行城市滨水区开发利用的原则、开发模式等基础性研究；
最后，以城市滨水区开发中历史性遗产的活用案例，阐明城
市滨水区开发如何充分利用滨水区的水资源特性，为城市居
民创造与水体完美契合而又充满活力的、优美的城市环境，
恢复早期曾是城市繁华商业中心的滨水区，再现滨水魅力。

"最初，水是作为交通手段而被使用的"，[1] 城市也往往依赖能通航的江河、湖泊、海洋等十分重要场所的滨水区域而兴起和发展。

"城市滨水区是一种极富文化性的资源"，[2] 是经济发展、公共娱乐，以及市民所关心的多样性拓展机会的重要场所。滨水区在城市发展的不同阶段都起到了一定的作用。

由于通商形态的变化，城市滨水区的性质和利用方法也随之变化。铁路、航空、陆上、水上输送技术的革新，使得大多数城市的滨水区衰退，工业等排污严重污染了水体，使原先破败的码头区环境更为恶化，同时也伴随出现许多社会问题。

第二次世界大战以后，随着西方国家城市更新计划以及不动产投资，对具有活力的滨水区活用的结果，促使人们重新意识到滨水区域潜在的价值，开始了恢复早期曾是繁华商业中心河滨水区域、再现其魅力的开发活动。

近年来在全球性的环境保护运动的推动下，世界许多国家纷纷开始了城市滨水区的开发、复兴实践。城市滨水区开发已成为世界性的趋势和规划设计的主题。

诚然，城市滨水区的开发是社会经济发展的必然产物。在我国虽然没有出现像欧美早期滨水区荒芜的现象，一些区域还很活跃；但改革开放后，沿海、沿江城市建设发展迅猛，许多开发、复兴规划设计都选择在与滨水区有关的区域。因此，如何对这一地区进行有效的利用和资金的投入，以创造城市生活圈与水体完美契合而充满活力的、优美的城市环境就显得极富意义，这也往往成为城市规划和经济发展的重点。

近年来，我国完成或正在进行一些滨水区的开发实践，如天津海河整治、合肥环城河系绿化，以及上海外滩综合改建、海口滨海高层区的开发，等等。但还没有把城市滨水区当作一件有目的的事来做，纵然一些项目恰恰是在水边的计划，但还不是为了提高城市环境而充分利用滨水区的优良特点加以开发；且开发计划还停留在传统的规划理论上，没有对水域予以高度的重视。[3] 关键在于我们对城市滨水区潜在的诸要素及其相互组合所引起的变化缺少敏锐观察和全面的了解。

今天的开发更新活动都是孕育在昨天的历史发展中的，具有历史的延续性。因而，从城市滨水区历史发展及其作用的宏观跨度上，并就其相关要素特征以及围绕开发等有关问题的讨论，也就成为我们进一步研究城市滨水区开发的前提。

1.Douglas M.Wrenn, *Urban Waterfront Development* (UrbanLandInst, 1983), P5.
2. 同上。

3. 日本横内研究室：《滨水区开发手法》，鹿岛出版社，1998。

由于个人经验、知识、能力等多方面所限，对这一课题的研究仅仅是基础性的、探索性的，目的在于为今后分门别类深入进行城市滨水区开发研究工作提供借鉴，同时也期望为今后的开发计划提供全面的分析和依据，促进城市开发建设。

本文主要针对沿海、沿江城市滨水区，但希望能对水网城市滨水区开发研究和实践有所帮助。

一、基本概念及分类

（一）城市滨水区内涵自释

城市滨水区（Urban Waterfront）一词，人们对它有不同的理解。美国学者道格拉斯在《城市滨水开发》（*Urban Waterfront Deveopment*）一书中将城市滨水区定义为："这里所说的城市滨水区是指大城市的港湾区域，其他具有活力的小型港口，旅游性海边、渔村，以及沿可航水路设置的中等城市的区域都是同样适用的。"[4] 从中不难发现，这种定义方法，是从大城市的港湾区域的开发、复兴实践角度来定义的。

4.Douglas M. Wrenn, *Urban Waterfront Development*.
5. 同上。

从城市滨水区的历史发展来看，早期的城市选址大多在可航的江、河、滨海等重要场所。在以水运为主要通商交通方式的时期，沿岸一带是码头等设施以及手工业、商业集中的区域。城市的这一区域往往是物质集散、社区活动的场所，城市滨水区起到了重要的作用。19世纪后，技术进步、铁路出现使城市拓展，城市选址依赖滨水区的必要性相对减弱，过去城市的正面这时也成为城市的背面。[5] 道路、交通系统也在滨水区域出现，并成为主要形态。其结果是城市都心域远离滨水区，在一些欧美国家，原为城市中心区域的滨水区域衰退了，环境恶化。时过境迁，对滨水区特性的再认识，城市滨水区的开发也成为不动产投资的热点，对于滨水区活性化的利用以及第二次世界大战后的城市更新计划的结果又进一步促进了这种对荒废的开发、复兴活动，恢复市中心的活力。

现在城市滨水区的范畴不断扩大，广义来说，它也应该包括与人工开挖的较大水面的河、湖相邻的区域。

因此，如果不是在学术领域讨论以及城市文本中具体针对某一区域的话，城市滨水区的概念笼统地讲就是："城市中陆域与水域相连的一定区域的总称"。[6] 当然，小的河沟不属于这里的概念。

6. 日本横内研究室：《滨水区开发手法》，鹿岛出版社，1998。

城市滨水区有三个组成部分：水域、水际线和陆域。也正是三个组成要素构成了城市滨水区特性，使它区别于城市其他区域。

由于滨水区所在城市的地理位置、城市的功能性质的不同，滨水区的性质和开发利用方法也不一样，因此分类是必要的。城市滨水区一般可按以下三种方式分类：第一，按城市滨水区所处的地理位置，可以分为按滨水区所处的自然或人工开挖的大面积水面的河、湖处的滨水区。第二，依据滨水区所在的城市形态，可以分为线型状（沿江、河水路设置的城市滨水区域）、面型状（城市港湾区域的滨水区域），线型状和面型状是相对而言的，不存在绝对的线型和面型。第三，按城市滨水区土地使用用途，可以分为滨水住宅区、滨水史迹区、滨水商业区、滨水工业区、滨水公园区、滨水自然风致区、滨水综合活动区、港口区、滨水文化区、滨水自然湿地，其中滨水文化区是指文化设施（如电影院、剧院、会议中心、美术馆、图书馆等）集中布置的区域。综合活动区是指一些以娱乐为主的具备多重功能设施的区域。商业区是指商店、金融中心等集中布置的地区。滨水自然风致区域是指城市尚留的一些特殊而有环境景观价值的地形地貌区。自然湿地为河滩地等尚未被完全城市化的处女地。

（二）城市滨水区开发

城市滨水区开发是对滨水区域以其土地资源和水资源利用为目的的城市开发活动。既指原有码头、货栈、仓库等区域的更新改建的再开发，也指对未开发地的新开发计划。它包括"城市规划—城市设计—建筑设计"的全过程。

城市滨水区开发是城市开发的一种特殊形式，不是一般意义上的城市滨水区开发。与其他区域的开发相比，它不仅仅涉及滨水区域际域的土地开发利用，同时又要充分利用水资源等，因此变得复杂，涉及面广。

城市滨水区因其潜在的资源而具有开发利用的多重目的性。这一点也是创造富有活力、充满魅力的城市环境的重点。那么城市滨水区区域范围又是多大呢？关于这一点，将在城市滨水区区域及开发模式中展开讨论。

……

二、城市滨水区开发的问题点

（一）城市滨水区区域范围及其开发模式

1. 城市滨水区区域

在滨水区开发前首先要了解滨水区的区域范围。也就是说多少陆域、多少水域之和算是滨水区的区域呢？针对这个问题有不同见解。

一种就是根据法律开发、保护时给予确定的具体范围。如美国《沿岸管理法》《沿岸区域管理计划》中所说的沿岸区域为"所谓的滨水区的话，那么水域部分包括从水际线至领海部分；陆域部分包括从水陆线开始的 100 英尺到 6 英里不等，或者一直到干线等"。[7]

7. 日本横内研究室：《滨水区开发手法》。

在日本，北见俊郎把临港地域（滨水区）的区域当作港湾机能和城市机能最好的交流地；长尾义三先生根据"不考虑人类社会如何开发保全滨水区，而是考虑滨水区域内，人类社会如何生存"[8] 来理解确定滨水区的区域范围。

8. 伊东孝：《Amenity 概念的考察》，《地域開発》，1981 年第 10 期。

在国外一些再开发实践中，对滨水区域的理解也无一定的限定。道格拉斯认为，"在大多数场合下，滨水区域的陆域一侧的范围的界线是与地形条件、铁路、道路线等物理性障碍相一致的。"[9] 这种界定方法有一定根据。笔者随导师在富春江滨江花园开发区实地踏勘中，发现对类似区域的划分是从山脚可用于建筑的土地一直到江边的陆域部分。陆域部分各个地方有所不同，一般或多或少可以界定，或是以城市分区规划的界线为依据。

9. W. 鲍尔：《城市的发展过程》，倪文彦译，中国建筑工业出版社，1981。

然而，城市滨水区又涉及水域的部分，多少水域应是滨水区域呢？由于对河流、河域的管理不是某一个部门的事，因此对开发利用受到限制。

为充分发挥和利用滨水区优良特点，水域的利用是不能缺少的，要有一个专门负责协调的部门和专人，这也是国外的经验，而且是可行的。如美国塔克玛市（Tacma）港湾再利用时的做法就取得了成功。

但是无论从何角度来确定城市滨水区的具体区域，在开发时要明确一点："滨水区在城市中如何被看待，换言之，滨水区对周围地区的居民有何意义这一点是很重要的。"[10] 因此也就得出各种不同的城市滨水区范围。

10. 同上。

城市滨水区是基于对土地及水域利用这一目的来考虑的，因此在城市居民看来，浅水区城可以根据滨水区的维护，或是意识内在化的程度来设定，这就是说所谓滨水区域不是水陆线可以机械地求得的距离的长短，而是指城市居民对滨水区日常意识浓度较高的地区。因此开发规划时，计划的每一步都应该让城市居民意识到水的存在，那么，从这个意义上讲，具体多少范围除作为法律、法规规定之外，在学术领域中给予具体的限定没太大必要。

2. 城市滨水区开发类型或模式

城市滨水区开发真正实施的有美国、加拿大等北美国家以及以英国为首的欧洲主要的海、河、湖沿岸各城市，大多数项目业已完成，这些计划是始于 1980 年前后，我国近年来也对滨水区开发作了许多努力，甚至一些较大的计划正在进行，如上海 21 世纪的 CBD，海口滨海高层区等。

城市滨水区的开发是以社会经济的发展为契机的，是城市经济振兴、建设的重点所在。因为与城市中心土地的限制相比，明显地这一开发地更具吸引力，往往还潜在多重利用的价值。另一方面，对人们而言，城市无疑是提供各种机会、文化、就业以及其他文明得以拓展潜能的场所，这正体现了城市的无穷魅力。如果能有效地利用接近市中心区域有限的滨水区资源，则能加强城市中心的经济实力，解决市中心改造的困境，或是能保证城市规划所要求的土地使用价值充分地实现，使城市发展更合理。同时城市滨水区的开发会把人们的活动和城市的活动引到这个地区。各国所面对问题不同，解决的方式大大相同，小小相异。城市滨水区开发就其土地的用途来讲可分为新开发、再开发。

（1）新开发与再开发

新开发（newdevelopment）是将土地从其他用途（如农业用途）转化为城市用途的开发过程。再开发（redevelopment）是城市空间的物质替代过程，往往伴随着功能变更的过程，如码头区、货栈、仓库等重新利用成商业、游览、休闲等功能。

就城市来讲，新开发和再开发的时空分布与城市发展的周期阶段有关。当城市处于生长时期，为满足产业需求，工厂和码头、仓库占满了滨水区，新开发成为满足空间需要的主要方式；随着城市的继续发展，人口增长变缓或者停止，有时甚至有所减小，但收入水平的提高和休闲时间增多对其他活动设施提出更高的要求。另一方面，在产业结构的变化中，传统产业留下的空间既使在数量上可能满足新兴产业的需求，但那些环境、建筑和设施往往已不再适用，所以当城市进入成熟期后，尽管新开发时有发生，但城市空间的功能失调和物质老化的问题日益突出；为了使土地的价值得到充分体现，再开发成为满足空间要求的主要方式。例如伦敦码头区的再开发计划。那里原是港口码头和加工工业聚集地区，从 20 世纪 60 年代开始，伴随着世界经贸格局的演化、航运技术的变革和产业结构的调整，码头区的衰退趋势日渐明显，一大批码头相继关闭，加工工业随之萎缩，昔日车船如梭的繁忙景象已经不复存在，代之以大片的废弃土地和建筑物。码头区的再开发始于 80 年代初期，经过近 10 年的时间，在荒芜破败的码头用地上建造了现代化的产业园区，地区经济和社会又重新显示出活力。城市滨水区的开发随着城市从生长到成熟期而不同，表现出某种规律。

我国问题比较复杂，既有一定规模的新开发项目，也有伴随着城市布局的调整而对旧码头、仓库区的再开发利用。结合国外滨水区开发的实践，城市滨水区开发大致有如下几种模式。

（2）城市滨水区开发模式

第一种是城市滨水区开发模式之"舒适活用型"开发模式。

滨水区的"舒适活用型"开发是指注意滨水区环境舒适性的一种开发，这里所讲的舒适性是由"The right thing in the right place"而来，原文"amenity"[11] 一般被理解为愉快舒适，从广义上理解则是"环境的优良"，如滨水环境所具有的"方向性""完结性""生产性""多样性""地区性"等特性。

但无论从哪一方面讲，滨水区具有广义上的舒适特性是公认的。因此从滨水区的特征，即波声和潮声这些要素中产生的、人们能感知并产生一种非同一般城市生活的感觉，或者是水面给予人的空间开放感，调节气候、充满浪漫情调的景观等，创造出一个供城市居民或来访者与自然接触的场所，一种气氛清新的空间。以此为目的的开发利用就是"舒适活用型"开发模式。

城市滨水区与城市其他区域相比，优势在于它因水域的存在具有天然的舒适性，对它的开发利用往往容易获得不同的效果，不管把什么机制引入滨水区，充分发挥舒适这一优越性的可能性都是很高的，所以巧妙地把舒适性引入其中的开发，其机能就会飞跃性发挥功效。例如作为

11. 伊东孝：《Amenity 概念的考察》，《地域开发》1981 年第 10 期。

业务商业用途开发利用滨水区，业务效率上升、买卖倍增就会不言自明。"舒适活用型"开发模式中最能产生活力的，是把居住机能引进滨水区的场所。

从另一方面来讲，由于居住区有了滨水环境的存在，改变了居住环境的内在网络，产生一种新型的环境脉络。对居住而言，区域共同体曾经是居住区必不可少的存在条件，但是，在现今城市里，形成被公认的具有相同性的共同体是极为困难的。这是因为，基于共同的文化背景、生活价值观点以及生活方式等因素形成的曾经是近邻社区的共同体，现在由于价值的多样化、生活周期的差异、个性的解放，以及各处人口的大量流入等原因，发生了巨大的改变。所以，在寻找某种新的共同要素可以反映居住共同体时，人们发现滨水区具备了这些条件。也就是说，滨水区环境的开放性、富有魅力等特性，大部分是一种"环境对个人"的关系，这与先前破坏近邻共同体社区的最大原因——"个人对个人"的人际关系是有本质的差异的。如果人们能以滨水区或水域这些共同因素建构共同体，并以此为契机，就能描绘出"人类—水—地域—人类"这个固定图式，创建出新的城市社区。这才应该是滨水居住区开发利用的深层含义。

舒适活用型开发，在欧美滨水区开发实例中很多见。如旧金山郊外的福斯特市。在国内随着房地产开发，一大批以滨水区或水域为契机的别墅区、公寓区项目方兴未艾。如深圳东方花园、深圳荔枝苑公寓区、汕头广澳翠涛别墅区等。这显示出滨水区引入居住机能的一种开发态势。

第二种开发模式是"城市问题解决型"开发。伴随着工业革命，城市产生了许多问题，噪声、灰尘的侵害，交通拥挤，特别是居住区卫生状况差，环境质量降低，同时还产生了一些社会问题。这些问题在许多国家都是普遍存在的。正如匹茨堡大学国际事务研究院院长斯冬（Stone）所说："大多数城市当前面临的迫切问题是要解决相当大一部分城市居民的贫穷和困难的状况。"[12]

在一些欧美国家，地区的衰退是城市的主要问题之一，这指的是所谓"市中心空洞化"，即作为城市主要承担者的定居人口逐渐减少的现象。与此相对地，通过新市区的开发，确保定地、定居人口的政策的实施，为大量增加的城市人口提供更为舒适的居住地也已成为可能。

第一种开发即"新区的开发"，可以形成井井有条的大规模住宅区，对市中心影响极小。

第二种开发即"城市再开发"，对定居化有影响。这两种开发各有

12. W. 鲍尔：《城市的发展过程》，倪文彦译，中国建筑工业出版社，1981。

利弊，所以接近市中心，拥有较大空间的滨水区开发，作为集中前两种开发长处的第三种开发方式，已经把定居化作为现实开始实施了。当然，滨水区作为解决城市问题型的开发，不仅仅是用于与居住关联的开发，而且可以把由于土地绝对量不足引起的交通、环境、产业选址等诸多城市问题引入解决之径，它或可成为城市空间拓展的可行方式。例如外滩道路改造项目，就是一种"城市问题解决型"的滨水区开发利用计划，综合解决了休憩、交通以及环境等问题。改建后的外滩道路向江面方向拓宽，通畅并加高了防洪墙，整修了绿地等设施，供游人观光、休憩，同时改善了交通，提高了外滩景观质量，扩大了游憩容量，增加其活力和吸引力。正是滨水区提供了向江面要空间的可能。

"城市问题解决型开发"对城市市中心的改建也提供了可能。滨水城市的市中心区历史上都与滨水区有着密切的关系，具有历史的延续性。随着城市发展，市中心的土地紧缺、改建困难。现在许多国家都在将接近市中心的滨水区开发成金融、商业、贸易为主的与原有市中心结合的CBD（Central Business District），强化城市的经济力量，创造良好的环境效率和经济效益，使市中心区的功能拓展、延伸，另一方面，以滨水区土地的再开发收益为改建筹措资金，加快市中心的改建，如横滨、上海的陆家嘴中心计划。

第三种开发模式是"荒废地再生型"开发。这种开发主要是一些欧美国家对荒废地再生利用的一种开发模式。从历史的角度来看，拥有滨水区的城市，是把以滨水区作为基地的产业、海运功能作为基础，将城市建设起来的。但是时过境迁，随着技术的进步、铁路的出现，这些功能发生了变化，曾经对城市的形成、发展做出重大贡献的功能，却使滨水区逐渐衰退。由于海运业的发达，城市功能对滨水区提出了新的要求，加之集装箱和大型船舶的使用，早期那些不能满足航运要求的滨水区便安静下来。在欧美国家，这种情况加上社会问题，那些地方变成荒废地了。现在，这些国家部分城市的滨水区出现了仓库工厂、铁道铺设的游览休养场所和遗迹，以及长时间没有一定利用方式的平地。这些都是港湾功能的残留物，着眼于这些滨水区，并通过对这些建筑物进行保存、修复或者再开发，将其变成新的城市活动空间，这种开发就是"荒废地再生型"开发。例如伦敦码头区的发展计划，旧伦敦码头区面积近2000公顷，在1640年建了第一个船坞，1920年建成了世界上最大的内河船码头"皇家码头"。贸易形式的改变和集装箱的产生带来了迅速的衰退，到 20 世纪 80 年代，实际上伦敦的所有船坞都关闭了，港口实际上顺流而下移至梯尔伯里（rilbury）。在 1981 年 "伦敦船码头开发合作组织" 成立时，该区域很大部分荒废了。

在公众与私人组成的联合体的努力下，分别就狗岛地区、坎纳里码头进行了再开发利用，商店、旅馆、会议展览等一系列城市中心所应该具备的基本设施的建设使该地区重新恢复活力，成为重要的经济力量。

与欧美不同的是，这种荒废地在我国没有很多，除了城市边缘地带，接近市中心区的滨水区已没有空间余地，因此城市滨水区有程度差别，其利用也分为几等，如作为 CBD 或游览、休闲、娱乐等利用的不同。但是随着城市的发展，一定程度上会出现用地功能的调整，同样面临着原有的历史性资源的利用、再开发的机会。

第四种城市滨水区开发模式为 "着眼市场性型" 开发。这种模式是着眼滨水区的市场性，招揽商业、文化等功能的一种开发类型。滨水区在城市生活中有各种有益的特性，城市居民为享受这些特性，聚居于滨水区。滨水区具有集中人口的聚集力，这种自然性的水域拥有人工水域无论如何也无法造就的环境，同时与陆域的空间显然不同。另外，历史文化资源丰富，这也是造就优质环境不可缺少的因素，这意味着毫不费力地给予空间以附加价值，其结果是，空间价值上升得越来越快，就是说，滨水区如果进行比较显著的开发，那么它在房地产市场中也会成为引人注目的空间。

着眼于滨水区的市场性、集客性，在接近拥有丰富城市储备的市中心区域的滨水区设立小店铺、饭店、娱乐设施、文化设施等各种各样的设施，增强城市活力、促进城市兴旺的这种模式，即为 "着眼市场性型" 开发模式。但是滨水区的集客性始终是立足于迄今为止滨水区培养的历史性、文化性的。这种类型的开发关键是以滨水区优良环境为出发点。如果滨水区周围环境恶劣、水体污染，那么计划性滨水区开发最大优点之一的周围环境，并使其更具有吸引力的方法就不能使用了。所以，为了使滨水区具有吸引力，就必须对周围环境进行整备，而这需要大数额的资金投入，因此对选择滨水区开发带来影响。

第五种城市滨水区开发模式是 "世界性事件型" 开发。这种开发是以世界性的事件，如奥运会、世界博览会等为动因进行综合计划的开发模式，许多国家的滨水区开发项目由于世界性博览会或国际事件的广告宣传而增色不少。韩国在 1981 年获权主办 1988 年奥林匹克运动会之后，汉城计划重新使用 38 千米长的汉江流域，包括生态复兴、环境改善、交通改善、发展新娱乐资源、经济发展和洪涝控制等雄心勃勃的目标；温哥华的公元前广场是靠近中心商务区（CBD）的一个225亩（15公顷）的综合利用开发区，它源于1986年世界博览会的旧址，以其开阔空间和一批在当地有影响力的文化设施著称；塞维利亚滨水区的1992年世界博览会设计以水上浮动的亭子为特征，乘小渡轮可以到达，创造出魔术般的引人之处和开阔的空间资源。

第六种城市滨水区开发模式为"基础设施配备型"开发。城市基础设施是城市活动的基础保证，它对生活质量以及经济的发展都有很大影响。为了更顺利地促进城市活动，必须加强满足这些活动的城市基础设施的配备。配备城市基础设施并不是只要配齐了就可完事的，随着时代、社会的发展经常会出现新的要求，后续需要很多调整，需要将这些变化体现出来。

城市基础设施的建构往往需要广大的空间，很多时候其所处场地已经变成带有问题的城市中心或郊区，面对城市发展而需要的基础设施的建设就会受到各种条件制约。于是，特别是新开辟的平地、机能陈旧化了的港湾、工厂等滨水区，就作为基础设施配备的用地而引人注目了。

与关系复杂的市中心已建成的市街地区不同，在可以进行自由度高的土地利用计划的滨水区以城市基础设施的再配备、高效化为目的的开发，就是"基础设施配备型"开发模式。基础配备的开发，在拥有广大空间的滨水区平地上进行极为有效，但如果不考虑滨水区腹地的城市规律而进行适度的计划、歪曲既存的城市地区的构造，就会有使两个地区都陷入瘫痪状况的可能性。因此，必须仔细地注意到开发规模。特别是大中城市，一般被认为容易适合这种情况，因此进行立足鉴定适当规模的长远发展的模拟是很重要的。滨水区控制着超越人类尺度的广阔水域，因此开发计划也往往有超越人类尺度的、令人恐惧之处。因此，必须配合规划，立足城市居民的活动视点，充分发挥滨水区的特性。

作为城市基础设施配备用地的滨水区的开发，已超出配备本身的含义。21世纪新的技术将标准重新定义，滨水区的开发能否吸引市场期望和投资者的兴趣极为关键。除了满足投资者和开发者基本的要求之外，在相当广泛的程度上，社区舒适的环境和服务设施还存在着一些隐蔽成本，市场工具和生活质量等因素与交通、通信硬件系统的基础配备一样，对未来能够稳定、安全地成功实现至关重要。

因此在考虑城市滨水基础设施配备型开发时，建立"广义基础设施的概念"能打开意想不到的机会。在厦门，开发时对于生活质量的额外考虑已经大大促进了这个地区的经济发展。由此可见，"基础设施配备型"开发模式对滨水区的利用提出了新的需要，因为城市的要求就成为市场的需求。

（二）城市滨水区开发的原则

城市滨水区开发涉及问题广泛，在对滨水区开发利用时，关键是要符合"实现滨水区域土地资源和水资源最有效合理利用"这一开发原则。因此开发原则也就是围绕这两个方面来进行的。

1. 滨水区土地利用的原则

城市滨水区是城市有限的资源，其中因水域的天然存在给滨水区空间以很高的附加价值，对它的利用显得更重要。（a）对于接近城市市中心区域的滨水区，其土地利用的出发点应是有利于强化市中心的经济力量，为市中心拓展其功能提供土地，同时必须考虑市民和旅游者对开放空间的要求，以此来决定土地的用途和开发强度。一般以金融、贸易、商业为主要核心。（b）滨水区开发主管部门，在决定首期开发规模时不宜过大，容易获得首次土地开发收益，尽快建立滨水区的形象，便于形成吸引力的房地产市场，同时有利于实现城市规划对土地用途的要求，提高土地的使用效益。据 1993 年 2 月 27 日《文汇报》报道，陆家嘴开发公司已有百家开发部门排队要求签订开发协议，其中国家机电部华东分公司已以七亿元签订了合同；说明初期开发是成功的。（c）在以娱乐、休闲为主的文化、商业、饮食、居住等多功能综合利用开发时，要在合适的环境容量控制下，提高滨水区土地使用效率。为人们提供更多的活动场所和多样性的选择机会。（d）根据不同的地域特征，采用不同的土地利用模式，如公园以休闲为主，市街地以居住、商业为主，综合活动区则以娱乐、文化及饮食服务为主等等。（e）积极开发滨水区潜力，注重水域利用，同时注意生态保护措施和城市防灾。

2. 可达性的原则

一个开发计划最终成功与否，在很大程度上是由这个区域的可达性决定的。因此滨水区域的联系成为开发利用的关键。具体设计考虑如下原则：（a）消除影响滨水区联系的物理性障碍，增加滨水区的可达性，同时注意防止产生新的物理性障碍，在这方面陆家嘴开发计划中是以隧道和地铁加强与外滩的联系的。（b）建立以滨水林荫步行道为主的多层次交通体系。强调安全性、易达性、舒适性和选择性，使人行、非机动车和机动车相互之间干扰较小而又联系方便，但以行人通道为主要设施。（c）考虑充分的停车空间为人们提供方便。

3. 水空间利用与开放空间设计的原则

第一，处理好水空间利用的四种类型之间的关系。

水空间利用有四大类型：（a）水的资源性利用（水的直接利用）。这种利用方式是指利用水本身，水被使用之后，或被污染，或减少能量（如水力发电），总而言之是水使用之后再利用价值就降低一层的利用方式。（b）水的媒介性利用（水的间接利用）。这种利用是指水上的交通运输以及滑水、游泳娱乐等利用方式，并不使用水本身，只借助水的一些特性（如浮力等），使用后不降低水的再利用价值。（c）水的容器性使用（河床、河岸利用）。河床及两岸构成了一个"容器"，在这些"容器"上或周围铺上散步道，栽植树木、修建公园、运动场、高尔夫球场等就属于这种近水不用水，而是利用河床、河岸、水坝之"容器性"。（d）水的视觉性利用（水上空间利用）。水的视觉性利用是指利用人们在水域所看到的景观而产生心理感觉。

在这四种类型中，今天，相比水的资源性利用，人们更注目于对水的媒介性利用、容器性利用和视觉性利用。"这是因为对水的资源性利用的想法源自农业时代和工业革命时代。在称之为信息时代的今天，水所携带的信息传播性则越来越引人注目。有利地利用水空间，特别是水的视觉性、信息性，就可创造出划时代的丰富而又秩序井然的城市。"[13]

第二，做好开放空间设计。

开放空间的存在是滨水区的一大特征，正是开放空间的存在，才使众多的公共活动成为可能，才让城市风貌特色得以体现。开放空间设计有两个要点：系统性和多样性。系统性表现为滨水区的开放空间成一连续的网络状态，同时与滨水区地域外的城市开放空间系统——合成为城市重要而有机的组成部分；多样性则表现为开放空间的场域特性的不同，引起多样的感受和多样化的意象。

13. 陈乐平：《水网城市的再发现——日本城市规划家对水网城市的见解》，《时代建筑》1986 年第 2 期。

第三，开放空间的要素为水域空间，滨水步道、广场、绿地乃至室内商业街、骑楼廊道、中庭等。常常屋顶空间也在考虑之内，如众多的屋顶花园和屋顶运动场等等。滨水区开放空间系统设计的主要手法是利用滨水步道，串连一系列大小、性质、气氛不同的建筑与空地，使其形成网络。

第四，景观是城市空间的基本内涵，而滨水景观尤为突出，景观的组织应突出亲水性意象，充分利用水体对景观的作用。

4. 滨水区开发中"亲水性"原则

"亲水"可以说是人的本性，因为水是生命之源，人对水有着高度的依赖性，在物质方面如此，在精神上也是如此。水在人们心目中即是自然的象征。在现代大城市拥挤嘈杂的环境中，水域对人们的生活更有意义。

现代城市规划设计的本质应是对人的关怀。因此在城市滨水区开发中，就要尽可能做到"可见""可近""可触"水，满足人们亲水性心理的需求。

水边给人的感觉，不同于城市其他区域。因为水域存在一种视觉的愉悦性、舒适性（amenity），看到水总是使人开心，这指的当然是清洁的水。对城市生活者来说，即使不是实际到水面上去，在水边看看水中的游戏，晒晒太阳，呼吸一下海洋气味，体会水空间的气氛，也会充满趣味。[14] 更有甚者，如果能够实实在在地看到鱼的活动，体味会更深远。滨水区在越来越无机的城市形态中，是一个能够感知生命和自然的极宝贵的空间。

可是，现代工业社会造成了对环境的极大危害，水质变坏，变成了"有水之处难见水，能见水处水难见"的地步。因此，水质的清洁又成为滨水区开发的前提。

"可见"水不仅仅是满足人们视觉愉悦性的要求，还存在另一层含义，那就是因为滨水区具有水域的特性，而具有识别性。人总是在不断给自己定位、定向和寻址。水际线勾画出城市轮廓的极明确的边缘，水域形成了城市形象的骨骼，所以，一眼能够判断出地形，通过和潜意识里存在的城市形象的对照比较，就能把握自己在城市中所处的位置，就能判明方向，任何一个从外地来到上海的人，要在市中心搞清楚方向，便会自然地以外滩作为参照。之所以如此，在于凯文·林奇所说的，人

14. 日本横内研究室：《滨水区开发手法》。

识别城市的五大要素：路径、边界、区域、节点和标志。路径，指的是旅行的通道，如步行道、大街、公路、铁路运河等连续而带方向性的要素，其他环境要素一般沿路径布置，人们往往边沿路径运动边观察对象；边界，即不同区域的分界线，包括河岸、路堑、围墙等不可穿透的边界，以及示意性的可穿透的边界；区域是具有共同特征的较大空间范围，有的区域具有明确的可见边界，有的并无明确可见的边界，仅借助于核心及周围要素的向心性或放射性布局，形成区域的整体感。节点即观察者可进入的具有战略地位的焦点，如交叉路、道路的起点终点、广场、车站、码头等行人集散处。行人往往会在这些地点集中注意、清楚地感知周围环境，并作出方向判断；标志是具有明显特征而又充分可见的定向参照物。对于没有路径、路径不明或路径混乱的大尺度环境来说，标志可以是自然的山丘、岛屿、大树、水体，也可以是人工构筑物或建筑物。

从以上可以看出，城市的水域同时表现出这些因素。在城市滨水区开发中做到"可见"水的具体方法也是多样的，其中对直视、眺望以及间隙的确保是基本的方法。

直视的确保就是确保视线不受阻挡，可以一直看到水面，例如在温哥华的福溪南岸，地形是向水边呈缓降的趋势，街道一直通到水边，在街道和水边交界的地方，妨碍视线的设施以及种植等一律禁止，这就确保能从腹地直视到水面。

眺望的确保就是保证不接近于水边的人不被前面的物体遮挡，也能看到水域。其原则之一是离水体较近的地方，尽量避免建造阻碍从腹地远眺的视线的高层建筑。或是灵活利用地形的特点或是在平地地区通过修筑人工地基、堆土等办法，提高地面高度，保证眺望。但是房屋高度受到规划以及土地开发强度因素的影响，未必能保证眺望。在上述远眺不能保证的情况下，间隙的保证成为重要的方法。在滨水区开发中，这种通过建筑物之间的空隙尽可能看到水面的价值，犹如影剧院中，后排观众从前排观众之间的缝隙中看到前面一样。

人们不仅仅有"可见"水的要求，而且还要能够接近水、接触水，总之滨水区开发应包括让人在其间能感受到自然的所有要素。例如与水直接接触、从水的冷暖程度来感知季节、从水量的多少来感知水体丰满的状况等等，进一步通过大自然越过水面的风，水面反射的阳光、风的走向、潮的气息、波浪水流的声响，使行走生活在城市中的人也能够感受到自然就在身边。

每个城市的城市滨水区都有自身的特点，对于亲水性的创造都有潜在的机会，但是首先一点是要消除妨碍滨水区联系的物理性、政治性和心理性等障碍，对岸线的分配要依靠法律手段来执行，保证城市生活的岸线。此外改善水质状况也相当重要。

例如美国的《海洋管理法》（CMA，第 320 节 c 项）规定：因人口及经济发展引起的，对于我国（美国）海岸带土地及其他水域竞争性的要求（包括工业、商业、住宅建设）业已造成海洋生物资源、野生资源及富营养区的丧失，生态系统受到破坏，公用海洋空间的减小以及自然海岸线的侵蚀，应鼓励沿岸各联邦州地方政府及私人利益集团合作，务必做到以下几项：第一，鉴别国家特别关注区域，决定特定区域各种用途的轻重缓急；第二，制定保护具有环境历史、美学、生态或文化价值的公共海滩和沿岸地区，并提供进入这些地区的具体计划及政策；第三，为了减轻侵蚀影响并恢复受到侵蚀影响的地区，制定评价岸线侵蚀和开发控制战略的具体方案。这一管理法体现了对沿海滨水区的重视和系统管理，从而保证滨水区开发利用的最优化。

（三）城市滨水区开发中历史性遗产的活用

1. 港口文化的继承和开拓

大多数的城市滨水区在古代就有港湾设施的建造，它们对城市发展起过很大作用。港口本是人口物资集散、交流的场所，不仅具有运输、通商的功能，而且是外国和国内信息、情报的终合点。正如罗小未教授在《上海建筑风格与上海文化》一文中谈到的，"上海在 11 世纪时还是一个无名渔村，假如不是东江在 13 世纪改造形成了黄浦江，很难说会有什么'上海'。以后随黄浦江形成，上海成为联系附近几个府——苏州府、松江府、嘉定府和南通府的手工业与商业中心，当时各地商人云集，海舶辐辏"[15]。如果说那时的滨水区仅仅是沟通国内邻近地区的作用，那么在 1848 年，上海成为对外开放五个通商口岸之一以后，特别是 20 世纪 80 年代，上海已成为高层建筑林立的远东最大城市之一。当时拥有全国最繁华的商业中心，全国最大港口的上海也如其他类似城市一样，这种类型城市的布局形态自然是以港口为都市区域中心逐渐形成的，也是具有极强自由、开放气氛的城市。在这些城市中，对异域文化的抵抗是很少的，而且经常是表现

15. 罗小未：《上海建筑风格与上海文化》，《时代建筑》1990 年第 1 期。

出积极吸收的态势。这使得城市具有了可以在多种文化中进行比较、选择、吸收以及综合的可能性，或者也被称作为港口城市的活性化的表现。

水运为主的通商形态赋予港口特定的内涵。由于这些交通的缘故，在人集结的地方，形成各种各样交流的机会，从而积累形成了文化。这种文化进一步促进了城市的活性化。在世界上的很多大城市，都具有港口的终点性（即异域文化的导入）与本地固有文化碰撞、交融形成一种"港口文化"（Portiscivilization）[16] 充满活力的地方。

16. 章明：《上海近代建筑》，《世界建筑导报》，1990。

正因为港口从古代开始就建造了许多充满异国情调的建筑物，在这儿卖的物品很多对市民来讲是新鲜和有吸引力的，如天津新港的"洋货市场"等。此外，街道布置中人与物频繁往来的景象与船、水景相呼应，使人能感受到遥远异国情调的滨水区就形成了。但由于经济格局的变化、运输和通商手段的改变，原有的港口衰退，在港口形成了寂寞的空间，早期港口文化的象征只是船舶的保存。现在这些滨水区的港口、码头、仓库及其他设施面临着功能调整和再开发利用问题。因此如何创造性地利用滨水区的历史遗产、体现这种港口文化特征是十分重要的。

一个城市这种文化保持得越完整、城市固有文化的特征越鲜明，城市就愈具个性、魅力。因为那些历史性港区，即使是那些现在不再使用的仓库、办公场所，只要人在那儿，就能感受到历史。如果把那些旧有的仓库、办公场所等设施作为历史性的、文化性的资源，以对待城市历史遗产的态度继承下去、并传承到未来的话，通过这种做法，可以形成一种新的港口文化。

现代城市的发展，不仅仅对旧有港区的再开发提出需要，而且也在不断地开发新港口，加强城市经济实力。港口在滨水城市中不仅仅是一个单纯的生产性功能的问题，换言之，城市滨水区的开发应是一项大的系统工程，关系到城市多方面的要求。国外在这方面的经验是值得借鉴的。例如日本大阪，在港口建设时，每年定期举办各种各样一般市民也能参加的活动，如开港纪念日、海洋知识普及宣传、港庆纪念活动，组织市民参观游览港口等等。此外，一月份举办消防节，二月份组织梅花节，四月份举办假日节，七月份兴办焰火节，八月份组织仲夏夜节，九月份举办音乐会、露天表演、三之宫秋节和横滨的狂欢节，十月份举办中华街节，十一月份举办马拉松赛跑，十二月份举办"除夕之汽笛"迎新送旧活动。这些丰富多彩的活动密切了港口和市民的联系和交往，实质上滨水区在发展的历史上一直与人们的各种活动息息相关。现代滨水城市在开发利用滨水区域时，要考虑如何将城市的活动吸引到滨水区来，使这些活动能称之为"让市民的新思潮源源不断地渡海而来"。

2. 历史性遗产的活用

城市滨水区是历史上形成的，是城市的文化性、历史性资源。早期各种功能性的建筑、设施成为滨水区主要的构筑物。由于滨水区所处的地理性位置、城市性质以及建筑物所选用的材料、不同时间建造的不同，其历史遗产又各具特征。然而，就某一具体滨水区域而言，在城市中时空的矛盾是永恒的，同一地域的各种建筑是在不同历史时期建造的，每座建筑物都是整个连续统一体中的有机组成部分。后续的建筑与原有的建筑并存，是历史性发展中的必然现象。历史越久远，这种现象越突出。这是一个城市文化积淀、延续的实证。

在开发利用中，滨水区历史遗产的价值是多方面的。第一，滨水区的历史遗产是不可多得的城市资源。首先，它是旅游观光资源。观光有两种类型，一种是举办活动，即按照古老传统，每年特定的时间举行某文化活动，以此吸引游客；另一种是参观文物、古建筑、历史环境，即观赏当地的风光，了解风土人情、风俗习惯，得到一定的教益。将城市滨水区作为旅游观光资源是孕育在迄今为止滨水区培育的历史、文化性基础之上的。滨水区的历史遗迹为开发、利用提供了展示人们活动的舞台，而在城市其他区域就受到某种限制。人们的活动，与水域以及历史建筑共同联系起来，创造的可能性越大。如美国加州旧金山市的39号码头开发利用时将原有留下的仓库等建筑物改造成小店、饭店、娱乐等，以此吸引大批市民和游客，增强了城市的活力。

第二，它可以作为再开发的资源。资源指的是在目前或可能的技术、经济条件下，全部储存中可以使之供人类利用的那部分原料，它可分为"可再生"与"不可再生"两类。再生的意义包含繁殖与再循环两个层次，再循环使用旧房子，有利于减少资源使用量和残余物排放量，改善城市环境，保护生物圈，合理利用自然界等等。这已不仅仅是一个生物学的问题或是工程技术问题，而已成为经济、社会、政治等问题。

当前以及未来，人类面临着资源的问题。由于全球资源危机和通货膨胀，人们主张赋予老房子新用途，以谋求经济效益。如果对那些历史上遗留下来的建筑用适当的方式加以改装、装修，可降低材料和劳务成本。这样通过对已破旧的厂房、仓库以及港口、交通建筑进行资源的再开发，不仅仅有经济效益，同时也复兴了城市逐渐衰退的地区。随着这些遗产的活用，才有了继承该地传统文化的可能，才能形成有本地特色的滨水区。例如在美国波士顿的查尔斯军港、多伦多的金码头等的开发利用中，对具有历史象征性的建筑物进行了保存和修复利用。波士顿的查尔斯顿军港是废弃的海军造船所再开发形成的，以集合住宅为中心，在这个19世纪初开设的造船所里，残存着近200年的历史中有关的、在建筑学上有重要价值的建筑和造船设施。在再开发时，他们尽量利用那些有历史意义的建筑，创造一种有历史感的、安定的街道面貌，从景观以及居民的停车等方面都考虑利用原有的建筑。

在加拿大多伦多的金码头的开发中，也表现了对历史性建筑的利用态度。金码头是1927年作为仓库而建的，是加拿大最早的现浇混凝土建筑，当时因没有构造的安全基准，造得十分坚固，而这成为了修复中的一个难题，但是正由于其坚固，因而其上再建四层也不成问题，而且内部还可以造大的中庭。巧妙、灵活设计后的现状是，有关店铺、住宅、餐馆、小戏院等综合功能，作为港口区再开发的先驱象征，博得人们的青睐。砖瓦建筑的港口博物馆，以前是一座火力发电所，外壁恢复了以前的形状，内装修焕然一新，现在作为博物馆再生利用，使人们想起发电所的烟囱和原状屋顶的特征，给滨水区的景致带来了色彩。

又如伦敦码头区的再开发中，注重地区自然资源的运用。伦敦码头区具有优越的自然资源，具有强烈的地方色彩，是各种社区的混合，以它的传统和港口码头区组合在一起而自成特色。为此，即使泵站改建也采取地方特色。

在20世纪70年代，开始时的做法是某些建筑师推翻这个地区具有传统特色的历史建筑，将很多历史仓库拆除，代之以一些乏味的建筑；在正式的开发组织成立之后做法得到改变，鼓励开发商重新利用仓库建筑，改建为住宅和商店，并受到普遍的欢迎。

由以上实例可见，各个城市的滨水区都存在着自身开发利用的机会。

139

三、结语

城市滨水区是一种极富文化性、历史性的资源，至于一定规模的城市滨水区开发、复兴活动在欧美一些国家也是 20 世纪 80 年代前后开始的事。日本、新加坡等一些发达国家也在积极借鉴西方的经验，研究自己的问题。

滨水区的开发、复兴引起了各国普遍关注。1989 年，由威尼斯大学建筑系发起成立了"国际滨水城市研究中心"（Internation Center Cities on Water），并于 1990 年在日本大阪举行了首次会议，强调"建设自然与人类共存和谐的城市，由水和绿的保护和活用，建设舒适的城市，由滨水和绿空间的再生创造，建设美的城市"[17]。在这一组织的推动下，各国对滨水区的开发复兴作了不同的尝试，这已成了一个不可阻挡的潮流和趋势。

如果说过去河流孕育了古老的文化，那么今日河边的时代再次开始了。

近年来，国内在对滨水区的开发、复兴已起步，如天津海河的整治、上海外滩的综合改建，以及正在进行的陆家嘴中心计划等等。那么如何有效地利用城市这一有限的宝贵资源，将成为今后城市规划和经济发展的重点。

国内这方面的理论还不完备，而这一课题的研究又涉及众多学科复杂艰深的知识，因此在写作中愈感到要在有限的时间和篇幅内深入细致地研究滨水区的开发，并不是我的浅薄学识所能胜任的。本文仅仅是探索性的，相信以此为起点，全面深入研讨城市滨水区的问题一定会有所成就，这也是笔者期望在今后的工作和学习中继续努力的目标。

17.《建筑与社会》，1989 年 10 月号改为：Ceccarelli P. Cities On Water[J]. *GeoJournal*, 1989，19：237-244。

滨水旅游度假地开发
与设计导论

吴向阳

吴向阳，博士，深圳大学建筑与城市规划学院副教授，国家一级注册建筑师，深圳市注册建筑师协会会员，深圳市绿色建筑协会会员，中国建筑学会环境行为学会委员会委员，曾在日本大阪大学 Division of Global Architecture 访学。研究方向为健康建筑、绿色建筑。

论文时间

1995 年 2 月

摘要

本文为笔者硕士毕业论文《滨水旅游度假地的开发与设计》的第 1、2 章，内容略有修改。原论文以滨水旅游度假地的开发与设计为对象，采用类型系统分析法，从起源、发展、基本原理、影响因子到类型结构、环境设计等多方面进行了论述，并对其建设管理及经济效益评估进行了试探性的论述。

1990 年代，滨水旅游度假地的开发建设在中国正逐渐兴起，而对其的研究仅限于总体用地规划和设施规划，详细设计方面的研究尚不多见。笔者期待本文能对当前的滨水旅游度假地的开发设计有一些参考价值，也能为后人进一步深入研究起到铺路石的作用。

一、研究对象和分类

（一）研究对象

　　滨水旅游度假地从属于城市滨水区，它是城市滨水区的一部分。与城市滨水区的定义一样，它也是从滨水区的开发实践角度来定义的[1]。滨水旅游度假地包含三个组成部分：水域、水际线、陆域。滨水旅游度假地的开发范畴仅限于有相当规模、有计划地以陆地、水滨景观作为旅游资源开发的滨水区。

　　从设计的角度来看，滨水旅游度假地涵盖了临水的游憩设施和旅馆建筑，如度假别墅、公共服务设施、度假旅馆的集中小区（度假村）等，以及由几个小区组成的更大规模的旅游度假区（或称之为旅游城镇）。这种旅游度假地设计须以水滨景观为主，其中的游憩活动须与水相关，水在其景观设计中也是主要考虑的因素。值得说明的是，纯粹的滨水游憩区即滨水公园不属于本文研究的范畴，因为它不为旅游者提供住宿的设施，而世界旅游组织对于旅游是有公认定义的[2]；超过城镇规模的滨水旅游城市也不属本文研究范畴，它们分别属景观建筑师和城市规划师的研究范围。

　　世界旅游组织（UNWTO）为了统一统计国内旅游者的标准和制度，对国内旅游者下了如下定义：任何以消遣、闲暇、度假、体育、商务、公务、会议、疗养、学习和宗教等为目的，而在其居住国，不论其国籍如何，所进行 24 小时以上、一年之内旅行的人，均视为国内旅游者。国际旅游者的概念与此也相仿，关键是进行 24 小时以上、一年以内的非定居地的逗留。目前世界旅游界公认的旅游定义，系瑞士学者汉泽尔克和克拉斯所提出，由旅游科学专家联合公布，即"旅游是由非定居者的旅行和暂时居留而引起的一种现象关系的总和"。这是一种兼顾各方的提法，但也指出了"居留"这一不可或缺的内涵。

（二）滨水旅游度假地的分类

　　第一，按其所处的地理位置，可以分为海滨旅游度假地，如我国的北戴河、青岛的海滨旅游区；河滨旅游度假地，指滨临江、河的旅游度假区，如杭州之江国家旅游度假区，它位于钱塘江和富春江的交汇处；湖滨旅游度假地，如著名的无锡太湖国家旅游度假区等。以上都是利用自然水面建设的，除此之外，我国也还有些利用水库和人工开挖的河、

1.周明祥：《城市滨水区开发的基础研究》，硕士学位论文，同济大学建筑与城市规划学院，1993，第 4-5 页。

2. 潘泰封：《旅游经济导论》，上海人民出版社，1988。

湖而建设的度假地，例如深圳利用西丽湖水库而建成的三星级西丽湖旅游度假村。

第二，按其服务对象的特点，可以分为：（a）青少年的保健度假营，这是苏联为青少年建设的夏季活动机构，已形成一个有统一组织形式的机构，它的组成包括儿童的预防性治疗、教育、训练和文化娱乐活动等一整套建筑群和设施，规模相当大，有的如"俄罗斯的珍珠"，可容纳3500张床位；（b）机关单位的职工疗养度假区，如北戴河海滨就云集了全国政协、人大及各部委机关的疗养院；对外服务的度假村，如深圳的香蜜湖、珠海度假村就是毗邻港澳，以吸引港澳人士来度假为目的修建的；其他面对社会各阶层，提供全面、综合的旅游度假服务的度假地，目前有海南三亚亚龙湾度假区、北海银滩等旅游度假区。

第三，按其开展的活动方式、性质，可以分为运动保健型、社交型、文化艺术型、生态型、野营型、民俗美食型、混合型。

二、滨水旅游度假的历史发展

人在衣食有保障、生活安定又有闲暇的条件下，自然会生出娱乐出游的想法。唐韩愈诗曰："归来得便即游览，暂似壮马脱重衔。"当然，从古代的"游览"，发展到如今的"旅游度假"也经过了相当长的历史过程。人类天生有亲水性，生命活动离不开水，湖光倒影又使水边景观虚幻妩媚，灵气荡漾，也难怪人们都爱到水滨游住赏玩，与尘世暂时避离，从而寻求精神上的放松。

（一）我国的水边旅游发展历史简况

在中国古代并没有供大众旅游的楼堂馆所，这也局限于当时的社会经济条件。但对于有钱、有权、更有闲的达官贵人来说，离宫别馆却遍及名胜。

秦王朝（前221—前207年）历二世共计15年，虽时间不长，但对后世影响颇大。统一了中国以后，集全国政治、经济、军事大权于一身的秦始皇，大兴土木。离宫别馆数量之多，规模之大，在中国历史上是空前的。《三辅黄园》中记述："……咸阳北至九峻甘泉，南至鄠、杜，东至河，西至汧、渭之交。东西八百里，南北四百里，离宫别馆，相望联属，木衣绨绣，土被朱紫。宫人不移，乐不改悬，穷年忘归，犹不能遍。"虽对其建筑园林布局所述极简，难知其系统，但从其描述中也可看出，离宫别馆是滨河而建的。

汉代（前206—220年）则继续沿秦旧制。《三辅黄园》卷六记述"离宫，天子出游之宫也""馆，客舍也"，是天子娱游的宫殿。汉代的苑，是指建于都城之外、在自然山水之中的"离宫别馆"及其周围环境，甚至是包括整个区域，实际上就是在帝王划定的自然景区内，建造具有娱游功能和特点的"宫苑"综合体。在城市规划上，长安城中的水，都是引自南面上林苑中的昆明池。

魏晋南北朝历时约370年，是中国历史上政治最动乱、战争频繁剧烈、民不聊生的一个时代。这时期的帝王园苑规模缩小，开始了模拟自然人工景观的创作。

进入隋唐时代（618—907年），隋朝再次统一中国，使南北人民得以休养生息。隋炀帝修建了我国历史上少有的西苑，它建于大业元年（605年），位于洛阳城西，临近都城，并与皇宫有御道相通。《中国造园史》中这样描述："苑周环二百里，地形南北长，东西短。苑的总体布局大致分为三大部分：前部景区，由五湖十六院组成，以嫔妃住居的宫院为主。凿有迎阳、翠光、金明、洁水、广明等五湖，位置东、西、南、北、中五方。每湖面积方四十里左右，有龙麟渠，萦纡环曲，贯穿于五湖之间，并与后面的北海通连，构成往复回环的水系，渠宽二十步，可行龙凤舸。在五湖渠道水纲中间，建有十六座宫院……这是隋炀帝筑西苑的主要内容。"其造景布局的特点，是水景占主导地位，为后世"水景园"的创始。西苑的主要生活区和娱游区不仅水面所占比例大，而且水系的规划也很精心，是汇巨浸以成海，积经流而为五湖，龙麟渠蜿蜒于湖海水面间，形成一个复杂而完整的水系，与今天的滨水旅游度假区颇有相似之处。

隋之后唐王朝的近一百二十年中，社会的政治、经济、文化都有长足的发展，社会生产力也有相当的提高。帝王的娱游生活内容也有所变化。唐苑的空间范围缩小，位置更靠近城池。长安城东南有著名的曲江池和芙蓉苑，在其中帝王的娱游生活由秦汉时的观赏方式，如军士狩猎、人兽搏斗，转为帝王自己投入娱乐之中，如打球或丰富多彩的音乐、舞蹈等，还出现了"球场"的设置。芙蓉园临曲江池而建，曲江池面积为0.7平方千米，从唐人诗中可解其大概："紫蒲生湿岸，青鸭戏新波"（张籍），"鱼戏芙蓉水，莺啼杨柳风"（张说），"水殿临丹御，山楼绕翠微"（李义）都是对水边景观的描写。

经过了五代十国（907—960年），宋代（960—1279年）开始追求娱游生活，而文化气息较浓，强调园的"可游"，游住开始分离，向纯粹的园林艺术发展了。这时期出现了大量私家园林附宅后，或与宅分，活动的尺度缩小，也称不上是旅游度假了。而元代（1271—1368 年）由于蒙古族统治时的民族压迫与阶级压迫特别残酷，社会经济受到严重破坏，园林发展也处于停滞状态。

明代（1368—1644 年）与清代（1644—1911 年）是我国造园兴旺发达的时期，北京附近离宫别苑相当多，如承德的避暑山庄，为清朝康熙帝时所建，择址于热河边，建筑式样为民居风格，尺度亲切宜人，朴素不奢华，反映皇族追求野趣的休闲风格。而颐和园也是慈禧为度夏而修建的，颐和园中的昆明湖则为人工挖掘，而将其泥土堆成万寿山，其工程浩大无比。而其建筑艺术上的造诣很深，前湖后山的尺度对比反映了其皇家园林对景观的处理既有豪门气概，又有亲切宜人的一面；而此时，在江浙一带私家园林大兴，带来传统住宅的园林化，即"宅园"。其环境的创作也不是简单的环境绿化和美化，而是上升到了艺术创造和美学思想的高度。虽然，宅园并不具有旅游度假性质，但其创作目标是为了怡情养性，内部的活动是娱游性的，因此对于今天设计旅游度假区仍有很多值得借鉴的地方。[3]

3. 全国高等学校《中国建筑史》教材编写组：《中国建筑史》，中国建筑工业出版社，1986。

在我国古代，休闲度假只是皇家和达官贵人的特权，低下的生产力使大众无暇也无财力去旅游度假。到近代，资本主义的初步发展和西方列强推行殖民主义而传入了西方现代文明，有闲阶级的娱游生活才由河、湖、池边转移到海滨。青岛、大连、北戴河都是近代开始开发建设的，起初是洋人和官僚的私人度假别墅区。中华人民共和国成立后，开始建设职工的疗养院和旅游度假旅馆、招待所，普通民众才逐渐开始享有旅游度假的福利，同时在无锡太湖、杭州西湖、武汉东湖也有了相当规模的湖滨疗养院，这是滨水名胜区旅游度假开发的起步阶段。这个阶段建筑设施还比较简陋，度假活动也还未真正地大众化，但建筑多还是考虑了与环境的协调，只是环境设计较为粗糙，存在着千篇一律的毛病。这同当时的社会政治、经济、文化条件密切相关。

20 世纪 80 年代以来，在我国的南方开始建设了一批度假设施，主要集中在广东省，比如深圳的西丽湖度假村（图 1）、石岩湖度假村，珠海的珠海度假村、白藤湖度假村，服务对象以港澳人士为主，只能说是刚起步不久。从建设规模和特点来看有以下几个问题：各项配套设施尚不齐全，旅游的设施建设和度假活动内容比较

图 1　深圳西丽湖度假村

单一，仅偏重娱乐餐饮设施和住宿设施的建设，特色尚不鲜明。

随着 1994 年 2 月国务院发布了《关于职工工作时间的规定》，把实行了四十余年的我国职工周工作 48 小时改为 44 小时制（1995 年 3 月又宣布从当年 5 月开始，周工作时进一步缩短为 40 小时），人民的休闲时间增多，消费能力提高，休闲度假的条件日趋成熟。1992 年 10 月 4 日国务院批准试办 11 个国家旅游度假区（大连金石滩、青岛石老人、江苏太湖、上海横沙岛、杭州之江、福建武夷山、福建湄洲岛、广州南湖、北海银滩、昆明滇池、三亚亚龙湾），并开始采用土地批租，引进外资来办度假区。全世界也都看好旅游这一无烟工业。据报载 1993 年国际旅游人次达 5 亿人，较上年增加 3.8%，收入达 3240.8 亿美元，较 1992 年增加 9%。总部设在马德里的世界旅游组织估计 20 世纪 90 年代国际旅游每年递增 3.2%。

（二）国外的发展

在古希腊罗马时期，人们已有到矿泉游乐地的旅行活动。同中国一样，外国古代能进行娱游的人们只限于富有阶层，下层人民少有机会参加这样的活动。虽然他们也许有时间，但由于他们缺乏良好的交通工具，缺乏可供支配的收入，旅途中存在着危险，这些都成了旅游的严重阻碍。

罗马帝国（前 27—395 年）时期大批普通市民开始享受到旅游的乐趣。夏天，城市居民到海滨疗养胜地避暑。这些海滨疗养胜地被称为矿泉疗养胜地，它们为游客提供矿泉浴、戏剧演出、狂欢节目和竞技节目。随着公元 5 世纪罗马帝国的崩溃，此后一千年的时间里大规模旅游赖以存在的条件不存在了。这段时间被称为欧洲历史上的黑暗时代。

英国女王伊丽莎白一世（1558—1603 年）在位时，旅游再度风行。人们去矿泉疗养地治病，渐渐地这也成为一种时尚，得到大批想健身治病的有钱人的青睐，并发展成为逃避城市喧闹的手段。因此，矿泉疗养地变得更加着重于为消费服务，为客人提供更好的住宿条件，并创造条件让他们能参加各种社交活动、运动、跳舞、赌博和娱乐活动。

欧洲流行海水浴的初始原因是人们相信海水能治病，但随后，人们去海边不是为治病，而是寻找乐趣了。海滨旅游的出现使处于萌芽状态的旅游业蓬勃发展起来，因为每一个海滨的小居民点都能够毫不费力地发展成为一个海滨游览胜地。

20 世纪产业革命改变了普通人的生活，人们开始有了带薪休假，因而才有了真正意义上的大众旅游。是工业的现代化为现代旅游奠定了基础。现代旅游的一个重要特征是几乎每一个人都能够享受它。

总的看来，滨水旅游度假地以其明媚的风光、千百年来积淀下来的历史文化成为旅游业开发的重点。从世界范围来看，欧洲沿海国家如意大利、法国、西班牙等，是全世界旅游业最为发达的地区。美洲海滨的加勒比海诸国、亚洲及太平洋是目前发展最快的地区，特别是东南亚，如泰国、马来西亚等都利用本国的自然风光和文物古迹去开发旅游资源。

三、研究指导思想及方法

（一）指导思想

滨水旅游度假地的设计是立足现在、面向未来的设计，其开发是具有相当的风险的。有关设计研究必须立足在正确的环境观和先进的科学方法的基础上，才能保证开发的成功。

滨水旅游度假地设计的实质是滨水休闲环境的设计，而指导这个环境设计的环境观是什么呢？借用吴良镛先生的话来概括，"要既重自然（包括人工自然），又重人文，既重视空间上的协调，又重视时间上的连续"，达到"有机秩序"的境界是最先进的环境观。以此为基点，进行滨水旅游度假地环境设计应是有保证的。

（二）研究方法

滨水旅游度假地是旅游经济的产物，属于旅游业的范畴。旅游业就是为国内和国际旅游者提供综合服务的一系列相互有关的行业，又称友谊、好客工业。概括地说来，旅游业由旅游地及其配套设施、旅行社、旅游交通三部分组成，它们都是以服务为中心，服务是它们共同售出的主要"商品"，我们要明确三部分是紧密联系的，我们的研究领域显然是其物质实体部分，即旅游度假地及其配套设施。

旅游活动是个大的系统，涉及的领域十分广泛，包括经济、政治、社会、交通、建筑、法律、艺术、心理、历史、地理、民俗、体育、保健等。而我们要重点研究的是滨水旅游度假环境的设计，它包括了膳宿娱乐设施的设计和水边旅游资源的加工和开发这两个方面，以及旅游其他方方面面对它们产生的影响，与它们发生的联系。要搞清楚这些并不是一件容易的事情，需要各方人员配合和研究人的实际操作的经验，以及持之不懈的努力。由于这一领域刚刚起步，尝试运用自然辩证法系统原理剖析滨水旅游度假的社会价值实现过程（图2）。

从滨水旅游度假地的开发规划原理来看，它与社会科学领域各方面有着密切联系，可从地理、社会心理、文化、经济、生态等多角度去透视。

滨水旅游度假地在设计方法上横跨城市规划、风景园林和建筑学三个学科，设计方法涉及城市设计、建筑设计直到环境设计，范围极广，重点放在建筑的设施物构成、景观和环境的设计上，目的是增强研究成果的可操作性，拓展研究深度。

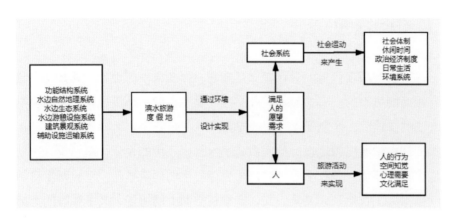

图2　滨水旅游活动的社会价值实现过程

四、滨水旅游度假地开发与设计的基础工作

（一）滨水旅游资源的普查与评价

人们去某地旅游度假总是因为该地有某些吸引人的东西，我们一般泛指这些吸引物为旅游资源，而旅游资源是发展旅游事业的物质基础。我国地理学家郭来喜在《大百科全书·地理学》一书中指出：凡能为旅游者提供游览、观赏、知识、乐趣、度假、疗养、娱乐、休息、探险、猎奇、考察研究，以及友好往来的客体和劳务，均可称为旅游资源。

在旅游规划的前期工作中，对旅游资源的调查和评估占有相当重要的地位，因为旅游资源在很大程度上决定着旅游业的发展。

滨水旅游度假区的旅游资源的性质，可以依其特点、根据其在旅游度假活动中所起作用之重要性分为以下几类。

1. 水体风景旅游资源

第一，河川风景。人类的生存与发展离不开水，而河川是最早被人利用的，凡是历史悠久的城市也几乎都离不开河。河川即河流，是沿地表浅层低凹部分集中的经常性或周期性水流。河流通常根据其特征分为上游、中游和下游，这些河段各自都有其独特的形态和景观。最近批准的杭州之江旅游度假区就位于钱塘江与富春江的交汇处。

第二，湖泊风景资源。我国有许多的天然湖泊，烟波浩渺，风光旖旎，是著名的旅游胜地。如江苏的太湖、杭州西湖、武汉东湖等。我国的大小湖泊共约 2 万个，其中面积逾 1 平方千米的 2838 个，而大于 1000 平方千米的湖就有 13 个。

从地理学上讲，陆地上的蓄水凹地叫作湖盆，湖盆的积水部分叫湖泊。湖泊的地质构造之不同会导致不同的地貌景观。我国刚刚批准的国家级旅游度假区江苏太湖、广州南湖、昆明滇池是直接以湖泊为旅游资源的。

第三，海洋与海滩风景。通常海洋仅指广大连续水体。一般海洋中心部分叫洋，边缘部分叫海。海滩则为海岸带的一部分，位于平均高潮面与平均低潮面之间的潮间带，地面和缓，向海倾斜，由沙砾或淤泥组成。滨海旅游区在世界旅游业中占有举足轻重的地位，著名的

图 3　海南三亚亚龙湾

地中海、加勒比海、夏威夷，我国的青岛、海南岛都是以滨海旅游业而闻名，人们把太阳（sun）、海洋（sea）和海滩（sand）称为最吸引游客的三"S"，是最为宝贵的旅游资源。

我国主要的海滨胜地有大连海湾、北戴河海滨、青岛海滨、普陀山海滨、厦门海滨、汕头海滨、海南三亚亚龙湾（图 3）、北海银滩等。

2. 气象气候资源

气候、气象是与人们的生产生活密切相关的，对人们的旅游活动也不例外。由于各地气候的差异，各地的旅游胜地及设施具有不同的使用

149

价值，出现了经营上淡季和旺季的区别。气候还影响到旅游者的旅行线路、旅游饮食、旅游服装、旅游特色商品的供应，有些旅游区的多发病、流行病也是季节性的，恶劣气候对一些交通工具如飞机、轮船的正点运行也有影响。对这些不利因素也要全面调查。度假设施如果设在热带地区，迎合人们趋暖旅游的动向，全年的旺季将比设在温带、亚热带地区的长得多，经济效益也会好得多。

3. 滨水动植物旅游资源

滨水动植物是滨水环境中不可分割而又富有活力的组成部分。作为活的有机体，滨水动植物的正常生活受到生态环境条件的制约，需制定相应的规划予以培植保护，旅游度假区应以培育适应当地气候的地域性动植物为主，适当点缀奇花异草。滨水区一般具特有的动植物资源，如水生观赏植物（芦苇、莲花、鸭跖草），鱼类等水游生物。同时也要注意一些威胁人类安全的动植物如鲨鱼、鳄鱼等。

4. 滨水人文景观资源

第一，水边文化古迹。文化古迹是前人留下的建筑、雕刻等文化遗产，记载着人类创造活动的历史。拥有文化古迹的滨水旅游度假地是别具魅力的，如杭州西湖以苏堤、三潭印月、岳坟、花港观鱼及平湖秋月等文物古迹名扬中外，吸引着八方游客。

第二，水乡城镇风貌。人类的历史发展是由原始的聚落而逐渐演化为村镇，最后进而成为城市。我国江南地区依水而建的城镇不少，其中不乏具有传统特色的老镇，如昆山的周庄镇（图4）、同里镇等，这些老镇已经难以适应现代工业化社会的城市要求面临衰落的危险，保存它们的最好方法就是像保护意大利的威尼斯一样让其原有的水乡风貌来保护更新自身，开展文化旅游，展示中华民族的悠久历史文明。

图4 江苏昆山周庄镇

第三，风土民情和社会风尚。风土民情泛指各地方、各民族受历史特征、民族传统、宗教影响等作用，在生产和生活中各方面所表现出的特殊的风俗习惯。如其音乐、舞蹈、戏曲艺术、雕塑绘画、民族工艺、节庆游乐、婚丧嫁娶、文娱体育、宗教仪式、集市贸易、建筑形式、服饰饮食、传统节日、待客礼仪和神话传说等。许多民俗活动，是历史上流传下来的民众生活反映，与各地的自然环境与社会环境有着密切关系。如湖南、湖北一带的端午节赛龙舟，就是一种有特色的民俗活动，每年都会吸引大量的旅游者。滨水地区的饮食文化也与水密不可分。水滨一般都有自己独特的水产，如粤菜就以善用海鲜而闻名，无锡太湖以盛产银鱼而蜚声中外等。风土民情的魅力在于其地区和民族文化的差异性，很能满足人们的猎奇心理和对于丰富知识的需要。无论哪种旅游者都非常乐于同旅游地的居民接触，以期了解他们；旅游者同样也乐于了解旅游地的社会现实和民族风尚，既可丰富知识，更可与自己所处社会进行比较。这对旅游者、接待者双方都是有益的。

第四，消遣娱乐性旅游资源。旅游是人们利用闲暇时间开展消遣娱乐活动的大好时间，滨水区的消遣活动有钓鱼、游泳、日光浴，还有滑冰、冲浪、帆板、游艇、高尔夫、沙滩排球等各种体育活动。旅游开发者通过设计建造多种多样的消遣娱乐性设施，吸引人们去滨水旅游地度假。

（二）滨水旅游度假者的心理及行为分析

人类开始旅行已有数千年的历史，但开始旅游的历史并不太长，旅游成为一种社会现象的时间就更短，就是因为旅游是有其社会经济条件的，只有大部分劳动者能够把带薪休假用于外出度假和旅游，人们才把旅游作为一种社会现象来进行剖析。以下将从人们的旅游动机、人格与旅游、群体对旅游行为的影响、旅游中人的角色变化这几个方面来剖析旅游度假行为的社会心理原因。

1. 滨水旅游度假动机

人们为什么要去滨水区旅游度假？一般而言，人们旅游是为了扩大视野、放松、游玩，或是为了避寒或避暑。但心理学家却认为这些回答并不令人满意，而是从旅游动机理论来研究。动机常常被认为是支配旅游行为的最根本驱动力，有些心理学家给动机下的定义是：一种旨在减轻紧张状态的内在驱动力。当一个人对于日复一日的俗套生活感到厌倦时，就会产生另一种心理紧张，驱使他离开自己所待的地方，或者去做一些别的什么事情。动机又常常分为生理动机和心理动机。生理动机源于生理需要，这种紧张来自对于氧气、水、食物和排出废物的需要，来自解除痛苦和疲劳的需要，来自在大自然环境中保护自己的需要。这些需要产生的动机并非天生习得，而是来自人体自身的生理需求，但也会受到社会和文化的影响。心理动机产生于个人所在的社会环境所带来的需要。麦金托什提出旅游动机可分为四种类型：（a）生理动机诱发因素，包括体力的休息，参加体育活动、海滩消遣、娱乐活动以及对健康的种种考虑，这也是滨水度假地天然吸引人的原因；（b）文化动机诱发因素，获得有关地区和国家知识的愿望，包括他们的音乐、艺术、民俗、舞蹈、绘画和宗教；（c）人际动机诱发因素，例如结识各种新朋友，走亲访友，避开日常例行公事以及家庭或邻居，或建立新的友谊的愿望。(d) 地位和声望动机诱发因素，即想要受人承认、引人注目、受人赏识和具有好名声的愿望。

麦金托什还强调说，很难指望旅游行为会只涉及单纯的一种动机。旅游是一种复杂的象征性行为形式，旅游者通常通过这一形式来满足多重的需要。滨水旅游既可以用心理的动机来解释，也可以用精神的动机来解释。人具有先天的亲水性，滨水环境易于让人产生放松闲适的心理感受，同时水边环境的可生活性、丰富性也往往带给生活更多的意义。

根据精神需要的层次理论，可以明显区别观光者和度假者。观光者在一次旅游中参观各种不同的地方。度假者通常只去一个旅游地点并从那里回家。这两种类型旅游者之间的区别表明，观光者在很大程度上是以求知的精神需要为主要动机，而度假者则可能以理解的需要为主要动机。前者是观察现实，后者则要探究意义了。后者更需要较好的经济条件、更多的时间和闲情逸致，也正是现代旅游的趋向。

2. 人格与旅游行为

心理学家认为人格和动机是两个很难分割的概念。人格是由学习、认识、动机、情绪和角度等诸方面因素综合而成。对"人格"这个术语最简单的解释也许是：一个人区别于他人的所有稳定的个人行为特征。一个人的人格特征往往是自成体系的，是稳定的、有固定模式的。因此，

4. 小爱德华·J. 梅奥兰斯、兰斯·P. 贾维斯:《旅游心理学》，南开大学旅游学系译，南开大学出版社，1987。

人格是可以描述的。有固定模式的人格特征是自我服务的。也就是说，它们对个人需要的满足和个人目的的达到起促进作用。加拿大对成年人的旅游行为与人格特征进行了研究（表 1）所示。[4]

表 1 加拿大成年人不同旅游者的相应人格特征

	人格特征
假期旅游者	好思考、活跃、善交际、外向、好奇、自信
假期不旅游者	好思考、不活跃、内向、严肃
男性旅游者	好思考、勇敢
女性旅游者	易冲动、无忧无虑
探亲访友者	不活跃
去休养胜地者	活跃、善交际、好思考
游览观光者	好思考、敏感、情绪不稳定、不善克制、不活跃
从事户外活动者	勇敢、活跃、不善交际、忧郁、沉闷
冬季旅游者	活跃
春季旅游者	好思考
秋季旅游者	情绪稳定、不活跃

资料来源：加拿大旅游局，《一九六九年旅游动向及娱乐模式》（加拿大渥太华市：加拿大政府旅游局，1971 年）

3. 群体对旅游行为的影响

旅游者的行动离不开其周围的人们，尤其是同一群体中，人们的行为常常是互相影响的。中国人的休假方式也和中国人群体的特点有关，包括家庭、邻里、工作单位、工会、学校，以及各种协会、俱乐部等。此外，人们还受到各种社会关系纽带的影响。这些群体对于决定一个人如何度过他（她）的闲暇时间都起着一定的作用。比如，一个青少年夏令营的度假方式与一个退休职工旅游团的度假方式会迥然不同。度假型的设计开发要注意考虑满足主要服务人群的行为特点，同时兼顾各方的要求。

4. 旅游行为与角色类型

社会心理学中的角色是指人在社会中按某种规定的方式去行动。人的角色一般有这样几个范畴：第一，生物学角色，例如年龄角色和性别角色；第二，半生物学角色，例如亲戚角色和社会阶级角色；第三，机构角色，例如职业角色、宗教角色、政治角色和娱乐角色等；第四，临时角色，例如宾客角色；第五，性格角色，例如英雄、恶棍、愚人等角色。

人们在旅游时，除了可能继续担当几种角色之外，还要担当许多闲暇角色和旅游角色。一个人在挑选具体的旅行方式时，他可以是度假者，去一个目的地，并将大部分时间消磨在那里；也可以是旅游者，他将在假期内游览几个目的地和旅游点。不同的角色担当带来不同的行为类型。旅游者的行为可能完全不同于其在家时的行为，简单的原因是其离开了家，进入了一个"游戏世界"。有人说旅游宣传是在向人们兜售梦境和幻想。正因如此，旅游经历往往是难以忘怀的，也是其他经历无法比拟的。

在旅游度假中开展的活动也就成为各种形式的游戏了。分类如下：象征性劳动（打猎、钓鱼、做饭、野炊），无组织的游戏（掷石块、打水漂、日光浴及其他各种人对环境和对自己进行试验的活动），有组织的游戏（打网球、高尔夫球等），社交性活动（聊天、讲故事、唱歌、参加舞会、喝酒等），表现性游戏（跳舞、滑冰、航海、爬树以及其他表现个人性格和技巧的活动）。

在某个场所，有些活动的性质属于表现性游戏的范畴，在另一个场所则属于有组织活动的范畴。这些不同范畴的游戏活动对不同年龄、不同阶层、不同性别的人群吸引力有所不同。这是由各种不同人群的价值观念、日常生活、旅游态度、文化信仰不同而决定的。

（三）水滨旅游开发与社会文化的关系

1. 水孕育了人类的文明

水在人类的文明发展史上有着无可替代的重要作用，长江、黄河孕育了中华民族的古老文明。在我国，水资源丰富、水网发达的地区都有自己独特的文化体系，如长江三角洲地区的吴越文化、鄂湘地区的楚文化、珠江三角洲的岭南文化，这些地区的文化都与水密切相关，开发旅游资源时要特别注意发掘其地域文化的特色。

2. 滨水旅游与文化不可分

旅游是一种文化行为，人们进行旅游活动的目的就是体验不同的风光景致和人文环境，在这种与日常迥异的自然风光和社会风貌的双重刺激下达到精神的愉悦，获得美的享受。人之区别于动物，就在于人有文化的创造和积累。美国人类学家摩尔根（Lewis Henry Morgan）认为："人类是从发展阶梯的底层开始迈步，通过经验知识的缓慢积累，才从蒙昧社会上升到文明社会的。"这个经验知识就是文化。旅游者具有文化背景，而旅游地也是经过人们改造的自然人文环境（当然改造质量有优劣之分），一个旅游度假地没有良好的文化环境和高水平的精神文明，那是不会吸引人的。

3. 滨水旅游开发为水边文化创造契机

在江苏和浙江的吴越地带，河流纵横，湖泊棋布，水多、船多、桥多，构成了吴越水文化的一大特色，人口稠密的长江三角洲，环境中人文化比重已大大超过了自然所占的比例，形成举世闻名的"江南水乡"，其中一些保护较好的水乡小镇如昆山的周庄、同里已成为新兴的旅游区，是旅游度假区开发中以历史名胜保护为主的一种特殊的类型。在另外一些新开发的水滨度假地中则有一些以异国的建筑样式，或异族风情来吸引人的，如珠海度假村（图 5）就建造了西班牙别墅群和英式、法式别墅若干，使国人不出国门也能体验异国民居。有特色的建筑或建筑群，或者是民间工艺、民俗文物、文人墨迹、名吃名饮皆可为旅游活动增添色彩，带来效益。在国外，开发商为突出滨水旅游地的特色更是煞费苦心。如印尼的巴厘岛喜来登度假村就以最大程度地突出热带海洋野趣为开发宗旨。

开发成功的旅游地区，纷至沓来的游客带来各种各样的地域文化和价值观念，而这对当地居民会产生一些影响。积极影响在于会使当地居民更为开放，接受和吸收异地游客带来的先进价值观；而消极的影响是使当地趋于与异地同化而丧失其特色，吸引力逐渐减弱。

图 5　广东珠海度假村

155

（四）社会经济发展是滨水旅游度假开发的直接动力

旅游毕竟是一个经济范畴，除了具有在社会文化方面的各种作用之外，直接推动其发展的却是国民经济。从开发建设到运营管理，哪一个环节都离不开经济。

从经济学眼光来看旅游，旅游者的吃、住、行、玩，以及其他方面的一应设施都是旅游工业的产品。阳光、海滩、气候本来都存在，但对海滨加以开发整治，增添设施后就成为了旅游产品，由于与其他商品不同的是这种产品可以反复出售，其利润也就非一般工业产品可以比拟。而这种高的利润正是投资开发的动力所在。

旅游的发展会导致游客蜂拥而至，这就使得交通、旅馆、餐饮、建材、园艺等产业连带发展，并且相应的服务人员也大大增加，也有利于扩大就业。这也表明在发展旅游的同时要重视后备人才的培养。比如，海南省目前就由于旅游业发展迅速而出现人才供给的匮乏，中、高级旅游经营管理人才尤为稀缺，海南省内一所旅游职校，还不能满足人员需求，海南省在旅游规划大纲中对此作了预测，并着手加紧旅游人才开发，推进社会的发展。

在我国，旅游业的创汇对国民经济的发展十分重要。据统计，20世纪90年代初到我国旅游的外宾，平均每人逗留12～14天，平均花费约1000美元。对滨水旅游开发而言，先做好总体规划，搞好可行性研究是十分必要的。旅游业的开发具有一定的风险。旅游业能产生效益也是要在开发成功的前提下才能取得。在规划之初除了要对旅游市场的供求关系进行客观评价之外，还要考虑以下几个方面：第一，交通现状分析及配套要求，对水、陆、空三方面和近、中、远三个层次进行预测和规划。第二，邮电通信配套。通信便利是后工业时代的标志，对于国内外游客而言先进的电信服务必不可少。目前主要指电传、国内外长途电话、电报、特快专递、电子邮件与网络、无线寻呼、卫星通信等。第三，能源和水资源配套。供电滞后已阻碍了海南省旅游业的发展，而对海滨胜地而言，充足的淡水资源配套也必不可少。第四，旅游饭店的建设与经营做好客观控制。根据客源的消费能力确定旅游饭店的档次。目前海南省是根据客源市场构成确定近期重点建设中档饭店。高档（四、五星级）、中档（三星级）、低档（一、二星级）饭店客房数量大体以1：4：5结构比例配置。根据旅游区的容量确定饭店的总间数（或总床位）。

水滨旅游度假区开发的经济效益如何，要待建成后运转数年方能显现出来。水滨旅游假地是包含了观光和度假两种类型的旅游商品。在以观光型为主导产品的地区，存在着潜在阻碍经济效益提高的障碍。因为观光旅游是以追求景观为目的，具有一次性的特点，排斥重复旅游；而度假型则是追求好气候、好环境，以愉悦身心为目的，不排斥重复旅游，可见度假型的旅游区具有长盛不衰的特质，也较观光型更利于获得丰厚的回报，而我国目前的旅游开发中重视观光而疏于度假的状况并未改观。

滨水区在旅游开发中往往具有得天独厚的自然条件，这里通常阳光充沛，气候温和，海滩、水岸、广阔的水体为开展各种休闲度假活动创造了良好的环境，适宜进行度假性产品的开发，这恐怕也是滨水旅游度假区开发的内在动力所在。

开发旅游在为当地带来好处的同时也往往会带来些负面的影响，如引起当地的物价上涨，对当地自然风景、文物古迹，甚至生态环境造成破坏，当地居民的宁静生活也可能在开发中被打乱，这些都是需要引起我们注意的。

依此看来，水滨旅游度假区的开发作为一种经济行为，一种社会行为，与社会国民经济方方面面相关联，要把它放在整个社会经济的大系统中去认识、去规划才不致走偏。

（五）滨水旅游度假地开发的生态控制

江、河、湖、海滨地区之所以吸引人是因为其独有的生态系统，以及良好的自然、社会环境。而开发利用它们，建设旅游配套设施吸引一定数量的游客都会给这种系统施加压力，打破原有的生态系统的稳定性。游客们是为了湖光山色、纯净空气、海滩及动植物而来，如果旅游管理不善，游人过多，就会导致水体污染、沙滩上垃圾成堆、动植物遭破坏，从长远来看旅游资源会遭到破坏。一旦旅游地的生态系统被破坏，旅游的发展就不可持续。发展旅游与保护环境之间是存在一定矛盾的。

旅游业对地区的环境污染主要表现在：第一，旅游产品的生产过程中，旅游服务设施的建设，水、电及其他能源的供应会产生污染。比如，不彻底排污，废水、废气、垃圾处理不当。第二，旅游产品的消费过程中直接由旅游者的消费行为所产生的污染。如人踩、车压、随手扔弃的垃圾；旅游活动的噪声影响；还有由旅游服务过程中的各种车辆、汽船、动物等对旅游区造成的污染。大量的游人和交通工具的使用带来了动、植物生存地面的减少，最为敏感的水体极易受到排污倾倒垃圾的污染，污染的水体导致水中生物的死亡，水中的运动如游泳、划船、帆板等休闲活动若不能开展，给旅游业带来的损失将是巨大的。因此，在滨水旅游开发中，保护好水体是其生态对策的核心所在。

旅游区的生态系统是开放型的，它具有以下各种功能：（a）生产功能（包括能源在内的各生产要素的组合能力）；（b）承载功能（承载各种建筑物的能力和人们本身的跑、跳、攀登等一切活动的能力）；（c）提供信息情报的功能（即给人们报告季节、阳光、天气、雨量等环境状况及其变化节律的能力）；（d）调节功能（调节人们生活的能力，如提供休息和消遣条件、供给生活必需品、排除垃圾废品、促进水循环，使生态系统向良性转化或加速循环效率等）；（e）协调和联络功能（旅游区居民和睦相处的气氛，增加集体和个人的生活乐趣等）。上述这些功能都可直接为人们所认识并加以利用。但经常性地，同一系统的内部均存在着生产能力和保持系统平衡稳定性之间的矛盾。该旅游区的生产能力需要限制在生态系统能保持自行调节和正常循环的水平，这样的水平就是该区生态系统的承载极限和容量极限，但目前对容量的评估还是众说不一，困难重重。例如，德国开始用电子计算机来处理地区的大量生态数据，为确定环境容量提供参考。我国目前应避免一哄而上的开发，要有计划地、逐步地开发，做好管理和监测，避免旅游区生态的恶化。

从另一个方面来看，生态旅游也提供了一种保护环境的途径。生态旅游是一种新的旅游概念，虽然国际上还没有一致的说法，但有一点是共同的，就是保护旅游度假区的自然环境，并使之获得持续发展。最早提出此概念的海则尔（Hetzer）提出有四个标准：（a）最小的环境影响；（b）对当地文化最小的影响，最大的尊重；（c）使当地的老百姓获得最大经济效益；（d）旅游者有最高的满意度。1991年赛勃罗斯 - 莱斯库里（Hector Ceballos-Lascurain）将这一概念作了扩展，"指相对来说不破坏、不污染地区特殊的自然风貌的旅游，尊重、研究并享受风景和野生动植物以及任何既存的文化特征（包括本地区过去和现在）"。

不论怎么定义，随着全球对环境保护和生态的愈发重视，滨水旅游开发需要从生态环境的角度进行更完善、更全面的规划，只有在发展旅游时不破坏生态，可持续的滨水旅游开发才会真正到来。

滨水区有机建筑空间的研究

郗志国

郗志国，上海聚石建筑规划设计事务所创始人、首席建筑师。1995年同济大学建筑学硕士毕业，同年进入上海现代建筑设计集团，担任过上海市及华东地区多项重点工程的设计负责人，先后参与了上海八万人体育场、安地瓜圣约翰山医疗中心、福建省人民检察院侦察技术大楼、上海印钞厂等多项大型项目建筑规划设计，曾获上海市优秀工程设计一等奖。

论文时间

1995 年 2 月

摘要

本文摘选自笔者的硕士毕业论文。针对现代滨水区建筑空间和规划设计思想中存在的远离自然原则的问题，原论文从"有机建筑"空间及模式理论的角度出发，通过解析和抽取典型的传统滨水区空间的有机特性，并结合现代的生活模式，归纳、提炼出一套滨水区有机建筑及空间的模式结构，以期在复兴滨水区的背景之下，为不断回归理性的规划与建筑设计提供一定的参考。

水是无价之宝，尤其在城市当中，水是非常珍贵的资源。人具有向往一望无际的万顷碧波的天性，人们选择海滩、湖畔和河岸作为都市的"景观走廊"，因为作为与自然沟通的场所，这些地方是不可取代的。滨水区是城市生活中最为敏感的区域，这个区域往往是城市景观的集中地区，且具有多重功能，所以如何合理地塑造滨水区的环境及建筑空间，是滨水区建设开发当中一个突出的问题。

在人类文明日益发展的今天，城市规模的飞速发展给城市滨水区带来了很多不良影响。一方面，水质的严重污染使人们远离滨水区；另一方面，呆板冷漠的工业化滨水区空间使得人们不再向往之。这些因素都导致滨水区的吸引力大为下降，在这种状况之下，如何恢复滨水环境与建筑空间的生机与活力，就显得尤为关键。本文从这个出发点切入，对如何塑造滨水建筑空间作进一步研究。

首先引入有机（organic）的概念。一个有机结构是按照自然原理构成的，此结构的所有构成部分是和谐的，而且它与环境保持协调。它包含一切与目的有关的东西，并去除一切无关者，因此它是整体而经济的。把"有机"和建筑结合在一起，首先提出"有机建筑"（organic architecture）这一概念的是 20 世纪初现代建筑大师赖特（Frank Lloyd Wright）。赖特力图打破古典主义建筑那种在人与自然之间设置的人为障碍，首先关注于建筑的体量、比例、尺度、布局和地形相协调。他提倡在所有自然而固有的逻辑中演绎出建筑规律，作为建筑空间设计的基本原理。[1]在滨水区公共区域引入有机的理念，正是本文的方向所在。使滨水区域焕发生气并保持可持续的发展，就需要找到该区域内在的生活逻辑，这也促使我把眼光回溯到过去。

纵观生活环境与建筑空间的发展历史，不难看到传统的民居村落，对应于滨水区则是那些水乡村镇，其存在和延续在很大的程度上反映了一种顺势而为的自然特征：那里建筑物的产生并没有依据什么规划与建筑理论，而完全是依照一种世代延续下来的生活法则而进行，这种生活法则说到底就是人类自古至今的生活模式。这些生活模式作为人类文化的表现，不同的民族、不同的地域乃至不同的水域就有不同的存在方式。所以，传统的民居就如同自然界的生长物那样，按自然规律而产生发展，适应不同的气候与地形而融于自然，这无疑反映着我们前文所提到的"有机性"。

那么这些千变万化的传统水乡的空间有没有一些共性的规律可循，以帮助我们更好地感受该区域，并激发出有现实意义的规划和建筑设计灵感

1. 项秉仁：《赖特》，中国建筑工业出版社，1992。

图1 赖特设计的流水别墅

呢？在这个思路之下，本文试图对一些典型的传统滨水区域空间进行分析和归纳，并最终选定中国江南水乡和意大利滨水城镇空间作为初探的研究对象。

今天到了我们站在技术的波峰回头寻找自我的时刻，随着环境心理学、生态学、场所理论开始涉足城市规划及建筑设计领域，本文对滨水有机建筑空间的研究也在这种理性回归的背景下展开。本文旨在通过挖掘和提炼呈现"有机性"的传统水乡的滨水民居空间为基本原型，结合现代城市与乡村生活模式的不断变化，类似于设置出函数模型中的基本参数与变化系数，尝试着建立一套滨水有机建筑空间的"方程式"，或叫做"滨水有机建筑空间"的模式，以期对塑造富有生机和活力的滨水区空间起到一定的参考作用。

一、赖特的有机建筑理论

赖特曾经说过："人们可以看到贯穿于一切自然构成物之中的那种连续性与和谐性，美产生于不可思议的天然力，就像万物的生长一样，充满勃发的生机，唤起人们的情感。我们把这种和谐的美看成为自然的伟大赠予。"[2] 可见，赖特有机建筑思想的原动力就是自然主义。

赖特的建筑（图1）特别注重适应基地的气候。在他的草原式住宅中，他革除了违背当地气候条件的阴暗潮湿的地下室，改革开窗方式，引进光线和空气；他反对使用人工空调，主张发挥自然通风的作用。赖特对大自然的理解和尊重还表现在，忠于天然材料的特质并将它们在建筑整体中充分地展露，成为人工物与自然之间的有力联系。

接近自然、模拟自然、忠于自然材料、适应自然气候，这几方面是赖特对外部自然的认识在建筑创作中的体现。另外他认为："一切外部形式和发展都是由内部自然来决定的。"[3] 这种内部自然包括人或人的一切内在感受，指的是一种更为基本的内在原理。"有机建筑"的思想同样重视这种内部自然观，强调的正是整体和局部的相互依存和发展变化，并强调建筑也并不是不会变化的固定形体，甚至结构都可以增减，就像不断生长的生物一样，否则就意味着停滞和僵死。

2. 项秉仁：《赖特》。

3. 同上。

161

二、场所理论中包含的有机性

20 世纪 20 年代，对建筑空间的探讨已进入了新的阶段，人们开始透过满足生活中最基本功能的有生气、充满活力的生活空间，研究居民在其中所表达和体认的心理感受。于是，以城市为研究对象的城市景观学、城市设计等理论纷纷兴起。当景观学从初期的纯视觉构造进入象征表意的阶段的时候，场所的理论也应运而生。

当代著名的城市建筑理论家诺伯格·舒尔茨（Norberg Schulz）从现象学的角度指出：场所的意义在于是否有一个人能认同、归属、安全的所在。反映到城市空间，就像我国很多城市都有一个"城隍庙"一样，场所是人类活动的地缘和血缘关系的精神中心。任何有生命力、活生生的城市景观现象，都有其一定的场所内在力量。

这其实就是赖特后来所提及的建筑空间与人的关系，即"内部自然"。如果事物变化太快了，历史就变得难以定形，因此，人们为了发展自身、发展他们的社会生活和变化，就需要一种相对稳定的场所体系。给建筑空间带来的情感上的重要内容——一种超出物质边界或限定的内容，即场所感（Sense of Place），正如舒尔茨所说："建筑师的任务就是创造有意味的场所，帮助人们栖居。"[4] 场所感包含空间的方向感和由此引起的心理上的安全感，人们对空间的认同感和由此引发的归属感。

场所的最终目标就是要创造有意义的空间，而有机建筑理论也把人的生理和心理因素看作塑造空间的重要依据，努力使人在建筑空间里感到自然舒适，亦即有安全感和归属感。所以本文把"场所感"也归为有机建筑空间的特性之一。

4.诺伯格·舒尔茨：《实存·空间·建筑》，王淳隆译，台隆书店，1985。

三、有机建筑空间的特性

通过对有机建筑理论的学习和思考，本文归纳出四个关于有机建筑空间的特性，以利于收集和探寻现实的此类空间素材。这四个特性即亲自然性、场所感、多样性和整体性，它们从不同的侧面、不同层次上表达着建筑空间的有机性，既是空间呈现的状态，又包含了空间的组织方式；既涉及实质性空间，也包含了空间中人的因素；既是相互并列的又相互交融。其中，亲自然性和场所感主要强调空间与自然环境以及空间与人的有机关联；多样性是前两点特性作用的结果；而整体性则是有机建筑空间的本质，犹如一个完整的生物体那样，整体性使得人、空间和自然统一，以达到有机建筑空间的根本目的——焕发人在其中的自然天性。亲自然性是最基本的特性，属于第一层次；而场所感涉及社会、心理、文化等因素，属第二层次；多样性容易把握并被认知，属表层特性；而整体性反映了空间内在的秩序，属深层特性。下面对四个特性做进一步解析。

1. 亲自然性

亲自然性是有机建筑空间最基本的特性，也是有机的出发点。自然见之于空间，涉及以下三个方面。

（1）气候因素

有机建筑空间对于气候采取适应的原则，而非一味地强调技术解决方式；只要有可能的条件，就发挥自然的解决方式。在一些特殊气候环境地区如印度、阿拉伯国家，在利用自然构筑方式解决炎热气候问题方面，有许多成功的案例。

（2）地理因素

有机建筑空间总是密切配合地形来构筑，正如赖特所讲的，"……建筑就像从地上生长出来一样……"。这种模仿地形的方式往往使空间有利于适应气候，并使人的活动和心理接近大自然，具有景观和经济上的意义。

（3）物质因素

有机建筑空间是部分属于人、部分属于自然的。所以无论空间本身还是构成空间的界面都与自然息息相关。这种空间除了适应地理和气候因素以外，也需要从人的心理出发，所以运用自然材质、突出材料本质属性是其重要的手段。

2. 场所感

有机建筑空间在考虑融于自然的同时，也注重人在空间中的心理感受。亦即，有机建筑空间不仅有丰富多样的空间形态，而且赋予每个空间一定的文化意义，使空间充分满足人的精神需求。就像舒尔茨曾说到的："我们将重新提出场所精神这个古老的概念，因为先人早已认识到不同场所有其不同心理感受特征——这种特征极其强烈，以致它构成了大多数人对环境意象的评价：使他们感到他们和他们的活动同属于一个场所。"[5]

5. 诺伯格·舒尔茨：《实存·空间·建筑》。

有机建筑空间的场所感使空间达到了这样的状态：人与建筑空间不仅在功能上有效地发生关系，而且有一种情感上的安全、愉快和认同感。场所感有效地综合了众多个别的环境品质，如自然与人为环境、个人与群体、内向与外在，等等。而人们对场所的感知则包括两个方面：安全感和归属感。

3. 多样性

有机建筑空间对多样性的把握，可以根据引发多样性的缘由而概括为下面三点。

（1）地域性差异

这里的地域差异指纯粹的地理性质，包括不同的地形、地貌和气候条件所引起的建筑空间的差异性。反映在建筑空间上主要是朝向、热工、材质运用等方面的不同。

（2）文化性差异

这是由于建筑处在不同的文化、风俗等社会背景下而产生的差异。主要反映在空间格局、装饰等方面。

（3）有机性差异

是有机建筑空间在内在力作用下在形态上表现出的特性，反映了仿佛自然界一般的丰富多彩的特征。这种差异的产生主要是由上面两种因素的综合反应所致，本文称之为有机特质的内在力作用。

4. 整体性

整体性是有机建筑空间最本质的特性。一个有机的结构就意味着所有结构部分的和谐以及与环境的协调，有机的建筑表达并统一着一切构成因素：基地、材料、业主要求和建筑师的哲学、建造方法以及文化，等等。一个有机结构规定并预示了使用者的生活，表达了一种社会实体的理想……所以，整体性是上述所有特性的基础，它包含以下几方面：第一，建筑空间与自然的统一。这表示建筑空间从气候、地理和有机特质上与自然形成整体。第二，建筑空间与人的统一。这包含了空间的形态和场所感两方面，即空间的形态、尺度、质感要以人体的生理尺度和心理尺度为准则，而人在空间之中要有安全感和归属感。第三，建筑空间自身的统一。这一方面涉及有机建筑空间的结构组织和构造体系的统一，另一方面涉及建筑空间作为建筑群落或者说城市结构的一部分，要与整个社会空间结构体系形成一个整体。

四、有机建筑空间的模式

1. 事件模式

每个地方的特征是由不断发生在那里的事件所赋予的。有机建筑空间关注的不只是城市及建筑外表的物理形状，还更为关注发生在那里的事件。一个地方的所有生活、所有在那儿的生活体验，不单单依赖于物质环境，还依赖于我们在那里体验到的事件模式。有机的特征是循环的，当它存在于我们的建筑中时，它便存在于我们之中，我们就会变得有生气；当我们自己具有这一特征时，它才在我们的建筑中存在，使我们生活的建筑和城市富有活力。[6]

6.C.亚历山大：《模式语言》，王昕度、周序鸣译，知识产权出版，2002。

当然，事件的模式因人而异、因地域而异、因文化而异，每一座城市、每一个建筑都因不同人群、不同的流行文化而发生不同的事件。在这里需要指出的是，这些产生了地方特征的事件模式，并不一定非是人为的事件。比如阳光照在窗台上，风吹动树叶，溪水潺潺流过……这些也属于事件，在空间的塑造中，它们正和社会事件一样影响着我们。

我们的文化使事件的集合和模式对我们有效，一个人可以模仿与事件模式相近的情况，他可以迁移、改变生活等，但却不可能超出事件集合和模式的范围。因为产生了一定的事件模式，那里会发生更多的类似事件，正因为这些重复自身的事件模式总是固定于空间之中，所以这样的空间应该具有相应的结构模式。

2. 空间模式

正如我们看到的，每一建筑和每座城市，根本上是由空间模式而非其他所构成的，这些模式是构成建筑和城市的基本单位。

展现在我们眼前的建筑和城市，是由一些无尽重复的物理要素，以几乎无穷的组合变化排列在一起的。除这些要素以外，每个建筑是由要素之间构成的一定的关系模式所限定的，城市也是如此。

　　每一个空间模式都包含一个空间形态法则，它们在空间中建立了一系列关系，而且空间中的每一模式都有与之密切相关的事件模式。比如厨房的模式，在任何文化中也包含了一个非常确定的事件模式：人们使用厨房的方式、准备食品的方式、在那儿做饭的方式、站在洗涤盆前洗碟子的方式等等。

　　当然，空间模式并不引起事件模式，事件模式也不引起空间模式。空间和事件一起的整体模式乃是人类文化的一种要素。它由文化创造，由文化转换，并紧紧固定于空间之中。但每一事件模式和它所出现的空间模式之间有一些基本的内在联系，空间模式恰恰是允许事件模式出现的先决条件和必要条件。在这个意义上，它担当了一个主要角色，保证了这一事件模式在空间中不断重复，使它能够赋予建筑和城市以特色。[7] 比如威尼斯从其空间模式中获得生活的结构：众多的岛屿、密集的住房、三至五层、都面向河道；各岛的中心有一广场，广场通常都有一个教堂；狭小曲折的小路穿过岛屿；这些小径越过河上的拱桥，住房敞向河道和街道，河道入口的踏步……

7. 同上。

3. 有机的空间模式

　　有机的空间模式就是指符合有机特性的空间模式，亦即它具有亲自然性、多样性、整体性和场所感，这样的空间模式唤起我们在任何给定场所之中最大的生机和活力。

　　需要说明的一点是，这些充满有机特性的空间模式并不是哪位大师创造出来的，而是经过人类长期的生活积淀已经存在于我们的城市空间当中。随着对传统城镇空间的重新追索，这一点越来越得到证实。当我们回顾历史时，会发现那些传统的空间之所以源远流长，正是因为它包含着许多有机的特性，这与它反映的事件模式是分不开的。虽然说现代的生活模式与传统模式在物质形式上有很多不同，但仍有许多继承，尤其在文化和人的心理层面。所以正确看待传统的价值，并进一步发扬其保持至今的优越性，对我们现代的生活将会有极大的意义。

　　具有生机活力的空间模式，是因为模式本身达到了某种有机的程度，这种有机性使得其内部张力得到自我疏解。而当一个空间模式对提供自我疏解无能为力，内部张力的作用就会破坏原本的模式，这样的空间模式便毫无生气，甚至会死去。建筑和城市是由许多空间模式复合而成的，其中任一模式的个体构形都需要其他模式来保持它自身的生气。就好比生物界的生态平衡一样，一个完美的建筑，要有很多模式来协调，建筑中产生的有机模式越多，它就能越有生气、越合理、越具有美感，一个城市空间也是如此，其中的滨水区自然也是如此。

五、滨水区有机建筑空间模式的产生

如前文所述，自古以来无论东方还是西方国家，城市中的街道、广场、院落以及建筑的空间已渐渐形成了许多重复出现的空间模式，而这种空间模式又是由其中不断进行着的事件模式所引起的。那些延续至今而仍然富有生气的传统建筑空间充分反映了这一点。

绝大多数传统的居民聚集区总是在河边、湖边甚至海边，也就是说人类的生活一直与滨水区紧密相连。人们天然地跟水体打着交道，在那里产生诸多生动的场景。以前这些滨水区的发展并没有约定的规划，而是在自然地完善着自身。这样的传统滨水区域，比较典型的如中国江南的水乡（图2）、欧洲意大利的滨水区城镇等，这些水边空间的塑造大多数是居民自发地参与，根据各自不同的功能要求和审美观念，在法规允许的范围内竭力创造着自己的周边环境，而且随着世世代代生活的演化又不断更新改造。这种活动不仅影响着人们自身所处的建筑空间，而且也潜移默化地影响到一部分公共建筑空间。按照上述过程所产生的建筑空间，往往注重与环境的结合，并有着极为丰富的空间形态和社会文化内涵，具有很强的场所感。

随着人类社会的不断发展，城市规模日益庞大，建筑技术与建筑管理体制也在发生变化，城市和建筑的塑造任务渐渐归结到特定的规划师和建筑师。这是人类文明的进步，但随着权力的逐渐集中，也带来了相应的问题——城市空间成为规划师手中几何图案般的僵化模式，丰富多彩的居民生活不再对城市空间起到作用，反而开始被固有的空间所

图2 中国江南水乡

约束，进而生活反而趋于呆板与僵化。比如单调的行列式住宅就会缺乏识别性，使人缺少归属感和认同感；缺少以往院落式围合的空间会让人产生不安全感而无所适从。在滨水区，投资商为了争夺黄金地段谋取高效益，大量建造高层建筑，结果优美的水岸风貌被钢筋水泥所割裂，严重的地方水质因超负荷而被污染，人们不再向往脏乱而且毫无生气的滨水区……这种现代化文明的城市空间虽然提高了城市空间的秩序感，提高了城市生活的效率，却在一定程度上破坏了人类千百年来延续下来的文化秩序，使人和大自然的关系淡化了。

本文在进行滨水区有机建筑空间的研究当中，着重分析延续至今的较为典型的传统滨水区空间，并结合现代人类的生活模式和技术规范，初步探讨并尝试设立滨水区有机建筑空间的模式。下文中的空间模式，忠实反映了滨水区反复发生的某些典型事件，同时具有因地制宜的变通性，能够适应快速更迭的现代生活节奏，以持续保证空间模式本具有的有机特性。

六、滨水区的区域性空间模式

有机的观念首先强调的是整体性，所以本文先从宏观区域性空间入手，从滨水区的空间形态和文化形态两方面建立了四个区域性有机空间模式，以奠定滨水区域性的有机空间结构。

1. 通往水域的空间

滨水区的建筑物作为整体的一部分，首先要与整个滨水区建立和谐的关系。建筑要建造在滨水区域环境条件较差的地方而不是最好的地方，这与通常的开发思路正好相反，但从土地生态的角度来讲的确应该如此。在自然环境优越的地区规划造房，必然会破坏环境，而要在建筑群落成后再恢复那些自然的东西则是很困难的，有时要付出几代人的代价；而那些原来就条件差的地方，则由于人们不愿涉足而更加缺乏管理，变得荒芜。因此，在滨水区域把建筑基地及其周围的水体环境视为一个生态系统，规划建筑空间的活动应有助于维护这种生态平衡。

对于交通而言，机动车道路在靠近水域处，尽量与之呈直角，并作为机动车交通的终端，这些道路的间距依据滨水城市的规模和人口密度而确定，按照现代城市交通的规范可控制在 300 ～ 500 米内设置。与水面平行的路最好设在城市居住密度较高的地区，而不要设在滨水区附近，这样可以给滨水区留出足够的散步空间和绿化带，以最大化地满足人们亲近自然水体的需求。

重要的水陆交汇处适宜发展成天然门户区，门户区应规划为一个地方的标志性场所，也是塑造场所感的最佳区域。这样的例子有澳大利亚的悉尼港、波士顿的罗威斯码头区和上海外滩等。

2. 湾区空间

这类空间也可属于"通往水域的空间"，但相对比较独特，所以单独列为一种类型。从水的性质而言，这个空间可分为海湾、湖湾以及水面开阔的河湾几种；从空间形态而言，可分为内湾区和外湾区。湾区空间往往是城市对外开放的水上门户，所以湾区的建筑形象对城市滨水区有着重要的意义。这些地方如果有山丘相伴，则是绝佳的风水宝地，一般表现为背山面海的层次丰富的建筑群，山丘上都有非常开阔的滨水景观。

在湾区比较优越的区域往往会集中设置公共场所，包括大型滨水广场和相应的建筑设施，从古至今均是如此。为了突出城市门户形象，湾区可设立港口、码头区而成为港湾。如伦敦码头、巴尔的摩内港区都属于内湾区，水面作为周边区域的中心，有非常好的景观条件。有很多城市也在外湾区建立城市中心区，比如上海浦东陆家嘴金融开发区、日本东京隅田川发展中心区等，但这种做法一般在大的城市河道中间和湖泊中间，而在海边由于海风、海滩等自然地理因素而避免在外湾进行建设，外滩往往只用作大型工用码头。

从景观学角度来看，湾区的场所感是由标志性的广场和建筑物来体现的。如果有高层建筑，应尽量集中置于建筑群中心地带，而且要后退水面一定距离，这个距离以在水边的人看到建筑顶部的仰角小于 45°（纯标志性建筑，如眺望塔等可除外）为宜。围绕高层建筑区可设多层建筑作为附属，并有相应的集散广场和足够的绿化以丰富这里的景观层次（图3）。

海湾滨水区多为沙滩，有很强的大型海边娱乐的功能，而湖湾的空间更容易创造高雅、宁静的气氛，所以一般在滨湖区设置较为高级的生活区域并布置滨水散步道。湖湾的护岸也根据不同情况多做成石制的直立式、倾斜式、台阶式等形态，不仅提供便利、安全的亲水空间，而且具有许多实际功能，如停放游船、搭建季节性服务设施或供观看水上表演，等等。

3. 河道空间

河道至今仍是城市生产、生活的重要资源，河道空间也是人们生活中最为经常接触到的滨水空间。在城市生态平衡与环境保护越来越得到重视的今天，河道享有"蓝带"（Blue Belt）之称，河道滨水区空间的建设成为城市环境空间的重要工程。洁净的河川水域在科学化的水土保持和绿化造林之下，可平衡一个高度发展的城市的生态系统。

河道往往对一个城市的结构有很大影响，作为城市生命力的象征，它在组织和丰富城市景观当中的作用更不容忽视。当然，切实遵循防洪及河川整治计划是成功地发展河道空间的

图 3　瑞士卢赛恩港口

必要前提，除了抬高河堤，设置水闸以控制水位外，还可将河道各支流水系配合延伸至城市公园或城市主要文化生活区。这一方面增加了城市容纳河水空间，另一方面也给城市带来了更多的滨水景观资源。

宽大河道的水位与人们居住生活的标高往往差距较大，这很多情况下是出于防洪安全的要求，但这个尺度使得水体远离人群。考虑到河水有丰水期和枯水期，可以在河道两侧或单侧设置次级标高的台地，枯水期时在台地上设置易于搭建、拆卸的服务性构筑物，这样的构筑物远离市区交通的干扰而最为靠近水畔，配置各种小卖和露天餐饮座椅，往往就是夜市繁华区，如果跟停船码头结合就更加生动有趣。

河道一侧或两侧尽量多设置步行道，宽度一般为 2～3 米，另外每隔 100 米左右设置座位、观景台甚至钓鱼处；每隔 400～500 米可以与桥头、路口、广场相结合设置小型栈桥与码头。

河道空间的护岸在城市人口密集区采用积石直立式，石材颜色选用暖褐色为好。在城市居住密度低的地方可作倾斜积石护岸，形成开放的河道空间，这种做法也可以用于水边广场和公共建筑边的滨水空间，当然首先要保证河道有足够的宽度。在较为安全的场所，还可用台阶层层

图 4 台阶式亲水空间

伸入河道作为一种亲水空间（图 4）。

4. 滨水亚文化区

这是一个涉及社会文化背景的滨水区空间模式，它对滨水区有机性空间的创造具有积极的意义。

不同区域的千篇一律和大同小异是现代城市的一个普遍问题，这无形中扼杀了居民对丰富多彩的生活方式的追求，并潜在地抑制了人的个性和创造力的发展。我们应在整个城市文化区域中镶嵌第二层次的文化区——亚文化区，每个亚文化区都有各自不同的背景和特征。

"亚文化区的镶嵌"是由弗兰克·亨德里克斯（Frank Hendricks）首先提出的。在一个由大量的规模较小的亚文化区构成的城市里，每个亚文化区都占有一块容易识别的地方，并且最好以一条无居民居住的地带作为边界，与其他亚文化区分开。这样，不同的生活方式就能够在一个城市中发展起来，人们可以在城市中接触到不同的亚文化区，并且可能体验到许多种异己的生活方式，这更容易培养人的自我价值观。

意大利许多城市滨水区景观各具特色，显示出无比丰富的建筑空间模式，这正是由于那里散居着许多不同民族，来自不同地域的人产生了丰富的生活模式。因此，在规划滨水居住区的时候，适当进行文化分区，当然不一定非是不同民族，同一民族在不同区域同样有各自的风俗和特征。亚文化区的分界地带最好要鲜明，比如街道或绿化带就可以分割。

七、滨水区景观空间模式

首先应承认大自然环境本身就是最具有机性的，但人们还是要通过艺术创造出能为人服务的景观环境，这种创造普遍是在对自然加工的同时添进人工的作品，它是自然与人工艺术的结合。本文建立了三个与滨水自然环境密切相关的空间模式，以确立滨水区景观构成概貌。

1. 滨水步行道空间

凡是不得不在噪声和周围人很多的环境内工作的人，都需要有时暂停工作，或工作之后在天然成趣的幽静环境里恢复精力，滨水区无疑是能提供僻静区的最佳场所之一，而滨水步道就是这样的空间所在。

滨水区步行道与一般的城市步行道的区别是，它担负的交通功能成分并不多，而主要给居民或游客提供茶余饭后的休闲空间，所以往往近水面铺设，但要求有一定的私密性，所以滨水步行道空间在背水一侧应以密集的绿化、树木、围墙和建筑物与喧闹区相隔离或相隔一段距离（图5）。

滨水散步道距离居住区控制在10分钟步行路程以内为宜，一般为1000～1500米。滨水步行道的功能主要是满足个人或以家庭为单位的休闲而非团体活动，所以宽度一般不超过2～3米，道路铺以天然不规则石材或接近自然质地和色彩的地砖。要把石块直接铺入土中而非灌注砂浆，以利于缝间的青草、苔藓和小花充分生长。

步行道面水的一侧，除形态丰富的护岸外，还应设置接近水面的亲水空间。亲水空间在传统河道中并不少见，江南水乡里几乎家家户户都有这样的空间，当时的功能是便于临水洗涤、汲水、上下船等生活活动。现在，城市滨水区居民的生活不再直接与河水打交道，但传统建筑中极为丰富的亲水空间形态和构筑方式却给现代滨水区的休闲空间提供了诸多的借鉴。现代亲水空间一般可戏水、垂钓，大型亲水空间可用作观看水上表演等活动。为了保持一个亲水空间的独立活动氛围，最好使它与别的亲水空间分割开，避免视觉上的侵扰，在较直的沿岸，小型亲水空间以间隔50米为宜。

2. 滨水广场空间

传统水乡村镇中就广场而言，多为小而功能混杂，大致可分为庙前广场、集市广场、船坞码头广场等，而现代生活对广场的要求是宽敞，可容纳各种类型的公共空间，是城市中居民聚散的大型活动中心。

图5 典型滨水步道空间

滨水区广场至少有一侧临水或可看到水，这使得滨水区广场更具备景观功能。本空间模式从商业与文化两方面设立有机的滨水广场。

(1) 商业广场

在滨水区广场中占最大比例，而且设在交通量大的城市中心区为宜，具有交通集散、休闲及娱乐等综合功能。广场面积依据人口密度具体确定，一般按每人 0.6 平方米来确定，但广场面积太大时，会给人一种空旷之感，人的交往也变得淡薄。所以需要进行分割布局，每个广场面积控制在 2600 ～ 3000 平方米以内（不计算停车场面积）。

在地形起伏较大的滨水区设置广场会形成丰富的景观，而在较平坦的滨水区，则要注重绿化的作用。尺度大的绿化布置在广场中心部位，而在近水区则栽植尺度小而稀松的绿化，避免过多地遮挡水面的景观视线。

在相同面积的前提下，分散的小型停车场比集中的大型停车场有更好的效果。大的停车场缺乏供人逗留的地方，也在总体景观上破坏空间整体性。所以停车场可用花园围墙、矮灌木和树木等分隔成单个规模不超过 10 ～ 15 辆车的小型停车广场，最好使人从外围看不到大片的汽车。有关调查表明，如果停放汽车的场地占据土地的 9%～ 10% 以上，那么汽车的存在就会产生不和谐感。所以，在滨水广场区停车场面积要控制在广场总面积的 10% 以内，或者可以用下沉式多层停车方式来满足车位需求。

(2) 文化广场

在每个城市，甚至城市中每一区域，都有一些特殊的地方，以纪念这块土地与开垦土地的先人。这些地方一般会留下历史遗迹，从文化角度来看，这些残垣断壁是城市的精华，它为居民带来的慰藉是不可低估的。所以要在这些地方建立居民聚集的广场，并配以博物馆、音像馆及展览设施，这种广场我们称为文化广场，用来满足居民的精神需求，这种需求有时远远大于对物质的需求。

文化广场没有商业广场那么繁荣，一般尺度也不宜过大，环境的塑造以自然为主，人工为辅。文化广场的位置正好与商业广场相反，要远离居住区，使居民无法随便到达，而通向文化广场的道路也要力求"曲径通幽"，这会在心理上给人以更加憧憬、向往的感觉。

3. 桥的空间

中国传统水乡的桥梁之多不可胜计，目前散布的水镇桥梁，用不同的结构、材料创造了丰富的水乡空间，也表现了劳动人民民间艺术造型的极高成就。在功能方面，除了解决交通问题之外，传统的桥还附有其他用途，例如桥上设廊，不仅是为了保护结构材料免受腐蚀，同时也是游憩场所，增强人与人之间的停顿交流。甚至有些宽大的廊桥上设有店铺、住所，成为风雨市场，这是典型的事件模式造就的空间模式。

远在欧洲的罗马，历史上也留下许多石拱桥，对桥下空间的运用是其一大特点。罗马有些桥拱跨度达 30 米，在夏天人们会在桥拱下搭建演出台，舞台周围的河水在夜晚灯火下泛出优美的波光，戏剧、古石桥、水和人有机地融为一体，这比在富丽堂皇的歌剧院中看演出更会引起人们的欣赏情绪。

桥在滨水区是经常出现的，大到几千米长的越江大桥，小至几步而过的独木桥，这些桥梁都有一共同特点，即除了承担交通功能外，它的艺术形象一直是滨水区甚至一个城市的重要景观因素。如美国旧金山的金门大桥，上海的南浦、杨浦大桥完全是城市的标志性构筑物，而江南水乡的"小桥流水"则充满了人情味，增添了当地的风情。在本模式当中，主要关注桥梁在交通之外的附加功能。

从对传统桥梁的分析可以看出，桥梁构成了水边极好的观赏和散步空间。的确，置身桥上，放眼水面的优越性是不言而喻的，所以应在交通量不是很大、周围景致好的条件下，在桥上或桥头设置顶棚或建筑空间，内设坐椅甚至餐饮服务设施，为过往的人们提供更为卓越的欣赏水景的空间。当然有顶棚或上层建筑的桥梁形象更为丰富，本身也是滨水区的一道风景（图6）。

对于跨度较大的桥梁，下部可以开辟出休闲空间，这部分空间的特点是既临水又有遮阳挡雨的桥体作为顶棚，便可以组织各种规模的滨水活动。

在材质运用方面，多用具备自然特征的材料，如石块、砖、木材等，也可以几种一起混合使用。比如用石材做拱和扶手，用砖作桥墙面，这样红白相间，以石材突显桥的轮廓，简洁明快。以上是针对跨度小于 16 ~ 20 米的桥梁而言，现代的材料如钢材，能使桥梁的跨度比传统桥梁扩大很多倍，构成一种雄伟的桥梁空间。

八、滨水区建筑空间模式

1. 滨水建筑群

图 6 带有顶棚的桥

图 7 建筑群与山地环境的融合

滨水建筑群体的形态反映了滨水区的社会功能，所以当建筑群中的每一部分能充分表达其社会功能时，建筑群空间才是有场所感的、有意义的空间，否则它看起来就只是一些实体的空间组合而毫无生气可言，也就不具备有机的特性。

因此，在滨水区不要盖大的整体式建筑物，而应将其化解为一组分散的建筑群，使它的各部分都能表现其实际的社会功能。建筑各部分之间用辅助性空间如拱廊、过街楼等连接，这样每个建筑空间都各具特色，有很好的标志性，同时也使滨水建筑群的景观更加丰富，呈现出仿佛生长一般的有机多样性。

传统滨水区域的建筑群总是围绕着水域自然形成，在这里的建筑群当中，很难找到两幢相同形态的房屋，几乎每幢建筑都根据自身的需要而进行建设，无论在形式上，还是在色彩、材质上都尽量拥有个性。

虽然每幢建筑都与其他的不同，但建筑群整体形象却比较和谐统一，这首先是因为建筑的高度大抵都在四五层左右，而且建筑的屋顶形式有基本统一的模式，都是坡顶或都是平顶。建筑群与山地相呼应，就像从山坡上生长出来的灌木一样，而且建筑之间保留绿化，使建筑融于自然中（图 7）。

滨水建筑群体的尺度要考虑到滨水区域建筑与水体的关系，因此，建筑物规模要小，建筑空间最好低于周围树木高度，一般控制在 20 米左右，即不超过 4 ～ 5 层；建筑群体空间的轮廓线要有连续感，相邻建筑的高度相差不宜悬殊，除非有特殊功能的高度需要，如塔类建筑、湾区的高层建筑等。建筑群的高度变化应呈现乐章式的艺术美感，这是人工的也是符合自然的。

2. 滨水街道建筑

建筑物的孤立是互相缺乏有机联系的病态社会的表征，当建筑物互相分离、各自独立时，它们的所有者，即住户和维修者当然完全无须相互来往；而当建筑物相互依靠、彼此相邻时，这一事件会迫使人们面对左邻右舍，迫使人们去适应其他人的小缺点，去适应他们外界的现实。因此，街道建筑物应连成一片。所以在传统的江南城镇在处理街坊、道路与河道的关系上出现了特有的格局，如两街夹一河并行、一街一河并行等非常整体的滨水街区。

滨水街道建筑一经连接，就形成了街道空间，而建筑物的正立面对这些空间的构成有很直接的影响。这里要说明的是，仅仅使各毗邻的建筑物正面平行错开，并不能使街道空间形状成为有用的形状，而如果要使建筑物正立面适应户外空间的应用功能，它们几乎都会稍稍偏离直角，即街道空间的界面就会成为没有凸角或凹角的连续面。比如意大利威尼斯的很多街道建筑物就是如此，这种空间在中国传统街道中也经常见到。

3. 帐篷式建筑

在意大利水边的广场以及街道上，常有一些色彩绚丽的帐篷式建筑，它们大多成群地布置在滨水广场或海边沙滩上，有些则伸出建筑檐口，形成滨水区域独特的景观。这些帐篷的功能一般为遮阳挡雨，这种轻质构筑物的灵活布置极大地丰富并软化了滨水的建筑环境，构成滨水区明快的视觉图像。

从传统滨水区的建筑空间特征分析中可以看到一点，那就是轻盈的帐篷式建筑非常容易与柔软的水体构成整体和谐的意境。特别是在游艇码头区，它与水上船帆一起，更增加了水边的浪漫气氛。这种帐篷状建筑由于结构灵活、建造方便，在不同气候、不同水位时可以更换到不同的地点，而且组合方式多样，既经济又实用，因此比其他建筑空间有更大的可塑性，并可以很容易地成为任何一个建筑空间的附加空间，从而创造出滨水区任意姿态的空间形态。本模式提出尽可能在滨水区建造这类帐篷状建筑，并逐渐完善其结构和构造体系。

4. 窗的空间

人总是喜欢窗前的座位——凸窗和低窗台，窗前放置舒适的坐椅，这往往是居室中难得的空间。在滨水区，如果不能看到外面的水景，对于房间的设计者来说无疑是一个失败。所以要考虑居室开窗方向以便尽量收纳好的景致，同时，开窗的面积也要达到一种合适的比例。

随着现代建筑技术的进步，大片的玻璃窗越来越普遍地被使用。人们认为这种窗户将使房间内的居民更直接地和大自然接触，但事实并非如此，平板玻璃窗反而使我们与外部的景物疏远了。这是因为，当窗外景色对人来说永远都一览无余时，便会渐渐对其熟视无睹，失去了观景的趣味；而如果使窗户小些、窗户分格小些，窗户空间就会促使我们与窗外的景致保持联系。这是一种观景的心理感受：好的景致越是经常被看到或经常被全部看到，就越易被人所忽视，而相反，同样的景观如果人总是不可能一次看到它的全貌，或者不是轻易就能欣赏到它，那么它在人心目中的地位就会持续地重要。这也是东方哲学所宣扬的"含蓄"的一个表现，在中式园林当中有很普遍的应用。

5. 多变的阳台

对于一个家庭来说，如果阳台有足够的空间可供两三人一块坐下，使他们能够伸开脚，还可摆上一张小桌，平静地欣赏外部的景色，那么这样的阳台是适用的；这就要求阳台的深度要在1.5～2米，否则是不适用的。

图8　瑞士沃州蒙特勒滨水住宅

即便是滨水区的现代建筑，基本也是多层甚至高层，水边建筑立面的塑造就显得很关键。有这种纵深阳台的衬托，建筑立面的光影会顿时丰富起来。当然，这种阳台的设置方式应该是多样的，可以上下交错、前后错落布置，甚至可以是不规则的，这时候技术的进步带来的就是建筑空间有机性的拓展（图8）。

6. 建筑结构

到此为止我们已深知：任何有机空间模式都忠实地包容了其中的事件模式，换言之，只有当物质空间（由建筑所限定）与社会空间（由各种社会活动和人群所限定）相协调时，我们才可称之为有机的空间，这一观点也关系到如何塑造建筑的结构。

本模式的原则是：要使结构各部分的组合根据建筑功能空间来布置，而不是让工程结构来决定建筑的空间形式。这一点是完全可以做到的，最常用的方式就是在每一社会空间的边界处布置结构承重立柱，这基本上就确定了社会空间在水平方向所需要的尺寸；然后再根据每一社会空间的需要确定其楼层的高度，这样一个符合有机特性的建筑结构就生成了。

九、结语

本文以有机建筑空间理论为指导原则，立足于对滨水环境的直觉体验，尽可能排除各种理论及概念的干扰，探讨传统的建筑空间与自然环境以及与传统社会文化现象的相互关系，并从中提取出具有历史与文化延续性的滨水空间模型，作为有机空间模式结构的素材，最终结论呈现为某种空间形态的建立，以期直接辅助于创作实践。应该说明的是，在这方面本文仅做了很有限的工作，这将会是一个值得不断探究的课题。

城市滨水区空间形态的演化与更新

李麟学

李麟学，同济大学建筑与城市规划学院长聘教授，博士生导师，同济大学艺术与传媒学院院长，麟和建筑工作室主持建筑师，哈佛大学设计研究生院高级访问学者（2014 年），谢菲尔德大学建筑学院 Graham Wills 访问教授（2020—2022 年），曾入选法国总统项目"50 位建筑师在法国"（2000 年）在巴黎建筑学院访问交流。李麟学试图以明确的理论话语，确立建筑教学、研究、实践与国际交流的基础，将建筑学领域的"知识生产"与"建筑生产"贯通一体。主要的研究领域包括：热力学生态建筑、气候城市与公共建筑集群，以及当代建筑实践前沿等。

论文时间

1996 年 2 月

摘要

本文摘选自笔者的硕士毕业论文。随着飞速的城市化进程，城市空间结构发生着急速的外延式扩展，城市滨水区这一拥有高品质自然资源的区域成为了城市演化与更新的一个活跃地带。城市滨水区往往是城市发展的起点，与工业时代滨水区航运、码头、工厂、仓库等的建设不同，现代滨水区以一种城市生活中心区的面貌出现。当今世界城市的建设和设计正走向倡导人文化、连续性、"可持续发展"的阶段，良好的城市滨水区改造需要基于对原有城市空间形态的充分理解、对自然水域环境的充分利用以及对城市生活场景的有效组织。原论文以此为基点，运用城市形态学和系统分析的方法，兼顾理论与实践操作，在理论发展、设计要素、操作机制与更新模式等多个层面上对城市滨水区空间形态的演化与更新展开讨论。

中国处于城市化的飞跃阶段，城市空间结构的内涵迫切提升。城市滨水区，这一拥有高品质自然资源的区域成为城市演化与更新的一个活跃地带。

与工业时代滨水区航运、码头、工厂、仓库等的建设不同，现代滨水区以一种城市生活中心区的面貌出现。改造不适合现代城市生活的滨水区，已成为当今及未来城市更新的一个焦点。

良好的城市滨水区空间形态是在对原有城市空间形态充分理解和继承基础上生成的；它体现了对自然水域环境的充分关注和利用；它不但是实质空间形态上的完善，而且是良好城市生活空间的组织。所有目标的达成，都有赖于对城市滨水区空间形态的演化与更新有一个明晰的理论认识，充分理解这一形态的构成及其背后的决定因素，以及各种要素在实践中的互动。

一、城市滨水区相关概念

1. 城市滨水区的范围界定

城市滨水区是指城市范围内水域与陆地相接的一定范围内的区域，水体与陆地共同成为环境的主导因素。大致有海滨、湖滨、河滨三种不同类型的城市滨水区。

在日本，城市滨水区是与水域开发相关的三个概念之一（表1），城市滨水区是介于岸域和水边之间的领域。城市滨水区的范围根据城市居民日常生活时对水际空间的意识程度来确定。一般而言，以商业娱乐或综合性社区为主的滨水区，其影响范围较大，甚至影响到整个城市或

表1 与水域相关的三个开发概念的比较

	规划领域	工作内容	功能考虑	规划设计重点
沿岸域开发	国土规划	确定城市性质及发展计划	城市各项功能的有机平衡	开发方针及实施计划
滨水区开发	城市规划	城市更新与新城开发	居住、工作和娱乐三者综合	开发项目可行性研究与空间构想
水边开发	地区规划环境设施规划	创造亲水环境	娱乐项目的综合布置	河川的修缮、水与人相互关系的设计

城市的一部分；以居住区为主的滨水区，一般划分在居民徒步活动的范围内，比较一致的看法是 1500 米左右的范围。

本文讨论的城市滨水区的范围，也基本上按照这一原则确定；同时，作为滨水区城市设计的要素之一，水边的更新与开发也加以考察。

2. 城市滨水区空间形态概念的引入

从 18 世纪诺利地图中的"图""地"对比到 Team10 提出的"形体环境"，人们对空间概念的认识逐步从建筑空间发展到城市空间。而城市滨水区往往构成城市空间的生动部分，如在巴黎的图底关系地图中，塞纳河水域空间是整个城市空间的主体构成元素之一（图 1）。

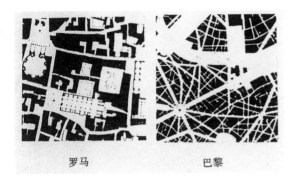

罗马　　　　巴黎

图 1　图底关系地图

我们把对形成城市空间的各种有形要素的综合表现，称为空间形态。空间形态具有两方面的指向：其一，它表达着三度空间的组成要素及其拓扑关系，是一种实体的空间形态；其二，它表达着空间的意义，涵盖生活和行为的模式，是和城市的机能、社会历史、个人行为分不开的，是一种生活空间形态。

引入空间形态的概念，使我们抓住滨水区城市空间构成和生命力的本质，达到"自然—空间—人类"系统合一的追求。

3. 城市滨水区空间形态的相关要素框架

不论历史或地域，社会的共同生活形态都有经济技术水平和社会文化状况两种因素的表征。经济技术决定了社会生活形态的基本结构和阶段，社会文化则通过文化和社会组织的多样化，赋予其丰富的形制和意义。经济技术因素、社会文化因素和自然环境因素共同影响着城市滨水区的空间形态。

在城市滨水区的形成和演化过程中，经济技术成为人们征服自然、开拓生活空间的手段，经济技术发展的水平和阶段决定了城市滨水区空间形态的可能性。滨水区最初以一种水域与岸地相接的自然形态出现，在城市的边缘地带，仍存在这种自然的形态。经济的发展和生产力水平的提高，每一次技术的变革，都给城市滨水空间带来巨大的改观，人类借助经济和技术的作用，不断开拓城市滨水空间的领域（图2）。

特定的社会文化因素则在城市滨水空间形态的塑造中有着最终的决定作用，它决定了城市滨水空间的独特性和丰富性。在意大利威尼斯，滨水区的城市景观展现出特定地域文化的魅力（图3），而上海外滩滨水区，则是殖民地独特文化的产物，借助传播学社会文化层次模式（图4）。

不同的自然环境和地形影响着滨水区的空间形态，不仅暗示了滨水区良好城市形态的模式或区域组织方式，而且好的滨水区城市空间应在城市的自然形态方面具有逻辑和内聚力。例如，美国旧金山市的城市设计中充分利用了自然潜质，建筑、道路依山而建，同水体、海湾共同构筑城市开放空间。自然环境要素和人工要素共同塑造了丰富的滨水区空间形态。

4. 城市滨水区空间形态的构成要素框架

实体景观系统、开敞空间系统和生活场所系统共同构成了城市空间形态。

实体景观系统着重指建筑形态及其组合形成的城市群体形态，以建筑体量、高度、容积率、外观、沿街后退、风格、材质等来评定。而在有宽阔水域的滨水区，滨水区作为一个整体的外部群体形态，这时要以城市滨水区的整体轮廓线和整体意象来评定。

图2 海上都市（菊竹清训）

图3 威尼斯滨水景观

图4 社会文化层次模式

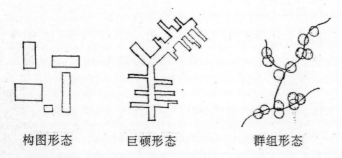

构图形态　　巨硕形态　　群组形态

图5 城市空间形态分类

开敞空间系统着重于城市空间的类型和形态。随着城市发展，以广场、街道、绿地等共同构成的开敞空间日益受到重视。麦奇从耦合性出发，把城市空间分为三种形态：构图形态、巨硕形态和群组形态（图5）。

生活场所系统着重于城市空间在城市生活组织中的意义。以城市性生活组织为主展开的城市公共空间，为城市居民提供了居住、工作之外的"第三空间"。城市滨水区往往以水域为焦点，构成了城市最具活力的开放性社区，具有丰富的城市性生活组织。

实体景观系统、城市空间系统、生活场所系统是实际操作中不可分的三部分，它们共同构成了富有特色和充满活力的城市滨水区空间形态。

二、城市滨水区空间形态的演化与更新：历史概观

1. 城市滨水区空间形态的历史演化

城市滨水区空间形态的历史演化，反映着历史上人们利用水资源的方式和阶段，这与不同历史阶段的生产力水平、历史文化状况等密不可分，其实质反映了人与水、水与城市发展的历史演化关系。

海洋、湖泊、河流从大的空间关系上，影响了城市的生成和形态。中国传统的"风水说"强调水对城市的作用，所谓"依山者甚多，亦须有水可通舟楫，而后可建"，讲求"山环水绕""靠山近水"。"风水说"对中国古代城市的形态有着重要影响（图6）。

 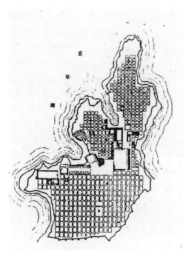 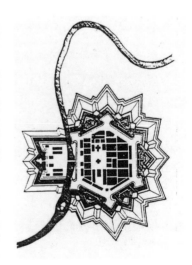

图6 台北城的风水关系　　　　图7 米利都古城的水滨处理　　　　图8 那甸城水域防御体系

183

在古代的城市,滨水地带首先以军事防御目的出现。古希腊米利都城,在面向爱琴海的城市边缘,是独立于矩形街区的依地形而建的城墙(图7);而在那甸城理想城市中,河流则与城墙形成内外防御体系(图8),这和中国古城中"城壕""城墙"的建设同出一辙。随着城市的发展,工商业逐渐在城市中兴盛起来,滨水区成为人们生活的活跃场所,《清明上河图》对此情景有着生动的描绘(图9):城市之外出现了水运码头,形成了商肆、码头、手工作坊和以住居为主体的关厢地区,往往以水运码头为核心呈放射形构造,并逐渐形成城市中心以外的商业中心和外城区(图10)。在欧洲,工商业的发展也刺激了许多城市滨水区的兴盛,以阿姆斯特丹为典型,整个城市呈扇形沿滨水展开,一圈圈的半圆形人工运河构成了密布全城的水网。沿运河两边,或是街道,或是工场和住宅,滨河住宅是统一的荷兰风格,滨河空间丰富多样(图11)。

在近代,城市的发展表现出对水域的充分重视。欧洲的市镇建设中,特别重视水域交通,伦敦当初曾将"海街"作为城市规划的主要目标;临海临江的港湾城市的发展,使滨水区成为城市中的发达区域之一;而在中国及许多东南亚国家和地区,以港口城市的殖民地半殖民地开发最具代表性(图12)。

纵观历史上城市滨水区的演化,滨水区构成了城市发展的起点,并越来越受到关注。

图9 《清明上河图》局部

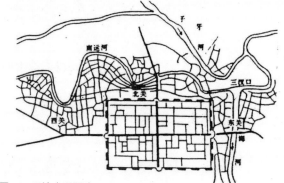

图10 天津水运码头

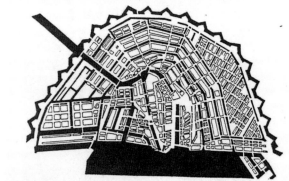

图11 阿姆斯特丹滨水空间构成

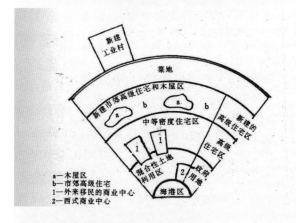

图12 东南亚殖民城市空间模式(麦吉)

2. 现代城市滨水区空间形态更新的背景与走向

城市滨水区空间形态的更新是大范围城市更新的一个重要组成部分，因此，有必要对城市更新的历史演化进行纵向的考察和横向的比较。

在欧美，城市更新概念和实践的产生有其特定的历史背景。第二次世界大战前后，欧美的许多大城市不同程度地面临着老化和中心区的衰退。尤其是 18 世纪工业革命之后出现的汽车，给城市带来了深刻的变化。正是在此背景之下，借助城市更新对城市空间结构进行彻底改造的实践在众多城市中展开。

在城市空间形态的重构方面，早期城市更新的基本空间形态概念，来自柯布西耶著名的巴黎"光辉城市"，其城市空间的构成以摩天楼住宅、宽广的公园绿地、人车分流的交通体系为特征。城市滨水区往往以大面积的开敞空间构成城市空间的一部分，城市居民与水体的交流也被滨河设置的高架车道打断，缺乏生活空间的有机组织。

20 世纪 70 年代中期，西方出现了能源危机，汽油紧缺。在欧美大城市的城市空间构成上，出现了大面积缺乏特色、未被充分利用的"消极空间"，城市滨水区就是其中一个主要部分。由于城市更新时期产业的调整、交通方式的改变和经济的发展，原有滨水区的许多铁路、仓库、工厂、港口码头被废弃，这些空间资源没有得到充分重视。在城市空间质量方面，现代主义缺乏对城市空间的关注，空间尺度过大，缺乏组织和人情味。在对现代主义批判继承的基础上，在设计观念上，出现了所谓"后现代主义"的城市设计。后现代主义城市设计主张从对大尺度城市景观的强调转向重视城市空间的人的尺度，强调新旧建筑的和谐，强调城市公共空间的形式以及空间的多样化、人情味，强调步行街。

在中国的众多滨水城市中，城市滨水区的更新和大面积的城市旧区一样，经历了一个复杂的过程。从初步改造到"见缝插针"式的零星动作，到成街、成区旧区改造的初步展开，还处于一个缺乏系统化的阶段。当前，随着住房商业化和土地有偿使用的推行，真正的城市更新正在展开，了解及吸取国内外城市滨水区更新演化的有益经验是非常必要的。

三、城市滨水区空间形态的更新：设计要素分析

1. 区域空间结构的调整

城市滨水区的构成中包含了多项要素和功能活动，它们不是随意地分布于城市之中，而是依据一定的空间秩序，有规律地联系在一起。特定的区域空间结构是城市滨水区空间形态的一个重要表征，一方面，它从二维平面布局和三维空间构成上决定了城市滨水区空间形态的基本骨架；另一方面，与整个城市范围的空间结构相联系，它决定了城市滨水区在整个城市空间形态构成中的地位。

（1）城市滨水区空间结构的意义

城市滨水区空间结构在整个城市空间结构的构成中，有着实质空间功能和象征等多方面的意义。在脉理上，它是整体空间结构不可分割的组成部分，在整体空间结构中往往充当着重要的角色。

在 1853—1870 年由奥斯曼主持设计的名为"完美塞纳河"的巴黎改建方案中，奥斯曼倡导了一种结构开敞、壮美的新古典主义城市空间，着眼于道路系统的开辟和广场的组织。以此为基础，形成了巴黎的空间结构，与塞纳河平行的景观主轴线，以及与塞纳河垂直设置的多个景观副轴线，围绕河流构成了城市空间的骨架（图 13）。同样，在巴黎德方斯以西主轴线地区的开发咨询中，也有几个提案不约而同地强调了水域空间在城市空间结构中的意义。通过人工设置一条大水道或运河来表达

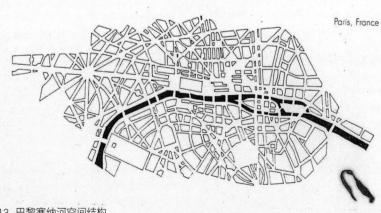

Paris, France

图 13 巴黎塞纳河空间结构

巴黎著名历史性轴线的纪念性和线性含义，试图将一种水生形态的自然引入都市空间之中。

在上海的城市空间结构中，我们同样可以看到滨水区空间所起的作用。在历史形成的基础上，将建设从虹桥机场，经虹桥新区、静安寺、展览中心、人民广场、南京东路、外滩、以至陆家嘴的东西建筑广场轴线。这一空间主轴线与黄浦江河流轴形成相互垂直的空间结构，共同构成可以不断发展和强化的空间格局。

（2）城市滨水区空间结构的调整

由于历史的原因，许多城市往往忽视了滨水区空间建设，或者在滨水区的空间结构上形成一种极为混乱的局面。在城市滨水区空间形态的更新中，提出一个空间结构明晰化的目标是非常有意义的。

城市滨水区空间结构的调整是一个综合的系统过程，在此过程中，要分析原来空间结构的特点和不足，采取继承、整治、再生相结合的设计方法。由法雷尔主持设计的伦敦泰晤士河畔东格林威治的更新计划，为我们提供了一个很好的范本。工业革命以后，这里发展成为一个工业区，拥有世界上最大的煤气厂，滨水岸线拥挤着运煤码头。更新方案试图在该区重建城市空间结构，其基本概念是：在半岛中央建立一个绿色河岸腹地，使之成为与河流呼应的第二焦点，围绕这一中央公园，扩展传统的绿化空间（图 14、图 15）。

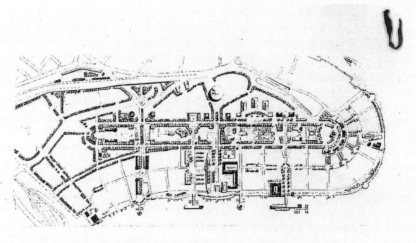

图 14　伦敦东格林威治滨水区更新

187

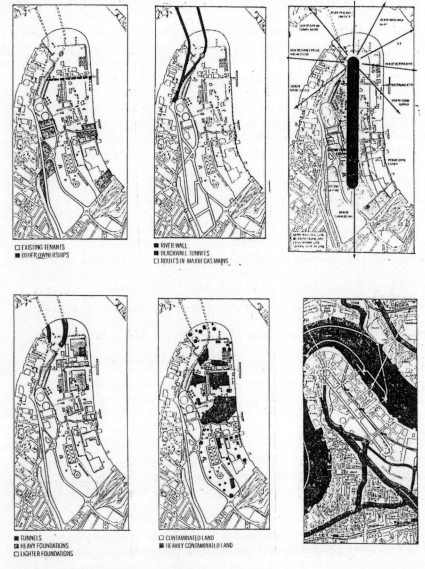

图 15　东格林威治区空间结构的调整过程

2. 用地形态的调整

　　从整体更新的角度分析，滨水区土地使用的形态决定了基本的二维
平面和功能配置。在城市土地利用中，不同区域存在着土地使用强度的
不同，因此，用地形态也决定了三维空间的开发形态。根据城市滨水区
的使用模式，有四种基本用地划分，即滨水居住区、滨水博览娱乐区、
滨水娱乐休闲区、滨水办公商业金融综合区（CBD）。这四种区域配置
的基本格局决定了城市滨水区的用地形态。

（1）城市滨水区用地形态的常见不足

在许多城市滨水区，土地使用形态往往存在单一性，缺乏综合性的使用，从而在城市滨水区造成功能的隔离和分化现象；许多滨水的城市旧区，往往在更新的用地调整中缺乏新旧形态的平衡，许多具有价值的老建筑被拆除，形成用地形态在时间上的断层；缺乏对特定的环境和自然实质要素的关注，滨水区仓库、码头拥满岸线，水质污染，生态环境失衡；在滨水区的更新中，存在着土地使用的非系统化，片段化的土地使用不能构成良好的环境，同时，土地使用纵深的不足，往往造成滨水区缺少与城市中心区域的有机联系。

（2）城市滨水区用地形态调整

改变城市滨水区不适合现代生活的用地性质，是用地形态调整的基础。滨水区应该对城市开放，使滨水区空间成为城市公共空间的有机组成部分，用地形态公共化。在著名的江南水网城市无锡，随着京杭大运河改道城市中心区外围，运河水网的航运功能大大减弱，结合城市更新，提出了老运河区发展成为城市滨水绿带，建设"城中河"，充实滨水区的自然特色和人文特色，开辟滨河人行步道，发展滨水区商业、休憩、文化等多种功能。而赢得美国华盛顿特区滨水中心嘉奖的下哈德逊河滨河步道工程，也是一个滨水区土地使用调整的壮举。1966 年开始的最初计划是一个不连续的滨水区再开发的拼凑，但随着人们的不断协商，整个 18 英里（约 29 千米）岸线的土地使用调整正在展开。

在城市滨水区进行综合性社区建设，强调用地形态的多样化平衡，城市和建筑复合形态的发展趋向是这一策略提出的基本理由。土地使用的时间性和空间性是这一策略的基础。在城市滨水区，要通过综合平衡，尽量避免和减少土地使用的时间和空间"低谷"。日本东京市的隅田川沿岸整顿计划，提出建设具有地区传统特色

图 16 东京隅田川沿岸更新

图 17 英国伯明翰市中心运河区更新

189

和现代活力的复合型街区，使市民能更容易地亲近隅田川（图16）。

用地形态调整中，进行新老建筑的有机结合，从基本的土地配置上保证原有城市生活景观的丰富和延续。英国伯明翰运河边的城市更新是一个新旧建筑综合利用的范例，项目在水滨设置了不同形式的公共广场，并且与跨河交通建成一体，在这一地区创造了系统化的步行网络，提升了新旧建筑混合使用的活力（图17）。

在充分保护自然生态环境基础上，发挥土地利用的潜质，建设纵深多层次和立体化的城市滨水区空间。尤其在宽度400米以下的滨河区段，进行纵深开发的同时，还可以强调滨河两岸用地的一致性开发（图18）。立体化的土地使用，充分利用滨水区的地下空间，是解决土地开发强度问题和保持生态平衡的有效手段。著名的美国密尔沃基大湖平台就是在这一思路上对城市向水边发展的方式所做的一次探索，而曼哈顿河滨工程也是一个滨水区立体化开发的大胆设想——小山、树林、池塘、敞棚、大型壁画等构成丰富景观（图19、图20）。其构想和土地使用的概念核心是"阳光下的大平台"。

3. 道路交通的整治

（1）城市滨水区空间形态与道路交通的关联

城市滨水区的更新中不同程度地面临着道路交通的整治和再组织。城市滨水区涵盖了水域和岸地两方面，它们在滨水区形成一种转承相接的关系。良好的边缘表现为岸地建筑与水体之间相互渗透、互为

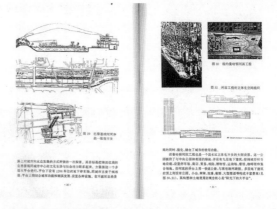

图18 巴黎塞纳河两岸的一致性开发

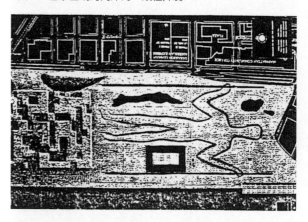

图19 纽约曼哈顿河滨工程

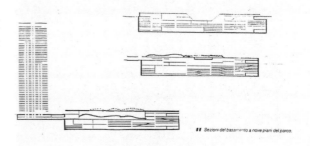

图20 河滨工程的立体化空间组织

图21 威尼斯滨水空间的完整性

图 22 上海浦东陆家嘴规划（罗杰斯）

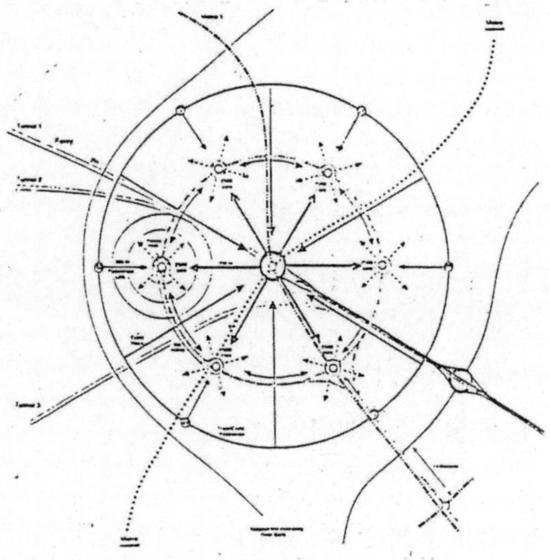

图 23 上海浦东陆家嘴交通网络组织

图底的空间拓扑关系。

具有良好组织的道路交通，以不破坏这种完整的空间形态为目的。在著名的水城威尼斯，建筑沿着河流的边缘来构筑，人们面河而居，道路在建筑后部（图21）。汽车的出现使城市滨水区空间的完整性形态遭到了极大的破坏。从上海外滩滨水区道路交通的发展也可见一斑，随着汽车交通的发展，外滩区域成为一个混杂之地，道路作为一种异质空间，破坏了原有城市滨水区空间形态的完整性，人群只能被挤到靠近江边的狭小区域内活动。

（2）城市滨水区道路交通的整治

我们不可能回到马车或步行的时代，对于城市滨水区道路交通的问题，不应回避，而应站在一个全局的高度上进行综合整治。

关于整体交通网络的配置。在可能的情况下，城市滨水区的道路交通整治，应发挥多种交通手段，通过整体的配置，形成依层次组织的交通网络，保证交通干路不破坏城市滨水空间的完整性。在上海浦东陆家嘴的城市设计中，理查德·罗杰斯团队提出了一个"圆"形新区的构想。在1.7平方千米的陆家嘴中心，以现状陆家嘴和烂泥渡交叉点为圆心，设计了半径200米至400米不等的几个同心圆，并将同心圆六等分，产生六条放射形主要道路。整个交通网络强化了水域与城市的空间联系（图22、图23）。

关于城市滨水区道路交通的立体化组织。要取得水域与城市空间的最大关联，交通道路地下化是解决问题的一个良好策略。纽约的下曼哈顿滨水城区，其城市发展以"土地填充"的方式延伸原有的街道系统，造成新旧混合开发的状态。立体化道路交通整治的另一个方面是建立高架分流系统。在加拿大魁北克的蒙特利尔码头区的更新中，设计师采用了一种高架的滨水散步道系统，与原有滨河交通平行设置，并跨越河流与对岸相联系，保证了市民与水域最大限度地接近（图24）。

191

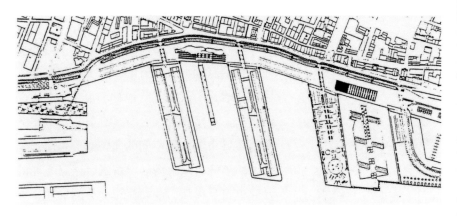

图 24　加拿大蒙特利尔滨河高架散步道

城市滨水区可以通过道路交通整治，形成超大街区。在城市滨水区的更新中，要创造城市与水域的关联、组织好城市环境，超大街区的设计方法具有很大的启发意义。其宗旨是把许多街道细分化的小街区集合为大面积的街区，为了汽车而设的车道被排除在街区之外，街区内设置专门的人行道和自行车道。扬·盖尔在《交往与空间》中对四种交通模式加以对比。在现在不可能像在威尼斯那样建造步行城市的情况下，超大街区式的交通组织具有很大的优点（图 25）。这种超大街区的形式最早在伦敦战后城市更新中采用，从更新前后的对比可以看出，原有滨河区道路繁复、交通混乱，在拓宽干线街路之外有许多细小街道的交通；采用超大街区形式，滨水区建设以步行为主的通超大街区，为促进滨水地带的纵深开发提供了可能（图 26）。

4. 实体景观系统的整治

城市滨水区边存在着实体景观组织中的二重性：一方面，通过滨水区建筑群体内部的景观组织，达到内部景观和空间的通透性，使水域的影响渗透到建筑群体内部，争取到人看水域的良好景观视线；另一方面，城市滨水区建筑群体轮廓线和实体的形态组织形成了滨水区建筑群的外部景观，丰富层次性和连续性的群体形象为具有广阔视野的滨水区提供了形象展示的机会，这种独特的滨水区外部轮廓和形态构成了许多城市的门户性景观。

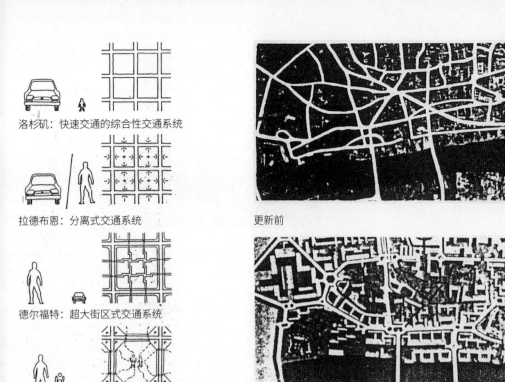

洛杉矶：快速交通的综合性交通系统

拉德布恩：分离式交通系统

德尔福特：超大街区式交通系统

威尼斯：步行城市

图 25　四种交通规划模式

更新前

更新后

图 26　伦敦滨水超大街区演化

（1）城市滨水区建筑群体内部的景观组织

滨水区建筑群体的平面配置和空间布局，对造就城市滨水区良好的内部景观影响重大。在城市滨水区的更新中，个别的要素应被组合到一个等级化的、开敞的、互相关联的系统网络中。

关于滨水岸线与建筑群内部景观组织。滨水区，无论是河滨、湖滨或海滨，往往都具有非常特征性的、形态优美的滨水岸线。在城市滨水岸线中，往往有凸出和凹入两种岸线，岸线的凸出或凹入提供了视线发展的更大可能性。巴尔的摩内港更新和新加坡斐尔斯滨水区更新中，均在凹入岸线的底部设置景观组织的中心。美国克利夫兰市艾略湖畔的更新设计中，以"围合湖面"的形式进行群体布局。贝聿铭设计的"摇滚名人堂"采用逼近水面的方法，以穿插变幻的几何形体体现摇滚乐的华丽与活泼。凸出的岸线可以使建筑物伸入水中，提供了极佳的滨水视角。在许多历史上的码头密集区域，城市滨水岸线往往呈现为一种有趣的指状岸线，指状码头上的建筑物三面临水，辉映成趣。在滨水区的更新中，充分利用这种岸线往往会形成生动的景观。由 SOM 事务所负责设计的波士顿罗韦斯码头区改建，把古老的码头建筑改造成为综合办公、商店、

193

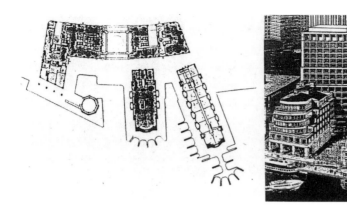

图 27　罗韦斯码头区更新

博物馆区。朝向水边的罗韦斯码头是波士顿港口的一部分，以其形式特征被当地居民称为"手指码头"（图 27）。

关于建筑群体形态控制与内部景观组织的关联。在处理建筑群与水面岸线的关系时，除了充分利用水岸的有利地形外，还可以通过建筑布局或平面形态本身的调整来获取良好的水景。在日本，通过控制建筑布局来协调滨水建筑群前后的视线问题，主要包括建筑与建筑的间距和建筑用地及平面形状两个方面来加以控制。例如神户市的滨水区控制间口率（间口率 = 建筑面宽 / 基地面宽）在 7/10 以下，以保证滨水景观的通视性和层次性；而对建筑平面的控制多用于临水的高层建筑，通常把建筑划为上、中、下三段，其中上、中两段用最大建筑面积和最大平面对角线两项指标控制，目的是避免对景观遮挡严重的板式建筑。在群体布局中，可以通过前后建筑的错落布局，使后排建筑可以通过前排建筑的间口部位，达到对水景的争取（图 28）。

关于内部景观组织对城市空间文脉的延续。认真吸收传统滨水建筑群的布局方式和特点，对于城市文脉的延续和城市空间的连续整体性发展都将是至为重要的。从苏州"三横、四直、一环"水系构成的江南水乡格局的分析中可以看出，街区空间被分解为基本空间（河道空间、建筑空间、道路空间）和中介空间（前院绿化、院落、后花园、休憩绿化）。通过对这些空间在历史性区域的结构网络的分析，可以很清晰地看出在传统居住社区中，滨水空间的构成与整个街区空间是不可分的一个整体结构，并且具有江南水乡城镇平面布局中特定的空间尺度（图 29）。在新的滨水街区更新中，如果缺少对这种传统社区空间的继承，势必会给整个滨水区空间的构成带来一种肌理的破坏。

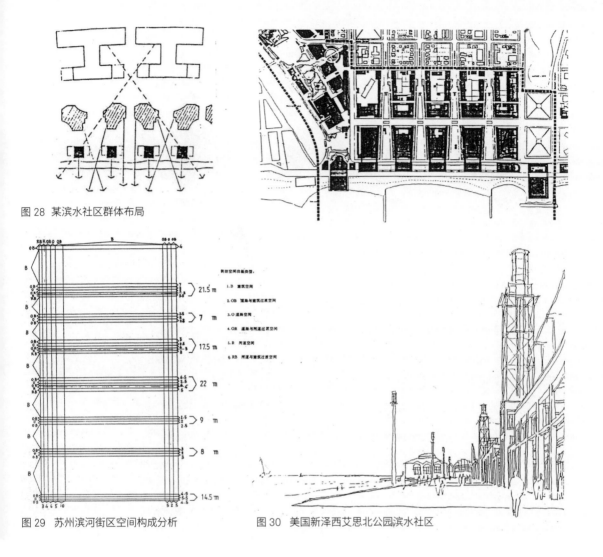

图 28　某滨水社区群体布局

图 29　苏州滨河街区空间构成分析

图 30　美国新泽西艾思北公园滨水社区

在美国新泽西艾思北公园（Asbury Park）滨水区再开发中，建筑师在这一原来的海滨胜地，引入了传统街道的空间模式，同时又有局部的变异，造成了一个个楔形的街道模式，在城市和海滨之间形成了一个新的边界，将城市和水滨有机地联系起来（图 30）。

另外，在传统性滨水区的都市更新中，将滨水空间的组织与城市空间的组织统一考虑，会使我们得到更多的空间选择。在对英国泰晤士运河河边的开发中，建筑师提出了四个可能性的城市设计方案：（a）传统典型的滨河布局方式：商业设施被设想成沿运河展开的水边住宅，如同在威尼斯滨河区的常见布局。（b）与河流垂直的辐射状建筑布局。（c）同一的方格网来覆盖运河两岸。（d）吸取现代的城市计划手法，由建筑围合成内院，在其中布置高层建筑（图 31）。

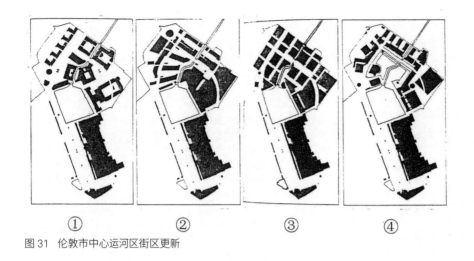

①　　　②　　　③　　　④

图31　伦敦市中心运河区街区更新

（2）城市滨水区建筑群体外部景观组织

关于建筑群体轮廓线。由于城市滨水区往往存在着水域的广阔视野，为此，城市滨水区建筑群体往往可以从整体上被人们感知。优美的城市轮廓线经常构成城市滨水区的象征性景观，如上海、香港、纽约、芝加哥等。

城市滨水区建筑群体轮廓线可以分为表层轮廓线和天际线。表层轮廓线是由滨水区临水带形建筑屋顶形态所构成的轮廓线，而滨水区纵深地段的建筑群，则构成了表层轮廓的背景，称之为衬景轮廓线。二者共同构成的轮廓线称之为滨水天际轮廓线。天际轮廓线是在视点较远，以至分不清表层轮廓线和衬景轮廓线时的形象（图32）。在城市滨水区的更新中，对于城市轮廓线，有几点具有特别的指导意义：

（a）滨水轮廓线的标志性：滨水区的轮廓线不同于一般的街道轮廓线，在展示视野中，应避免单调乏味，而要形成一种特征性的表现。

（b）在缺乏天然地形的城市滨水区，要构成标志性的轮廓线，地标性建筑、建筑群或构筑物的设置是必不可少的。以纽约曼哈顿的城市滨水区轮廓线为例，早期发展中，高层林立，杂乱无章，直至世界贸易中心双塔的建立，才从整体上形成有力的控制。世界贸易中心和金融贸易中心构成的群体已成为曼哈顿的地标性建筑群，构成了极富标志性的轮廓线（图33）。

（c）历史性滨水轮廓线的保护：在许多历史性的城市滨水区，轮廓线的形成历经年代积累，形成了城市整体的鲜明意象。在城市滨水区更新中，应争取一种具有历史意义的方法来积极保护。

以杭州西湖湖滨区为例，山形、佛塔、绿化、建筑群落共同构成了西

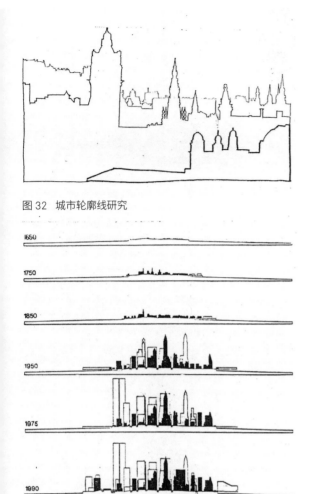

图 32　城市轮廓线研究

图 33　纽约曼哈顿城市轮廓线的历史演变

湖山水画般轻灵秀美的景观。任何大体量、高度过高的建筑加入其中，势必会破坏这种历史性的轮廓线。

　　在加拿大国家美术馆的设计中，建筑师在视觉焦点处，利用混凝土骨架和玻璃，构成一组玻璃多面体，这一处理，使新老建筑的轮廓线，具有相同的内在实质，整个滨水轮廓线丰富生动（图 34）。而巴斯曼和哈伯尔在科隆大教堂旁边设计的现代美术馆、音乐厅具有异曲同工的构成，它们共同构成莱茵河畔的标志性景观（图 35）。

　　(d) 城市滨水区建筑群体轮廓线的控制：在滨水区的轮廓构成中，建筑高度和屋顶形式有着至关重要的作用。对建筑高度的控制，主要考虑建筑群与周围环境的关系，使表层轮廓线和衬景轮廓线共同配合，与环境形成优美的构成关系（图 36）。对屋顶形式的控制则包括屋顶的体块处理、建筑风格、建筑与广告和设备的整体关系等，如日本广岛市滨水区景观控制条例中，对建筑与设备关系和建筑与广告牌的整体处理，就有明确的建议（图 37）。

5. 开敞空间系统的整合

　　开敞空间是为满足某种功能而构成的空间体系，系统连续性是其基本的特征。在城市滨水区，这表现为转承相接的一系列沿水域展开的广场、走道、绿地等城市空间。

（1）开敞空间系统整合的目标取向

　　城市滨水区的公共开敞空间，其基本的特性应体现系统连续性、公共可达性和环境品质。对于每一独立开敞空间而言，边缘和节点是其基本的限定要素。

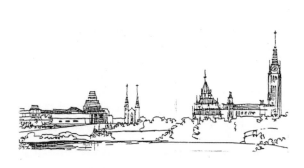

图 34　加拿大国家美术馆与议会大厦

图 35　德国科隆市滨水轮廓线构成

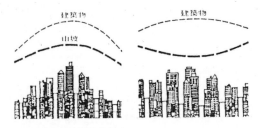

图 36　旧金山城市轮廓线控制

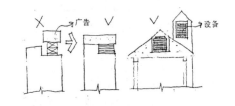

图 37　日本广岛滨水条例

在波士顿，城市滨水区开敞空间体系的建设气魄宏大，引人注目（图 38）。这一工程旨在建立整个城市开敞空间体系的一个骨架，全长 1.5 英里（约 2.4 千米），这一线状开敞空间分出许多指状空间与水域空间相连，使得景观通过这一个个视觉走廊渗透到城市的中心地带。

作为城市公共空间，公众能够非常方便地到达开敞空间是基本的组织原则。但克尔（Tankel）曾指出："开敞空间最重要的不在其数量，而在于如何妥善地与开发配合、协调。"以悉尼达令港的开敞空间建设为例（图 39），其成功之处在于它充分体现了开敞空间的公共性，提供了丰富多彩的公共场所。

（2）滨水步道系统——开敞空间系统整合的有效手段

开敞空间系统的整合在废弃港口、码头区的更新中，往往会成为城市滨水区活力的"发生器"。在此过程中，以滨水区步道系统的建立最具代表性，也最有成效。滨水步道系统的概念，是指在滨水区以步行组织为脉络，串连起滨水的散步道、滨水广场、滨水公园绿化，甚至于建筑群体的滨水中庭空间，从而促使开敞空间系统连续性和公共可达性的实现。

泰晤士河畔某办公楼，单体建筑周围设置的滨水散步道构成一个围绕建筑物的亲水空间系统，铺地、绿地、栏杆形式、构架等都促成这一系统的高品质。巴尔的摩内港再开发在滨水区设置了步行广场，周围沿

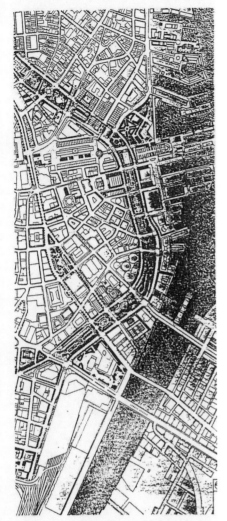

图38 波士顿开敞空间体系

用了传统的敞亭式建筑。步道系统串联起滨海的步行街、步行广场、露天餐馆等形成极富场所感的滨水空间。城市开敞空间的成功组织带来了商业娱乐活动的繁荣，促进了整个内港的复兴。

（3）滨水区开敞空间系统的发展趋势

随着都市生活向滨水领域的扩展，滨水区开放空间也呈现出一种日益复合的趋势，室外开敞空间、室内公共空间，以及各种活动空间构成一个巨大的立体系统。在城市的繁华区域，滨水区开敞空间与城市空间融为一体，并且通过总体化的捷运系统，真正达到一体化（图40）。

同时，新技术的广泛运用也给滨水区空间的改观带来了新的革命。伦佐·皮亚诺（Renzo Piano）在其大阪机场方案中创造了一个"人工自然"的环境，与滨水空间得到了很好的交融。在横滨国际客轮转运站竞赛中，阿里桑德罗·柴拉-波罗（Alejandro Zatra-Polo）提出了空前的空间设计观，将复杂的机能巧妙地置入犹如波浪起伏的结构体中，整个建筑顶面为开放的市民空间（图41），充分显示出新技术给滨水区开敞空间的发展带来的潜力。

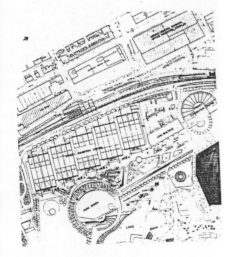

图39 悉尼达令港港区更新

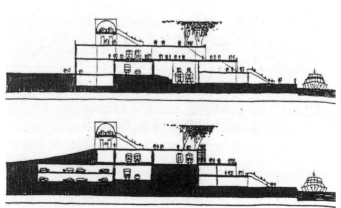

图40 巴黎塞纳河捷运系统与开敞空间

199

6. 生活场所系统的整合

在城市滨水区的更新中，生活场所系统的整合使我们能够在塑造实体空间形态的同时，塑造一个组织有序、充满生机与活力的生活空间。

城市滨水区生活场所系统的整合包含着两个层面的含义：其一，是生活模式与空间构成的关系；其二，是活动模式与空间构成的关系。在城市滨水区的更新中，为城市生活提供适合的生活场所，并通过行为的激励使之富有活力和生机，正是我们对生活场所系统进行整合的目标。

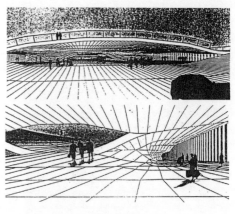

图 41　日本横滨国际客轮转运站

（1）生活场所系统的形成与完善

奥斯卡·纽曼（Ocar Newman）在《可防卫空间》中，从生活的领域性出发，提出了居住环境中私密性空间、半私密性空间、半公共性空间、公共性空间的构成体系（图42）。这在城市滨水区的综合性社区中同样存在。

在传统滨水社区苏州水城中，典型住宅在河边开水门，在住宅后部则有开向街道的大门，水域开放空间与私密性空间直接相连。在今天，半私密性空间与

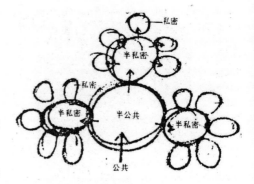

图 42　领域空间示意（奥斯卡·纽曼）

水域开放空间交融，水域空间成了社区内居民交流谈心、社会交往的场所，大城市的滨水区则大多以公共开敞空间的形式构成了滨水区的生活场所。在重构滨水区生活场所网络时，应该广泛吸取传统滨水区生活场所组织的精华，作为设计的原型加以发展。

伦敦泰晤士河畔的布兰特福德码头区的更新中，建筑师尊重地方文脉，保留了许多有价值的老建筑，并将它们编织入新的区域结构和生活场所的网络，通过更新，塑造出一个生动的生活场所系统。

（2）生活场所系统中的活动组织

城市滨水区开敞空间系统提供了城市性生活的空间载体，在此之上生发出多样的户外活动。扬·盖尔把人类的户外活动分为三种类型：必要性活动，如日常工作；自发性活动，如散步；社会性活动，如交谈、团体活动等。

在滨水区，人群的活动基本是自发性活动和社会性活动，这体现了滨水空间提供给人们的"匿名环境"存在的价值以及"公众参与"的可能性。自发性活动和社会性活动都需要一定的物质环境的激励，诸如方便性、舒适性、美观、安全、有趣，这是人们对公共空间的一些基本要求；除此之外，滨水区活动还有其要求的独特性，我们可以概括为亲水性、开阔的视野、空间的开敞与明朗、匿名环境与情感环境、激发性等，由于滨水区更新的多样化，人的活动的组织也应体现不同环境下的特点。下面以一组对外滩滨水区人的活动组织的评析来进一步说明。

四、城市滨水区空间形态的更新：操作机制和更新模式

城市滨水区空间形态的更新是一个综合性和系统化的过程。作为一门社会工程学，城市更新学是以研究如何改造旧市区以解决城市问题为主旨的，其目标是更为远大的城市复兴。滨水空间更新的目的在于，对单个元素整治的同时，以一种有效的操作机制来处理元素间的关系，以达到空间的"积极性"或"活化"，从而带动区域空间形态的演变。

同时，城市滨水区空间形态的更新有着丰富的多样性，不同的情况下，更新的途径与方法也不尽相同。但其中也可对许多共同规律进行归类，进行模式的总结。

1. 空间构造理论的借鉴

20 世纪城市设计理论流派纷呈，其核心是城市空间形态的构造。

我们概括出城市设计中空间构造理论的一个基本框架（图 43）。功能主义、人文主义、结构主义、形式主义四种理论和观点构成了这一框架的四个方向的基点。

功能主义作为 20 世纪 60 年代城市更新运动的指导理论，其观点对城市滨水区的空间形态构成有深远的影响。在此，城市被定义为一系列的功能单元，它们应在每个部分和谐发展。功能主义的空间构成缺乏对人的尺度和历史的重视，单纯的功能分区往往使滨水区被工业、码头或缺乏城市生活的开敞空间所占领。

人文主义试图弥补功能主义城市空间构造的弊病，它更为关注城市

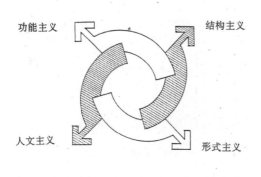

图 43 空间构造理论框架

中的人，基于使用者的活动和需要，强调城市空间的小尺度、功能组织的混合使用以及传统成分的吸收。但作为一种城市空间构造理论，人文主义对于大尺度计划和总体需要缺乏考虑。

结构主义寻求城市空间构成的整体秩序，认为城市化的主要目标是可理解性和组织的清晰性。同时结构主义认识到城市本身中流动和运动的意义，倡导把道路和公共交流系统当做城市整体系统的骨架。但其潜在的缺陷则是无法确保结构系统在小尺度上的运作，忽视了建成实体和社会网格的有效性。理查德·罗杰斯的伦敦南岸可茵街（Coin Street）计划中（1979 年）采用这一观点，在滨水区创造了一个沿中轴展开、结构清晰的整体，包括办公、住宅、商店、娱乐等功能，将一个新码头的建设伸延到泰晤士河中，步桥则在河岸两边建立了联系。

形式主义注重城市实体的空间的构成，尤其强调公共空间在城市中的意义，通过城市形态学研究，总结城市空间的构成手法，得出理性的、实用的城市空间模式。丹尼和普蕾特 - 茨伯格的"海滨城"就是通过抽取滨海小城镇建筑和空间形态的类型，从而制定城市设计的法规和纲要（图 44）。形式主义的不足之处反映在美学的考虑有时甚于对实际需要的关心。

四种空间构造理论和观点各有不同的着重点，对于城市滨水区空间形态的更新，这一理论框架具有很大的启发意义。

2. 操作机制空间活化理论与方法

以四种空间构造理论为基础，针对滨水区的更新，我们提出空间"积极化"即空间"活化"的理论与方法。

在具体的城市滨水区更新操作中，空间活化的概念远未受到重视。首先表现在对城市旧区的活力缺乏认识。城市中最基本的特征是人的活动，罗和凯特在《拼贴城市》中同样倡导这一原则，提出城市更新的关

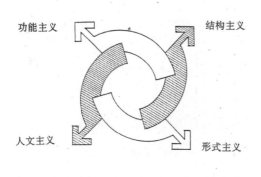

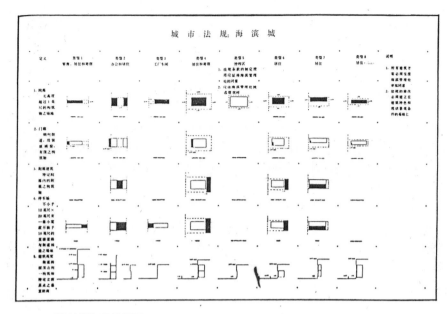

图 44　"海滨城"设计纲要

键点在于新旧文脉转换的同时重视旧区活力。另外，这还表现为单体建筑与整体空间形态缺乏有机的联系和激励。以美国底特律城市滨河区的复兴中心为例，这一投资巨大的综合体，并未促成其边缘地区的复兴，作为一个无方向感的、孤立于其他区域的巨大单体建筑，缺乏与水边和原有市区的关联，也缺乏扩展的有机性。同时，尤其在滨水的旧城区，更新有时反而带来原有交通恶化的加剧，甚至使许多历史性滨水街区丧失了价值和活力。

　　基于以上的分析，在城市滨水区更新中引入空间活化理论，对于空间形态的塑造具有实践意义。我们可以概括出这一理论的构成框架（图 45）。

（1）活化要素的引入

　　在城市滨水区空间形态的构成中，许多要素具有一种激励和活化作用，可以通过这些要素的引入，来带动其他要素的改观，从而促成消极空间的积极化。

　　首先是水岸利用的形式成为活化要素，良好的水岸形式可以作为一种活化要素促进滨水区的更新。在许多城市中，水岸往往具有三种形式特征：提供交通的实用性联系；

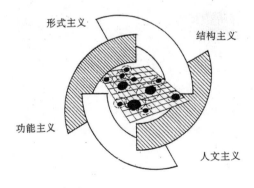

图 45　空间活化理论框架

可形式化，成为人行散步道；发展成具田园气息的公园。

美国的圣安东尼奥市中心河流，采纳了建造滨河步道和带状公园的建议并整治了沿岸房屋的立面形式，使人易于接近，同时还带动了毗连基地的发展。

通常情况下，我们可以把滨水护岸分为阶梯式护岸、斜坡式护岸、垂直护岸和混合式护岸四种形式。根据不同情况采用相应的护岸形式，也有利于水岸作为一种活化要素发生作用。在伦敦现代艺术馆设计中，同样采用了滨水台阶护岸的形式，创造了新的滨水空间。

其次，实体建筑、开敞空间、人群组织等有关的其他要素，都可能通过有效的操作成为一种活化元素，如设立滨水林荫道、滨水步行街区、空中步道、骑楼等。

（2）元素间联系的建立和联结部位的处理

城市滨水区活力缺乏的原因，在于联系的缺乏；建立联系，是创造整体感的有效手段。元素间联系的建立，具有广泛的作用，新建筑之间或新旧建筑之间、开敞空间之间、建筑与开敞空间之间，都可以通过不同形式的联系，实现空间形态的活化。

我们可以运用这一思考方法来分析上海外滩滨水散步道的未来发展。外滩滨水散步道，已发展成为上海市民生活和旅游的重要场所。从实际的使用分析中，我们可以看到，未来的发展要处理好元素联系和联结部位的设计，才能促进这一开敞空间向南、北两个方向的有机发展。在北端，开敞空间仅仅通过外白渡桥与苏州河北岸的北外滩地区形成联系。未来的北外滩将建设滨江散步道，而外白渡桥以车行交通为主，人流通过量很小。因此，未来北外滩滨江散步道与现有散步道的联系将成为设计的焦点之一。在南端，随着改造的进行，滨江地带也将发展成为城市开敞空间，届时，十六铺码头将成为南外滩滨江散步道与现有外滩滨江步道之间的一个断点，空间联系同样将成为设计的焦点。建议未来发展中，通过十六铺码头建筑的改建，开放底层空间，发展成一个码头、商业、娱乐等的综合体，在空间上成为外滩滨江步道的一个节点部位。

（3）既有元素的活化促进或转换成积极的应用方式

在城市滨水区，许多历史性建筑物或城市空间，在演化中失去了原有的活力；通过对其进行活化处理，促进或转换成积极的应用方式，这也是空间活化概念的一个应用。这包括实体空间和人的行为、生活模式的转变两个方面。

上海外滩的历史滨水区，在近代以金融贸易中心而闻名。针对其历史和现实的独特区域功能，总体规划中将外滩开辟恢复为中央商务区，北起南苏州路，南至金陵东路沿街两侧，东起中山东一路，西至河南中路两侧。通过把使用性质不符合 CBD 地区规划要求和产业布局的大楼进行置换，重新安置国内外的金融贸易机构、跨国公司分部、综合商社及一批与此有关的中介机构和服务机构。外滩这一历史性的滨水金融贸易区将重新恢复其功能和活力。

（4）空间活化作用是基于原有城市肌理的理解与完善

在可能情况下，尽可能通过修缮和再利用维持仍有活力的城市滨水区结构和肌理。

城市滨水区的结构和肌理，是城市历史演化的结果。对其充分完善和利用的目的，在于加强原有公共空间的重要性，使之成为历史文化积累的结果。城市和建筑的特色，人群的传统组织方式、原有的城市意象等是构成城市滨水区肌理的一些基本元素。

城市滨水区的更新，往往是一个"在城市中建设城市"的过程，空间形态的塑造以及消极空间的"活化"是一个连续的过程。新元素的引入、新旧元素关系的建立，以及既有元素的有效转化，都有赖于空间活化的操作机制。

3. 更新模式探讨

城市滨水区空间形态的更新模式有两个方面的含义：一方面，在更新中区别不同情况，采用不同的更新手段和方法；另一方面，对于更新的过程，有不同的控制和操作模式。

（1）更新手段和方法

据前文总结，城市滨水区空间形态的更新具有三种基本的方法：保护、整治和再开发。保护，指在一些有历史文化价值的地区或环境，以及建造质量相对较好的地段采用保护现状的方法。整治，是将比较完整的城市滨水区，剔除其不适应的方面，开拓空间，增加新的内容，以提高环境质量，原有的社区结构和城市布局基本得以保留。再开发，则是对环境恶劣、房屋质量低劣、无保留价值的地段采用更新方式，往往会调整土地使用形态、改建路网、敷设新的基础设施，建造新的建筑，提高建筑容积率，是一种比较彻底的更新方式。

在实际的城市滨水区更新中，往往综合采用三种方式。对于保护和整治所涉及的价值构成而言，一般有两部分：一是城市土地的经济价值；二是隐藏在全体居民心中的、驾驭其行为并产生地域文化认同的社会价值。

（2）更新过程的操作模式

与更新方法相应，有两种更新操作模式："刺激—反应"模式和整体更新模式。

"刺激—反应"模式也可称作审慎的更新模式，主要适用于具有历史传统和良好既成景观的城市滨水区，与保护、整治的更新方法相对应。在美国，分区管制的城市设计政策，保证了审慎的更新模式的实施。在纽约的下曼哈顿区，传统的发展以"土地填充"的方式，延伸原有的街道系统，造成新旧混合开发的形态。这种管制通过设计元素在法律意义上的明确的定义而确立，在该区这种定义包括设计的延续性、视觉走廊、视觉穿透性等方面（图46）。

整体更新模式则往往通过一次性的规划、建设来塑造新的滨水区空间形态。这种大规模的整体更新模式往往会破坏原有城市的肌理和原有城市空间的人体尺度。无锡市老城区南长街跨塘地区的更新是滨水区整体更新的一个实例。该区的古运河保存极为完好，但建筑破败、交通闭塞等问题突出。发展计划采用了后一种整体更新、局部保护的方案（图47）。在整体更新下，对于老运河旧有风貌提出了保护构想：（a）保护"水弄堂"风貌：控制建筑高度，保持宜人的空间尺度；从传统的建筑形式出发，仍采用坡屋顶、马头山墙等无锡民居的形式；朴素的建筑色彩；结合

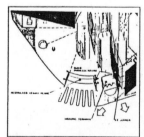
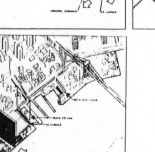
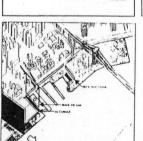

图46 纽约下曼哈顿分区管制图

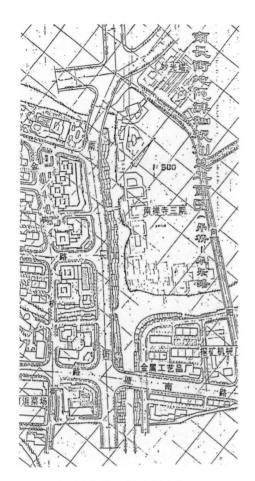

图 47 无锡南长街地区详细规划方案

防汛，整修驳岸；同时加强堤岸绿化，加设公共码头及牌楼。（b）疏散古运河的大量货运交通。（c）发展古运河旅游。

以上是一个混合使用两种更新模式的方案。在整体更新破坏了原有城市滨水区空间肌理的情况下，局部的保护设计与整体更新区域之间的过渡与联结，在方案中还没有得到很好的关注。尤其是 30 米的城市道路与低层"水弄堂"建筑之间尺度的对比还没有很好地加以协调。

五、实践评析：美国大城市滨水区空间形态的演化与更新

1. 概述

在美国，大城市滨水区空间形态的演化，是整个城市更新的一个重要组成部分。城市滨水区的更新在趋向大规模、整体性展开的同时，更加强调空间环境的建设，注重多功能开发和提高开发的有效性。对美国大城市滨水区空间形态的演化与更新，进行比较全面和深入的评析，无疑对于城市滨水区空间的建设具有指导和借鉴意义。

2. 城市滨水区空间形态更新的主要类型和实践

美国大城市滨水区空间形态的更新主要有四种基本类型。具体实践中，有的侧重于某种类型，有的则是多种类型的综合开发。

第一，滨水居住社区的更新。这种更新往往注重继承和延续原有居住社区的结构，以亲水环境为主题，以创造高质的居住环境为目标。通过更新，把水体环境与人们的日常居住活动有机结合起来。典型的如弗吉尼亚州雷斯顿（Reston）市的滨水居住区。

第二，港湾区的更新。针对港湾用地性质和功能的变化进行更新，充分尊重港湾的历史，保护标志性环境和建筑，建设丰富多彩的博览、

娱乐空间，把单一功能区域融为一体化的综合性区域。纽约南大街海港区的更新，就是一个历史性港区重新复兴的成功实例。

第三，滨水综合性社区更新。这种更新结合市中心的更新改造，利用中心区的滨水地带进行一个或多个街区的开发更新，形成市中心的办公、商业、金融等的综合性 CBD 中心。结合具体地段条件，可以大大提高城市中心区的环境品质和活力，是城市中心复兴和经济发展的有效手段，如巴尔的摩内港更新、纽约巴特利公园城都是这种更新的成功实例。

第四，滨水娱乐、休闲区的更新。进行滨水区的综合整治，建设滨水城市公园、滨水散步道。在保护自然环境的同时，提供了城市重要的开敞空间。圣安东尼奥市滨河散步道的建设是其中突出的范例。

在这四种主要更新类型下展开的城市滨水区建设，具有规模和地域的广泛性，正如一位建筑师所言："公园建设、剧场区复兴、滨水区更新成为 20 世纪 90 年代美国城市建设的一个标志性现象。"以下是在多个城市展开的滨水区更新的实践总结：

- 纽约：　　　　　　　巴特利公园城更新　　　（1968—）
　　　　　　　　　　　哈德逊河南岸总体更新　（1992—）
　　　　　　　　　　　南大街港区更新
　　　　　　　　　　　罗斯福岛再开发
- 巴尔的摩：　　　　　内港西区再开发　　　　（1978—1980）
　　　　　　　　　　　内港东区再开发　　　　（1992—）
- 芝加哥：　　　　　　海军码头更新　　　　　（1990—）
- 旧金山：　　　　　　渔人码头再开发
- 洛杉矶：　　　　　　使命（Mission）湾更新　（1987—）
- 克利夫兰：　　　　　艾略湖北区港口更新　　（1988—）
- 圣安东尼奥：　　　　滨河散步道工程
- 托莱多（Toledo）：　莫米（Maumee）河滨水区更新　（1974—）

3. 纽约市滨水区空间形态的构成与更新

下曼哈顿区是纽约最重要的滨水区。300 年来，其滨水区的建设以沿海岸线向外填土构成其发展的特征。从实体空间形态的构成上，该区域表现出丰富的层次性和分段化特征。

下曼哈顿区的设计纲要对历史意义进行了最大限度的重视和保护，（a）景观走廊：在规定的"空间范围"内，城市设计保证在现有的建筑核心与新建筑之间，保留一种视觉上的延伸关系。（b）建筑限制线：确保某些主要的景观走廊的边界，保证视觉走廊的完整性。（c）步行循环系统：主要的再开发区都要建立一组步行循环系统，使海滨地区与中心岛连成一体。（d）滨海绿地：在滨水区工程中，必须在海岸的边缘为滨海绿地提供一条人行便道。因此，在下曼哈顿区生活空间的组织也极为丰富多彩。滨水散步道、滨水广场为城市生活提供了舞台。更有许多游船码头与建筑结合在一起，水面上帆船游弋构成了丰富的水边生活场景。

下曼哈顿区有许多著名的滨水区更新工程，从中我们可以看到城市滨水区空间形态更新的方法与走向。

（1）巴特利公园城更新计划

1968 年开始的巴特利公园城更新计划，是曼哈顿最大的整体性城市更新计划。基地位于曼哈顿地区西侧哈德逊河口附近的港湾设施街区，采用"土地填充"的方式发展，靠近公园的水面下土地也一并填高。其总面积达 36.9 公顷，整体计划中有 4.9 公顷为商业办公区，32 公顷为住宅区，该区制定了土地利用限制、建筑高度和密度、空地标准和景观保护等的详细纲要，以控制民间开发者的设计。计划将在该区建设地下、地上、架空的三级人行步道网络。

此外，世界贸易中心的建筑群，造型与周围环境文脉相协调，通过在建筑之间插入一公共的四季花园，建立了建筑群与河岸联系的一个焦点，在自由街（Liberty Street）的一侧则设置两个八角形的建筑物，并形成了自由街与河岸之间的视觉走廊，和环境设计相得益彰。

（2）南大街历史性海港区的更新

南大街海港区是下曼哈顿最富历史意义的地区之一，这里曾是纽约兴盛的造船中心，有古代遗留下的船台、滑道，以及 18、19 世纪的建筑物。这一大型的综合性滨水区更新项目将历史性景观的保护与海港的更新有机结合起来。

209

该综合开发项目共分四部分，分期分批进行新建或改建，陆续投入使用。主要设计构思是充分利用原有的建筑和设施，经过逐步的改建、扩建和新建，使该地区成为以博物馆为中心，包括商店、市场、旅馆、办公、餐饮等多种设施的一个综合性商业中心。该开发项目中联系新老建筑的主要纽带是介于两组建筑之间的用石料铺砌成的步行街，街道两旁设置了各种商店及餐饮设施，使步行街道不仅仅起到交通联系的作用，而且里面充满了各种各样富有生活气息和人情味的活动，从而为这个综合体增添了生机与活力。

城市水景空间环境的
基础研究

李彤

李彤，同济大学城市规划博士，
在辽宁电力勘测设计院、上海市
住宅发展局经济适用房发展中心、
上海大学、昆明市规划局、昆明
市五华区人民政府、昆明市住房
和城乡建设局、昆明市旧城改造
指挥部等单位和部门工作。

论文时间

1996 年

摘要

本文摘选自笔者的硕士毕业论文，课题来源于导师刘云
教授的"滨水建筑环境"研究系列。原论文通过对水的特性、
形态及作用的分析，结合人的行为环境理论的探究，总结了
城市水景空间环境设计的若干规律和手法，以求创造出水、
建筑、城市三者有机结合的优美的现代城市水景空间环境。
原论文共分四章：第一，总述城市水空间的历史演化与现代
开发意义；第二，研究城市水景空间环境的概念、特征及设
计原则；第三，分析城市水景空间环境中水体的特性、形态
及作用；第四，探讨城市水景空间的设计手法。

一、水景空间环境中的主体要素——水

由于水的存在，城市水景空间环境便成为城市独具魅力的空间环境，具有了动态空间、生态空间和感知空间等特征。创造出优美的水景空间环境来更好地满足城市居民对高质量生活环境的需求，是提高整个城市环境品位的重要组成部分。水体是城市水景空间中最重要和基本的组成因素，对其物质特性与文化内涵的研究是创造优美水景空间环境的基本依据和灵感的源泉。在进一步探讨城市水景空间的营造手法之前，我们首先应逐一了解水的物质特性、文化内涵，及其在城市水景空间中的表现形态和作用。

（一）水景空间环境中水的物质特性与气候调节功能

1. 物质特性

水有可塑性、漂浮流动性，表面成影反射特性，同时，其声音与气息也是其独特自然魅力的重要组成部分。

第一，可塑性。水无常形，在液态下具有高度的可塑性，其形态是由"容器"（也可称水体构架）的形态所决定。以至成江河湖海之形，"容器"的大小、质地、位置和色彩的不同赋予水无穷的形态变化，水体的形态设计实际上是水的容器设计。水无常态，在一定的条件下又会有冰露、气雾之态，对水的可塑性的了解和灵活运用对水景空间环境的营造作用巨大。

第二，漂浮流动性。浮性和流性是水重要的物理性质，在流动状态上水可分为静水和动水两类。湖泊、池塘或流动极缓的河流都可算静水，平静的水面使人感到宁静、安详，同时还可形成清晰的景物倒影。"东风乍起，吹皱一池春水"，静止是相对的，运动是绝对的，水的流动和波动是水的典型性格，江河的流动，瀑布的倾泻，泉水的喷涌，或波光粼粼，或浪花胜雪。水的这些动态往往使其成为水景空间中引人注目的视觉焦点。

第三，水面的反射成影。"云在西湖月在天""倒影添做楼"。平静的水面像一面镜子，虽然水本身无色、无形，但它可以如实反映天光、云影、绿树、红花。自身无色同时又无色不包，自身无形同时又无形不具，其对周围景物的反射使影像对称完整，虚实对比强烈，增加视觉层次，形成埃德加·罗宾优美的"杯图"现象。

第四，水声和水味。水流动或撞击实体时会发出多种多样的声响。惊涛拍岸、瀑布飞泻、小溪潺潺，能给人直接的听觉上的近水暗示，或使人平静温和，或使人兴奋激昂。把水的这一特点用到水景空间环境的营造中，可创造出动人的室内外环境氛围。同时，湿润清新的水的气息与声音一样可以使人心情舒畅。对水质的保护是形成宜人水景空间环境的基本保证。

以上分析了水的物理性质，如善加利用，可创造出情趣盎然的水景空间。环境水除了其自身的特点之外，还有很多附加产品，如细腻的沙滩，光滑的卵石，水中的贝类、水草、鱼类等。这些资源又是衍生内容，在实践中对这些财富的充分运用会得到意想不到的效果。

2. 水的气候调节功能

水的气候调节功能，在濒临大面积水体的区域表现明显，使滨水区具有良好的生态环境。由于水的热容量高，水体内部对流频繁，传导率适中，表面反射率低，因此能调节季节中或每日中的温度，使得每日中午的最高温度不高，晚间的最低温度不低；夏季不太炎热，冬天不太寒冷，即使无风的日子，一般午后均有风由水面吹上岸，夜间由岸上吹向水面，其原因在于水面与陆地热容性的差异导致空气温度冷热差异，造成气流的水面—陆地—水面的循环。这种气候特点和水面朝晖夕阳的美丽景色一起，对滨水区的建筑组群的布局方式起着制约和引导作用，形成滨水区内高外低、视线通畅的建筑组群布局的基本模式，潜移默化之中形成优美的城市滨水景观。

（二）水景空间环境中水的文化内涵

由于水是和人们生活关系最为密切的自然要素，人们对水的长期认识不仅使人们能够在生产、生活中对水的物质特性加以充分利用，同时，与社会、文化、宗教观念的结合，人们也形成了对水的独特的审美情感，形态、功用最为丰富的自然要素——水，成为人们对宇宙时空、社会、政治、人生悲欢的思索的客观对应物。也只有水才有如此丰富的文化内涵。

"水可载舟，亦可覆舟"，人们借水与舟的关系来说明政治统治中的"民心向背"问题，表现出对"贤明""仁治"的渴望。水的"明澈""纯净"被当成了"善"与"美"的代表。"夫水者，君子比德焉"，孔子把水势、水形、水态比拟为君子的德、仁、义、智、勇等品质，"君子必观水"，在儒家心中，水是"德"与"义"的象征。

江河的滚滚东流，激发出人们多少天地悠悠的宇宙意识。"逝者如斯夫""百川东到海，何时复西归？少壮不努力，老大徒伤悲""问君能有几多愁，恰似一江春水向东流""君不见黄河之水天上来，奔流到海不复回，君不见高堂明镜悲白发，朝如青丝暮成雪""古往今来多少事，悠悠，不尽长江滚滚流"。人们在"念天地之悠悠，独怆然而涕下"的时候总是很自然地同水联系起来。

由于水流是地域之间的联系纽带，人们又把对异地亲朋的思念之情寄托于它。李之仪咏出了"我住长江头，君住长江尾，日日思君不见君，共饮长江水"这样的千古绝唱。"乱石穿空，惊涛拍岸，卷起千堆雪"是何等豪迈壮丽；"明月松间照，清泉石上流"又是多么的静谧、清新。妩媚的眼神被比拟成明丽的秋波，骚动的情绪又化为层层的涟漪，欢乐是鸣唱的小溪，沉静是波澜不兴的止水，就连人们最为珍视的内心世界也被精炼地浓缩为两个字"心湖"。

凡此种种，何止千言，可以说人们把所有美好的意象都赋予了水。如果说水的物质特性是表层特征的话，那么水的文化内涵则是其深层的意蕴。正因为水具有上述的寄情作用，对水景空间中水的充分的创意利用始终引起人们的关注。

（三）水体在城市水景空间环境中的表现形式与存在形态

1. 水景空间环境中水体表现形式

水体在城市空间环境中的表现形式可分为自然状态和人工状态两类：

第一，自然状态，自然状态的水体是指江、河、湖、海等自然存在的水体，在城市水景空间环境的营造中又可分为两个方面，一是指充分利用天然水景，依水就势配以人工构筑景观，创造出开敞明丽的水景空间，此种优秀实例在许多滨海、滨河的城市中都可见到。曼哈顿金融中心的滨海标识性建筑群处理、悉尼歌剧院极富表现力的海上形体塑造都是极成功的例子。在这里辽阔的水面与人工构筑景观相映成趣。二是把自然水面引入有限的城市建筑空间环境内，创造丰富的仿自然景观。这里的水面不是自然的简单再现，而是经过艺术提炼的自然缩影，以借有限的水景创造出深远的意境。中国古典园林中大量地运用过这种手法。

第二，人工状态是指通过改造水体构架和对水做功，依照设计意图和功能要求以改变水的自然状态的方法，而创造出各种水趣，如规则的水池、层叠的落水小品、喷泉和人工瀑布等。这些历史上欧洲城市与现代城市应用较多。将这两种方法有机结合，可创造出丰富多彩的城市水景。

2. 水景空间环境中水体的存在形态

水体容器的构成方式赋予水体相应的形态特征。这里可以把人可感知的水的平面形态抽象成点、线、面三种类型。面的形态构成城镇的边界，成为建筑群或单体建筑的背景；线的形态可成为城镇的空间骨架，或形成建筑空间内外连通的纽带。

点状形态的水体往往成为城镇局部空间或建筑单体空间中的构图中心和视觉焦点。城市水景空间的具体操作过程，往往是对上述三种形态的综合处理过程。

（1）面的形态——单纯的背景

滨临湖、海等大水面时，色调纯净平展如纸的水面往往成为陆地上建筑、绿化、山体等的背景；其作用有如模型中的沙盘，使其中的物体色彩更鲜明，形体更明确。其对城市布局的制约作用十分明显。滨海的城市往往一改内陆城市的摊大饼式的发展形态，而多成为沿海界线明确的半辐射型发展形态，城镇与大水面的结合界线往往可分为如下类型：第一，多弯水面，特点是空间多变、层次丰富，如青岛的团岛湾。多弯水面是由多段内弯、外弯水面组成。第二，内弯水面，水体侵入陆地，空间内聚，岸线视线收束明确，有良好的远景效果，如大连的小窑湾和烟台的烟台山海滨。第三，外弯水面，陆地呈半岛状，空间扩散深远，开敞辽阔，岸线景观的视线互达性不如内湾水面。岛屿的周围岸线类型可算是其特例，如纽约的曼哈顿岛、烟台的芝罘岛，这类陆地上的景观从海面上观赏效果良好。

建筑群或单体成功地运用大水面的背景作用可创造动人的景观。例如意大利伊索拉贝岛插入马奏列湖，像是漂过湖面的西班牙大帆船。单体建筑除了传统的水上建筑外（如桥梁、亭榭），还有水中建筑，如澳大利亚的漂浮旅馆，新建筑建于漂浮于海上的平台上，随水的动静变化使人的视觉和心理产生不同的感受。

以上分析的水面是水平状态的，当水面以垂直状态出现时，常用作空间的限定、封闭和衬托因素。瀑布和喷泉是这种水背景常用的形式，文艺复兴和巴洛克时期，贵族的社交场所水上剧院，常将瀑布、水帘等作为舞台的背景。这种手法也常被应用于现代城市空间中，如纽约的佩利公园的垂直水墙。

（2）线的形态——脉络组织

河道水渠（包括室内人工水流）以线的形式在城镇、街区及建筑物内穿越，使城市空间和建筑内外空间形成以线的形式展开的空间景观序列。其景观引导作用和空间划分作用在城市水空间的景观研究中很值得重视。

很多城市内的水系构成城市发展骨架，一条或几条河流贯穿整个城市成为城市的主轴线，沿此轴线展开的开敞连续的水景空间与相对拥挤的城市陆地空间相比，构成特色风貌的集中展现带。法国巴黎的塞纳河，中国上海的黄浦江，武汉的长江、汉江，还有人工开凿的无锡古运河都具有上述特点。

江南水乡河道纵横，以水系为脉络，河道为骨架，道路相依附，构成"水陆相邻，河街交融"的格局。河道水系把傍水的、水上的或引水的建筑空间有机地结合起来，相互渗透，创造出水与城市浑然一体的空间体系。苏州水陆相邻，河街平行的双棋盘式布局，把水与人、建筑、街巷、绿化等有机地结合，创造出河街相映成趣的水景空间环境。

在城市水景空间序列中，水线起到诱导行为、指示方向和组织空间的作用。水线作为"脉络"或"系带"运用于建筑空间中，又成为空间连续要素。阿尔罕布拉宫狮园之水渠，就好似一条丝带，把建筑内、外空间组织成为连续的一体。

线性水体在具有导引、组织空间作用的同时，也有空间分隔的作用，既能划定空间的界限又可以保持视觉的联系。与我们在建筑空间中常用的花坛、地面高差变化和设立小品等手法类似，在城市空间中这一分隔起到城市功能分区和城市防灾作用，古代的护城河又是其防御功能的挖掘。

（3）点的形态——中心效应

古代内陆人们的生活聚落往往是以水井为中心而布置的；而随着科技的发展，人类活动已获得相对于自然条件的极大自由。水池、水井、装饰泉以及近代的水雕塑、喷泉、瀑布，布置在建筑群空间中心，主要是为了形成视线或观赏的焦点，并以其多变的动静形象，使建筑空间环境丰富多彩。

构成建筑群体空间中心的水体，通常有以下的存在形式，这些形式在平面上仍保持点的"聚焦"的视觉特征，常用构成绿化、广场、建筑群空间和街道的中心。垂直的线，如喷泉、人工瀑布等；集中的面，如水池、水井等；凝聚的体，如组合喷泉、造型喷泉、水雕塑喷泉等。罗马圣彼得教堂广场的组合喷泉与雕塑形的基座一起处于广场的中心，以变幻、纤柔的水体体量与周围凝重的建筑相映衬，使整个广场构图严谨，向心感强，同时又富有变化。

上述三种形态是水体存在形态的三种抽象原型，而在人们实际的理水实践中，往往是通过点、线、面水体形态的组合运用，配以小品、绿化、灯光照明等手法，创造出多姿多彩的水景。

历史上东西方不同的组合方法，产生了风格迥异的艺术效果。东方庭院自由组合型水体以自由布局的水面为主，辅以点、线状的涧溪、泉瀑使水体在序列空间中起伏有致，再现水的自然情境于园林的方寸之地中。西方庭院几何组合型水体注重几何图形的组合布局，以方正规则的水面为主，串联水渠、喷泉以及各种水瀑布，形成水体在空间中的层次变化，突出人工造型与自然环境的对比衬托，凡尔赛宫的规则水面、喷泉、雕像，对称严谨，理性感强烈。

现代水景空间在融会东西方水景处理的传统经验基础上，综合运用水的各种艺术形态，使其成为沟通内外、上下、前后空间的重要媒介，水体呈现三维空间的组合形态。赖特的杰作流水别墅，是现代建筑中水景处理的典范，水平竖直伸展的建筑凌驾于曲折跌落的瀑布之上，宛然天成、匠心独具。京都葛西临海水族园，运用现代手法，使水与建筑空间有机融合，水贯通于建筑内外。屋面设置望台和大面积充气喷水池，把海景与人工景观充分地引入到建筑空间中来。

（四）城市水景空间环境中水体的作用

由前面几节的分析，我们可以总结出水景空间中水的三方面作用。

1. 表层特性的造景作用

水体的外表形态和特性反映在水景空间中，被人的感官感知并产生一系列的审美效应。水的视觉美感是从水的动态与静态、形态与色彩、倒影与反射等方面去塑造和体现的，动水是水的典型性格，即使是一丝细流，已足使空间充满活力，给人强烈的视、听感受。由于水形不定，可以充分利用水体构架的不同构成方式，取得飞瀑、流溪、鸣泉、溢池等不同形式的水景，并随之产生不同的空间气氛。水的倒影与反射可增加空间的深度和层次，达到"小中见大"的效果。而水的光影变化，更使空间充满了恍惚迷离的虚幻气氛。水声可以增添空间的情趣，减少噪声影响。而水体潜在的气候调节作用，使水景空间往往具有适宜的温度、湿度和清爽的微风，让人身心舒泰。

2. 深层内涵对空间意境的拓展作用

水是集表层形态特征的"实"与深层文化内涵的"虚"为一体的构景因素，是文化的载体，传统文化意识中对水的吟诵、比赋，使水上升到了哲学和艺术境界美的高度，这些对空间意境的拓展具有诱发作用。如在我国传统的园林中，水边的景点常借水的隐喻象征来表达意境，众多的与水有关的传说、诗篇、楹联、山水画论等又为这种意境的表达提供了无穷的素材。网师园的濯缨水阁借孟子"沧浪之水清，可以濯吾缨；沧浪之水浊，可以濯吾足"之语意，使"举世皆浊我独清"的清高意境直入心扉。

3. 空间构成中的心理媒介作用

水在空间构成中的心理媒介作用表现在它能诱发联想，暗示空间的关联、停顿和转折。李之仪词中居长江头、尾的君和我，依靠"共饮一江水"而产生近在咫尺的时空感受，连续的水常用来引导空间，而喷泉、井、水池则又常常暗示空间的中顿和轴线的转换，这在阿尔罕布拉宫中十字水渠对室内外不同空间的联系作用中得到良好的例证，另一方面，水体的心理媒介作用还表现在清澈的水体在空间过渡中的"心灵静化"作用。寺庙、教堂、陵墓等宗教气氛浓郁的场所常用一方池水或一弯溪流作为神、俗之间的灵魂过渡空间，以最简单的方法达到洗脱尘念的空间效果。

水体以点、线、面的形态参与水景空间的构成，其功能作用主要表现在：（a）背景：处于底界面和垂直界面的水体为水面或水帘、瀑布等，以面的形态和色彩同建筑绿化、小品等产生对比和映衬，起到背景作用。（b）核心：其在空间中的存在形态及位置，往往使它成为该空间中最活跃的因素，形成视觉和构图的中心，界定了空间的领域。（c）联系、引导：流动的水声与光影常能激发"溯源"的心理，进而起到联系和引导空间的作用。（d）分割：由于水、陆完全不同的物质状态，在空间中，即使是地面上很窄的水渠，也能使其两岸产生隔离的空间感。这种效果往往比地面高差，隔断小品设置等手法效果更显著。随着水体宽度的增加，其分隔功能亦更明显。加利福尼亚的萨尔克生物研究所（Salk Institute for Biological Studies）的地面水线划分，简洁、明确、独具匠心。

本章通过对水的物质特性与气候调节功能、文化内涵、形态分类及其在水景空间中的作用的分析研究，对水景空间的基本构成要素有了一个较系统全面的了解。为下面章节的研究提供了依据。

二、优美城市水景空间环境营造中的几个问题

（一）城市水景空间环境中建筑组群的布局方式

在水景空间环境中，建筑组群应以水体（江、河、湖、海）的构架（水池结合区域，线水区、岸界及岸边）的空间形态为依据，水体构架的空间形态直接影响着建筑组群的布局方式。

1. 水体构架空间形态分析

空间形态是通过视觉活动而为人感知的事物的不同空间类型及空间属性特点，根据陆地与水体的视觉关系及陆地与水体的结合态势，将水体构架的空间形态作如下的划分：

第一，俯视型构架。在这类水体构架空间形态中，水岸多位于临水的山地，平均标高高于水平面较多，因视点高，视线不受遮挡，为观赏水景提供了良好的天然条件。山地和水体构成建筑群组织的双重制约因素，由于山地空间多变，建筑自身易于成景。

第二，平视型构架。在这类水体构架空间形态中，水岸平坦，水陆接近，视点低平；建筑空间易与水体结合，人易与水接近，创作自由度较大。由于平视型构架自然景致相对平淡，应注意建筑群体的整体组织构图，以作为自然景观的补充。

第三，仰视型构架。在这类水体构架空间形态中，水位高于视平线，这类空间形态多处于水坝或瀑布旁，城市中少见。水景具有雕塑性质，审美价值高；建筑宜提供适宜的视点，不宜与水景抗衡相争。

第四，多视型构架。在这类水体构架空间形态中，岸线凸入水体，视线具有多向性，视线与岸线的切线只覆盖水体界域，自然景观与人工建筑空间环境混合较少，按照图形—背景原理，这里的水体具有突出的"背景"特点。

第五，内视型构架。在这类水体构架空间形态中，陆地包绕水体，视线具有内向性，用图形—背景原理分析，水体在小范围内具有"图形"的性质，在水体构架和滨水建筑的围合中，这里的水空间具有广场"阴角空间"的特征。

从水滨景观的构成角度分析，内视型构架形式水面的"阴角空间"构成"内弯景观"，在这里沿岸线展开的城市建筑空间环境要素（建筑、环境绿化、小品以及城市活动景象），连同水面的展示物体（船只、浮标）

在远山近水及水中倒影的衬托下，共同构成层次丰富而具有魅力的水滨景观，多视型构架形成水面的"阳角空间"，构成"外弯景观"。在这里辽阔的水面成了背景，多视型构架凸显于水体中，是明显的"图形"，易构成空旷水域中的视觉中心，形成标志性的景观，同时又是水域全景的极好的观景点。在江河的水空间中，内、外视型构架统一于"线型"的水体中，景观的构成是内弯景观与外弯景观的综合。

以上对水体构架形态上的分析是相对意义上的分析，现实中的水体构架往往是几种形态的复合，如俯视型构架可能同时又是多视型构架，分析的目的在于通过剖析进而找出自然要素的概念化特征。

2. 建筑组群的布置方式

在水滨界域内，建筑组群的布置，要根据水体构架的空间形态特征，选择不同的组群类型和与水体结合的方式。

（1）建筑组群类型分析

从形态上看，建筑组群有三种类型，即线型、集聚型和分散型。

（a）线型。建筑沿平行或垂直岸际线的轴线发展，由于水地结合的边界本身具有"线"的形态特征，沿岸际线展开的线型布局形式在城市水滨建筑组群布置中最为普遍。城市水滨的线型布局，往往遮挡水体与城市的视觉联系和通风，造成近水不见水的现象。在现代城市水滨开发中为解决这个问题，除在规划上明确水滨用地的性质（如开辟为休息娱乐的公园绿化带）外，还应注意控制水滨建筑的高度、宽度和密度，开通水与城市视觉上联系的通路（如垂直于水滨的道路和绿化系统，建筑组布局上有意留出通过水体的缝隙等方法），将水景借入城市，将人引向水边。

（b）集聚型。在一些多视型的水体构架（如岛或半岛），或是水路的节点如江河多汇的水湾、水埠，以及水陆的交叉点（如桥头广场或集市），建筑群常围绕一中心建筑或中心空间布置，形成集聚型的组群形式。水滨集聚型的建筑组群不仅带来功能的综合、人流的汇合，同时，往往以其特殊的环境特征具有标识性，形成某区域甚至城市的标志。

（c）分散型（散点、散面、散线）。在大范围以自然景观为主的俯视型构架界域内，从建筑适应地形变化以获得最佳景观和建筑自身统一于整体空间环境的角度出发，建筑多呈分散型布局。分散型布局除因地制宜分散自由的传统散点布置外，还发展了散面和散线的布置方式。散面即在整体以面的形式散开的前提下，单体根据功能特点成簇、成群的组合形式；散线则是建筑因地随形，体量化整为零，以线的形式延伸、生长。

（2）建筑与水体结合方式分析

根据水体在水景空间环境中的表观形态，建筑与水体的结合方式有以下四种途径，即傍水、临水、环水及围水。

（a）傍水与临水。在水景空间环境中，岸边建筑有傍水及临水两种可能。傍水建筑构筑在堤岸或与之相邻的地方（中间有道路、绿化等），而临水者除以堤岸为基础外，还有部分构架构筑于水体之上，在以自然风景为主的水滨地域，应根据堤岸及浅水区域的大小来限制临水建筑的规模，调整傍水建筑的体量，并充分利用岸上树木掩映建筑群体，尽量保持自然视景的连续感。城市的水滨，特别是中心区的水滨，处于城市的黄金地带，建筑组群除应符合城市设计整体要求的前提外，重点应放在建筑内外空间与水空间的有机结合方面，扩大可感知水景的建筑容量。

（b）环水与围水。环水建筑通常是建筑布置在多视型水体构架或水中，常为集聚型组群。多视型的水体构架如半岛或岛，作为空旷水域的中心，本身就是一景，具有标志作用。在这种组群中，常用塔、楼、阁等置于中心或顶部，形成制高点，强化标志作用，同时也起到观赏全景的瞭望功能。建筑围水而建可视为集聚型布置方式在外景空间构成中的一种表现，其特点是水空间是中心空间，以水景为中心，利用建筑围合构成小环境。这是一种弥补城市缺乏空间变化和自然因素的取景手法。

在城市水滨的现代开发和改造中，建筑组群布局不只是单纯地适应水体构架空间形态的特征，还应从城市建筑空间与水景构成的角度出发，对水体构架进行综合立体的规划、设计和改造，以作为对自然水体构架不足之处的补充。如对于一些平坦的平视型水体构架，常用的改造方法是引水与堆填同时进行，将水引入原有的基地与填水而成的基地，构成丰富多样的新的水体构架。在此基础上布置建筑组群，创造出水、陆建筑完美融合的有层次的水景空间环境。大连新市区小窑湾中心区的规划即是通过上述手法创造现代滨水城市全新水景空间的一个很好的例子。

（二）城市水景空间环境中建筑形体的处理手法

水景空间环境中建筑单体的处理应便于人们欣赏和体验优美的水景，同时，建筑空间还应作为积极因素加入水景空间的整体中去。在景观丰富优美的水滨环境中，建筑作为点景因素出现，而在景致平淡的区域，建筑单体则应尽量发挥表现，构成合乎形式规律的突出的人造景观，以作为自然的补充，在具有突出传统文化特征的水滨地域，建筑处理还应体现文化内涵的延续性。

水景空间环境中建筑单体的创作有着与其他环境中不同的"亲水"特征的要求，我们从以下两个方面探讨这一问题：

第一，对基地空间形态的适应、强化与改善。首先要充分利用地形优势提供的亲水条件。临水的坡地和基地，为建筑提供良好的观水视点条件，关键在于如何适应和强化这种条件。处于缓坡地的建筑应"散"，化整为零，以适应地形和避免高大体量对环境的破坏；当坡地较陡时，建筑可采用贴壁兴建、层层跌落的处理方法，以适应地势；峰顶建筑宜"高"，用制高点来强化在地性特征，同时提供观景场所，在对山崖的处理上常作贴崖的建筑处理，以充分利用和发挥地形的优势，生出"绝"的效果。如无锡的太湖饭店，处于俯视太湖的山坡上，建筑沿山坡走势布置，层层跌落，化小体量，每间客房都有良好的观水条件。贴崖的深圳南海酒店，建在挖山填海的基础上，与原有山地形成了一个有机整体，为欣赏一望无际的海景创造了条件，自己也成为海滨一景。

岛和半岛是欣赏水景的最佳场所，同时又是水中的景点，建筑处理应同时考虑见景和构景两个方面，力求在造型上突出，形成醒目的标识性。如法国的米歇尔修道院，以教堂的塔尖构成醒目的标志。

由于坡地的存在，建筑第五立面屋顶部分显得重要起来，因此，很多小住宅的屋顶都做成坡顶，并且色彩明亮，像大连、青岛、烟台等地。

其次，改造水的构架形态加强"亲水"特征。通过填海等人为手段，使建筑获得亲水性，形成景观，如悉尼歌剧院的处理手法，通过海水衬托，建筑形象更加清晰、醒目。

第二，外观，形体和色彩的"亲水性"特征。首先要增加滨水体验的外观形体处理，界面通透开敞，视线气流通达是滨水建筑增加滨水体验的理想状态。许多滨水建筑多采用大玻璃窗或完全开敞的处理，便于视线与气流通达。同时，在有限基地范围内，建筑体形呈S状、弧状或折角状，增加临水面，从而增加观水的机会。在水面一侧常设观景平台，观景廊或水上挑台，以提供更多的观水空间。体形向水面跌落，不仅表现出亲水的态势，又可减少对后部空间视线和气流的遮挡，这是滨水建筑常常具有的体形特征。

其次，形体上"亲水"意象的创造。当滨水建筑在整体或局部上采用与水相关联的符号性语言时，如运用恰当，会使人产生与水相关的意象联想进而得到和谐的审美感受。这类建筑往往因其独特的性格形成局部环境乃至城市的标志，意象的原型可以是与水有关的很多事物。如水的形态方面的特征：浪花、波动；水上运输工具的原型：船，帆；水产品原型：鱼、贝、海草，如何通过对这些原型要素的特征提炼或材料的直接运用来创造出动人的"亲水"的建筑形象是对建筑师能力的考验。

根据信息论的观点，只有适当地减少造景符号的识别信息，才能相对地增大意境的信息量，让人有充分的联想空间。意象的创造贵在似与不似之间。一提到这类建筑，人们马上会联想到悉尼歌剧院，伍重的这一组抽象的"白色壳体"组合，以其形象、色彩连同所处的特定环境使人产生丰富的联想，似鼓满海风的船帆，又似洁白的贝壳，似一簇浪花，又似一群海鸟。虽然该建筑工程由于造价问题而屡遭非难，但终因其极富魅力的形象设计而成为悉尼乃至整个澳洲的象征。而广州的"珠江帆影"和大连新市区的"银帆宾馆"和"化工大楼"，造型处理过于直观，使人没有联想余地，虽也可体现环境特点，但不能算是上佳作品。

在建筑中运用与水相关的建筑材料，也可突出建筑的环境特征。如烟台海滨的美食城大门，应用了海带做材料，有浓郁的"海味"。同时，该组建筑立面细部多处使用胶东渔村民居的传统符号，如支摘窗等，显示出了地域文脉的延续。

滨水建筑特别是高大标志性建筑的这种意象性处理，有助于在整体城市空间环境中对水滨地域的强调和识别，暗示着水滨空间的存在和到来，对人们具有心理上的引导作用。这种意象手法在环境小品中也很常见。

最后还有色彩的应用。这里笔者只想结合色彩原理谈一谈滨水建筑色彩的一般处理手法。江河湖海，这些大面积流动水面色调较灰且易产生单调的感觉，因此，在色彩处理上，要求水滨建筑色彩要饱和明亮。

绿化较好的水滨地带，常用小面积红屋顶与大面积灰绿背景形成对比，突出建筑，起到点景作用。这种处理方法在我国许多滨海城市中都可见到。青岛的八大关使馆区的色彩处理可说是典型的代表。烟台、大连、威海许多城市的海滨居住小区都是这么处理的，效果良好，烟台的城市总体规划说明中明确地把这一条作为突出滨海特色的手段之一。

当然，建筑单体色彩处理还要与城市群体建筑的色彩相协调，如果只强调了个性而没有环境的相互统一，也不能创造整体性的景观美感。这在一些具有古老文脉传统的城市滨水区域是首应注重的问题。

（三）城市水景空间环境中的理水手法

1. 理水手法分析

水景空间的精髓在于水。通过对水体的艺术形态、特性及作用的运用和处理，可以在咫尺空间中再现大自然的风貌，借水的形象和音响可使建筑空间情景交融，通过水体的组织、展示空间院落的层次与序列，运用水的文化内涵，勾起人们心中的情感共鸣，使空间意境得到升华。这里简列一些常用的理水手法及其产生的空间气氛，或可供营造实践的参考。

第一，衬托手法。以大水面包围建筑，形成开敞的视觉；同时水的衬托使建筑形态生动鲜明，如西湖的"平湖秋月"、悉尼的歌剧院等。建筑群环抱水面形成内向、吸收的空间，增强静谧、亲切之感，这是中国传统园林的常用手法。

第二，对比手法。水的柔和、深沉的色貌与形态同建筑实体之间的柔刚、虚实的对比，构成平稳、宁静、庄重的静态美。如泰姬陵，水体的流动、聚散、喷涌的动势与建筑静态形象形成动静对比，产生空间环境的动态美，成功实例如赖特的流水别墅。

第三，借声手法。水声在水景空间环境中是诱发情境介入感的重要因素，恰当地运用水声，对环境气氛的烘托会收到意想不到的效果。广州白云山庄旅社的"三番泉"利用滴水声反衬出环境的幽静，颇有"竹露滴清响"的意境。另外不同效果的水声还可营造出不同的氛围，如活泼、激情等，正是因为水音能使人身心舒泰。现代城市环境中，往往"借"水声来减少城市噪声。坐落于纽约最繁华的第五街上的佩利公园，利用从高 6 米、宽 13 米的卵石砌筑的墙面上跌落下来的瀑布的声响，给这块 360 平方米的场地带来了安静、自然的氛围。

第四，点色与光影法。水无色而色最丰，水无形而映万象，水本身透明，但由于光线的折射往往呈蓝碧之色，同时由于水面的反射作用，能映出天光云影、周围的景象与四季的色彩变换。水面的波动会闪波光，喷泉水雾又会形成宽虹，利用这一水性，可使空间环境色彩变化丰富自然，空间层次感增强。泰姬陵前的水池水色清碧，为色调素雅的建筑增添洁白纯净之感，使陵体平添几分肃穆，几分迷恍。

第五，贯穿手法。水流贯通于建筑内外空间，成为不同属性空间中的连通媒介，这一手法很早就有，如中南海"流水音"亭内的"曲水流觞"，借飞泉下注，流水九曲使水体贯通内外空间，创造出无限意境。

第六，藏引手法。"曲径通幽处""庭院深深深几许"，为了避免水景的单调与一览无余，在水体处理上讲究"藏源""引流"，"藏源"会引起人们循流溯源的兴趣，成为水景序列空间的展开线索。"引流"是导引水体在空间中逐步展开，增加曲折迂回、聚合变化，并适当用树木、山石、亭榭作掩映，以产生"山重水复，柳暗花明"之感。这是中国古典园林的典型手法。上海龙柏饭店低层本来不大的水面，几经穿插藏引产生丰富的水景变化，是以少取多的佳作。

第七，赋意手法。水体包含深厚的文化意涵，通常作为寄情咏志的对应物。在水景空间创作中利用这一点来点题造景，往往引起观者的深层美感共鸣。广州白天鹅宾馆中庭的"故乡水"叠水，既有"宾至如归"的浅层意义，又会使人产生莫名的"乡愁"，进而对场所产生认同感。

以上是对中外理水手法和传统经验的部分归纳。将这些手法在实践中加以综合运用，会使水对空间环境的作用大增强。

2. 水景的细部设计

随着科技的进步，水景的细部设计丰富和变化的条件越来越多，为设计者在水景布局构思中提供多种选择，以创造出新颖的水景视觉形象，提高环境质量。水景的细部构成元素大致包括：喷泉、水幕和瀑布、涌泉，池岸与池底处理，池面装饰小品等。

第一，喷泉。喷泉起源于希腊的饮用水源，逐渐发展成装饰泉、伊斯兰教的沐浴泉、欧洲广泛流行的雕塑泉等。喷泉的造型取决于喷嘴的造型，依其形态可分为单射流喷泉、喷雾式喷泉、充气泉和造型式泉等。单射喷泉因落水有独立的小滴声，适合布置在幽静的景区，多个单射喷泉可以组成丰富的造型，引人注目，喷雾式泉情态安详，并能起到调节湿度的作用，充气泉由于水气结合显得格外动人，适合有造型要求的公共空间。通过旋转和增减水压而形成的动态喷泉，大大提高了喷泉水景空间的趣味，充分表现了水的动态美。

第二，水幕与瀑布。模拟天然水瀑布的势态声貌的人工水幕与瀑布着重通过水的姿态、声音等，以动态影响环境。瀑布大体可分成三类：自由下落瀑布（水幕），叠落瀑布和滑落瀑布。自由下落瀑布的形态表现与落水边沿有很大的关系，边沿不同产生的效果也不同。光滑平整的边沿，瀑布就宛如一匹平滑无皱的透明薄纱，边沿粗糙，水流会集于某些凹点，瀑布产生褶皱。如果边沿粗砺程度增加，激起水花，瀑布便成一道白练。现代水幕将落水边沿设计成不同的形式，以得到丰富的造型，叠落瀑布产生的声光效果比一般瀑布层次更多，叠落瀑布宜模仿自然中溪流叠落，不应过于人工化。水流台阶和斜坡式滑落瀑布，利用斜面反射阳光，并在坡底面设底背，形成水的翻滚产生泡沫。

贝聿铭设计的东馆，广场地面的水景即是这一手法，通过玻璃景窗的导引，使滑泉的优美姿态为广场和地下大厅所共有。垂直的滑落瀑布平静和缓，可烘托出高雅的气氛，如上海商城底层内院的内幕墙。

第三，涌泉。人工涌泉不同于喷泉瀑布，主要以水体的翻滚、涌动形成水景。日本筑波中心广场，水体从高差四米的雕刻水盘沿倾斜的台阶缓缓流下，汇入中央涌泉，涌泉喷射出薄雾，空间水态丰富。由于涌泉的间隙节奏不定，具有很强的趣味性，达拉斯的涌泉广场成为儿童嬉戏的乐园。

第四，池岸与池底处理。池岸与池底是池水的容器，特别是池岸的形式决定了水面的形状，规则方整的水池，构图严谨，空间气氛庄重。自由不规则的水池，空间气氛活泼近人。池底的色彩和图案肌理对于水景体验也很重要，暗色调的池底可添幽深之感。

第五，池面装饰小品。池面装饰小品是水体细部景观的重要组成部分，现代池面小品除了起装饰作用、增强可观赏性以外，往往被处理成水池面空间体验的媒介。如肯塔基州、路易斯维尔河畔区的池面小品处理。

水景细部的巧妙处理与运用连同城市空间和建筑空间的精心设计，会使人们的亲水心理得到极大满足，空间的趣味性和识别性大大加强。

（四）城市水景空间环境中的尺度处理问题

水体是构成水景空间的界面，为水景空间的观赏环境提供了视域、前景及背景，它作为"镜面"能真实地映照出周围景物，为人们提供了另一个视觉焦点。水面的宽度，建筑的高度，堤岸距水面的高度及背景的尺度都会影响人们在水景空间中的观赏和心理体验。水景空间尺度处理的基本原则就是"尺度适宜，突出水景"，以下分三个方面加以分析。

1. 距离、尺度与视觉感受

人眼的视觉原理及由视觉引起的空间心理感受是空间尺度设计的主要依据。

第一，视觉原理。一般认为人的视野范围是以眼为顶端的 60° 顶角的圆锥范围。盯视时仅为 1° 顶角圆锥，欧洲人于 19 世纪总结出平视状态下视角与观赏效果的关系：当视角小于 18° 时（tg18°≈1/3），适宜观赏建筑群体及背景环境的关系；当视角接近 27° 时（tg27°≈1/2），适宜观赏完整的建筑整体；当视角大于 45° 时（tg45°=1），重点在于观赏建筑的细部。

第二，空间尺度与心理感受。环境心理学认为空间是行为空间，同时也是心理的空间，空间尺度对心理影响明显，芦原义信在《街道的美学》中对于街道的尺度与心理感觉是这样描述的：当 $D/H<1$（即视角 >45°，D 为建筑间的距离，H 为建筑物的高度）时，建筑之间随着距离的缩短而影响增大，封闭感增强；当 $D/H=1$ 时，高与宽之比较匀称；当 $D/H>1$ 时，随着比值增大而封闭感减弱，$D/H>3$ 时，空间开敞。D/H 在 1.5 至 2 之间比例较合理，人的感觉轻松而安全。

综合上述两点，可得出空间尺度与人的视觉心理感觉的关系：当 $D/H<1$ 时，空间封闭感、建筑感强，有很强的"人工味"；$D/H>3$ 时，空间开敞，注重轮廓线的关系，自然倾向变重；$1<D/H<2$ 时，空间尺度具有良好的封闭感，对建筑的感觉侧重于建筑的局部；$2<D/H<3$ 时，空间尺度在适度控制范围内，在空间中可感受建筑和背景环境的共同影响，空间既有一定的封闭感，又有明确和有层次的感觉，对建筑着重于整体立面的体验。

上述结论应用于水景空间中进行分析可见，在大江、大河以及海滨、湖滨，D/H 值都远大于 3，人们看到的是由建筑群整体与自然交织在一起的天际轮廓线构成的城镇景观，此时，对建筑的大的体量处理、建筑群的天际线与背景天际线的合理组织显得尤为重要。在视距有限的内向视觉空间中，应尽量将主要对景与视点间的空间尺度关系放到 $D/H>3$ 或 $2<D/H<3$ 的适度范围，建筑与背景空间都处于良好的感知范围之内。苏州拙政园、网师园这些名园中许多对景关系都具有上述良好的尺度关系。

当水面很小时，可以通过巧妙的理水手法和空间的穿插变化，加上良好的细部处理得到别有洞天的效果，不一定拘泥于上面的尺度关系。

2. 水体构架形式对空间尺度及视觉的影响

水体构架的坡度、水位的高低，会从心理上影响人们对水面尺度的感觉，如相同面积的水体，岸堤平缓，离水面近，看起来水面就较大，反之则水面感觉较小。根据这一现象，人们常将水体构架设计成台阶状，一方面满足人们亲水心理，扩大水面的延伸感，同时满足水体构架弹性

227

设计的要求，扩大堤岸的绿化面积，在高水位季节和枯水季节都能使堤岸保持良好的景观形态。另外，能够减少堤岸对水面的遮挡，即使在离水较远处也能看到水中的景物和倒影。

（五）城市水景空间的组织方式

城市水景空间环境中形态的基本特征是复合空间，体现在诸多"子空间"如水滨区域的城市空间、建筑的室内和外部空间、水上空间、水下空间等的分隔限定与连续兼容，共同形成有层次、有秩序的对立统一体——水景空间环境。在空间处理上要着重对以下两方面进行塑造。

1. 空间的连续和兼容

第一，界面不定性。空间是不同方向的界面构成的，水景空间环境也不例外，界面表现为密实、通透及反射的视觉特征，密实的如墙面、地墙，表现体量与质感，通透的如玻璃、连廊，展现相邻空间，达到视线和空间的连续贯通。反射的如镜面或水面，再现环境形象，这是一种虚面。密实的界面是定性的，而通透及反射的界面是不定性的，水景空间环境在满足功能要求的前提下，多采用不定性的界面处理，以求达到使用者心理上、视线上"与水亲和"的需求。水面构成水景空间环境底界的一部分，其本身就是一个陷面、虚面，同时它又是一个"动"的界面，水形、水色及倒影变化无穷，给空间环境增加了很强的不定气氛。建筑的外墙面是空间环境的垂直界面，因而多采用开敞式的外墙结构，以大面积的玻璃或空透的连廊、骑楼、观景平台等处理手法，使得空间空透轻盈，便于内外空间的流通和视线的连贯，如流水别墅的水平伸展的平台处理、巴塞罗那德国馆的界面分隔处理，还有园林中亭榭、游廊的处理都是这一手法的具体体现。另外，水滨一些体量庞大的建筑，也常用玻璃幕墙做装饰，反射出天光水色，体量感减轻。

第二，空间贯通。建筑底层局部或整体架空，或有一部分建筑直接架于水中，建筑成为沟通水上空间以及水滨空间的纽带。波士顿罗斯韦码头综合建筑群中尺度巨大的入口拱洞，是城市街道空间、水滨以及水上空间相贯通的通道。

第三，空间构成要素的延续。通过空间底界面如陆地与水面的相互嵌入软化分界，水滨地面、墙面、水面以及绿化、小品等对建筑内部的延续，达到内外空间连续，水上、陆上相贯通的效果。

2. 空间的分隔与限定

空间的分隔与限定是通过空间的闭合性、中心感、层次感以及意象性等手段来实现的。闭合性是指建筑围绕的延续，使空间具有良好的尺度。中心感是指某种用途与特征的集中，形成视觉、行为及心理感觉的中心。层次感是指分隔限定分而不断，限而不死，具有丰富的层次和多样的形式。意象性则是与文脉相连，体现出空间环境的意义和象征性，具有识别和记忆特征。

第一，闭合性与中心感：通过围合手法，形成内向的空间，以雕塑、小品或水景细部的局部处理形成视觉心理中心，如波士顿罗斯韦码头综合建筑群，建筑半围合形成向水开放的广场，并以小的观景亭置于中心，形成视觉中心。

第二，限定分隔的层次与序列：通过空间收放变化、界面高低变化、序列引导及空间形态的线面组合等形成层次丰富的序列化空间，如桥和跨水建筑是水陆联系的纽带，又是水上空间分隔的有效手段，桥洞还有延伸空间的作用，运用得当能使空间分合有致，层次丰富。纽约金融中心水滨广场，利用地面高低变化及绿化组合、面水的中庭，形成收放有致的空间层次。

第三，空间环境和意象形成：根据环境认知意象的原理，意象必须经过"组意""成像"两个过程，"组意"就是选择一些与设计对象相关的、有理的必然的意象条件，以及偶发的意外因素，组合为一组可形成特征形象的多重意味的过程；"成像"的含义则是根据上述具有指向性的多重意味，运用设计手法，将其化为视觉形象和感受空间的过程。空间环境的意象必须通过"建筑符号"和"图式"这两个设计内容实现，这里把意象环境中那些形成特征性视觉母题的形象元素称为符号，而将意象环境中那些形成特征性行为母题的形态元素看作是种图式。借由符号与图式，意象空间环境才得以展开。水景空间环境中的符号是与水有关的视觉母题形象，如波动的水形、帆、船、桥等，而图式则是与水有关的心理与行为母题形态，如水埠码头和水滨集市广场、步行街、观景楼阁等。除水的意象外，水景空间环境还从城市区域的文脉中获得特定的城市区域的意象。

（六）城市水景空间环境中视景与天际轮廓线的组织

1. 水景空间环境中视景组织

水景空间环境的形态和内涵是构成城市景观的重要组成部分，它的整体或局部往往构成城市的景点，水体、水滨自然景观及人文景观的有机组合是构成景点的主要内容。

第一，视点、视域及视景分析。视点即人们观赏景物的地点，城市水景空间环境是城市空间中的景点，具有鲜明的特征，桥头、水滨散步道，水滨、不被遮挡的制高点（如高层建筑、山顶等）都是城市中观赏水景的好地点，另外，行驶在水中的船是移动的观赏点。视景是由视点看到的景致，对于城市水滨景观的研究应根据自然环境的特征，通过作图分析，优化选择出某视点即可得到最佳视景，再由最佳视景确定视域范围。这一视域范围即需要加以控制和保护的范围。视景的分析和优选是关键，要保护和加强视景，首先要确定该视景的画面、意境和主题，以明确保护和加强的目标。其中最主要的是主题和意境，画面则是其具体的体现。如镇江金山慈寿塔是公认的观赏沿江风光的最佳观景点，由此观赏北固山、焦山、大江及城市组成的视景，以方台山为画面的前景、壮观的大江及北固山和焦山，组成一幅江山多娇的长卷，这一主题不应被城市建筑群所破坏。

第二，视景组织。城市水景空间环境的视景组织是经由路径将各景点及观景点串联起来，通过对某一标志性景点（高潮）的趋近，旁过（环绕）及远离（尾声）并充分利用沿途各段视景片断作为行为上的诱导及视景上的丰富，从而构成序列化的水景空间。

路径。水景空间环境中路径可以是陆路或水路。路径作为线性要素，西蒙兹以抽象的图示表达出路径与景点的相互关系，我们可以从中总结出线接近点的三种方式：趋近（或远离）、经过和环绕。趋近是以终端区域或空间为目的活动，远离是其逆向过程。经过时线趋近某点并偏离，形成旁过关系。环绕是线在点周围环绕，使点在各方向均为可视。对于线型的水空间，应注意水、陆路径的交叉汇合组织，对于面型的水体，除了环绕的路径外还应注意组织伸入水中的路径，以增加观水机会。

第一印象。强调水景空间环境给人的第一印象如入口，进行重点处理常格外引人注目，这也是视景序列的开始，水路给人深刻印象的往往是以水为前景的建筑轮廓线或河巷中的桥。陆路则常用具有明显标志性或象征性的建筑小品绿化做起始标志。

标志与引导。行人在空间中沿着路径前进时，各类标志物对人的运动起引导作用，并使空间易于识别，其布置方式大致为三类：路侧标志，路中对景（包括横跨路径如桥），虽在路侧但与一段道路间接对景。根据心理观察，人轻松步行的最远距离大约为200～300米，用标志物加以强调，能引起行人注意，引导空间展开。

动观与静观。动观指人在活动过程中对水景空间环境的感受，要求有连续的空间组合或路径的支持。静观指人在停滞状态中对水景空间环境的感受，要求有适合的观景点与观赏面。动观主要是感受整体效果和鲜明的个性，而静观则更注重细部的品味，因而动静的综合考虑，有利于景观的多样变化。

空间的连续与分隔。连续的空间，通过轴线变换、空间形态开合及形状的对比变化，随着人们的进入，景象层层展开。含蓄和层次感是连续空间中首应注意的空间品质，分隔是达到这种要求的手段之一，桥是河道水景空间中常见的分隔体，将水景空间分隔成既分又连的空间序列，桥洞是下一系列空间景色的独特的景框。

第三，水滨视景的保护和加强。根据水滨的自然环境形态特征，控制建筑高度与造型，保护和加强水滨视景的环境，同时，应重视腹地对水面的视线可达性，对滨水建筑的设置应考虑对水直视、通过缝隙可视和眺望的需求。烟台市烟台山海滨的道路是直观的好例子，通过展望水面，可使身在闹市的人们通过对自然水面的眺望使紧张的精神得到调整，并能根据潜意识中的城市意象识别方位；同时，街道对水面开敞，可成为城市中的新风道。大连马桥子滨海住宅区，低层住宅分散布置，透过各幢房子之间的缝隙和树木可以望到大窑湾粼粼的海面，加强人们对滨海住宅区氛围的感知。波士顿联合码头虽位于地价较高的市中心，考虑到从市区观看港口的视线要求，新建的城市建筑都是三层以内的低层建筑。当然城市水滨地域的功能十分复杂，建筑空间环境的制约因素很多，只是一味地限制高度，往往会花费不必要的代价或成为纸上谈兵，在城市的重点水滨视景与城市主要的观景点之间确定视域范围，并对高度加以控制，留出视廊和视域是行之有效的方法。

城市的水滨地域由于历史的原因，往往有许多工业、仓库及交通建筑设施，目前有的随着地区的更新开发已搬迁，有的仍然留原处，对这些可能会给水滨视景带来影响的因素，对策是加以搬迁或加强绿化来遮挡淡化，从色彩和形态上将其处理成"背景"区。

2. 城市水景空间环境中天际轮廓线的组织

河边、湖畔、海滨这些城市中弥足珍贵的景观区域是城市风貌特色集中展现的地方，大水面为人们提供了开阔的视野，远眺的景观给人们提供了关于城市的总体印象。我们经过前面对空间尺度的视觉分析知道，当 D/H 大于 3 时，对建筑群体的共时性认识尤其敏感，其天际线与前景和背景的自然景观的有机组织显得十分重要。

我们从以下几个方面来谈水景空间天际轮廓线的处理方法

第一，建筑群天际轮廓的节奏韵律。同一或相似的形式重复使用或有秩序地变化形成的规律感，反映在天际轮廓线上首先便是实与空的变化。格登·卡伦在《城市景观艺术简论》中用"网天"一词来形容建筑天际轮廓线与天交合的形态，"建筑飞上蓝天，攫住她，将她带回地面"。建筑天际轮廓线与天空相互嵌入，犬牙交错，建筑向上高耸的态势与天空低垂的态势在总体上取得平衡，天际轮廓线即有了良好的节奏感。同时，建筑体量尤其是顶部的手法近似性也是形成良好节奏、韵律感的重要方式。好的建筑单体设计不一定会带来整体的良好关系。上海外滩天际轮廓线中，联谊大厦的单体虽然是简洁而高效的，但其简单的玻璃幕墙方盒子体量，与外滩近代建筑群顶部的有机轮廓并不相干。

第二，建筑群轮廓与环境背景的和谐配合。建筑的天际轮廓线之所以给人美感，原因之一是能够与所处的背景环境相协调，创造出人工与自然的有机融合。人工景物的营造应是对自然条件的强调而不是冲突，是在理解了自然环境的形态和规律之后对自然的改造，保持城市标志性景观的醒目与完整性也是处理建筑群的制约因素之一。旧金山中心区规划方案中，明确地规划了从双峰顶俯瞰旧金山全景的建筑高度控制线，以保证城市重要标志之一的海湾大桥不被高层建筑所遮挡。

第三，建筑轮廓线的重点标识和层次的塑造。建筑轮廓线中高耸突出的重点建筑物，对人的视线具有聚焦作用，对松散、破碎或平淡的天际轮廓线起到组织作用。建筑轮廓线的重点标识作用在缺乏天然地形特征的城市滨水区是必不可少的。以纽约曼哈顿的城市滨水区轮廓线为例，早期发展中，高楼林立，杂乱无章，直至世界贸易中心双塔建成，才从整体上形成有力的控制。而新建的金融贸易中心，则以圆形、锥台、方锥形的顶部造型，非常谦和地加入这一整体之中，世界贸易中心和金融贸易中心构成的群体已成为曼哈顿地标性建筑群，构成了极富标志性的轮廓线。

在城市滨水区，最大限度地让水体的影响渗透进纵深地带，一直是人们利用滨水资源的一条原则。在滨水区建筑群外部形态的构成上，往往通过内高外低的设计手段，通过在滨水区的纵深地带设置高层建筑，而在临水区域设置低层或多层建筑，加上水中帆船或轮船的前景及滨水绿带的衬托，形成向水面开放的态势，一方面使更多的使用者有了观赏水景的条件，同时又可以形成滨水区特有的多层次景观，在整个腹地建筑群体型特点制约不强的情况下，滨水区表层轮廓线的构成中，往往通过高度不高但形体富有特征的建筑或群体，增加轮廓线的生动和标志性，成功的例子如悉尼歌剧院和香港文化中心。而个性强烈的标志性建筑的前景区，建筑的处理宜从传统环境文脉中吸取造型手段，繁简适度以突出中心。巴斯曼和哈伯尔在科隆大教堂旁边设计的现代美术馆，音乐厅以其谦虚、现代的形象与教堂一起构成莱茵河畔的标志性景观。

（七）城市水景空间环境中的环境细部及绿化处理

滨水散步道、广场、花园等是城市中的共享水景空间，对环境细部处理手法的深入推敲是使水景空间舒适的必要手段，同时也能促进水景空间美观、安全、有趣，以及更有品质。人的环境知觉是多感官的，细部的深入处理可以调动人们视觉、触觉等多种感官来使整个环境认识立体丰满。人在水景空间中的各种行为动机如停留、休息、独处、交往、体验水趣等，可以通过环境细部的有机处理得到满足。

1. 水体构架的处理

第一，构架形态。水体构架有自然与人工两种类型。在城市中的人工水体构架处理的原始出发点是安全的需求，如上海外滩的堤岸处理主要是考虑了防护要求的垂直堤岸处理。这种处理手法有安全、易于人流控制的优点，但缺点是人们体验水趣的心理无法充分得到满足。

通常情况下，我们可以把滨水护岸分为阶梯式护岸、斜坡式护岸、垂直式护岸和混合式护岸四种形式，其中阶梯式护岸又可分为台地式护岸和台阶式护岸。根据不同情况采用相应的护岸形式有利于水岸的利用以满足人们对亲水性空间的需求。安藤忠雄在大阪的天保山博物馆中，将建筑用地和大海之间的护岸演变为台阶式广场，顺势向大海延伸，这种亲水护岸的设计，产生出与大海间的连续性，滨海广场成为人群活动的舞台。伦敦现代艺术馆设计中，同样采用了滨水台阶护岸的形式，创造了全新的滨水空间。

第二，铺地材料。一般城市岸线滨水道路与堤岸考虑行车和施工简便的因素而采用混凝土地面，如烟台市烟台山滨海公园的岸线地面处理。但在一些确定的步行空间采用特殊材料如沙砾、卵石等作为铺地，会使人从视觉到触觉产生美好的亲水感。意大利里莫恩城的海滨花园的卵石铺地成功地创造了空间的近水感觉。

2. 建筑与环境小品

　　第一，建筑小品。建筑小品如亭子、门廊或透空的构架等，功能简单，常用作空间层次与领域的划分和限定，强调空间的中心或是形成序列，使空间丰富而且有宜人的尺度感。波士顿罗斯韦码头广场的圆亭既限定了停驻空间，供休息和观赏水景，同时又构成了中心景观。杭州西湖平湖秋月是亭子处理的又一杰出范例。

　　门廊、构架可以增强空间的渗透、层次感，提供框景（如香港九龙的文化中心广场的空透构架成为港岛高层建筑群的完美景框），连续的空透框架带有方向性，具有引导作用，可以加强空间的序列感。圣马可广场公爵府和对面建筑的底部柱券，形成向水视线的良好引导。

　　第二，环境小品。环境小品如花台、踏步、灯具、座椅、栏杆、矮墙、环境雕塑、广告牌及码头特有的系船墩等。通过有机组织可以初步地限定与围合空间，提供观赏、停靠、休息的场所。环境小品的形态特征和风格样式，有助于空间氛围的营造，暗示或提示某种文脉的关联。烟台山滨海公园的一组雕塑，通过运用与海有关的情节创造，营造了公园的空间主题。

　　第三，绿化处理。水景空间环境中的绿化要注意线面结合、高低结合，并且与堤岸的形式结合。沿水带的绿化要留出视线缺口，过密过矮的绿化会遮挡人们观赏水景的视线；在水滨广场的适当位置可考虑面状的绿化群，如绿色天棚等，提供休息和观赏水景的天然场所；另外，对不利于景观的水滨工业建筑等可用绿化来进行遮挡与淡化。对绿化的品种、色彩、花期等通盘考虑，可创造斑斓夺目的水景空间效果。

环渤海城市滨水景观研究

韩峰

韩峰，海优德达城市设计咨询有限公司 (Urban DATA., Inc.) 副总经理，建筑学硕士。曾在中国建筑工程总公司上海设计咨询公司、香港嘉华国际集团有限公司上海地产公司工作，先后参与主持过上海静安区嘉园住区、淮海中路嘉华中心、上海市黄浦江两岸贯通杨浦滨江公共空间（船厂地区）、黄浦区北京东路地区转型总体建筑概念设计、玉溪市中心城区总体城市设计等项目的设计和管理工作。

论文时间

1996 年

摘要

本文摘选自笔者的硕士毕业论文。原论文从人文主义思想出发，对环渤海城市这个特定区域的滨水景观进行研究，意在通过强化滨水区景观环境的地域性与文脉延续性，保持与塑造环渤海城市的特色，使城市居民对其产生进一步的满足、认同与归属感。

为了增加可操作性与实践性，原论文在分析环渤海城市滨水景观形成与演进的基础上，结合对于部分城市的实地考察，对环渤海城市滨水景观进行构成要素分类，并分析了诸要素在环境知觉方面的品质与特征，同时结合国内外实例对环渤海城市滨水景观各构成要素进行控制设计，为塑造富有特色的环渤海城市景观环境与风貌提供方法与借鉴。

一、研究的范围与概念的界定

（一）环渤海城市

环渤海城市的概念，不是纯自然地理上的概念，而是属于经济地理的范畴。20 世纪 80 年代初，我国经济发展战略提出开放沿海 14 个城市；在进一步的对外开放与经济发展中，又提出了区域经济发展的战略。在我国外向型沿海经济带区域发展的战略中，分环渤海经济区、长江三角洲经济区和珠江三角洲经济区三个重点发展区域。环渤海更是从环渤海经济带，或是环渤海经济圈角度提出的。经济带或是经济圈的实质是，以有目的、有组织的经济活动为主体，向特定范围内的社会空间和自然空间的扩张和发展。环渤海经济带指包括环渤海的海域、海岸线和海岸带陆域在内的整个国土范围内的经济群落。本文的环渤海城市正是从这样的意义出发，指环渤海经济带上的城市。

环渤海经济带上的城市包括环绕渤海及部分黄海沿岸的城市，具体有大连、营口、盘锦、锦西、秦皇岛、唐山、天津、沧州、滨州、东营、潍坊、烟台、威海、青岛和葫芦岛 15 个城市和地区。环渤海经济带在我国经济贸易发展中起着重要作用，也有着自身的优越条件。

1. 区位

环渤海地区比邻地排列着辽东半岛、京津唐、河北东部沿海地区、黄河三角洲、胶东半岛。两个半岛的尖端很接近，相距 130 千米，犹如双臂环抱。北至丹东南至青岛，沿线长达 5800 千米。港口众多，同世界 160 多个国家和地区有经济往来。

2. 经济

环太平洋的沿海城市将是 21 世纪的经济中心，而环渤海地区是我国进入太平洋、走向世界最便捷的海上门户。同时，当今世界经济是区域集团化的经济，亚太经济合作组织、欧共体和北美自由贸易区，已在全球形成三足鼎立之势，而环渤海地区又恰好位于亚太经济的新增长点——东北亚的中心，同朝鲜半岛西海岸、日本、俄罗斯东部与蒙古国、韩国之间联系密切，运输方便，易得到互补互利的经济效益。

3. 资源

环渤海地区是我国的港口密集区，大桥港湾 40 多个，港口吞吐量占全国 60% 以上，外贸出口量占全国 78%；此外工业基础扎实，科技力量与水平雄厚，同时又有丰富的自然资源。渤海是我国最大的内海，面积为 7.7 平方千米，素有"天然海上鱼池"之称，有着自然和人文相结合的良好环境。

（二）面临的问题

因借这些优势，环渤海地区已成为我国开发程度较高、外向型经济比较发达的地区，环渤海的城市经济得到了迅速发展。

城市的经济发展同城市建设有着互动的关系。改革开放以来，在环渤海经济带上的城市因经济的迅速发展，城市建设的步伐也在加快。新建港口、设立开发区、改造与更新旧城等，如青岛新建的前湾港、大连的大窑湾港，青岛、烟台、威海的经济技术开发区建设，以及这些城市的新一轮总体规划，都对城市的整体风貌起推动作用及产生积极影响。但由于建设速度的加快，同时带来了一些规划、设计、开发上的新问题。在新的形势与要求下，在保持与创造滨水城市环境风貌特色上，和谐利用自然与人文景观、塑造富有特色的滨水城市风貌这一问题显得尤为突出。城市整体景观环境应是富有地域性、文脉延续性的宜人环境，使城市居民对其产生认同与归属感，并因借城市整体景观特性吸引外来人员。

（三）滨水景观

对于城市滨水区的认识，邻邦日本进行了诸多的研究与实践，也积累了一定的成果。其研究认为，城市滨水区是指城市范围内水域与陆域相连接的一定范围内的区域，由水域、水际线和陆域三部分组成，其特点是水与陆地共同构成环境的主导因素。滨水可以是临江、河、湖、海的。同时又进一步划分了城市开发中三个与水相关的区域。从中可见滨水区是介于沿岸域与水边之间的。从我国规划设计的角度看，滨水区的开发与设计，既是对沿岸与规划的深化与继续，又对水边的详细规划起指导作用。从这样的角度来看，环渤海城市滨水景观可以理解为环渤海城市范围内海域与陆域相接一定范围内的景观。

至于范围的大小，并没有明确的限定。如按美国的沿岸地理理解为滨水区的话，这个范围包括从水路线到 100 英尺（约 30 米）和 5 英里（约 8 千米）不等，或者一直到道路的干线等。我们同意这样的看法，这一范围的限定应同滨水区在城市中如何被看待相关联。因而，滨水区范围不是单纯从水际线到陆域可以机械求得的距离，而应是城市居民对滨水区日常意识较高的地区，即可以为城市居民意识到水存在的那个区域。环渤海城市滨水景观主要指环渤海经济带上的城市滨水区景观，也包含海岸边水环境景观。

滨水地带是一个敏感与脆弱的地带，在岩石圈、水圈、大气圈、生物圈的共同作用下，海岸处于一种微妙的生态平衡之中，海岸地带的美学特征正是基于这种自然状态的平衡，在陆与海的交界处，一方面孕育了城市，另一方面，滨水域也作为城市形象的特征性因素浸入大城市的文脉之中。如果将城市分为背景区、混合区与特色区的话，滨水域将是典型的特色区域，其得天独厚的自然与人文景观是历史演进中形成的独特风貌，滨水域是环渤海城市的整体景观风貌的载体，宛如一面镜子或者是窗口，反映着滨水城市的特色。

二、环渤海城市滨水景观主要构成要素特征

对于城市而言，自然景观固然是环渤海城市滨水景观中不可缺少的特征因素，但景观的创造更多地表现在对于人工景观的把握与塑造。凯文·林奇曾指出："城市就是一个特征统一的地区。人们通过整个地区连续统一的特征来认识它，而这种特征在其他地方是不连续的。这种特征的同一性也许是空间特征，也许是建筑形式，也许是某些细部的处理。"环渤海城市滨水地带作为城市的边缘与区域也具有这种同一性，在如下的主体单元中得以反映，即滨水景观的主要构成要素的特征。

（一）滨水公共空间的平面结构特征

1. 平面结构特征

城市的形态综合了历史、文化、技术和社会诸多因素，现状的形态依赖于原有形态的基础。在某一特征时期，总表现为一定的形状，而平面结构往往决定着空间形态，表征着城市的发展与演变。

环渤海城市滨水公共空间的平面结构，同城市总体公共空间相关联，其特征表现在如下几个方面。

（1）开放的平面格局

受自然地理条件的影响，环渤海城市呈现出沿海岸形态线性增长的带形城市特征。城市由滨水地带首先发展起来，沿海岸不断延伸与发展，并向海域开敞与渗透，呈开放的格局。在近代殖民历史的影响下，其平面结构特征遵从欧洲古典主义的形式构图，集中体现在环渤海城市滨水地带的中心具有良好的视觉景观场所，如青岛滨水中心区的顺应地形的方格网结构，以及大连的放射性平面结构。适应工业区发展与布局的连片带形城市则分散于海岸进港口及边远地区，平面结构沿袭以上格局，但道路宽直，能够适应现代城市发展的多心组团结构。

现代环渤海城市性质表现为港口、旅游、沙漠的多样功能与目标，形成多个有核心区域的组团结构，各区域之间紧凑布局与联系，各组团间强调面向海域的通透及绿化分隔，充分展示开放的平面结构。如烟台的多星组团结构。

（2）滨水公共空间平面结构的多元组合

滨水公共空间平面结构相应于不同的滨水区功能表现出多样性，结构形状又综合了各个不同滨水区域的结构特征，如方格网或是放射形，或是自由式，而呈多元组合。多元的平面结构串联在滨水的岸线上，配合不同的功能区域展现不同时代特征，展示不同的景观风貌。

2. 滨水天际线的特征

城市滨水部分的整体同一性提供了从外部注视的可能性。天际线，同时也是人们感知城市或滨水区域的竖向要素。天际线给人的知觉特征的感受体验，表现在以下几个方面：

第一，印象性。当人们乘船驶近城市，或沿海滨道路感受城市，或从空中俯瞰城市，天际线以引人入胜的特征，加强着人们对于城市的印象，也是一种戏剧性片段，在人们的心理认知结构中起到一种骨架的作用。19世纪和20世纪初，对成千上万的人来讲，曼哈顿的天际线意味着希望。

第二，象征性与比喻性。比喻的观点是一种典型的现象的解释，通过与其他事物和经验的思想上的联系，天际线会取得这些事物的属性。当然比喻因人而异，更进一步的象征表明了天际线作为文化现象的特征，体现着公众的价值认知与城市的性质。今日曼哈顿的摩天楼的天际线，象征着今日商业时代；中世纪的教堂映射着那个时代的精神。

第三，并置性。事物之间的关系是并置的二者的类似或者是对比造成的，变质反映了一种不似之似、不同之同事物的并列。天际线由让人一瞥之间领会古今，是不同时代的物质形态的并存与共处，如外滩天际线。

第四，动态与连续性。时间及运动是这一性质的重要体验因素，观赏者同对象之间的相对运动产生视点变换，使天际线更立体，更有雕塑感。

天际线的美学特征表现为：

第一，韵律。表现为一种相同或相似的事物的不断重复带给人的感受，天际线的韵律在实与虚之间变化，即建筑物及其间的空隙体现着变化中的统一。

第二，和谐。人工与自然的和谐，即建筑同环境的和谐及建筑物之间的和谐，这种融洽形式的关键在于对已有自然形体的加强，而不是形成尖锐的对照。

第三，凹凸性。这是建筑上升、凸起与天空的下降、凹入共处一体，在视觉中求得平衡的特性。

第四，层次性。因烟雾、光影的作用使天际线具有了层次性，因观察者距离前后产生的常识性还表现在人们多层次的感觉与联想中。

第五，图形与背景。由于逆光或是烟雾弥漫，建筑的细节、结构体系及建筑材料的性质被模糊掉，天际线抽象为建筑物纯粹的图形及其形体之间的组合，有意思的是天际线在夜与昼的交替中，进行着图与景的转换。

（二）滨水建筑特征

在城市中，建筑是最直接、最活跃与最富有表达性的景观因素，建筑群体的形象深刻影响着滨水城市的整体景观特色，本文从以下几个方面阐述环渤海城市滨水建筑群体的特征。

1. 滨海建筑群体

群体建筑所产生的艺术效果无法在单体建筑中寻觅。人们进入群体中，则建筑物之间的空间的意义远胜于形成这个空间的那些实体，具有自己独特的存在价值，也给人们带来了单体建筑所不能及的视觉快感。

第一，分散的集中化。群体布局中存在"图"与"景"的特征——

建筑群体为图，而其所处环境成为景。对于环渤海城市，滨水地带重要的景为山体和海岸，自然的地理条件与环境特征决定着布局，因环渤海城市地势高差的变化，建筑多同山体相关联，因而群体布局中表现出与自然条件和谐共处的特征。建筑物按个别的图形分散布局，或者呈现多簇状按组群来配置，由此带来了生动的景象，分散的小体量再次组合，背山面水，建筑群呈现出分散的集中化特性。

第二，群体时空秩序的延续性。秩序是按照一种法则、一种标准进行安排的结果，表达着对于规律的遵循。人对于建筑空间的感知介于秩序与非秩序之间的景观欣赏，单调的难以引起注意，过于复杂的又会有视觉上的混乱感。建筑群体空间上的秩序，在滨水区表现为"动态的—中间性的—静态的"层次，在环渤海城市的滨水建筑群体中，这种秩序有开放的属性，以及自然生长的有机的组合属性。

建筑的时间秩序也可以理解为知觉的层次性，以一系列突显的或是隐现的方式出现，激发人们的感受。环渤海城市滨水建筑群体，一方面是给人以一种动态的序列感受，具有视觉的连续性；另一方面是建筑群体在不同时间轴上的多变形态展现的秩序与共性。

第三，有机开放的建筑形态。矶崎新认为："任何物体都具有一定的形态，它是事物在一定条件下的表现形式和组成关系，包括形态和情感两个方面。形态是对形状的升华。"自然界的物质形态有有机和机械之分，滨水建筑的群体组合因自然环境中山水因素的介入而表现为有机与开放的空间形态，适应人对于自然的亲和和群体与环境的和谐。有机意味着统一，整体的统一来源于群体与自然及诸多因素的统一，以相同或相似的构件与尺度组织统一的空间秩序与形态。

诸如色彩、形状、顶与底的方面，选择一定母体在群体组合中重复出现，从而达到有机的统一，强化环境的连续性、导向性与识别性，环渤海城市建筑群体现着这样的有机性。

2. 标志性建筑

从景观的角度来分析标志性建筑具有的特征。第一，标志性建筑提供心理定位。人们总是通过富有标志性的东西来识别自己所处的环境，寻求一种归属感，建筑尤其提供了这样的作用。如在青岛市来到老市府前就意味着到达滨水区的中心。第二，标志性建筑对整体景观环境起控制作用，它们一般有自己的影响范围，影响范围越大标志性作用越强，起到丰富轮廓和界定城市空间高度的作用。

（三）滨水开放空间与设施

1. 活动空间

现代都市生活中，人们越来越追求生活的质量，增加交流的机会与活动的频度成为人们对高质量生活的需求。城市中公共活动总是引人入胜的，扬·盖尔将城市户外公共活动空间分为三类：第一，必要性活动，一般来说属于日常工作和生活事务，这些活动在各种条件下都会发生，与外部环境关系不大。第二，自发性活动，如散步、呼吸新鲜空气，驻足观望等，在人有参与愿望时在适宜的条件下发生，如天气、场所有吸引力的时候，特别有赖于外部的物质环境。第三，社会性活动，如儿童游戏、交谈、打招呼等，是有赖于他人参与的活动，由前两种活动的物质条件改善间接促成。对于沿海城市来讲，滨水区是人们进行自发性活动的良好场所，在那里人们享受太阳的沐浴、海水的涌动、沙滩上的乐趣，观水、看人、欣赏城市，其乐无穷，环渤海城市滨水区是集结这些活动的有效场所。

滨水开放空间可被分为三类：广场、海水浴场、滨海公园。

2. 节点的性质

滨水开放空间如广场、海水浴场，它们具有作为节点的连接，或是集中性。广场同道路相连接或是作为现状道路延伸的终端，具有多样的功能与形态；海水浴场与公园则具有核的集中性，娱乐休憩的主题在这里得到集中表现。

3. 空间的开放性

滨水公共空间具有生活岸线特征，因而应最大限度地向公众开放。城市生活空间的组织形式不外乎围合与占领两种开放构成手段。在滨水广场空间，这种开放性的形态表现为围合中的开放，至少有一面向海域开敞；海水浴场，则是占领空间；公园也往往以自然为背景，其开放性表现在向海岸线空间延伸，水空间的利用及对于自然山水的亲和。

4. 景观尺度与设施

开放空间的尺度不同于建筑、街道，是大尺度与小尺度的混合。大尺度是从景观本身的空间尺度来讲的，如纪念性活动、商业贸易等；小尺度是从人在空间中活动的特征来讲的，如休憩、私密的交谈范围等。

环渤海城市中滨水地带分布着众多的开放空间，如青岛市的市府广场、江湾广场、鲁迅公园、多个海水浴场，烟台市的三个主要海水浴场、烟台山滨海公园等，有着创造高质量开放空间的有利自然条件，但目前，景观与设施不够丰富与完善。

（四）港口与游艇码头区域

1. 港口区域

港务运输是滨水城市的重要职能，在环渤海城市的产生与发展中，港口始终是其重要职能。港口是水运运输、物资集散的枢纽，是人们交流的场所，也是外国与本国信息集中的地方，因而港口也是具有文化特征的区域。早期港口常充满异域风情，十分吸引人。从景观角度分析港口，主要在于它对城市总体风貌的丰富与影响，表现在：港口选址与其他生活岸线的关系，综合性港口的形象作用，以及港口的文化特征与价值体现。

2. 游艇码头区

这是现代滨水城市的重要景观要素，滨水地带集结着多种娱乐活动，海洋带给人刺激、兴奋与快乐的感受。随着生活水平提高，海上娱乐项目的类型也越来越多，游艇码头区域愈发必要，这在国外较为多见，而在环渤海城市中尚属初级阶段，缺乏必要的设施与空间。

环渤海城市滨水景观的主要构成要素，作为知觉形态所表现出的各个特征并不是孤立的，而是相互关联与渗透影响的。诸多要素相互作用，共同构成滨水景观总体形象，为滨水城市特色做贡献，分析滨水景观要

243

素特征，更关键在于如何对要素进行控制与塑造，体现特征，塑造富有特色的环渤海城市滨水景观。

三、滨水景观要素的控制与塑造

（一）滨水公共空间的控制与塑造

1. 滨水公共空间平面结构的控制与塑造

（1）协调

协调意味着滨水区平面结构与自然地理条件之间的顺应与和谐。环渤海城市拥有自然带状海岸，尝试顺应这一特点，加之海岸带形发展这一事实可知，青岛的连片带状、威海的环带状，也都是与海岸自然形态协调的结果。

又由于环渤海地势高差多变、渐次向海岸跌落的特点，多采用顺应地形的、较为自由的平面结构，在滨水较平缓地带或区域的平面结构布局可采用理性规则手法，如棋盘式、放射性等进行处理，抑或是二者的结合。

（2）延续与发展

槙文彦曾经说："城市的结构其实是一种存在于地域社会的、特有文化中的集团意识所左右的构图，正是由于这方面的原因，城市的结构与单体建筑不同，它的构图更富有传统性和习惯性。"因而城市的结构形态的延续，表现在现有城市对原有城市平面结构的依附性。

在环渤海城市的滨水区的旧城区及近代城市发展的中心，其平面结构符合人们的认知结构，具有"场所"精神，因而应得以保护，如青岛市南区自由式结构与大连城市中心的放射性结构。借鉴旧有滨水中心的平面结构方式，可以对新的滨水区进行平直结构的组织，避免新旧区之间的隔离带，新区可以结合具体条件运用方格网、放射性或是自由式布局方式，尺度也可以大些，以适应现代城市的景观需求，如烟台市经济技术开发区。

（3）岸线的合理分配

环渤海城市滨水岸线可分为生活岸线和港口岸线，生活岸线用于组织城市生活。现代滨水环境中，生活岸线包含城市中心区、居住及娱乐活动集中区域，因此应将海岸具有较好自然条件的地段留给生活岸线，使市民直接接近水域，或者是具有良好的观赏场所。

港口应同生活岸线有一定距离，并便于对外交通运输联系，避免占用生活岸线，同工业区密切配合，如大连港口同工业区及市区的协调关系。对原有城市中心有依托的外湾区，也是港口岸线的较好选择。

生活岸线多为品质高的海岸，利用内凹式湾区，建立景点与观景点，丰富的景观层次可以形成湾区互为对景的良好景观风貌，如香港维多利亚港湾两岸风情。

（4）中心区的组织

滨水城市因借水域，中心一般位于滨水区或是市区内。中心也往往是滨水地带的平面结构几何中心。环渤海城市中心区多位于滨水地带，具有宜人的景物景观环境，如青岛市的商业中心中山路及市政府一带，面向海域开敞，背面依山，位于滨水区的城市中心，有利于组织开放的城市公共生活与景观形象。

随着现代城市发展与扩大，其对城市中心提出新的要求：一方面是对于原有中心的组织改造与功能置换，另一方面是滨水城市中心原有规模与位置不能适应新的需求，中心区也有所迁移。原有中心区是环渤海城市景观特色的集中体现，所以环渤海城市旧有中心区应维持其商业的特征，同时新的中心区仍应尽可能选择在滨水地带，以具有开放性。可采用不同于原有中心区的平面结构形式，并围绕中心建立现代滨水城市形象。如青岛新的 CBD 区域、市府楼，其周围现代办公高层即为一例。新的中心体现了商贸、行政职能，而原有中心保持着商业特征，在对比中协调共存。利用湾区对中心区进行组织，在湾区集中布置高层建筑，并后退水边一定距离，可结合大型公建、广场、绿化等，组织层次丰富的湾区中心。

2. 滨水天际轮廓线的控制与塑造

（1）滨水天际轮廓线与山体背景

在环渤海城市中，大多数有山体的余脉延伸入城市，建筑多建于山坡上，由滨水区注视城市，存在轮廓线与山体的协调关系。

245

尊重山体轮廓的形式，建筑与其保持协调，可以有协调、呼应、过渡几个方式。环渤海城市多为低山丘陵，从视觉角度的透视关系看，建筑多为图，山多为景，山不是很高，所以更应注意二者轮廓线的视觉张力。挺拔的高层建筑利于与高峻山脉取得对比性协调。斜坡顶建筑因相似性而构成向山体的自然过渡。环渤海城市建筑多有坡顶组合建筑轮廓线，与山体取得协调。作为象征与标志的山体，在滨水建筑轮廓线区域留出视觉走廊或不遮挡山体景观。滨水区建筑的建设应首先尊重现状中的山体轮廓，并从中得到启示，如加拿大安大略省巴里市对沿海岸建筑轮廓线同艾哥奎山脊线之间的现状关系的分析。

（2）高层建筑与滨水天际线

城市是动态发展的，过去的城市天际线发展谨慎，而今天高层建筑使城市发生骤变。高层建筑既可以给天际线增加积极因素，也可以起破坏作用，关键是其同原有天际线的和谐问题。变化的天际线意味着城市具有生命力，当然这也是必然的。

意大利的城市设计中的"后续"原则可以为我们提供借鉴，即后建的必须适应既有的环境。意大利的许多城市的发展都是采用疏散旧区另辟新区的政策，不在旧区盖高楼，保持原有的形象，城市干道交通也逐步移至地下或移向外环。环渤海城市滨水地带老城区多由低、多层的建筑群组合而成，轮廓线低缓多变，具有情趣，如青岛、烟台，但现代化的城市需求又必然导致高层建筑的出现与发展。在环渤海城市中存在着高层建筑对于城市轮廓线的冲击，如青岛早期城市，景观控制线的高度已被突破。我们在景观控制中对高层建筑给城市轮廓线带来的影响，考虑以下控制方式。

高层建筑可选建于城市内部腹地，不影响滨水城市轮廓。在发展的新市区中海滨与湾区多建高层组群，不影响老城区，又保持自己的特点，如澳大利亚悉尼的高层组群天际线轮廓。高层云集，高低起伏，构成优美的轮廓，同低多层建筑群和谐共处。

（3）标志性建筑与天际线标点法

建筑单体由于是不同时期的产物，因而易松散，难以辨认，这时标点法可帮助我们识别，它起到吸引凝聚人注意力的作用。需要做的是：第一，加强已有形体；第二，给不分明的视线一个引人注目的焦点。

德国在进入青岛后，选择滨水地带中位于山坡上的三幢建筑——天主教堂、总督府官邸和基督堂——作为景观控制点。世界上，以标志性建筑控制天际线的案例有很多，如在罗马，至今建筑不能超过作为控制点的圣彼得教堂房顶的采光塔高度。在环渤海城市滨水区，随城市发展，需要新的标志性建筑。在新的滨水开发地带中，高层建筑组群也可位于山地上，在高度上起标志作用。

（4）天际线与水岸

这似是两个不相关的概念，但事实上水的存在为天际线提供了"框"，使图景底部有一条平直的线，在对比中加强突出了天际线的凹凸。

在水岸还可以形成"帷幕透景"或"闭端透景"，来使景物脱离周围环境，在观赏者的视线中得到集中，是吸引外部眺望的有力手段。常用手法为立柱、设立拱门、采用廊道空间。

环渤海城市滨水地带自然拥有这样得天独厚的"框景"条件，海岸线性的自然形态犹如一条粗而有力的底线，强化了天际线的层次，但作为创造景观场所的方式，在环渤海城市中尚为少见。欧洲却有许多这样的例子，如从对岸眺望曼哈顿的天际线，极大地增加了视觉效果与景观情趣。

（二）滨水建筑群体的塑造

1. 建筑群体与自然环境的协调

（1）滨水建筑组群的布局与山体

第一，依托于山体，并同山体契合。依山体平行于等高线自由分散布局，可用台地来进行组织，即用叠落的平台来组织组群，山体不易于进行大面积的砍伐因而利用台地因地就势，经济并有效。著名建筑师西萨·佩里的作品在处理组群同山体之间关系上有利用这一手段的佳作。这种方式适合于组织居住、旅游建筑。

垂直于等高线布局的建筑组群，因地形坡形变化较大，以台阶和坡道进行组织，也可以采用"跌落"的方式，这种方式对于组织有宗教意义的严肃性的、纪念性的建筑或公共建筑是良好方式。

第二，借势于山体。群体建筑借山势而建，延伸了山势，山也成为建筑的台基。环渤海城市滨水建筑群体宜采用依山就势，自由布局的方式。

以平台或是跌落使群体轮廓同山体相协调、错落有致,保持分散的集中化。

(2) 滨水建筑组群与水

第一,滨水建筑群体具有视觉的双重性,既可以直视眺望水面与海域,又可作为景物而由海域体会城市的景观与轮廓。因此,在环渤海城市滨水建筑中提供观水的平台是有意义的。在这方面旧金山39码头商业建筑给我们很好的启示。

第二,建筑群体布局的间隙。为使水空间与自然景色不受建筑的遮挡,而留出间隙或者是视觉通道,建立在水面与建筑群体之间。这种间隙起着渗透外部自然环境到组群内部的作用,间隙与渗透的位置,自然也是面向海域的,使人的视线穿越组群延伸到室外,获得开放、明快、通透的视觉效果,感受滨水的气息。环渤海城市的居住建筑组群中建筑的组合,一方面是因山势,另一方面这样的组合也为群体环境同海域之间的沟通创造了条件。

在具体间隙控制中,日本采用了一定指标。日本神户市的滨水区用空地率和间口率来控制建筑布局,空地率在3/10到4/10,间口率在7%以下。

第三,临水的建筑外墙与水边空间距离也要有控制要求,同时包含一定高度以上的退后要求,在日本,在3～50米之间变化,如东京临海富多鑫海滨公园的规划。烟台城市海岸线一带规定自水际线100米以外建房屋。

(3) 建筑群体的秩序

如前一章构成要素的性质所言,有生命的事物是充满秩序的。环渤海城市滨海建筑群体尽管在布局上有依地形自由分散布局、亲和自然的特点,但作为现代建筑组群,其样式种类和规模大小都严格有序,呈现出相应的秩序感。

环渤海城市建筑群体空间组织形式有以下几种:第一,反映西方城市设计思想空间秩序,强调几何构图,以中心广场组织建筑群并强调开放的空间,利用向海域开敞的滨海广场组织建筑。第二,反映中国建筑空间秩序,即以院落为中心,以轴线、序列的方法组织滨海建筑空间,建筑中院、街、城的序列,相应于生活空间的内部公共—半公共—私密空间的递进,同人的生活序列活动相适应,特别是以"院"来组织滨水建筑,可以引自然景观进建筑群体,形成良好过渡空间,内外渗透,不排除现代建筑技术应用,但空间应开放而非封闭。"院"空间也可以借鉴国外滨水空间组织，以庭院的门洞、柱廊，加强"院"空间。沿轴线渐次升级，提高轴线端点的空间收头，形成序列的高潮与中心。

环渤海城市的滨水建筑群体多是分散化的集中型建筑群体，持续性并不是很强，主要是因为地势的条件，形成了这样分散集中化的群体组合，在今天也应成为建筑群体组合的基调。但在现代城市滨水环境中，特别是滨水开发区，对功能多样、综合的建筑，可以借鉴以上两种形式形成现代化的滨水建筑景观秩序。

第三，时间上延续。对有历史意义及价值的滨水区建筑组群进行保护，如近代殖民地建筑，插建建筑应同其相协调。高层组群集中布置在新的开发区或者是城市内部腹地，避免对原有滨水地带建筑的冲击。原市区滨水地带，新兴组群从过去的组群中提取主体因素，使二者之间产生联系，例如自由的组合、错落的顶，产生新旧建筑组群之间的对话。

2. 有机开放的建筑形态

滨水建筑组群有机开放的形态，依赖于对下述知觉形态要素的控制，控制的本身即意味着对于环渤海城市原有城市与滨水建筑特色的保持，也意味着对于新的建筑景观的塑造，参与控制的知觉形态要素有：尺度、高度、质感、色彩、顶与底、体型。

（1）尺度

城市空间中的尺度，包含着实体与实体关系、实体与空间的关系，以及人与建筑群体之间的关系。具体到滨水建筑组群的尺度概念，强调的是人与建筑群体之间的关系。这种关系可以用以下两种方式来进行视觉分析与控制。

表1 视距 D（人与建筑的距离）与建筑体验之间的关系

D（米）	20～30	30～100	100～300	300～600	600～1200	1200以上
建筑体验	细部	主体	总体	轮廓	总体与环境	整体层次轮廓

表 2 视距 D 与建筑高度 H 之间建筑体验

D	H	$2H$	$3H$	$4H$	$5H$
建筑体验	细部	主体	总体	轮廓	总体与环境

不同的尺度给人以不同的感受，所谓"千尺为势，百尺为形"，就是这个道理。芦原义信认为"关于外部空间，每 20 到 25 米，或是有重复的节奏感，或是材质的变化，或是地面高差有变化，那么在大空间中可以打破其单调，有时会一下子生动起来。"许多体验也证明视距为 20 米左右，给人以舒适与愉快之感，但城市化的密度以 D/H 来进行适度控制更全面，以中观、近视、远观来作为视觉环境的控制时，可以有不同环境效果。当 D 等于 $2H$ 时，景观建筑可以细腻到形；当 D 等于 $3H$ 时，反映建筑的总体气势；当 D 等于 $5H$ 时，远观反映建筑的景观效果。人总是崇尚自然，追求亲切宜人、舒适的尺度，这点在环渤海城市中滨水建筑组群体现得更为明显，这种尺度也反映在同环境之间的协调中，因而群体组合宜于采用中小体量的建筑组合，体型丰富有节奏地重复，以统一的要素，化大为小地进行片段组织，突出滨海建筑的宜人尺度。

（2）高度

同尺度相关联，这里的高度也有作为相对概念的特征，建筑同环境之间的高度存在着协调关系，良好的高度控制，可以保证滨水环境的视觉空间的开敞丰富，对于高度的控制有以下两种方式。

群体中建筑的高度，近水建筑以低层、多层为主，随着建筑位置的退后高度逐渐增加。这样可以增加临水建筑的层次，并提供良好的观赏水景条件。在日本的滨水区建设中，这已成为一种共性的原则。又如加拿大巴里城市滨水区高度的控制，保证了滨水三层建筑的特征及向内部推进时建筑的景观。

建筑群体与周围地貌环境的关系，群体的轮廓线同环境背景之间的关系，如山体、水岸等因素。旧金山选择在山丘脊部限制高层开发的办法，允许年代较久、低层的邻里靠近水边，以保证其景观的特色。

环渤海城市在建筑群体的高度控制中，较适宜采用上述方式，由于早期滨水沿岸多为低多层建筑，在今天仍发挥着新的功能与价值，所以应保持水边这一特征，随着向城市腹地的推进，建筑群体逐渐增高，密度增大。在新开发的区域，结合地理环境集中布置高层组群。

（3）质感

质感是人对于不同材料质地与纹理的单纯的感受与描绘，对于建筑群体质感的体验主要表现在外墙上。芦原义信"将墙面质感分为表里为同样材质的如混凝土、砖石，作为装饰的材料，如金属板、大理石、幕墙等，因材质与力度的不同而有细腻、粗犷、古朴、华丽等不同感受"。环渤海城市中建筑群体中，除了一般共同于其他城市中的材料混凝土、砖石幕墙、铝合金等之外，石材作为当地生产的材料更应引起重视。地方材料的采用可以引起人们的地域性的归属与亲切感，著名建筑师赖特自如应用于草原住宅的石、瓦、木路等材料，充分表达了质感在增强建筑地域特征上的作用。

环渤海城市在过去，特别是近代的建设中有许多应用石材的佳作，如青岛的福音堂、总督别墅等等。在目前大量进行的城市建设与开发中，借助海岸有利条件，将古朴的石材与现代材料结合应用于建筑的创作中，或是用于基座部位，或是用于装饰，对于保持环渤海城市地方特色不无裨益。

（4）色彩

色彩是建筑形态造型的有力手段之一，也是城市景观塑造的重要手段，人对色彩的感知来自视觉，色彩具有先声夺人之势，如下表3：

表3　注意力百分率

视觉感知		
时间	色彩	形态
2 秒以内	80%	20%
2 分钟以内	60%	40%
5 分钟以内	50%	50%

人对于色彩富有个人的偏爱、联想与喜爱，但不同民族国家地区对于色彩有不同习惯，密集的建筑群体与统一的建筑材料色彩，可以形成城市的独特风貌。世界上不少城市都有自己规定的色彩，如巴黎以黑色屋面、浓茶色墙为基本色调；西班牙用洁白色；美国及北欧地区用蓝色；

日本的"利休灰";我国金碧辉煌的京城与粉墙黛瓦的江南城镇。

环渤海城市的建筑群色彩控制，基于同习惯性相联系和同周围环境相协调两方面。由于气候及历史因素，建筑色彩明快。提到青岛，人们以碧海、蓝天、红瓦白墙来描绘青岛，构成了人们对于城市的记忆。烟台、威海市也就城市色彩做了"红瓦、白墙"的规定，因此延续习惯性的这一特征是必要的。

分区规划与控制也是必要的。可以有突破，在城市色彩基调与建筑区域中相互协调，在日本横滨对海湾色彩进行了规划分区，以明快的色彩增加滨水建筑的活泼开放。每个区域都规定了自己的低色与高色，而分界线上的代表性建筑全用纯白色。此外色彩对于群体的造型亦有丰富完善的作用。

（5）顶与底

屋顶是景观构成中一个十分重要的具象要素，复杂多变的群体组合可以在屋顶共同性下得到统一，从而加强城市的印象，这种统一表现在造型上，如平顶、坡顶、老虎窗等；还表现在色彩与质感的统一上，如红瓦、灰瓦等。屋顶还使城市具有良好的俯瞰价值，随高层的日益增多，俯瞰有了更多的可能，建筑第五立面的设计也颇受注目。

环渤海城市中滨水建筑群体以坡顶的组合为多，大连、青岛、烟台等都是如此，如青岛总督府别墅的屋顶错落有致。现代住宅也有坡屋顶的巧妙组合，目前对高层建筑的顶部控制没有十分具体的规定，而日本对顶的体块、风格，甚至建筑与广告设备的整体关系都有控制，如广岛市滨水景观对屋顶处理的建议。

一般来讲，一个视觉式样的底部应低一些，这有两个层面的含义：一是构图的平衡，另一个是底重于顶有稳重感。滨水建筑群体因功能与环境的需求而有特殊的造型要求，以增加群体的开敞性，常常架空底层、形成开放空间，或者是利用出挑的露台、阳台使建筑空间产生延伸态势，形成眺望场所。这种方式在世界上许多滨水城市中得以应用，如威尼斯的廊道空间、海南的骑楼空间。环渤海城市中虽无海南炎热的气候，但建筑的开放性因滨水共同，所以这种形式是滨水群体组合，形成开放空间的有效手段。

（6）体型

滨水建筑的体型活泼舒展，常常具有流线、动态的造型，因此在环渤海城市新的滨水建筑群塑造中可以从国外例子中得到启发。

3. 标志性建筑单体

（1）作为景观控制点

城市总体空间的景观控制点可以起到丰富轮廓和界定城市空间高度的作用，如意大利的城市多以教堂与钟塔作为控制点，如佛罗伦萨在一片低矮的红色坡顶建筑中，只有老市政厅作为顶饰，以方塔和圣玛利亚教堂裸露着的八根拱柱穹顶控制全城空间构图，成为城市的标志。环渤海城市中，在城市建设初期青岛的滨水地带在高坡上建了天主教堂，以基督教堂和总督宅院作为控制点，虽然现在已被许多建筑高度超越，但依然醒目可见。

（2）作为方向指认

标志性建筑的另一作用是，以其突出位置或形体，成为人们心理定位依据和城市的象征。在滨水地带，往往是垂直向上的高层建筑群或者是具有文化纪念意义的建筑及综合娱乐建筑。现代滨水区复兴中的水族馆，往往为当地带来生机，也起到标志作用。

（3）焦点作用

滨水建筑沿道路连续的变化序列，在这些连续性要素中，以建筑的突然凸起或者是平面的凹入（或称阴角空间）构成连续中的转折而起焦点作用。道路轴线的焦点，以"屏蔽"包围空间，却又不失沿路的前进感。在道路转折处如弯道，道路交口处形成视觉焦点，可以利用这些位置塑造标志性建筑。环渤海城市青岛中，道路以焦点建筑为对景，如沂水路相对的福音堂，同浙江路、肥城路相对的圣爱弥尔教堂。

（三）滨水开放空间与设施要素控制和塑造

1. 广场

从空间构成上来讲，芦原义信认为名副其实的广场有如下特点：边界线清楚，具有良好的封闭空间的阴角，铺装面直到边界，周围建筑具有统一和协调性，D/H 比例良好。

广场既可以提供内部空间以有效的约束，也便于阻隔外部地区的干

253

扰。广场是人们最初组织城市公共空间的手段。如意大利威尼斯，从阿利托桥到圣马可广场400米范围里，有四处教堂和广场，形成多样的景观。环渤海城市中受欧洲影响，早期就有以广场组织空间的，在现代滨水区域的广场，从功能上分由建筑组合围成的综合性广场；与道路交汇的广场，功能上为商业、文化或者是纪念性广场。滨水广场空间要素控制和塑造有以下几个方面：

第一，与滨水地带的位置关系。临滨水大道一侧的建筑组群围合而成一面向海开敞，一面是人流集聚的道路节点的水边广场或码头广场。以建筑围合形成阴角空间，后退的建筑创造了好似被拥抱的温暖感受，在设计中这类广场众多，用以交往和休憩。

第二，尺度。早期广场采用小尺度，平面紧凑、宜人，现代滨水地区广场，因其性质如商贸中心、办公楼组群等，广场尺度相对扩展。芦原义信在外部空间设计中，对广场尺度用"十分之一"的理论来控制，环渤海城市中采用 $1 \leqslant D/H \leqslant 2$ 这样的尺度比较合适，亲切宜人。

第三，形状。形状可以是规则与不规则的，因势利导的，切合当地地形条件的广场有着自发的形态，现代滨水广场空间结合具体情况而定，但有一条是共同的，即其开放的形态。

第四，质感。对广场质感和感知，引用芦原义信所说的 20 ~ 25 米为模数，增加重复的节奏、材质的变化或者是地面高差的变化来打破单调。硬质景观的辅助原则，在环渤海城市滨水区中适宜采用当地花岗石材，富有变化的铺地将建筑、树木、设施与人联系在一起。

第五，主题与设施。广场因其性质不同，具有不同的主题内容，如商业广场，具有贸易、休闲、娱乐等功能，因而建筑与广场结合配备服务设施，建筑可以通过内外渗透的方式，感受外部滨水景象。文化与纪念性广场，则可以通过较小尺度，结合纪念馆、博物馆来组织，并加大绿化面积，同时广场上设置供休憩的小尺度空间。以高差变化，如下沉空间、台阶等联系广场与滨水岸边，利用旗杆、雕塑、喷泉等突出主题。

广场空间是环渤海城市中尚有待提升的一个景观要素，与道路交汇的广场仅具有交通功能，而水边广场又需要足够适宜的空间。可以借鉴国外经验，在新的开发区组织供人交往与透气的广场空间，及老城区中滨水广场空间的再利用。

2. 海水浴场与设施

滨水开放空间中，直接向公众开放的生活岸线即为海水浴场，并非每个城市都是这样优越的近海条件，这是环渤海城市中最为宝贵的地带。环渤海城市分布有许多海水浴场。浴场的空间组成包括水域、沙滩、后场空间。

海水浴场要求周围环境良好，特别是植被，不靠近工厂仓库、码头。海水浴场陆域宽度为 50 ～ 100 米，水域宽度为 100 ～ 200 米，海水不能受到污染，透明度不低于 50 分米，海流速度不低于 0.3 米 / 秒。沙滩是海水浴场的主要空间，有半数以上的人员在此区域活动。后场空间主要是服务设施的布置与利用，沙滩宽在 30 ～ 50 米之间较为适宜。当大于 70 米时，应做适当划分，后场空间宽 40 ～ 50 米，后场同沙滩之间利用高差或者是材料的不同进行区分。

服务设施的塑造注重尺度宜人，体型亲切活泼，以及暖调色彩和粗犷的质感。

海水浴场附近的游乐区同浴场有一定分隔，游乐设施选用近水的，如滑道、戏水池等，结合水空间来塑造，造型大胆活泼，可分设儿童及成人的综合娱乐设施，或者是娱乐中心、健身场所。目前海水浴场的服务设施在国内尚属起步，但国内有许多丰富的岸线空间和设施布局潜质，充分展示水环境。

3. 公园

滨水公园一般位于临海一侧，按功能与规模可以分为：游憩型小型公园和有文化纪念意义的公园。

第一类公园尺度较宜人，规模小。以绿篱、灌木、树丛等加以分隔，同游步道结合，可以通向水岸。如采用露台、平台，向海域延伸，依柱眺望，其树下墙靠处，布置以座椅、台凳可以观海。道路宜采用弯曲的小径，营建增加安静的以矮墙分割的小空间，地面高差变化多，但起伏不宜大。

第二类公园一般建于有自然特色地形处，或者是有标志性纪念性意义的地方，如临海礁石林立、自然景观优美处，或者是有历史性、标志性建筑等。如青岛的鲁迅公园，其间地势高差大，早年建成的水族馆位于高台之上，成为公园的标志；又如烟台山公园环形步道围绕小山，是烟台历史的发源地。这类公园的塑造应注意以标志性建筑为构成中心，抬高其地坪增加标志性；以此为中心，组织游憩设施、道路与环境。

4. 港口与游船码头区景观要素控制和塑造

（1）港口

现代化港口作为水路运输枢纽，往往综合着交通、商业贸易、物流集散等多样活动，因而多采用外湾来建港口，而将综合性 CBD 中心及广场置于港湾区，港口中的湾区空间，同广场密切结合，并注重标志物的设立。

随城市发展港口规模的扩大，港口改建中应保持原有港口的历史及标志性环境，同时结合有教育意义的博览文化建筑、文化建筑、娱乐空间来改善单一航运功能，转型为文化、旅游、航运为一体的综合性港区，但这类港区建筑体型应同老城区有机协调。环渤海城市中，临近老城区的港口区，宜以亲切宜人尺度的建筑与广场等开放空间结合。国外港口复兴也有许多例子，如及旧金山的 39 号码头，又如东京晴海客船码头区等。

（2）游船码头区域的景观要素控制与塑造

游船码头区域分为水域和陆域两部分，常规设施内容包含：陆域上的临水活动的设施、管理用房和库房、训练设施、维护设施；水域中的码头、栈桥、船只、护堤等。在环渤海城市，生动的码头景象区域为数尚少，此处借鉴国外例子加以说明。

第一，水域与陆域设计要素塑造。在游船停放规模方面，机动与风动游船，常见长度为 5 ～ 15 米之间，单船停泊面积约 32 平方米，而停泊单位面积是水域总面积的 20% ～ 50%。游船色彩鲜艳，纯度高，如白色、橙色，构成特有景观等。船方向应与风向平行，此外中等码头船只一般在 150 ～ 250 艘之间效益为佳。在陆域设计方面，陆域设计结合设施的条件，少则布置简单，多则布置紧凑或形成一个多功能的服务中心，规模较大的，围绕中心组织娱乐活动及服务项目。景观形态开放、动态，与水域空间相协调。第二，内湾是组织游艇码头区的良好空间，千帆影绰，倒映水中，特色鲜明。应注重与岸上建筑的相互呼应。第三，延伸入水的空间，代表性要素诸如栈桥、平台，以及甲板等，均提供了亲水的空间场所。材料的选择在地域性和亲和性上着重予以考量。

环渤海城市滨水景观诸要素的控制与塑造，不是相互孤立的，而是相互联系的，只有将不同要素的控制和塑造有机结合起来，才能在新的城市开发和建设中形成丰富和富有特色的滨水景观环境。

江南城镇滨水区公共空间研究

高磊

高磊，同济大学建筑学硕士，佐治亚理工大学建筑管理硕士，美国注册建筑师，美国建筑师协会会员。先后曾任职于上海建筑设计研究院方案组第二设计所、美国 Serra & Associates, Ltd.、美国 Thompson Ventulett Stainback & Associates、美国 tvsdesign 公共集会建筑（会展中心）工作室。

论文时间

1997 年 2 月

摘要

本文摘选自笔者的硕士毕业论文。面对城市化浪潮的冲击，江南城镇的空间格局发生了巨大的变化，传统的滨水区公共空间系统的保护与再生问题，以及新的城市开发中滨水区公共空间的建构等问题也日益突出。本文从分析江南城镇的环境及文化特征入手，对传统滨水区公共空间的类型、空间组织、空间界面、空间形成的内在机制及其演变进行了分析与研究，在此基础上，探讨了传统滨水区公共空间的保护与再生问题，以及如何在现代滨水区公共空间设计中体现传统要素。原论文借鉴类型学理论，采用模式研究的方式，结合大量实例，对现代滨水区公共空间中的传统特征的体现、公共空间中建筑形态组合、街道空间形态、滨水区开敞空间系统这几方面进行了重点的分析与研究，为现代滨水区公共空间的设计提供模式及设想，以期对江南城镇滨水区公共空间的建构与城镇空间品质的提高起到一定的作用。

一、绪论

（一）水和水文化——江南人文地理简述

1. 水系

"绿浪东西南北水，红栏三百九十桥。""君到姑苏见，人家尽枕河。古宫闲地少，水港小桥多。"这些诗句是古人对独特的江南水乡风貌的诗意描绘。处于长江下游的江南地区，以其丰富的河网水道及悠久的历史文化，散发着独特的魅力。江南地区原指长江以南地区，现在则主要指的是上海、江苏省南部、浙江省、江西省的沿长江南岸的广大地区（论文论及的地区主要限定于江苏省南部地区）。

江南地区拥有丰富的水资源和纵横交错的密集河网水道，流过古吴越故地的较大的江河有长江、淮河、钱塘江。位于吴越故地的湖泊主要有太湖、洪泽湖、高邮湖三大湖泊。太湖水系对于吴越故地的影响最为广泛和深入。丰富的水系使得坐落于其中的城镇得到了极大的便利。如苏州，原为吴郡，素有水乡泽国之称。

2. 经济和市镇

江南地区优越的地理位置为发达的江南经济提供了充足的物质基础。丰富的水资源为以水稻种植为主的农业及航运提供了十分有利的条件。丰富的河道为航运提供了便利，江南地区的手工业和商业也由此得以发展，随着手工业的兴旺发达，商品交换也空前繁荣，在明中后期，新的生产关系——资本主义萌芽已在吴越故地出现。

商品货币经济的繁荣导致大量新兴市镇的出现。市镇的大量涌现使得城镇生活和城镇空间结构得以发展。丰富的河网水道，不但有利于商业运输和农业生产，而且城镇生活和城镇空间结构主要围绕水展开，以水系为骨架，因水成市，因水成街，城市主体空间依靠水系河道而构成。

3. 文化渊源

江南地区富庶的经济带动了其文化的发展，使江南地区拥有丰厚的文化底蕴，在全国范围内是文化发达、名人辈出的地区。江南地区的文化特征为融合性、发展性，这些特性也反映了水对人的影响。因为水象征着生命和活力，象征着母性和无限。水的特性和其他外来文化的影响，形成了江南水乡融合发展的水文化性格。

江南水乡文化的另一个重要特征是"书卷气"[1]。江南水乡居民崇文之风极盛，文人名士之多亦非他处可比。四处林立的书院更为城镇增添了书卷气。建筑的细部和装饰亦充分体现了这一点，使江南水乡的每一个角落无不沉浸于这种氛围之中。

（二）传统城镇水环境的衰败

经济的迅速发展使得江南市镇的城市化极其快速，大片朴素自然的乡间民居被标志着"现代化"的混凝土房屋所取代。河道被填以形成适应现代化以汽车为主要交通工具的道路；街道不再具有丰富的生活行为，成为纯交通性的空间；繁华的都市围绕着静静的河流和周围的老建筑，形成了"都市"中的"乡村"，二者之间存在着一种巨大反差和不协调。

河道的污染和河道数量的减少，使得提供支持传统滨水公共空间中社会性活动的一个有利因素也随之失去。航运的相对衰落也使得河道边一些如水埠等人们聚集的场所失去了作用。由于中国传统强调以家、家族为中心，传统的中国民居聚落中并没有西方观念中的以休憩、市民聚集、议事等为主要功能的广场空间。中国传统的民居聚落中的公共空间以宗祠和商业性集市为主要功能。水乡居民的日常生活支持着公共空间的行为活动，当日常生活方式发生改变，也使基于此的社会性日常活动失去了继续发生的基础。

现代建筑运动在城市范围内的实践所引发的诸种问题，在今天看来愈发明显。传统聚落的逐渐消失使我们丧失了生活环境中一些必需的品质——社区的安全、城市的多样性（混合使用和不同年代的建筑）、城市的集中（小街廊和充足的人口密度）、社区公共生活的多样性，以及传统的视觉和社会价值。江南水乡滨水公共空间的衰弱是这些问题的一个具体表现。对待这些问题，可以有两种态度，一种是保护、维持和复古，另一种与之相反，便是承认现实，寻求传统和时代的共生。[2]

1. 共生——传统与时代的交融

传统滨水公共空间与时代的共生主要体现在物质形态与地域文化这两个层面上。传统滨水区公共空间的物质形态层面主要包括其空间格局、建筑形式、材料及营造方式等几个方面。她的形成是由文化层面作为内在机制，指导并结合了水乡独特之地理环境。文化层面主要是指滨水区公共空间中所蕴

1. 宋忠元主编：《水乡余韵》，中国美术学院出版社，1994。

2. 俞绳方：《保护苏州古城风貌 发扬建筑地方风格》，《建筑学报》1992年第3期。

含的地域文化意识、人们的行为活动背后的心理需求和民风民俗。传统滨水公共空间的再生、新滨水区公共空间的构筑,必然要从这两个层面中汲取养分。

2. 滨水区公共空间的研究意义

江南密布的水网创造了一个优美、充满诗意的居住环境,虽然它正在经历着从衰败到再生的巨变,但这是创造优质生活环境的基础和良机。水作为一个重要的环境因子,由于其特性,必然成为提高生活环境的一个主要因素。"亲水"观念无论在传统聚落环境还是现代城市设计中,都是极受重视的一个概念。亲水概念强调水的多方面效应,对于现代而言,更为重要的是休憩和娱乐效应。由于对亲水概念和水体作用的深入认识,欧美及日本在70年代前后都出现了再开发海岸、河岸滨水区的动向。海岸、河岸作为工业和港口用地,产业结构的调整使之趋于荒废,如何利用这些近水的有利环境,将之改建成优美商业或居住办公区域,为人们提供休憩娱乐的公共空间成为令人关心的内容。

江南城镇得天独厚的水环境特色为组织良好公共空间提供了一个有利条件。同时,传统滨水区公共空间的组织和构成原则、其中的视觉上的美学特征,以及其所反映的传统建成环境与自然要素和居民生活需求这三者之间的和谐关系,其背后的内在机制与精神都应该成为今天滨水区公共空间设计的源泉。传统滨水区公共空间所给予人们的一种乡土的(地域性的)、富于历史感、富于生活气息的空间感受,应该在新的设计中得以体现并注入新的内容,使之具有生命力。对于面临着巨变的江南水乡城镇来说,只有通过研究传统滨水区公共空间构成方式、方法、原则,和人们在空间中的行为方式及二者之间的相互作用,才能将地方的、传统的特征结合进新的滨水公共空间之中。这对于保持城市空间多样丰富、促进城市生活多样化,使城市具有历史感、场所感和地方精神,成为良好人居环境,无疑具有巨大的现实意义。

二、传统滨水区公共空间类型及形态分析

(一)传统滨水区公共空间类型划分

1. 念珠状的空间结构系统

水乡聚落公共空间的一个显著特点在于与水道的密切联系, 江南城

3. 薛求理：《密集水乡中的广场》，《新建筑》1986 年第 1 期。

镇滨水公共空间区域的范围界定便在于与水网联系着的道路系统和被它所连接的与水相关的各种空间和区域。江南水乡城镇中的公共空间是线性的，街道与水道以及建筑群中的里弄都体现了这个特点。虽然在一些情况下，建成的区域中可能出现一个环形的格局，从而在其中形成了一个开阔区域，但这个开阔区域并不处理成广场、草坪等人们可以逗留的地方。在江南水乡人称的"水广场"，便属此例[3]。

江南传统水乡聚落中，桥头、水埠、茶馆、水边集市等区域形成了与线形街道相比较为宽阔的一个空间区域。这些区域可以被视为线性空间膨胀形成的节点空间，由此可以将传统滨水区公共空间分为两大类型：线性空间，以及由线性空间所串联的节点空间。传统滨水区公共空间的总体结构便是由线性空间和节点空间形成的一个念珠状的网络系统。

2. 传统滨水区公共空间形式特征：均匀性与连续性

水乡中的滨水公共空间便是由线性空间和节点空间所组成的具有连续性的组织结构。江南滨水区公共空间在整体构成上呈现的是一种网络状的形态，具有均匀性和连续性的特征。均匀性是指滨水公共空间是无所不在地和整个聚落交织在一起，均匀性的公共空间使江南水乡聚落的民居建筑和街道系统互为图底，已没有基于另一方的参照背景。一切都随着弯弯曲曲的路径而展开，散点透视的原则起着作用，在整体上体会不到序幕—高潮—结尾这样的空间序列，而是均匀一致的。连续性指江南城镇滨水区公共空间形式上的流畅、无剧烈的尺度变化所形成的无断裂感的感受。

（二）江南城镇传统滨水公共空间构成

江南城镇传统滨水区公共空间可以划分为线性空间和节点空间（表 1），是为了便于阐明其特性和形态及生活内涵，这两种类型是紧密联系成一个整体的。

表 1 传统滨水公共空间构成

传统滨水区公共空间			
线型空间	节点空间		
水街 / 水巷	桥空间	水埠空间	茶空间	……

1. 线性空间

水乡聚落的形成与密布的水网密切联系，线型的河道是水乡聚落形成的骨架，水街是对这个环境制约因素作用的相应反映[4]。由于生活用水与运输的需求，居民的日常生活与水密切联系。民居建筑、河、街道形成了几种基本的类型，这些类型也都保持一些共同的特征（表2）。

4. 段险峰：《水乡城镇人为环境初析》，《建筑师》

表 2 水街（巷）类型特征

类型	空间比例	空间特点	事件模式
两房加一河（水巷）	1：1.2～1：2	有临水建筑，前街后河，空间紧凑，较封闭，但视线通透	运输河道或是生活用水，取水来源为每户水上出口
一街一河	1：1.6～1：2（房高与河与街总宽之比）	河、街、建筑三个不同高度空间形式与水埠、桥、茶馆及商业建筑、小品结合，空间丰富多变，开放性较强	水边街扩大成集市交易场所，居民交往活跃，形成街坊，丰富的社会网络
两街夹一河	1：2～1：2.4（房高与河与街总宽之比）	空间尺度较大，但细分为三个层次。河边空间与两个标高陆路空间宽度各不相同，空间感流畅	集市、商业街。居民交往活动更为活跃，行为的复杂程度增加

2. 节点空间

传统滨水区公共空间结构是由线性空间和节点空间所组成的念珠状网络。节点空间在总体上是呈线性的公共空间的膨胀。由于其地域相对较大，功能性因素较为明显，人们在其中的活动也较水街更为频繁，因此可根据各个节点的使用集中之状况进行分类。其中最具空间特色的节点空间有：桥空间、水埠空间和茶空间。

（1）桥空间

江南水乡河网密布，一个自然的独特景观便是桥多。在唐代仅苏州城内的桥就有"绿浪东西南北水，红栏三百九十桥"之说。桥的主要作用是交通，是陆路与水陆的交汇，起联系两岸的作用。除了交通功能之外，桥往往还是集贸中心和娱乐场所。因此桥空间是一个多义的场所。

桥空间在整个水乡滨水各个空间中有着特殊的作用。它可以成为街巷的起点、终点或标志，更是人们认识环境的主要参照物。桥处于水陆两套空间系统的交合点，两套系统的物质功能和社会活动在此交融、汇集与转化、消失。江南水乡城镇中桥多为石制，尤以青石为多。造型各异的石桥可分为梁式（平桥）、拱式（拱桥）、吊式、浮式四大类，其中，以梁式和拱式为主。形态各异的桥是形成江南水乡文化氛围的一个重要因素。从景观上讲，线性的水街空间到了桥空间，在空间感观上给人一种新的感受。桥空间的出现使人在街中感到一种视觉的对比和冲击。整齐划一的民居建筑成了一个灰色的背景，桥在这背景的衬托之下十分突出。

水乡的桥是与水街紧密联系的。街巷、河道不同交叉关系，形成了桥的不同布局组合方式。如两座桥的组合，民间有三步两桥之说。此外，桥头空间常作为集市，以公共水埠联结在一起（表3）。

表3　桥空间

类型（位置关系）	空间特点	事件模式
城镇与农村的界面	桥头有扩大的空间区域，并结合公共水埠等设施	集中商业交换的场所，城市与乡村贸易点
城镇中心	桥头有扩大的空间区域形成节点，边上形成商业街巷，桥的空间氛围活跃	购物及农贸交易，城乡交换
商业街和住宅区的界面	靠商业街一侧空间特点同上	一侧为购物、交易，一侧为居民的交往活动
城镇住宅区内	桥头设有绿地，半公共水埠或茶馆空间，空间氛围亲切怡人	居民交往、聊天、交换信息、品茗等

（2）水埠空间

在水乡的街巷中，所见最多的是各式各样的水埠。水埠基本上可以划分为私人、半公共、公共水埠这几类（表4）。在水巷中，每户基本上都有通向河面的私用水埠，构成方式也十分简单，往往是几块条石砌筑成踏步，有时干脆为一石板悬挑出去。虽然私用水埠及半公共水埠多为住家洗衣、淘米、取水之用，但由于都面对河道空间，所以这里所产生的公共交往活动也是十分活跃的。

表 4　水埠空间

类型	空间特点	事件模式
公共水埠	设于城镇之公共场所，周围有较大区域供船停靠、装卸货物，是大量人流、物流之集散之处	交易、堆放、装运货物，信息交流
半公共水埠	邻里居民的交往点，建立了一套社会网络	取水、洗涤、交往
私用水埠	设于住宅、作坊、店铺的临水面	家务性劳动，与公用河水使用者的交往活动

（3）茶空间

水乡的茶馆及其影响的一个空间领域，是水乡中一处极富生活旨趣的所在（表5）。从功能而言是品茗、聊天、交流信息的场所，而更深层的含义是茶空间是居民的一个重要的社会活动与交往的中心。茶空间在整个滨水公共空间领域是最为独特和最适合人们交往的所在，由于主体为室内空间，然而室内与室外又十分通透，使得人们在交谈的同时亦可远观近望，身处于一个极佳的环境之中。

表 5　茶空间

类型	空间特点	事件模式
市场附近、水陆空间交汇处、公共水埠边、桥头	设于城镇之公共场所，周围有较大区域供船停靠、装卸货物，是大量人流，物流之集散之处	交易、堆放、装运货物、信息交流
室内外空间通透，融为一体，建筑的色彩及造型较为突出，空间气氛较热烈，信息交换场	市场生产信息之交流、休息、品茗	休息、品茗、生活信息的交流、托亲、说媒、调节纠纷、集众议事

（三）滨水区公共空间的空间界面分析

界面是空间与实体的交接面，即为实体的表层。围合城市空间的界面主要是地和侧界面。界面展示出物体的形状、色彩、质地、明度及其

5. 张朴：《江南水乡的界面语言》，《台湾建筑师》，1990 年第 6 期。

组合方式等物理特性，不同的物质界面组合会形成不同的空间效应，反映出不同的场所特色与时代特色[5]。江南城镇滨水区公共空间的界面及围合方式是造成江南水乡城镇空间氛围的主要原因。其构成的界面为水质界面、街道底界面、垂直的建筑立面、倾斜起伏的屋顶界面。

1. 水质界面

水是构成滨水区公共空间诸要素中的一个最为重要，也是最为活跃的要素。首先，水是流动的界面，它不似固体那样给人以体块的视觉印象，由于水的运动与相对静态的驳岸、建筑形成对比，给整个空间带来一种动态感，动与静在此对话，达到和谐与完美。其次，水面是一个反射的界面，水常常将岸边物体倒映于其中，这个面又常形成一个"镜面"、一个"虚面"，水的这种反射作用使得水乡滨水公共空间的空间深度、立体层次大为增加，并且加强了景观效果。水质界面是季节性的界面，水是富含生命的，随季节的变化而变化。水的季节性变化，使得空间被注入时间因素，在时间这一轴上，添加了变化，同时也增加了公共空间中景观的多样性。

2. 街道底界面

滨水区的街道往往是与河流走向平行的，街道一般均高于河流。传统聚落中河流是主要的交通路线，而道路主要供人步行。街道一般都较窄，但也用材料作了细致的划分。花岗岩石片铺设的道路，相对于路边居民来说是公共交通空间。卵石材料则意味着这里是住户领域的延伸，是过渡性的半公共空间，一边为河流的街道格局类似于此。

水边街道若有集市则较宽，一般为 4 ～ 5 米，次要街道为 3 米。沿河街道的地面铺砌比较常见的是用条石砌筑河岸。地面则用条石镶边并在中央用卵石铺砌。这种方式河岸直上直下，比较整齐。在路面与水界面的交接处，驳岸、水埠也往往采用条石。驳岸也用条石沿河流方向砌筑。同时，驳岸与水面垂直的界面上还有精雕细琢的船鼻子等构件，更加强了空间的细部观感，丰富了整个空间。以条石镶边的铺设，条石的走向是顺河道的，路的蜿蜒曲折的线型也因此而被强调出来。条石、花岗岩片、鹅卵石的组合，不仅限定了空间属性，而且使地面显得自然精致。这一切共同构成了公共空间中良好的界面。

3. 垂直的建筑立面

（1）建筑的布局和基本形制

滨水公共空间的一个极为重要的界面，即为建筑立面，它限定空间并确定空间的性格。由于河的走向不同、水街中建筑的布局不同，水街也由此呈现出不同的空间样貌。

江南一带的传统民居，以木结构为承重体系，用抬梁和穿斗构架承受屋面和楼面重量，以空斗墙或砖砌实墙来围护及分割空间，形成建筑[6]。在江南城镇中，大部分建筑为沿河的小型民居，布局极为简单，开间有的仅为一间或二到三间。在临水商业街中，若为平房，则形成前店后宅式布局；若为楼房，则形成下店上宅的布局。正是这种灵活多变、因地制宜的布局组合方式，使得公共空间的空间形态显得丰富多彩。水街的一侧或为民居，或为商业建筑，但二者在立面形式上并无巨大的差别。立面构图有其自身的特点，即二维的线条构图。

6. 徐民苏等编：《苏州民居》，中国建筑工业出版社，1991。

（2）二维的线条构图

店宅立面一般由下面几个部分构成：小青瓦屋顶，半窗，木裙板；带有凹阳台的店宅则在二楼设落地的长窗和吴王靠。这些组成部分多呈现宽窄不一的线状构图，从实体到拼缝都呈现出线形，特别是窗棂，往往精雕细琢，线的交叉十分密集，加强了线条构图的感受。在居住建筑立面中，主体建筑的线条构图也十分强烈。有些立粉墙占据较大面积，但由于面街大都开设门窗，门窗的线形构图在这种情况下亦十分突出。有时，沉重骨架也暴露出来，同门窗、栏杆一道形成富有层次的线形构图。

（3）作为背景的立面构成

水乡道路的弯折，使得沿街建筑的布局亦随之改变，形成拓扑状的整体平面，同时每户皆希望能与水相连，故每户便只能占有一较为窄小的面宽，在整体上形成具有相同构成方式的、连续的"立面带"，由于建筑形制基本相同，立面带具有共同的特点，同时又有微差，成为一个统一而又存在变化的界面，视觉效果是十分丰富的，这个界面成为一连续的背景，限定了整个滨水公共空间。

4. 倾斜、起伏的屋顶界面

屋顶界面又常被人称为第五立面。传统滨水区公共空间的特色构成的原因之一要归功于起伏的屋顶界面，及其构成的独特天际线。传统滨水区公共空间中常见的屋顶是两坡屋面，一般中间分脊，或再加披檐大面积深青色的屋面压在粉墙上，似中国的大型泼墨山水；屋面多为硬山，很少出檐。

由于街道随河道弯曲而并非呈直线形，建筑平面也随之相互构成一定角度。拓扑型的平面布局决定了屋面的布局，因此这种看似不规则、有机组合的屋面依然与河道存在着一种因果关系。在水街巷中，倾斜的屋顶界面边缘弯弯曲曲，加强了空间的导向性与深远感，同时形成公共空间顶界面围合的多样性，比如"一线天"，整个屋顶界面的轮廓是舒缓的，具有连续的韵律。这点与西方城镇中节奏感鲜明的天际轮廓线形成了鲜明的对比。

三、传统滨水区公共空间的特性分析

（一）传统环境观对水乡聚落构成之影响

水乡聚落的整体构成与水乡居民对于自然环境的认识有着密切联系。水乡聚落整体环境，在宏观上考虑宇宙的天时与自然之变化，中观上重视地理环境与人们社会环境的相互作用，微观上涉及人生理、心理节律的调和。滨水区公共空间的形态与构成和水乡聚落的形成是密不可分的，是一个一体化的过程，是整体的一个部分、一个表现。

1. 顺应自然的总体布局

由于水乡城镇地处一个地理环境特征明显的地区，聚落的构成必然要和这个独特的环境相适应与协调，以利于生产和生活。水网的密布，使得中国城市传统的棋盘式格局的布置与水系密切地结合起来。在建筑单体上，水系的密集使得建筑与水的关系更为密切，也由此产生一系列处理水与建筑关系的建筑手法，如出挑、吊脚枕流、依桥而建等。城镇公共空间系统也是顺应河流而产生一种曲曲折折的空间效果，同时与亲水性要求适应的各种设施在公共空间中起着活化空间的作用，并使空间产生意义。

2. 理想家居环境之追求

在环境的选择方面，水系聚落十分强调相地立基，以求得一良好的生存环境。其中民居建筑及其组合对于人的生活乃至社会都具有十分重要的含义。民居的布局选址，在经过一定时间的积聚之后便形成了聚落。由于大家兴建房屋有一套共通的准则，使得街道、小巷的布局与走向与民居群体有良好的关系，公共空间虽然没有刻意经营，但因为与民居建筑的选址相结合，公共空间与民居建筑构成一良好聚落和栖居环境。

3. 聚落与自然环境的和谐共处

水乡居民聚落与其所处的自然环境和谐共处，呈现有机生长的态势。人工环境与自然环境的和谐共处，除去因生产力低下而必须顺应自然的因素外，起决定作用的是传统文化对人和自然和谐关系的追求。水乡民居聚落与自然环境的和谐共处，可以理解为二者是一有机整体。但这并不意味水乡聚落完全融于自然，它始终体现着人工环境之特征[7]。

7. 孙洪刚：《江南水乡文化意境浅析》，《华中建筑》，1996 年第 2 期。

4. 水观念——水乡聚落成因的深层因素

水乡聚落亲水特性的产生，一方面与生命活动缺少不了水这些物质层面上的因素有关，更为重要的在于由物质上升为精神层面之后的关于水的观念。水与先民的世界本源观、宇宙观、伦理观紧密地联系在一起，五行对水的定位决定和影响了水在环境空间中的位置和构成，水和伦理观的关系更能影响建成环境与水的关系。

（二）滨水区公共空间蕴含的事件模式

作为一个良好环境的水乡聚落中的滨水区公共空间，主要有两个方面，一是构成空间的物质实体，其形状、质感、色彩等物理性质，其次便是发生在这空间中的事件。滨水区公共空间中的事件模式是理解空间构成与意义的一个重要因素，事件模式能够体现出空间形式结构与人们的行为活动的一种互动关系，体现居民集体记忆与空间形式的良好结合。

滨水区公共空间是由线性空间与结点空间形成的一个网络系统，由不同的区域按照一定的关系结合在一起。每一个水系河道与周围一定区域的民居建筑构成了生活于其中的居民的生活环境，是相对封闭的，有"大家庭，小社会"之说。在这种状态下，公共活动在公共空间中的产生极为自然，同时也更具人情味。

水街（巷）作为滨水区公共空间的代表形态，其所蕴含的事件模式是十分多样和复杂的，公共空间中活动的内容也随地点不同有着较大的差别。公共空间所蕴含的事件模式是滨水区公共空间意义产生的源泉，是水乡结构化的体现。滨水公共空间所蕴含的事件模式是当地居民生活、行为方式的集中反映。公共空间中的生活行为与其所发生行为的环境之间的关系是相互支持的关系。

（三）传统滨水区公共空间特性分析

1. 多义复合

滨水区公共空间的多义复合特性，是指传统滨水区公共空间所具有的多重含义下对人产生的多重意义，以及其自身所容纳的人的生活行为的丰富与多样性，由此表现复杂综合、非单一的性质。

2. 使用功能的多样化

滨水区公共空间的功能，最为主要的便是提供人们步行交通的空间，同时空间中包含有商业、运输等功能。在这些主导性功能之外，派生出来另一类更具有城市生活特色的功能，即休息、交往、观景等功能；此外，街边的商店常将商品从店铺中取出，放于檐廊之中，此时，檐廊又成为一商业性的空间。滨水区公共空间的这种功能上的多样性与复合性，明显地不同于现代人工城市中功能单一的室外公共空间。

（1）公共空间中生活行为的多样性

生活的丰富多彩，使得作为生活物化形态的建成环境具有多样的功能和支持行为的有利因素。传统滨水区公共空间的空间构成方式和形式，为行为的丰富性创造了良好的基础。水乡公共空间的这种促进生活行为多样化的特性，使滨水区公共空间的人的聚集方式呈现为沿着某一线性的点的聚集，同时，滨水区公共空间又能为每一种在其中发生的行为提供不同的良好条件，并使之稳定下来。

（2）空间属性的模糊不定

传统滨水区公共空间属性的划分可以依据前述的方式，即街道—公共空间、巷—公共空间、庭—半公共空间、室—半公共私密空间、帐—私密空间。但这种界定并非一成不变，随着时间的不同，空间属性亦随之改变，公共空间、半公共空间、半私密、私密这些空间属性的界线是不明确的，几者之间是一种交错、互换的关系，是随时间与使用条件的不同而转化的。

（3）空间形式要素的丰富性

与其他区相比，水乡滨水区公共空间的不同便在于水，以及水所引起的一系列变化。水是流动的、有映射作用的、随季节不断变化的，水的这些特性使得滨水区公共空间的空间形式要素十分丰富；水的季节性变化所带来的时间感，使得公共空间中一年四季具有种种不同的景观。

3. 滨水区公共空间的场所特性

刘易斯·芒福德（Lewis Mumford）指出："城市应该具有如《清明上河图》显示的那种品质——各种各样的景观、各种各样的职业、各种各样的文化活动、各种各样的人物特有属性，所有这些能组成无穷的组合、排列和变化，不是完善的蜂窝，而是充满生气的城市。"城市的活力来源于人的活动，并且在不断的组合、排列和变化中获得。传统滨水区公共空间的场所特性，是人们的活动与周围环境的一种和谐、互相支持的关系，是在动态中形成的。人的活动赋予场所以意义，同时，人自身的行为活动又从场所得到确定和支持，并由此获得对环境的认同。

（1）生活行为与物质环境的契合

滨水区公共空间中人们的行为活动是丰富的，在特定的空间中，总能找到一类或几类占主导地位的行为活动，这种使用的集中性与空间的物理特征，如立面、材质、色彩、设备配置结合在一起定义了一个场所，并使空间具有的含义与物质环境契合。这种契合状态的产生，在于生活世界的各种因素是通过人们的行为活动反映在空间形态上的，当形式与人们活动的心理状态相吻合时，这种二者相契合的关系便产生了，这些场所将文化共性固定化，人们便可感受到社会成员所依赖的文化存在。滨水区公共空间的活力便在于物质环境拥有与生活行为的良好契合关系，能够对活动提供保护与支持，体现人在空间中的生活状态。

（2）场所作为水乡生活的物化形态

江南城镇滨水区公共空间的整体构成可以看作是水乡生活的一种物化形态，物质环境的构成并非抽象的，而是具有深刻的生活内涵：物质环境与生活行为契合，将文化社会背景映射于物质环境构成的诸要素中，形式与社会行为产生某种对应的关系，成为一种有意味的形式，是从行为与物质环境中共同创生的，体现了当地的社会氛围。这种与生活浑然一体的空间场所的创生是一种自然演进的结果，体现出城镇居民集体无意识的作用，正是这种积累，滨水区公共空间才具有清晰明确的等级系统和各种场所，富有浓厚的历史与丰富的生活含义。

（3）滨水公共空间的场所特征

第一，活动丰富多样且持续，这是滨水区公共空间中的一个显著特点，活动打动了更多的人成为使用者，社会交往得以丰富。第二，使用功能真实，滨水区公共空间中的各种设施，如水埠头、桥与日常生活紧密相关，可以引发人的活动需求。第三，环境具有支持性、良好的可达性，固定在一定范围内的居民规律性的日常生活，保证了滨水区公共空间中稳定的使用者，并使其行为活动与环境产生和谐。第四，具有内在的活力与变化，公共空间中活动的多样化形成富于活力的变化景观，同时物质环境本身为人的活动变化提供了可能，并且能不断地被评价、改进和创新。第五，环境质量良好，水乡地区温暖湿润的气候条件及水网交错的环境，产生出一个优美的聚落环境。第六，与环境共同成长。水乡传统公共空间富于文脉性与地域特征，是长时间自然演进的结果，能反映生活的节奏、地区的发展与传承，不能任意移植或拆除。

271

四、传统滨水区公共空间的保护与再生

（一）水乡城镇整体环境变迁

水乡聚落的整体环境在现代城市化的大背景之下发生了巨大的变化。引起变化的因素可以简单地划分为两大类，即物质因素与非物质因素。物质因素主要涉及经济、环境中物质实体等方面的改变，非物质因素则涉及精神文化、生活方式等较为隐含的因素。

1. 物质因素

江南地区经济的迅速发展使得城镇的城市化进程加快，传统城市的用地规模、人口密度、建筑与城市空间的关系都在城市化进程中发生着改变。对比传统城镇，目前对滨水区公共空间影响最大的物质因素为交通方式和水系的改变，而这二者也紧密地联系着。

（1）交通方式

传统滨水区公共空间中，步行是人们在陆地上的主要交通方式，也由此产生了街道的空间尺度。水道主要用于交通运输。随着经济发展和时代进步，交通方式变为以汽车为主要工具，这要求适合于汽车交通的空间尺度以及相应的设施。在传统聚落中，道路在整个用地中所占是有限的，而汽车交通则要求道路在整个用地中占据相当的份额，以保证其效率。因此传统城镇的空间格局与新的交通方式之间产生了尖锐的矛盾。

（2）河道水系的变化

第一，水系与居民日常生活联系程度降低。水系与城镇居民日常生活结合的紧密程度较传统城镇大大地降低了，传统城镇中，河道空间对每个作为个体的居民而言，是有其现实意义的，每户人家都需要在水埠取水、洗衣，在水边与邻居交谈或与水中的商贩进行买卖当中，体认到自己生活与水道的紧密联系，城市化进程使水道与具体的市民、市民生活之间的联系断裂，虽说水道依然担负着交通运输、为市民生活生产提供水源、调节气候的功能，但与居民的直接联系已被现代的生活方式所切断。原有的对于环境的直接体认便也随之消失。

第二，水系自身的变化。城市化进程中工业迅速发展，加之江南地区的乡镇工业发达，工业生产往往以牺牲环境来换取经济效益，被污染的水系成为城市中的一条"黑带"，而非原来的"蓝带"，污染的水系使公共空间中的最富活力的主题——亲水性活动丧了存在的基础，并迫使人远离河道，城市也因此丧失了与水相联系的场所感，以及调节城市空间、使之具有良好个性与品质的有效手段。除去水系的污染状况之外，水系自身结构也发生了变化。水系目前依然承担着运输大量物资的功能，但较之铁路与公路的迅速发展，其地位已大大下降。

水系结构性变化的另一后果在于，原已形成的滨水空间场所消失。滨水区公共空间中的场所形成是和水系紧密相关的，水系的减少使得公共空间丧失原有的地方特征，带来丰富性丧失等不良后果。如今，已被填埋的河道正准备重新恢复，如苏州的金河沿地区，这是一个恢复城镇公共空间活力的良好开端。

2. 非物质因素

促成水乡整体环境变迁的另一项更为深层次的因素是非物质性因素。这体现在文化观念和生活方式的改变上，经济技术的迅速发展，其产生的影响和结果在人们的思想观念和生活方式上加以反映和体现，与传统生活方式相对应的城镇空间形态也发生相应的变化。同时伴随着文化的迅速变化和新文化观念的融入，人们的需求便会打破这一传统的平衡，对环境提出新的要求，从而在更高层次上建立一种平衡。

生活行为方式的改变首先体现在工作方式之上。水乡城镇滨水公共空间中存在着社会必要性活动、社会性活动和自发性活动的高度融合，传统滨水区公共空间中人们从事的主要是商业及手工业，是一种以家庭为组织方式的工作方式，现在则成为社会化的劳动。因而，原有的工作与家庭生活的融合被二者的截然分离所取代，旧有的四代同堂的大家庭被小型化集中的核心家庭所取代，传统家庭所具有的复合功能被单一的家庭生活所取代。

原有的公共空间格局中，人们的交往活动基本上局限于某个固定的、较小的范围之内。而现代人的公共意识则显著增强，公共活动及范围增大，心理空间也扩大，人们喜爱在有良好场所感的公共空间中进行社会性交往活动。传统滨水区公共空间总是作为人们日常生活的中心，如南北河与东西河相交处，这里聚集着茶馆、酒肆、各色商业店铺，共同组成人们生活、贸易、交往的中心；而现代人的生活方式往往是在家庭、工作单位两点之间运动，在休息日在购物中心、公园等进行购物、休憩与交往活动，空间范围扩大，但中心感却失去了。

（二）滨水区公共空间的演变

1. 中心与场所的变迁

中心或场所是指人可以进入其中并以此作为据点的地方。最典型的为路线交汇点或是有某些特征的集中点，如道路的连接处、方向变换处，根据行为不同的特性，场所披上了不同的色彩。人们的行为方式在不断改变，滨水区公共空间中作为满足人们活动要求的场所也要变化，包括场所的功能、结构、尺度等。

2. 方向和路线的改变

路线是人们时时通过或可能通过的道路，是一种流动渠道。滨水区公共空间中的水街、巷便是其具体表现。现代城市密度增加，活动频率加快，现代的以汽车为主要交通工具的大容量、高速度，引起道路质与量的突变，改变了传统滨水区公共空间的环境面貌。

3. 空间用途的改变

传统滨水区的环境在不同发展阶段有不同的形象。公共空间中的节点空间是各种场所的集聚。随着时代变迁，这些场所功能也在变化。空间中原为人们所熟知的标志与形式构件，也由于时代变化，丧失了原有的历史联想和包含的种种意义。

4. 空间尺度的改变

江南城镇滨水区公共空间的空间尺度的突出特点是小巧。在以步行为主的交通方式的前提下，空间的尺度表现出小巧宜人和自然的有机特性，街道宽度一般只有 3 ~ 4 米，两边楼高 5 ~ 6 米，构成空间界面的各种材料的构件都是较小尺度的、近人的，如二维的线条构图，更给人以亲切细腻的感受。但随传统城镇中人的生活出行方式的改变，更多人依赖汽车，空间尺度与景观也跟随汽车交通的要求发生改变。

5. 空间秩序的改变

空间秩序的变化体现为构成空间诸要素的结构构成变化、组合关系的变化，如中心场所位置的改变、场所之间的连接方式和空间序列的变化、私密性变化、空间界面的变化等。传统滨水区念珠状网络型的公共空间系统是有均匀性和连续性的，与中国人传统的社会文化心理相协调。现代城市化的进程则正在使空间的中心表面化：道路成为交通的而非生活的，形态的机械性、宅居，以及城市建筑周围私密与公共空间之间的良好过渡的丧失。同时，规划设计的失误使得室外公共空间变得简单粗糙，要么大而无当，要么缺乏对行为活动的应有的支持，已不再具有传统滨水区公共空间所具有的与生活的契合和历史感。

（三）传统滨水区公共空间保护与再生策略

由于水乡传统滨水区公共空间得以存在及发生的背景，如整体的环境因素、社会的生活方式及观念等已发生了极大的改变，同时整个公共空间系统本身的秩序、功能等相较于以往亦有了极大的不同，因此传统滨水区公共空间作为蕴含着丰富社会、历史文化含义及价值的传统建成环境也必然面临保护与更新再生的问题。

1. 传统滨水区保护与再生的意义，目标及二者关系

从 20 世纪 80 年代起，江南水乡各镇，如周庄等都制定了保护性规划，对原有的传统水乡聚落的保护起到了巨大的作用，传统滨水区公共空间的保护和再生问题，在今天城市公共空间减少、失去活力等情况下更应得以重视。保护并不能仅仅是静态的，保护的目的应该是在保留前人优秀遗产的同时使其活化再生，保护和再生是一个辩证的过程，再生的主要实现手段便是对原有的进行改建[8]。

传统滨水区公共空间系统的保护与再生，应该特别注意不能仅仅注

8. 玩仪三：《江南水乡古镇保护与规划研究 1984-1995》。

重实体形式的保护，也不能等同于划分保护区的办法。前者没有认识到滨水区公共空间系统的复杂性，没有认识到形式与空间意义的关联；后者的保护则容易使得城镇丧失活力，使一些意义已经改变或消失的形式作为遗迹存在于城镇之中。

传统滨水区公共空间保护和再生之间是辩证的结合，这具体体现在两个方面：如何运用传统形式表达新功能与概念；如何用适应新功能而发展的新空间形式来表达传统概念。

2. 要素的保护和再生

（1）建筑物的保护与再生

在众多的江南城镇制定的保护规划中，建筑得到了足够多的保护，普遍的做法是依据建筑物历史文化价值的高低，采取完全保护或是局部修缮改建的方法。对于滨水区公共空间中建筑的保护问题，有必要突出强调建筑立面的完整与连续及地域特征。具体来说，应保护建筑物立面的整体感，恢复建筑立面的细部特征、材料选用，及其周围建筑与之关系，意指文脉性要求。

建筑物的再生应着眼于大量性的、历史文化价值不是很高的普通民居建筑，这些建筑群构成了一个总体的环境背景，不能一味加以拆除，否则会破坏已形成的空间网络和肌理，这类建筑可以加以改建，以适应现代人生活。建筑物改建的目的在于更新内容，或者说是注入新的活性因素，以促进公共空间的活动品质。

（2）公共空间中特色构件的保护与再生

滨水区公共空间的特色构件主要指桥、水埠、茶馆等能够体现江南地域性建筑文化的建筑实体，及整个空间的构成组件。这是对江南滨水区公共空间地域特征的集中体现，对于特色构件的保护应着眼于保证空间的完整性，保持其原有的姿韵。即使修缮也应整旧如旧，以体现其年代及历史感，应注意材料的统一性。

（3）街道及底界面的保护与再生

公共空间系统中的街道空间，其底界面的构成方式是很丰富并具有空间含义的。街道中地面的铺砌方式及材料的选用都应加以保护和继承。

街道应保持与河道的和谐关系，应继续作为步行者的天堂，限制机动交通的侵入。

（4）河道及驳岸之保护再生

河道及驳岸形成的水上空间是传统滨水区公共空间的活力源泉。对于河道的保护与再生，首先在于根治污染，使河水变清，使河水重新成为城镇中的"蓝带"，使居民亲水成为可能；第二，恢复河道的数量，保证足够的水量；第三，进一步发挥河道交通、旅游等功能，对交通性与生活性河道加以区分统筹，只有充分利用河道，才能有力地保护和更新发展；第四，保证河道与驳岸所成空间的比例关系与尺度；第五，保证河道与驳岸的材料与构成方式遵循传统的原则和视觉特征。

（5）空间中事件模式的激发

公共空间中的事件模式是一个活的因素，人们在公共空间的各种行为因时代的不同产生差异，同时，正是活动本身使各个空间产生不同的特征。传统的滨水区公共空间的保护更新要使其中的世俗活动成为传统性和时代的综合体。对空间的保护目的在于保持其场所特征，也就要激活传统的空间中的事件模式，使之发生作用。事件模式的保存和重新激发是复兴传统滨水区公共空间的一个关键所在。

3. 空间系统结构关系的保护和再生

传统滨水区公共空间作为一个大的系统，有其自身的结构特性及组织原则。空间构成要素的保护为整个空间系统的保护提供了良好的基础，而对于空间结构构成关系的保护使要素得以在一定规则下组织。

空间结构关系的保护与再生意味着对传统的空间结构关系的遵循，例如，各个因素的组织方法如水街中的空间构成是河道、建筑、街按一定关系组合，人的活动与空间环境的交互作用，公共空间系统与城镇整体环境的关系等。对于江南城镇滨水区公共空间的保护与再生，要着重于构成公共空间的要素和整体关系的保护，使得公共空间能够沿着已经存在的历史文化脉络发展。

277

五、传统特征与滨水区公共空间设计的结合

（一）类型学理论的启示

1. 类型学理论

现代主义建筑运动只重视建筑的实体，不重视城市空间、忽视空间的场所性及历史含义，导致城市空间的退化与城市公共生活的丧失。现代城市面临着秩序和意义的两大问题。针对这些问题，现代城市设计理论从各个角度与方面提出观点和方法。从大的趋势讲，都是强调以人为本位，强调城市的历史性因素和地域特色，同时重视创造与人的行为活动相适应的城市空间场所。类型学理论是其中重要的一支，能够对江南城镇现代滨水区公共空间的创造有所启发。

类型是一类事物的本质，是构成这类事物的原则。本身作为抽象的结果，没有历史符号的意义，所以依照类型进行设计，适时把建筑纳入到一种永恒概念的具体显现这样一种思想中，同时类型学认为建筑与城市是同构的甚至是同一的，这种观点表明，建筑、城市是作为一种自主独立的实体，作为人类生活的舞台呈现在我们的面前。而它的背后是"永恒的人类生活"，因此形式不是独创的对象也不是诉诸感觉的艺术，而是包容生活的形式，是记忆赖以附着的载体，是地方性的标识[9]。

建筑类型蕴含历史而且超越历史的阶段性。因此类型学既有认识意义又有方法论意义。类型学的设计可分为两步进行：从对历史模型形式的还原（抽象）中获取类型，再将类型结合具体场景还原为具体的形式。

2. 类型学对滨水区公共空间设计的方法论意义

类型学对江南城镇滨水区公共空间设计的启示在于，对城市空间秩序及意义的追求上，类型学理论作为一种方法论，是将历史作为一个原型—抽象的原型。从这里出发进行具体—抽象—具体的推导过程。这种过程是理性的，但自始至终又不是完全精确客观的，充满着具体操作者的个人的理解和风格。

9. 沈克宁：《"DPZ"与城市设计类型学》，《华中建筑》1994年第12期。

（二）传统滨水公共空间特征在现代设计中的体现

1. 空间结构关系的体现

现代滨水区公共空间所包含的具体内容与传统已有很大不同，但水系的存在使二者在此找到了新与旧的关联。传统滨水区公共空间的结构关系也即传统滨水区公共空间的类型，是形成江南城镇空间特色的一个最为重要的因素。因此，现代滨水区公共空间对于空间结构关系的体现是使自身获得历史感与地域性的一个关键，方法便是类型学抽象还原，同时这种方法并不排斥创造性内容，但依据了一定的前提，即类型的抽象。城市设计的一个重要工作便是进行这种类型的抽象与概括，并根据需要加以选用与发展，现代滨水区公共空间的一个主要内容便是街道的设计。传统滨水区空间结构主要体现在水道与街道、建筑的关系上，如前述有三种类型：河—建筑—街，河—街—建筑，街—河街—建筑。对于现代滨水区公共空间中的水街而言，应多采用后两种类型，以适应人们亲水的要求。现代滨水区公共空间的街道应该尽量体现传统的类型，发掘其中更有现实意义的类型。对这种类型进行还原操作的同时，应结合具体情况灵活运用。

2. 形式要素的体现

传统滨水区公共空间中所蕴含的形式要素是丰富多彩的，各种形式要素的形成过程是一种长时间的自然演进的过程，从功能性意义逐渐上升到当地文化、地域环境的一种反映、一种象征，现代滨水区的公共空间的各个界面的形式构成，必须从传统形式要素中提取语汇加以发挥利用，以体现地域性与历史性因素。对地域性的体现不能仅仅满足于建立一些普遍的相似性，例如：相似的高度，相似的材料及体量，而应该更加深入到建筑的细部、装饰、建筑构件的搭接方式，及材料的结合转换方式和传统建筑视觉特征的实质中去。

3. 空间中事件模式的体现

要创造有地域性和历史感的现代滨水区公共空间，仅仅体现传统空间中物质特征是不够的。地域性特征是由不断发生在那里的事件所赋予的，也就是说对于建筑和城市而言，要紧的不只是其外表形状、物理几何特征，还有发生在那里的事件。建筑或城市的基本特质是由那些不断发生在那里的事件所赋予的。

空间中的事件的标准模式因人而异、因文化而异，但每一城市、每一邻里、每座建筑都有一系列随着其流行的文化而不同的事件模式，事件模式与空间的形态构成紧密地联系在一起，并依据它建立一个空间形态的法则。空间模式并不能引起事件模式，事件模式也不引起空间模式，二者作为文化的一种要素由文化创造，由文化转换并紧紧固定于空间之中。事件模式的体现是建立在空间结构关系和形式要素的良好体现基础之上的。传统空间中事件模式作为地域性文化的一部分应该加以继承，并加以拓展，使之具有新的内容。事件模式的体现可以使处于公共空间中的人们，无论作为参与者或是旁观者，都可以从人的行为活动中，体会到自身与空间的联系，体会到自己处于一个有明确地域性特征和文化特征的空间场所中，从而产生对环境的认同。

（三）现代滨水区公共空间设计的模式研究

1. 建筑形态组合

（1）体量上的化整为零

由于现代生活的要求同以往的生活有了很大的改变，人们的公共生活大大增加，构成、限定公共空间的往往是一些较为大型的公共建筑，传统的聚落环境中居住环境与公共环境的区别主要在于功能，在建筑类型及形制上的区别并不十分显著。比如极具水乡特色的茶馆、商店和住宅的结合都十分紧密，尺度也十分相近，易于协调；而现代城市空间中的公共建筑则往往体量很大，和居住建筑也有较大差别，难以协调。因此要反映传统特征，在体量上就必须化整为零，以体现传统江南居住环境的一种集群化的建筑形态。

（2）拓扑形的平、立面组合

建筑物的立面是限定公共空间的一个重要界面，对公共空间性格有直接影响。建筑物立面的走向，或者说平面位置的相对关系，对空间中的景观效果影响颇大。传统流水街巷的平、立面组合呈现的是一种拓扑形态，建筑的布局皆顺应河道的自然走向，很少出现一长段机械的直线段。街道空间的景观效果也特别强，形成了视线的收放节奏。因此建筑的平、立面组合，应避免机械呆板的直线段，在结合场地条件的基础上，相互间可偏离一个较小角度，或者小的（相对于街宽）凸出凹进，在不损害空间垂直界面连续性的前提下，形成拓扑状的平、立面组合。

（3）建筑立面上必要的装饰

用装饰来美化环境是人类从原始社会就已有的天性，但要注意到，只有当纹饰与线脚位置恰到好处时，它们才能真正发生作用。装饰的目的在于使世界变得更加完整。装饰总是被应用于建筑物真正有空隙的、需要多一些结构的，或者说需某种附加的结合"能量"的地方，这样可以把分隔得太远的部分连结为一体。在建筑中，这些需要装饰的地方是角隅、门框同材料相接的地方、窗框与窗洞相接处、两片墙相接处、栏杆扶手等，装饰主题应选取江南建筑传统的装饰主题。传统江南建筑拥有大量的砖雕木雕等装饰，对于原有装饰可以原样引用，也可以在掌握传统装饰的视觉特征之后用新材料、新的组织方法加以再创造，或者可以使用被拆老房子中的原有构件，将之运用到新建筑中，新与旧的并置能产生更为丰富的含义。

（4）建筑立面上二维线形构图的强调

通过对构成江南传统滨水区公共空间的界面尤其是垂直界面的分析，得以明确垂直界面的二维线性的构图特征。因此，对于现代滨水区公共空间设计而言，反映这种视觉特征是十分必要的，以体现江南地区建筑特点，立面二维线性特征可以通过一系列新材料与新手法得到体现，应区别于强调体积感的现代主义风格。二者可用简图加以比较。

（5）反映地方特征的建筑色彩及材料选用

公共空间的色彩，主要由构成空间的实体要素的色彩组合决定。传统滨水区公共空间的色彩系统主要由粉白墙面、黛色瓦屋石、灰黄色石墙基、台阶、桥梁、河岸和栗色门窗组成，形成灰、白、棕三色为主加上绿化、水色及较深的路面颜色的色彩体系。新的滨水公共空间可以通过选择当地材料、采用原有色彩体系，以和周围环境协调，或者采用偏暖的色调与深色的对比产生雅致、清新的色彩效果。在公共空间中，当地材料的选用会使居民对居住环境更加具有认同感。材料

281

之间的搭接处可以是新的。旧的因素和新因素的并置，往往能产生更为丰富的含义。

（6）作为室内与室外空间过渡的建筑边界

建筑的室内空间与室外公共空间之间应有较为明确的界限，二者的过渡总是倾向于分布在建筑物的边界上，即檐廊或骑楼，从而形成一个三维的建筑边界面。公共空间中人群的分布总是聚集在建筑的边界上，即所谓"边界效应"。

2. 街道系统的设计

（1）便捷的交通方式

江南水乡城镇原有的街巷系统的构成是以步行和水上运输为基础的、城镇交通方式现已改变成为以汽车为主要的交通工具，因此城镇原有的街道不能很好满足交通要求，但不能以此为原因，任意扩大或改变原有道路。对于原有街道系统的整治和新的交通路之建设都必须以交通之便捷与快速为原则，保证合适的路网密度，使各公共空间中的节点空间具有良好的可达性。对于生活性和商业性街道，可以采取步行街的形式，使街道更符合人们的活动要求。交通性道路可以设置在步行交通区的外围，保证步行区的完整。

（2）滨水区街道空间形态

街道空间是其两旁建筑形态组合并加以限定的结果。街道空间是和建筑形态组合紧密联系在一起的，两者之间存在着互动的关系。拓扑形的平立面组合、檐廊或骑楼空间等，都是街道空间自然随形的结果，具有丰富景观效果和多重意义。现代滨水区空间形态的设计应该与水道形成良好和谐的关系，并注意街道分段的长度，能够考虑到步行疲劳距离，使街道适于人们活动。

（3）反映空间属性的地面铺砌

江南城镇传统滨水区中水街底界面铺砌以碎石、条石、卵石为主，可以反映出空间的走向，最重要的是可以反映空间属性的变换，通过材料及铺砌方式的改变，从公共性空间中划出一块相对私密的领域。这种方法可以运用在现代滨水区公共空间设计中。让街道底面铺设区分空间属性，并在色彩上使其成为色调略深的背景，是现代滨水区设计中可以采用的效果较佳的方式。

3. 滨水区开敞空间系统

针对城市开敞空间，凯文·林奇在《良好聚居形态》一文中总结了两种观点：一是开敞空间应该是集中的、连续的、能为城市的剩余部分"造型"的，这样室外空间可连接在一起，靠这些室外空间尺度，为拥挤的城市提供一种实实在在的调剂；另一种观点认为，室外空间应是小型的，广泛分布于城市结构里，尽可能使人们易于接近，对于江南水乡城镇的滨水区开敞空间系统，采用后一种观点更能符合传统和人的生活要求。

（1）河道空间的媒介性、视觉性、空间性利用

江南传统滨水区中对于河水的利用是一种直接的资源性利用，如生产和生活的用水；媒介性利用即水的交通运输功能，现代滨水区河道空间的利用主要是媒介性、视觉性、空间性的利用，使河道空间适合人们乘舟游览、休息、交往。

（2）滨水区公园系统

滨水区的公园系统是滨水区开敞空间的重要组成部分，其构成的原则即前面所述，将集中型较大型开敞空间和深入到各邻里的小型化公园相结合。这类空间具有大型的、集中的公共娱乐设施和大片绿地，与大片的水面相结合，是城镇居民节假日的主要休息场所。这类开敞空间在城镇中数量不应很多（1～2个）。在城镇开敞空间中，较多的应该是结合河道及周围空间、深入到住宅组群内部的小型公园（或称之为袖珍公园）[10]，以这些小型化的开敞空间形成现代水乡城镇良好的生活空间。

10. 岩下肇、藤本信义：《袖珍公园——一个"憩"与"用"的场所》，《新建筑》1991年第4期。

（3）滨水散步道

江南城镇中拥有很长的驳岸线，方便详细设计形成滨水散步道，也可以将滨水散步道看作是一种线形的水边袖珍公园，是路线、水体与绿化线的综合。

（4）滨水区小广场

传统滨水区公共空间中，桥空间、水埠空间往往结合了相对于街道

而言较开阔的场地，形成集市。人们聚集的场地，现代滨水区可以结合原有水埠，新开发的游船埠头桥头空间，将开敞空间的尺度稍稍扩大，形成滨水小广场，周围辅以商业或文化娱乐设施。或者结合历史遗迹、保护建筑形成一定地域性的文化氛围，规模可控制在数百或千余平方米。广场可以设在水的一侧，或划分为一大一小两个广场，分设于河水两侧。

六、滨水区公共空间发展展望

（一）影响滨水区公共空间发展的现实因素

江南城镇滨水区公共空间的发展在目前城市化进程中没有得到足够重视，造成种状况的原因是多方面的，但大体归结起来，主要存在下面三方面的因素。

1. 经济效益与社会效益的失衡

当前在对江南城镇的街区进行更新设计时，开发部门的重点在于其经济效益，而老街区的改造及更新一向都是以人口密度大、环境质量差、经济效益低为特点，难度相当大。由于资金有限，开发的重点便放在能够产生利润的建筑单体上，再加上河道、街道的拓宽，用地十分紧张。在这些因素的制约下，公共空间的营造只是种建筑活动的后果，没有经过认真而周详的考虑与设计。

（1）设计与管理使用上的不协调

城镇滨水区公共空间作为居民日常生活的场所，存在着设计与管理使用不协调的因素，公共空间的用途被随意更改。例如在休憩型室外空间中加入大型的商业广告，被污染的水质及河道等，使得设计完好的亲水性散步道丧失原有的作用。设计与管理使用上的不协调只能通过加强管理和完善管理机制来解决，使公共空间始终处于被人积极使用的状态，更有利于其发展。

（2）设计观念的陈旧

对于公共空间的设计，在目前没有形成一个普遍的观念。江南城镇中的建筑单体缺乏城市设计的观念。在每幢单体周边产生大量消极空间，室外公共空间没有得以良好地规划与组织。公共空间设计观念本身亦存在两种层次，一种是重视其实体要素，例如建筑立面、铺砌、材料等，另一种则体现在人的行为活动与空间和谐关系上，重点在于人与人、人与环境的互动上。目前的设计还停留在第一层次之上，没有达到第二层次，这两种层次的结合便是公共空间的关键——创造场所。

（二）人本主义设计观的再确立

传统滨水区公共空间是伴随着聚落的自然演进过程而形成的。传统城镇是没有严格的规划和设计的，是自然生长起来的，自然城市中的空间和人的行为活动的复合性与多样性，以及其浓厚生活气息与人情味是现代人工城市所最为缺乏的。究其原因，实为孕育于传统城镇中居民与工匠心中自然和乐的人本主义思想。目前的城市设计观所缺乏的正是这种和乐的人本主义思想。人本主义的设计观应从人的生活角度出发，提高城市空间的环境质量，创造人和环境的和谐关系，尽可能给人们带来便利、舒适与美的享受，以实现人们对城市的美好构想。重新确立人本主义设计观的目的在于创造一个有秩序有意义的城镇。

（三）走向新的水乡都市

江南城镇的城市化进程，使得城镇的面貌发生了极大的变化，城镇的发展既面临着潜在的危机又面临着发展完善的契机。目前江南城镇的发展主要有三种方式：第一，对旧城全面保护；第二，新城独立发展；第三，旧城在整治前提下与新城协调。

江南水乡城镇滨水区公共空间的念珠状网络空间结构，线性空间与节点空间的丰富景观效果和多义复合与场所特征，使得整个空间始终是人们愿意在其中生活的、有效的生活空间，蕴含在这个空间系统中的形式要素、要素组构方式、空间的结构关系以及所反映出的文化精神都应成为现代城镇城市设计实践中永不枯竭的素材与源泉。同时，城镇空间中对水的利用由对水的资源型利用转向为媒介性、容器性利用，以及对水形成的空间的利用，使得城镇能够创生出与时代相适应、丰富而又秩序井然的城市空间。

285

江南水乡传统城镇中诗意的空间氛围、浓郁的文化气息、多样性的生活景观，给我们留下了极为宝贵的文化财富。城镇的发展是历史的必然，对传统的消极保护与重建和对传统的全盘否定都是逃避历史责任的做法。新的水乡都市不应成为历史上传统城镇的现代翻版，而应是在自然有机生长过程中对传统城镇的继承。新的水乡都市应该是充分融合传统城镇空间的结构关系、空间的视觉特征及内在的文化精神，并充分反映现代人生活的新型的水乡都市。新的水乡都市应从历史中步入现代，并从现代走向未来。

城市滨水区复兴的策略研究

要威

论文时间

2005 年 9 月

摘要

　　本文摘选自笔者的博士毕业论文。原论文旨在全面阐述城市滨水区复兴的策略和机制，共分为理论分析、历史沿革、策略机制、案例研究四个部分。首先，在宏观的历史和城市发展前提下，梳理了城市滨水区发生转变的历史背景；其次，研究了城市滨水区复兴的历程；接着是本论文的重点，即城市滨水区复兴的策略机制研究和运作机制的研究；最后是结论部分，从社会、经济和环境等方面的发展提出了十点关于城市滨水区复兴的策略。

一、走向可持续的城市滨水区复兴

（一）城市可持续发展

1. 可持续发展的概念与内涵

可持续发展是以经济发展为核心内容，以自然资源与环境为基础，以环境保护为条件，以改善和提高人类生活质量为目的的一种全新的价值观念，是全人类的共同目标。

可持续发展的内涵丰富，但它有五个最基本的要点：第一，公平性原则，强调人类在本代人之间、代际之间和区域间，应当具有平等地追求发展和满足需求的机会；第二，持续性原则，人类的经济和社会发展不能超越资源与环境的承载能力；第三，需求性原则，可持续发展的目的是满足人类在物质和精神方面的需求；第四，可持续发展的限制性，制约可持续发展的因素包括技术经济条件、社会组织管理水平、资源环境承载力等；第五，可持续发展的协调性，资源、环境、经济、社会的相互协调发展是实现可持续发展的根本途径[1]。

以上五个方面再加上从时间和空间尺度认识可持续发展，就构成了可持续发展的主要内涵。

1. 程莉：《生态足迹与可持续发展》，《现代城市研究》2001 年第 3 期，第 39 页。

2. 城市的可持续发展思想

有关可持续发展的城市的思想经历了一个长期演变、发展和成熟的过程，早期的社会运动和思想如绿色运动、社会生态学、生物区域主义、社会民主运动都对可持续思想的形成起到了一定作用。在城市发展方面，霍华德的"花园城市"方案为人类的发展描述出一幅理想的画面。20 世纪 30 年代，芝加哥学派首先用生态学的方法研究了城市社会空间结构图解，进行了设计概念的大胆尝试。麦克哈格 1969 年出版的《设计结合自然》一书从人为空间与自然环境相结合的角度重新提出了生态规划的思想。这些研究成果深深影响了 70 年以来的城市设计和发展观念，70 年代的石油危机将资源和环境的问题暴露出来，人们开始了对于现代化的反思。

1972 年 6 月 5 日至 16 日在斯德哥尔摩召开了联合国人类环境会议，会议发表了人类环境宣言，宣言明确提出："人类的定居和城市化工作必须加以规划，以避免对环境的不良影响，并为大家取得社会、经济和环境三方面的最大利益。"在人类建设环境的过程中，对于资源的浪费、环境的污染等问题对人类的生存造成威胁，人类必须在新的时空框架内重新界定人与自然的关系，将环境放在中心的位置，将保护环境和合理利用资源作为推动科学技术进步的出发点。

（二）城市复兴与可持续发展

可持续发展一直以来是城市建设和发展的目标，从 1950 年到 1990 年，世界城市人口增加十倍，从 2 亿到 20 亿，今日的城市消耗着世界上 3/4 的能源和产生至少 3/4 的污染，是一个巨大的消耗能源、产生巨大的污染的有机体，因此，城市是否可持续发展，直接关系到整个地球的生态平衡和未来的命运。

可持续发展城市的概念是多方面的，包括经济、环境、社会和政治各个领域。几乎很难给可持续城市准确下一个定义。罗杰斯在《小行星上的城市》中提出了可持续城市的定义和原则[2]：一个公平的城市——公平，食物、居所、教育、健康和希望达到平衡；美好的城市——艺术、建筑、景观点燃了想象的热情表达人们的精神；生态的城市——最大程度减轻对环境的影响，景观与建筑形式的平衡，建筑与基础设施确保安全，在能源的使用上高效；友好的城市——公共领域有益于社区感以及互动性的培养，信息同时通过面对面以及电子化交流；紧凑城市以及多中心城市——保护农村，使社区集中及整体分布在邻里社区内部，并最大化邻近性；多样化城市——交织的大量活动，创造了友好、鼓舞，并促成了本质上有生气的公共生活的产生。

城市复兴的终极目标就是可持续发展。我们承认，虽然城市复兴不能解决所有的社会问题，但是城市复兴可能带来可持续发展，在 1999 年，英国政府创建了建筑和环境协会（CABE），第二年，CABE 发表了"规划系统中的城市设计：走向更好的实践"。其中英国政府承认："城市设计是可持续发展的关键，是繁荣经济、谨慎利用自然资源、社会进步的前提。"

城市复兴的一系列原则和实践也都是基于可持续发展的原则，比如紧凑多样的土地使用模式、以步行和公共交通系统为主的交通系统、有效的运作和管理以及良好的设计等等。

（三）城市滨水区可持续发展策略框架

滨水区的城市复兴在世界范围内呈现多元化。不论是巴尔的摩多样化综合的土地开发、节日市场，还是伦敦道克兰以市场为导向的滨水区开发，

2. Richard Rogers and Philip Gumuchdjian. *Cities for a Small Planet* (FaberandFaber.London, 1997),p.169.

还有巴塞罗那的城市公共空间塑造，以及毕尔巴鄂、利物浦的文化复兴战略，其目标是塑造新的城市竞争力，吸引投资，提高城市知名度，最终实现产业转型、城市环境的改善。在实践的过程中，不可避免地走了一些弯路，但是更多的是在谨慎的开发策略指导下的成功。滨水区开发已经为整个城市发展在开发模式、管理模式、运作机能等方面积累了新的经验，这些经验将随着城市复兴的全面展开，由城市滨水区向整个城市和区域范围辐射，带动整个地区的发展和竞争力的提升。通过滨水区的发展，可以有效地提升城市管理能力；通过对滨水区的开发活动，战略性地配置资源、建立秩序、营造氛围，并对周边地区产生强大的带动作用。

滨水区的全面复兴可以作为城市可持续发展的良好起点。滨水区复兴带给城市的不仅是展现竞争力的舞台，更重要的是实现城市可持续发展的新起点。竞争力的增强是不可否认的，只有城市具有独特的竞争优势，能够良性发展，才具备可持续发展的可能性，而后者是城市发展的目标。

要实现滨水区的可持续复兴，建立一个基于本地文脉特征的完善的策略框架至关重要。基于对世界上滨水区复兴案例的成败因素研究，笔者归纳出一个可持续滨水区复兴的策略框架（表1），它将是滨水区可持续复兴的核心所在。要注意的是，它不是一个总体规划的方案，而是一个灵活的策略框架体系，通过框架来评价和制定进一步实施的标准，并且激发滨水区复兴的活力和创造力，吸引投资，在城市范围内为城市复兴创造更加活跃的背景，激发创造潜力。

该策略框架大致由前期分析、社会与经济框架、土地利用框架、交通与基础设施建设框架、城市设计框架、实施框架、环境与生态框架七个部分组成。

表 1 城市滨水区复兴的策略框架

前期分析	
策略框架	滨水区复兴应该首先分析滨水区的空间演进历史、文化遗产和政策背景。然后制定初步战略目标，再确定方法论，最后确定规划的策略框架。 1. 滨水区空间演进历史和文化遗产分析。 2. 政策背景分析。 3. 制定初步战略目标。从区域战略、增强城市竞争力、发掘本地区的特色和优势、城市文化的角度，从整个城市公众利益的角度来初步制定战略目标。 4. 方法论。通常包括重要的社会经济背景分析（包括人口、就业、土地利用和建筑现状、社会经济等）、规划政策分析、邀请咨询机构参与、环境评估等。

	前期分析
策略框架	5.策略框架。通常包括经济、社会、其他与滨水区复兴相关的内容框架；具体区段规划设计方案的适宜性；城市设计导则，包括建筑保护、街道家具和景观；对部分街道布局和建筑形态的改善建议；对现有和新开发的居住区的规划建议，为不同社会背景的人提供居住；历史保护建筑的保护；交通策略；实施造价和可能的资金筹措方式；对就业、教育和培训进行估计。

	社会与经济框架
策略框架	城市滨水区的复兴不仅需要物质形态上的改造，而且还包括社会、经济和环境等名方面的因素。需要提供一个更加民主的决策过程，邀请社区居民积极参与，为地区的发展做贡献。 **1. 背景分析** 背景分析包括现状人口和家庭统计、社会阶层和教育调查，人口和经济预测，就业结构和失业率，未来经济展望，发展优劣势（比如社会融合程度、居民的工作技能是否适应新经济的需要、投资市场等）。 滨水区发展的关键点通常包括：发展社会与经济上都可持续发展的社区；地方社区、政府和私人机构需要紧密合作；鼓励学习型社会的形成和新经济的发展；高质量的生活环境、多样的休闲娱乐方式；优秀的商业办公环境；成为有活力的、有鲜明特征的城市区。 **2. 社区发展** 高质量生活的社区是悦人心意的居住、办公和休闲娱乐的场所，可持续发展的社区应该是有优良的环境、有活力的经济和很强的社区凝聚力。可持续发展的社区支持和提倡多样性，在决策中充分考虑长期和外部的深远影响。强调社区的可持续性通常始于清晰的远景目标，实现它则需要一个有创造力的、集合地方智慧的、平衡的决策来适时调整社区和城市生活的现状。地方社区的发展是策略框架中重要的组成部分，有以下三个核心要点：提供足够的住宅；促进社会不同阶层的融合；地方社区的社会经济复兴，提供更多的就业机会。 其他一些社区发展的要点：为社区不同阶层人群提供不同的住宅形式；新的住宅开发应该与当地文脉结合；减少交通污染和噪声；鼓励公共交通；提供更多的开放空间和休闲娱乐场所；完善社区设施；降低犯罪率。 **3. 经济发展与就业** 促进经济活力是滨水区复兴的重要因素。它的一个重要的衡量指标就是创造了多少个工作机会。在世界范围的滨水区，传统的制造业基本上都在经历着衰败过程，滨水复兴却可以在建筑、商业办公、金融服务、教育、旅游和卫生等多个行业增加工作机会。并且增加地方的产业创新能力，结合滨水区的自然和生态环境，以及人文气息营造新兴的滨水区产业。当然，精明的地方经济发展不仅仅是创造多少就业机会，它还包括环境影响、社会公平、未来区域健康发展的长期影响。政府还需要评估未来土地利用、工作居住平衡、交通、教育、公共健康和社会公平。 **4. 教育和培训** 教育和培训可以使居民拥有更多获得工作机会的可能，保证了社会与经济复兴的可持续性。应该在以下几个方面来进行：同地方社区及相关机构协作，拓展学前教育及幼托设施；提供必要的课程和设施来弥补地区对某些紧缺专业的需求；同大学合作开展教育与培训；通过电子远程教育来鼓励实现网络教育。

291

土地利用框架

<table>
<tr><td rowspan="30">策略框架</td><td>

首先应该分析该地区的土地利用政策框架。在总的政策框架下，土地利用总的原则是鼓励混合使用的土地利用模式，达到居住、工作和休闲娱乐的整合和可持续发展。

土地使用形态的单一性和片断化是滨水区更新中普遍存在的课题。形态单一造成滨水区功能的隔离与分化现象，许多滨水区由于缺乏市民参与的商业、文化和娱乐设施，而失去作为公共空间的吸引力；另一方面，许多商业办公为目的的区域，则缺乏居住用地，形成夜间缺少活动、城市空间利用浪费的"空洞化"现象。由此，我们提出公共性、多样化、延续性、层次性和立体化等用地形态的调整原则。倾向可持续发展运动以及使得城市的所有部分有趣而生动的理念，都表明需要采取城市区域多功能混合使用的政策。

1．居住

有水体存在的环境对居住最有吸引力，目前在世界范围内滨水区居住功能都在大规模开发，它也被视为社会和经济复兴的重要手段。

为中低收入阶层提供可支付住宅是滨水区复兴的核心之一。社会和保障性住房应该在新开发项目中整合进来，抵制社会隔离。而且，这种住房应该与市场上通常的商品房在设计和外观上加以区分。

2．社区服务设施

滨水区人口的增长要求社区服务设施配套的跟进，比如社区和娱乐中心、健康设施、图书馆、政府服务设施和教堂等等。

3．商业办公

新的高质量商业办公区应该位于主要交通节点上，以保证良好的地点可及性。提供针对不同行业的办公地点来满足市场需要。

4．企业和工业

加强和拓展现存的适合地区发展的企业，并积极吸引有竞争力的企业投资入驻；为小型无污染工业提供适当用地，通过环境管理手段减少对居住的影响；用轻工业取代重工业，尤其是在商业和商业区段；重工业的入驻一定要保证对环境的影响降到最低。

5．旅游和休闲

鼓励为旅游者服务的高档酒店、旅行旅馆和家庭旅馆不同层次的开发。休闲活动的开发，如旅馆、餐厅、悠闲的水面巡航、划船和垂钓等，这些活动可以将滨水废弃的用地转变成为受到休闲使用者欢迎的场所。

6．文化用途

规划应该发掘地区文化遗产的潜力，加强和拓展现有文化设施，在合适的地点布留公共艺术和工作室，吸引艺术从业者居住。

7．零售商业

现有邻里购物中心在当地社区对社会和经济起到重要的作用，规划应该通过新的铺装、景观和街道家具等提升邻里购物中心的周边环境。新的零售商业开发应该以顾客群的增长作为保证，并且在新的居住和办公区鼓励零售商业的开发。在主要的步行线路鼓励商店的开发，保证活力和安全性。

</td></tr>
</table>

续表

	交通与基础设施框架
策略框架	滨水区的传统功能与水运交通息息相关，现在水运方式的货运功能已经明显减弱，不过，很多港口城市仍然保留着水运的这项重要功能。轮渡赋予了城市滨水空间生命力和动感，是一个可以有限度保留及发展公共及私人水上交通的机会。 在一些滨水区，交通性道路横贯滨水区，大量机动车交通的穿越造成水域的可及性大大降低，破坏了城市与水域的关联性和整体感，规划中应尽量避免。应该创造以大运量的公共交通为主导的，以步行交通、水上船只、跨河步行桥等富有情趣的实用的交通方式来贯通的交通系统网络。 滨水区交通战略的核心点如下： 可持续交通，利用交通需求管理评估，鼓励公共交通等作为重要手段来改变小汽车导向的交通趋势；整合公共交通体系，满足现有和未来居民的工作、出行需要以及旅游者的出行需要；步行和自行车方面，提供专门的安全的步行和自行车线路；减少机动车交通对环境的负面影响，减少交通阻塞，鼓励可持续，生态型、无污染的交通模式保证公共交通和人流的高效换乘。
	城市设计框架
策略框架	1．城市设计原则 设计遵循文脉（context） 文脉分析包括以下六个部分：加强地方社区，保证开发是加强而不是破坏地方社区；创造独特的场所，从当地邻里特征吸取灵感旨在设计中加强地方特征；充分利用场地固有的资源，利用现有的发展形态，土壤和地质状况，排水系统，景观体系，太阳能和风能等，来创造更加可持续的发展；与环境整合，与周围的景观和建成环境有机结合，利用合适的材料，形式和景观元素来体现地方特点，尊重现有的步道，街道和道路连接并且与现状城市结构紧密结合；保证可行性，包括经济和工程的可行性；提供开发目标，开发目标兼顾社区公众和开发商的意愿，并且为项目参与者提供一个长期目标。 可达性（permeability） 令使用者感到亲和的公共空间应是步行及自行车交通易达的，小的街区尺度、方便的人行道与过街人行道可使新项目的发展与原有的邻里更加融合。汽车的使用应减少到最低限度，尽量使用公共交通系统。 多样性（variety） 体验的多样性意味着场所应具有多样的形式、功能和意义，功能的多样性应在不同层次上如建筑、街道、街区和邻里予以体现，功能的多样性展开了多样性的另一个层次：一个具有多种功能的场所具有多样的建筑类型及形式；它能在不同时间吸引多样化的人群为了各种目的而来；由于各种活动、多样的形式和不同的人群形成了一个具有丰富感观体验的混合体，不同的使用者会以不同的方式看待这个场所，场所因此具有了多样化的意义。

城市设计框架

可识别性（legibility）

可识别性是使得一个场所明白易懂的特性，它是观者能够清晰解读建筑、景观和公共空间关系的特性。它的重要性体现在两个层次上：造型和使用模式。

一个场所可以在这两个层次上分别加以认知。例如，人们有可能明显地感觉到一个场所的造型，但仅仅是基于欣赏这个场所具有的美感。同样即使不去关注造型也可以领会到其使用模式。但是为了最大限度地发挥一个场所的潜力，实体造型与使用模式必须相互补充。这对于外来的人尤其重要，因为他们要尽快地了解一个场所。

高质量公共空间（high-quality public realm）

公共领域的设计应该占有绝对的优先权，从门前到街道、到广场、到公园直到郊外、设计应创造与建筑及入口相关联的公共空间的等级。

2．保护

成功规划的一个重要因素就是保留地区历史遗留元素中的精华部分，从而维持场所感和历史感。街道系统和建筑形态风格，建筑和考古学遗产都是需要在规划设计中考虑的。

保护的原则包括：保留地区现状街道布局形态的合理部分；确定历史保护建筑和街区；鼓励老建筑的功能再生利用。

3．开放空间、景观系统规划设计

城市设计的核心领域是城市中公共空间的设计。在城市滨水区，开敞空间的基本形式可以概括为：水域空间、滨水广场、滨水人行步道、滨水区街道、滨水区绿地公园，以及其中的公共设施等。良好的滨水区开敞空间，其基本的特征体现为系统连续性、公共可达性和高品质环境。

公共空间的设计原则包括：选址，公共空间需要有良好的地点和视觉可及性；尺度，公共空间的尺度需要与空间的功能活动相适宜；小气候，景观种植提供遮风挡雨并且遮挡视觉不好的构筑物；安全性，公共空间如果能够经常被人使用，其安全性随之也能提高。公共空间应该被周围建筑、交通和人流活动所围合而被关注。景观种植应该避免造成易发生犯罪行为的"盲区"；进入和交通方面，入口标识、开放时间、交通路线必须清晰，保证无障碍设计。

河流、运河和城市岸线，在环境保护方面具有至关重要的作用。水道，尤其是河流边缘的湿地，是城市区域中独具价值的生态系统，它们是野生动物的重要走廊。但是滨水休闲功能的开发如游泳、划船和垂钓，与野生动植物保护之间存在潜在的冲突。因此，滨水区的开发应考虑环境效果的评估，并在矛盾的目标中寻求一个合理的平衡。

策略框架

<table>
<tr><td rowspan="2">策略框架</td><td>运作实施框架</td></tr>
<tr><td>

1．把握良好的滨水区复兴时机，控制开发时序

城市滨水区复兴项目的运作具有长期性、复杂性的特点，为此要选择合适的启动项目（例如以国际性大事件如世博会、奥运会为契机），启动项目意味着先期的基础设施的技术和发展信心的建立过程，通过启动项目，政府首先更新提高了滨水区的基础设施，建立良好的滨水区形象，扩大知名度，大力提升未来投资和发展的可能性；有效地控制开发时序保证开发进程。

2．城市滨水区复兴的公私合作运作机制

城市滨水区复兴应该建立公私合作伙伴制。伙伴制具有官方或半官方的性质，本身受到一定的法律保护和约束，是对政府负责的组织机构，政府在合作伙伴制体系中充当着举足轻重的角色。

公私合作形成的基础来自经济方面，市场是衡量公私合作的最基本的平台，公私合作的共性就是经济引导。

以政府领导为核心的公私合作制，能够有效控制城市滨水区复兴项目的整体性和公众利益，通过法规和政策引导协调各方利益，控制开发结果，保证设计的品质，提供基础设施，维护社会平衡。

私人企业从项目的开始就应该介入，保证滨水区城市复兴项目对市场回应的灵敏度，并且从经济上促进开发进程。私人机构参与规划过程的直接结果是很大程度上的企业化运作。

社会团体是代表公众利益的，在公私合作伙伴关系中，可以弥补政府所能力不及的关乎社区利益的具体问题。协调各方利益的原则，不仅是公私合作伙伴制运作的基础，更是保证城市实现长远的经济利益、社会利益和环境利益的有力手段。

3．城市滨水区复兴的财务手段

公共投资主要用于征用土地（或者填海造地所需的费用）、基础设施、公共交通、社会住宅、公共空间和其他的服务设施；吸引私人投资并且多种融资渠道，私有部门投资主要用于居住和商业开发。

4．建立监督、管理和评估机制

监督与评估是城市复兴中保证政策的贯彻、提高效率，使工作能达到预定目标的有力工具；具体操作过程包括对滨水区复兴进展的衡量与监督、对滨水区复兴策略的评估以及城市设计的评估与管理。

5．公众参与机制

社区和民众从一开始就应该参与项目的规划并参与决策过程，只有得到公众的支持才能够保证复兴项目的顺利进行。

</td></tr>
</table>

<table>
<tr><td rowspan="2">策略框架</td><td colspan="1">运作实施框架</td></tr>
<tr><td>

公众参与规划的形式分为两类：自上而下的和自下而上的形式，前者公众参与是受到规划师和决策者邀请的参与形式，后者是由特定的利益团体发起的。

需要一个专门的组织和机构来协调和管理，达到政府、专业人员和公众之间的合理有效的沟通；通过各种形式的展示和咨询活动，分别在项目进行的不同阶段征集意见、进行解释。

公众参与的程序通常包括基本资料准备、前期会议、正式会议、组织技术专家会议、听证会和提交公众参与计划的结果等。

</td></tr>
</table>

环境和生态框架

1. 土地利用

对工业生产对于滨水区土地造成的有毒物质进行分析和处理；控制和减少废物排放对于土壤的影响，还原滨水区土地的自我保持能力，创造适于动植物生存的健康平衡的土壤环境；通过紧凑的土地使用模式，提高滨水区土地的使用效率；合理的植被绿化种类和数量，长期分解抵抗有害物质的侵蚀，维护土地的自然平衡。

2. 能源利用

研究新型的节能技术；可再生能源，太阳能发电设备；建筑节能；能源的有效利用；加强节能教育。

3. 水资源利用

节约用水；中水处理和循环技术；通过有效的植被配置，减少滨水区地表水的流失；用水监控和管理；液体废物的排放控制。

4. 水体质量

保持水体清洁的阶段性成果；防止水污染；水生物的保护；水体质量的管理和监控；水上运动。交通设施对于水体的影响进行评估和分析。

5. 空气质量

提倡公共交通为主的交通方式，提倡步行和生态的交通方式，减少汽车的使用；逐步淘汰破坏臭氧层的化学物质的使用；增强绿化系统的自然调节能力。

6. 废物回收和再利用

建立回收并再利用建筑废物的有效机制；通过社区型的绿色产业组织集中分解家庭、景观、商业的有机废物；通过教育和鼓励机制减少废物产生、鼓励回收和再利用；企业废物减少体系和鼓励资源的行为；有效处理有毒的废物。

二、 上海城市滨水区案例研究

本章在对国内现在的城市滨水区开发成果进行了简单回顾之后，将研究重点聚焦上海。黄浦江和苏州河的滨水区在新的历史时期都面临巨大的发展动力，2010 年世博会的申办成功为城市滨水区的发展提供了重要的契机。基于对世界范围内城市滨水区复兴策略机制的研究，针对开发过程中的不足和未来发展方向提出了策略性的建议，以期对于上海城市滨水区的策略构建起到抛砖引玉的作用。

（一）上海城市滨水区开发概况

1. 上海滨水区发展背景

20 世纪最后 10 年，虽然世界范围内的滨水区开发建设依然活跃，但是重心逐渐转向亚洲，特别是在中国，城市滨水区开发建设正在成为新的建设热点。

与后工业城市经历的滨水区衰退所不同，我国的滨水区面临的是滨水区整体提升的问题。我国城市滨水区的开发和改造主要是由于区划调整、城市快速发展或地区空间的迅速扩展，而使得滨水地带成为开发建设的热点地区。另外，由于政绩工程和景观整治的目的，一些城市也开始了城市滨水区的形象重塑和改造。但是，在现阶段的滨水区开发中已经出现了问题，如何通过借鉴国外的滨水区开发成功经验，避免滨水区开发走入误区将成为当务之急。

中国近年来的滨水区城市设计可以分为：景观设计型、公共空间设计型，如海口万绿园规划设计；环境整治型，如成都府南河生态活水公园；历史资源保护型，如南京夫子庙秦淮河两岸；历史风貌设计综合型，如上海黄浦江两岸地区城市设计、海口总体城市设计。

上海开埠 150 多年以来，历经国际资本的进入和民族工商业的崛起，是东西方文化和中国各地域文化相互交融碰撞的前沿，上海成为一座具有独特的经济与文化底蕴的大都市。1949 年以前，上海的城市结构模式一直属于一种初级的多元结构，城市管理处于"三界四方"各自为政的畸形状态，亦即华界、公共租界、法租界分别由中国、英美、法国各自管辖。其中，华界又被租界分割成闸北和南市旧城区两部分。另一方面，

297

上海又引进了西方的城市建设体制和管理模式，促使现代经济、工商业、金融业、公共事业、房地产业和科学技术、文化教育事业迅速发展。19世纪下半时，上海的近代企业已占中国的 85% 以上，上海迅速成为中国城市化程度最高的一座城市[3]。

3. 郑时龄：《建设和谐、可持续发展的城市空间——论上海的城市空间规划》，《建筑学报》1998年第10期，第6页。

1949 年以来，上海保持高速度的产业发展势头，一直以来都是中国的经济引擎。20 世纪 80 年代，改革开放为上海的城市发展带来了新的机遇。1990 年至 1997 年是上海历史上各项建设投入最多、发展最快、城市面貌变化最大的一个时期。这个时期上海要面临的主要挑战是：城市基础设施陈旧，需要大量更新；迫切需要引进投资开发浦东，浦东的发展对于上海来说具有重要意义。

2. 黄浦江两岸的巨变

上海城市滨水区主要由黄浦江和苏州河组成，黄浦江是上海的母亲河，见证城市的发展和变迁，黄浦江滨水区的重大建设主要有：外滩的建设，开发浦东和黄浦江综合治理。

（1）历史回顾

1993 年，对外滩进行的大建设包括防洪堤坝的建设和外滩观光步行道建设。这一工程改善了外滩的道路交通状况，同时也阻隔了黄浦江水域的视线，堤坝成为外滩的一道屏障。

从市场经济向计划经济的转变使得上海有了一次千载难逢的发展城市的好机会。1992 年上海政府得到中央政府的支持开发浦东，并积极响应国家提出的"以上海浦东开发、开放为龙头，进一步开放长江沿岸城市，尽快把上海建成国际经济、金融、贸易中心之一，带动长江三角洲和整个长江流域地区经济新飞跃"，以及建设"以上海为龙头的长江三角洲及沿江地区经济带"的要求。1993 年 1 月，浦东新区管理委员会成立，浦东的开发吸引了全世界的目光，经过国际招标，浦东发展的方案得以确定。

黄浦江和苏州河在上海城市发展的历史上一直扮演重要的角色，迫切需要对以黄浦江和苏州河为骨架的城市滨水区进行开发。黄浦江综合治理方案是对于黄浦江最全面综合的改造方案。随着浦东的开发，黄浦江成为城市的中心轴线，以及联系浦东和浦西的重要轴线。综合规划针对目前黄浦江两岸发展的关键问题，在物质形态的更新上提出建设性的设计。

298

4.唐子来、栾峰:《1990年代的上海城市开发与城市结构重组》,《城市规划汇刊》2000年第4期。

5.同上。

黄浦江两岸地区是上海重要的发展轴线,百余年来,作为经济中心、工业基地、能源和供给基地,在城市经济和社会生活中发挥着巨大的作用。近年,随着城市产业结构调整和黄浦江老港区功能逐步外迁,经济功能逐渐衰退。黄浦江滨水区改造的直接原因是产业结构调整和交通运输方式的改变。国际经验表明,全球性或区域性中心城市都具有如下三个基本特征:首先,他们是许多全球性公司总部的集中地,因而对于全球或区域经济起着控制作用;其次,它们又是金融中心和具备发达的生产服务业(包括房地产、法律、信息、广告和技术咨询等),以满足与公司总部相关的金融和其他生产服务需求;最后,作为经济、金融和商务中心,这些城市对于交通和通讯基础设施具有更高的要求,以满足各种资源"流"(如信息和资金)在全球和区域网络中的时空配置[4]。参照国际经验,上海提出了"经济、金融和贸易中心"作为城市发展目标,提升第三产业作为经济结构调整的核心,采取以金融业、保险业和商贸业为第一层面,交通和通讯业为第二层面,房地产业、信息咨询业和旅游业为第三层面的发展策略。

在20世纪90年代,伴随着城市经济总量的不断扩大,上海的产业结构经历了战略性重组。第一和第二产业占国内生产总值的比重分别从1990年的4.3%和63.8%下降到1998年的2.1%和50.1%,第三产业的比重从1990年的31.9%上升到1998年的47.8%[5]。由此产生城市空间结构的变化,一部分传统产业如纺织业、制造业等开始向城市外围转移,与此同时,随着国际航运船舶大型化和集装箱化的发展,港口从水深较浅的内港向深水外港迁移,黄浦江内港区已经不能满足现代化港口发展的需要,产业结构的调整成为上海核心滨水区改造的重要契机。

环境方面,由于城市环境的日益恶化,公众越来越迫切要求改善环境,作为城市开放空间的滨水区从工业和交通运输业中解放出来,自然应该重新回到公众的生活中,成为城市重要的活动和开放空间。

2002年1月10日,黄浦江两岸综合开发正式启动。这是新世纪上海城市建设的一项重大战略决策。综合开发旨在通过对黄浦江及其两岸地区的功能重塑和环境改造,带动上海中心城区社会、经济、环境的协调发展。它是继20世纪80年代老外滩改造、90年代浦东陆家嘴地区岸线建设之后,对黄浦江及其两岸地区进行的又一次改造与开发。

黄浦江两岸综合开发的目标是要遵循"百年大计、世纪精品"的原则,坚持高起点规划、高水平开发、高质量建设,努力使黄浦江建设成一条"国际级水景岸线",它不仅具有经济功能,更能体现上海的文化品位、文化功能和文化地位。实施黄浦江两岸综合开发后，人们将从这道风景线上看到上海都市文化的底蕴，看到上海未来发展的蓝图，提升上海的城市竞争力，重塑上海国际大都市的形象。

（2）黄浦江两岸综合开发

"滨水区综合规划"贯彻了"百年大计，世纪精品"的规划设计要求。黄浦江两岸地区综合规划的开发理念如下：

第一，功能转换，激发活力是综合开发的核心。黄浦江及其两岸的功能，将从原来的交通运输、仓储码头、工厂企业为主，转换到以金融贸易、文化旅游、生态居住为主，实现由生产型向综合服务型的转换。

第二，绿贯黄浦，保护环境。充分发挥黄浦江水体开阔的形态优势，通过整体景观设计，使临水的建筑物、绿化和公共空间有机协调，让黄浦江两岸成为上海城市一道靓丽的风景线。

第三，注重亲水，提升品质。开辟活跃的公共岸线，创建多种多样的滨水活动空间，让市民亲近水、亲近自然，让黄浦江真正成为"母亲河"。

第四，延续文脉，形成特色。两岸历史建筑比较集中的街区和优秀历史建筑，将在保持原有风貌的基础上进行改造、更新和合理利用，以延续城市文脉。

第五，丰富景观，追求秩序。黄浦江两岸综合开发机制遵循"规划国际化、运作市场化、投资社会化"原则，在整个开发工作中，通过建立政府宏观引导和市场运作化相结合的综合开发机制，吸收国内外多元投资，形成社会共同参与、各方多赢的新格局。

2002 年 4 月 17 日，市政府批复同意市规划局组织编制的《黄浦江两岸地区规划优化方案》。规划控制范围从吴淞口到徐浦大桥，河道长度约 42.5 千米，两侧岸线长度约 85 千米，包括核心区和协调区在内，规划控制面积约 73.3 平方千米。其中核心区自五洲大道至卢浦大桥为中心段，规划控制面积为 22.6 平方千米，岸线长度约 20 千米；五洲大道至吴淞口为北延伸段，卢浦大桥至徐浦大桥为南延伸段。上述规划控制范围涉及浦东、宝山、杨浦、虹口、黄浦、卢湾和徐汇七个行政区。

黄浦江两岸综合开发在统一规划的前提下，确定了三步走的次序，首先是四个重点地区，包括北外滩—上海船厂地区、杨浦大桥地区、十六铺—东昌路地区和南浦大桥地区（含世博会选址地区）；第二步是杨浦大桥和南浦大桥之间的非重点地区；第三步是南、北延伸段[6]。

6.苏功洲、王嘉漉：《提升上海城市的环境品质——黄浦江两岸地区综合规划概述》，《城市规划汇刊》2002 年第 3 期。参见上海规划局官方网站。

该地区建设的总体目标为：结合地区用地性质调整和功能开发，改善区域自然生态环境，开辟公共活动岸线，创造具有强烈都市特征的滨水景观，形成南北向滨江景观带和休闲旅游带。这一地区将按该规划方案确定的功能布局、绿地与滨水开放空间、防汛、历史文化保护、滨水景观、道路与交通组织、开发容量等控制要求进行改造，对 4 个重点地区将根据规划指导原则编制实施性的详细规划方案。经批准后逐步组织实施。

3. 苏州河滨水区环境综合治理

上海的市区是从旧城顺沿黄浦江和苏州河逐步展开和发展的，如果说外滩是上海城市的立面的话，那么苏州河滨水区环境可以说是上海城市的断面[7]。

7. 刘云：《上海苏州河滨水区环境更新与开发研究》，《时代建筑》1999 年第 3 期。

（1）苏州河历史发展背景和现状存在的问题

苏州河是上海历史的一面镜子。唐宋年间的苏州河，河面宽阔，水势浩瀚。在古代的江海航运中，苏州河是连通富庶的江南地区和上海海上贸易的通道，她孕育了上海早期的繁荣，是上海成为江南地区出口转口基地的基础。1843 年上海正式开埠，因吴淞江直通苏州，故将上海境内部分改名为苏州河；之后的一个世纪里，随着租界的兴起，沿河两岸出现马路、桥梁，同时沿线的地价上涨，以港兴市，带动租界公共设施及民族工商业飞速发展。到 20 世纪 30 年代，苏州河沿线的城市格局基本形成。1949 年之后，上海由原来的多功能城市逐步转变为单一的工业中心城市，政府在加强苏州河沿线工厂建设的同时，还在其支流上新建了北新泾、桃浦、安亭等工业区，并相应增设了大量的工人新村。目前普遍经营效益较低、厂房破旧、环境质量较差，土地利用价值与滨水区的区位优势不相称，亟待产业结构调整和功能重构。用地布局混杂、松散无序、零星开发的住宅小区周边环境建设不甚理想。苏州河两岸道路组织未成系统，沿岸缺少亲水活动空间和绿化景观带。

（2）苏州河环境综合整治工程

由于污水处理系统的不完善，苏州河的黑臭现象日益严重，影响了沿线居民的生活，与上海作为国际化经济、贸易、金融中心的现代化都市环境要求极不相称。

301

80 年代以来，苏州河的污染问题日益引起了有关方面的重视，治理工作陆续展开：1985 年，国务院批准了苏州河河流污水工程的项目建议书；1993 年，上海市河流污水治理一期工程投入运行，给苏州河的水质改善和水体功能恢复创造了有利的条件；1996 年市政府将苏州河综合整治列为城市环境的重点，制定了全面的整治方案及分期实施目标。

1949 年之后，上海市历届政府都十分重视苏州河的治理。1997 年，上海市启动有史以来最大的环境治理项目——苏州河环境综合整治工程，以治水为中心，建设了 2 万多平方米的绿地，其目标是 2000 年消除黑臭，2010 年河中有鱼。苏州河沿岸将成为高品质的生活区。

上海市于 1997 年专门成立苏州河环境综合整治领导小组，下设办公室，全面领导苏州河环境综合整治；在成立市级机构的同时，苏州河沿线八区一县也设立了类似的区县级管理机构，负责各县的综合整治工作，并接受市苏办领导。1998 年，苏州河环境综合整治一期工程启动，2002 年全面建成。苏州河环境综合整治一期工程包括苏州河支流污水截流工程，虹口港、杨浦港地区旱流污水截流工程等 10 大工程项目。

苏州河环境综合整治贯彻以治水为中心、全面规划、远近结合、突出重点、分步实施、整治与开发相结合、建设与管理相结合的原则[8]。由于加强政府领导，完善了管理机构，强化立法和重视资金组织，苏州河环境综合整治在相当程度上体现了各职能部门及各级政府间责工作的协调统一，并引发了市民广泛地参与监督。苏州河环境综合整治二期工程于 2003 年 4 月 11 日在苏州河河口水闸建设工地举行开工仪式，这标志着苏州河整治进入了新的阶段。

8. 谢瑞欣、李京生：《上海市苏州河环境综合整治规划探讨》，《城市规划汇刊》2000 年第 3 期，第 52 页。

苏州河整治二期工程的 8 个工程项目分别落实了责任主体，由市水务局、市绿化局、市市容环卫局和有关区政府负责。目前，有 6 项工程已开工，2 项正在做开工的准备工作。二期工程主要目标有两个，一是治水，苏州河干流水质要进一步稳定，主要支流明显改善黑臭状况。治水是苏州河治理的根本。二是绿化，滨河绿化走廊要出形象，两岸开发要严格执行规划，大力增加绿化和公共空间，切实降低开发容量和建筑高度。

（3）苏州河滨河景观规划

2002 年 8 月，上海市规划院根据市政府对于苏州河景观的"增绿地、增空间、降容量"的要求深化国际征集方案，最终，苏州河滨河景观规划东起黄浦江，西至中山西路桥（表 2）。规划目标是将苏州河沿岸建设成为水质清洁、环境优美、气氛和谐的生活休闲区，成为城市中心区的重要生态景观轴线。

表2　苏州河景观规划四个历史保护区段及定位

区段	功能定位
外滩源	国际水准，体现上海特色的都市旅游休闲综合区
浙江路一乌镇路	仓库、工业建筑保护带，形成历史艺术保护区
昌化路	近代工业建筑保护带，结合公共开放空间设计，形成文化娱乐区
华东政法学院地区	将封闭的岸线打开，同中山公园融为一体

资料来源：上海规划局官方网站。

4. 上海 2010 年世博会项目

（1）2010 年上海世博会概况

世博会的选址在黄浦江两岸的卢浦大桥与南浦大桥之间的滨水区约 5.4 平方千米的规划控制区内。距市中心约 5 千米，可以综合利用上海老城厢历史风貌区、外滩及陆家嘴金融贸易区的社会经济和人文资源，并使世博会场馆得到有效的后续使用。

从选址上讲，卢浦大桥和南浦大桥之间的黄浦江滨水区，成为滨水区复兴的重要亮点，跨河的选址带动新旧上海的发展，将新上海和上海旧区有建设性地连接起来，这一带地区包括上海老城隍庙地区的历史风貌区、外滩及陆家嘴金融商贸区的中心地区，是上海滨水区发展的最有利地带，也是滨水区复兴的启动项目。

世博会场馆在上海的总体规划中被确定为公共开放空间，结合各种类型的滨水区公共空间形成系统，黄浦江两岸急需公共空间，极大改善城市滨水区的面貌，促进产业结构的调整。世博会场馆的建设将为黄浦江两岸增添滨江岸线景观，提升浦东西南部地区的城市功能。同时可以迅速启动黄浦江两岸地区改造和更新，促进城市的可持续发展。

（2）规划策略（表3）

上海世博会的主题是"城市，让生活更美好"(Better City, Better Life)，这个主题对于未来城市的发展具有重要意义。

303

表 3　上海 2010 年世博会开发策略建议

内容	策略
土地使用	• 紧凑多样 • 考虑临时性场馆和场馆的后续改造 • 将现有的工业遗迹改建后加以利用 • 发展开放空间以外的功能，并且为以后的扩展和改造提供可能性
开放空间	• 结合滨水区特色，形成多样的开放空间 • 保证公众使用利益 • 同周边开放空间一起形成系统和网络 • 体现上海城市文化 • 容纳多样的城市活动，成为黄浦江滨水区的开放空间节点
交通基础设施	• 发展公共交通为主的可持续交通方式，解决世博会期间的大人流集散问题，并且为滨水区可持续交通发展模式树立良好范例 • 通过桥梁、水上交通工具、缆车、地铁、隧道等多样的交通方式提高黄浦江两岸的可达性 • 增加世博园同周围地区的步行和公交联系，在世博园内使用绿色环保的新型交通工具，并利用上海特色的交通工具如有轨电车等，起到文化观光作用 • 引入大容量的轨道交通系统，实现方便换乘 • 将世博会的交通组织与城市滨水区的交通组织有机结合，避免不必要的专项交通，考虑后续使用的经济可行性
城市文化	• 塑造上海特色的滨水区世博园 • 文化设施 • 世博会期间结合文化宣传和交流活动 • 文化游，将上海展示给世界
城市设计	• 设计理念的多元化 • 绿色建筑 • 建立城市设计导则 • 城市设计的管理模式
公众参与	• 征集公众意见 • 参与设计过程 • 参与决策过程 • 宣传和适当形式的活动，征得广大市民的支持

续表

策略框架	• 研究具体问题，针对具体问题提出目标体系 • 将世博会的策略框架同黄浦江两岸发展战略和上海城市发展战略相融合，成为城市发展的有机部分 • 研究实际要解决的问题，将世博会各方面的目标和原则具体化，建立包含社会、经济、环境多目标的策略框架体系 • 策略框架的建立有理论和可操作的依据 • 政策法规保证策略框架的实行
控制机构	• 协调开发，将世博会作为滨水区开发的启动工程，筹集资金，并且在今后的黄浦江两岸开发中继续发挥作用 • 协调与世博会相关的组织机构，保证基础设施建设 • 作为世博会的发言人，宣传世博会，造成良好的社会影响力 • 负责筹集资金 • 控制建设进度，协调同黄浦江沿岸其他项目的衔接，专门负责世博会的开发不受其他外界因素的干扰 • 负责项目的管理和评估
资金筹措	• 完善组织机构，建立中央和上海各层次的融资协调机构，由银行组成联席会议，具体解决融资的实际操作问题 • 多渠道融资，降低贷款风险 • 完善政策法规，保证政策的稳定性，使融资活动不受外界因素的干扰
管理和评估	• 建立管理和评估机制 • 对世博会建设的环境效应进行管理和评估，控制其对于环境的负面效益

从增强城市竞争力、塑造世界城市的角度理解世博会的定位。在准备 2010 年上海世博会的申办报告过程中，上海市城市规划管理局与上海世博会申办办公室在 2001 年 9 至 10 月组织了世博会会址概念性规划，规划要求充分利用原有的工业设施，改造更新并有效保护历史建筑。规划还将治理环境放在重要的地位，与此同时倡导实验性城市社区的建设，探索新的城市结构理念。

(3) 世博会的运作

世博会的政府操作机构中央世博委和上海世博局，负责筹集资金、协调开发，保证基础设施建设，将世博会作为滨水区开发的启动工程，并且在今后的黄浦江两岸开发中继续发挥作用。一方面控制建设进度，

305

协调同黄浦江沿岸其他项目的衔接，专门负责世博会的开发不受其他外界因素的干扰；另一方面作为世博会的发言人，宣传世博会，造成良好的社会影响力。

私人机构的参与也是至关重要。应集合顾问团体的力量，从各个方面综合分析世博会的策略和实施机制，调动私人企业参与的积极性，参与决策过程。充分发挥地方社区和公众的力量，调查其需求和建议，并且赢得社会的广泛支持。

（4）带动产业

2010年世博会投资巨大，游客众多。世博会的筹备和举办工作将为中介业、金融业、文化产业、装饰建筑业、房地产业、花卉苗木业、交通运输业、环保产业、旅游业和宾馆餐饮业的发展提供极好的机遇。

（5）会展

世博会素有"经济奥林匹克盛会"之称，已成为推动城市经济发展的重要杠杆，各国都非常注重世博会的市场推动、组织管理和主题营销。进入20世纪，随着世界经济一体化进程加快，全球范围内的会展越来越丰富，参加会展的国家越来越多，会展所产生的效益也越来越明显，申办世博会的国家也越来越多，竞争日趋激烈。世博会的举办使许多国家和城市提升了本国的国际形象，成为推动城市经济发展的重要杠杆，同时，各国都非常注重世博会的参观人次对当地旅游的推动作用。

（6）旅游

2010年世博会，计划展期是5月1日至10月31日，共计184天。展馆面积为4.0平方千米；参观人次预测为7000万，超过历史上参观人数最多的一届，预计境外旅游者约为350多万人次，国内旅游者约为6550多万人次。国内旅游者中，将有超过二分之一的参观者来自长三角地区。世博会带来的旅游人流将把长三角经济串连起来，在此基础，通过一系列局部多赢合作，推动长三角从浅度合作进入深度合作。

（7）交通

世博会交通概念研究将交通规划的规划主题演绎为"交通，让出行成为享受"。提倡绿色交通，减少对小汽车的依赖、统归步行和自行车，建立整合的公共交通体系和提供高质量的公共交通服务。通过建立和谐的土地利用和公共交通的有机联系，不仅可以将城市从塞车的困境中解脱出来，还城市以宁静与清洁，而且可以创造适合步行和交流的人性化紧凑城市空间。

世博会不能被理解为城市中的一个公园或者展场，而应该是城市滨水区实现多样化的一个实验场，开放空间的定位使世博会的滨水区重新回到城市生活之中，但是世博会的滨水区空间又不能仅仅是城市的开放空间，还应该在场馆建设和后续利用上发展多样的功能，同周边的城市功能相结合，形成互补的发展趋势，突出城市公共空间的特色，公共空间的设计本身也应该体现多样化，容纳多样的活动，不仅是展览本身，还有体现上海城市文化的活动如龙舟、水上运动等丰富多彩的滨水区运动。

（8）工业遗产和建筑的保护和再利用

浦东的世博会选址规划控制区域内有 17 家工厂企业和约 8500 户居民，其中有严重的污染源，棚户区和质量较差的住宅群与工厂混杂在一起。浦西的世博会选址规划控制区域内有大约 12 家工厂企业，这里曾经是中国近代工业的发源地，其中有中国第一家近代工业企业——成立于 1865 年的江南制造总局，20 世纪初迁至现址。它曾经是中国的第一家兵工厂，是洋务运动的产物。其中的总办公楼、2 号船坞、指挥楼、飞机车间等已被列入第二批上海优秀近代保护建筑名单。在世博会场馆的建设过程中，一些具有历史价值和利用价值的工业建筑、船坞和构筑物将得到有效的保护，并计划改造成船舶工业博物馆、商业博物馆和能源博物馆等。大跨度的工业建筑可以改造为博物馆、娱乐、商业设施。

（9）居住环境和生活

应提倡绿色建筑和环境生态的保护，改善原来基地的污染状态。让生活更美好直接地体现在居住环境的改善上，让世博会场地成为城市生活的一部分。

（二）策略分析和建议

全球化导致世界大城市的建筑和设计都呈现趋同的态势。无论是纽约、芝加哥，还是上海、东京，城市中的大部分地区都缺乏个性，十分相似。就国内而言，大中小城市在城市化的进程中逐渐失去特色。

城市滨水区的建设也面临同样的问题，对于北美、欧洲等城市滨水区的模仿造就了一大批壮观的城市滨水区景观，但是事实上能实现的究竟有多少呢？建成后取得经济、社会、环境综合效益的又有几个呢？上海作为国际性的大都市，早在1990年就提出建设国际化大都市的发展目标，并拟定明确的时间节点：到2010年，建成世界城市的雏形；2020年，建成半边缘性世界城市；2030年，建成次级核心世界城市；2050年，建成核心世界城市。

黄浦江两岸在新的世纪得到了前所未有的巨大发展机会，上海要走通过城市滨水区的开发和建设重塑城市形象之路，滨水区的建设一方面要借鉴国外先进经验，制定统一的策略框架，实现社会、经济、环境利益的全面平衡；另一方面，也要面对国际潮流的冲击，保护并发展具有本地区特色的滨水区发展之路，而非盲目模仿。

目前，上海的滨水区的开发已经取得了举世瞩目的成绩，黄浦江两岸的综合规划已经进入实施阶段，外滩源、北外滩等项目都正在进行中。苏州河的环境整治工作进展良好，水体得到清洁，周围环境得到美化，主要是滨水区景观和环境的整治，更大规模的滨水区开发正在进行中。黄浦江两岸的几座跨江大桥的修建极大地增加了两岸的可达性。尤其是2010世博会的申办成功，更为滨水区的开发注入新的活力，黄浦江两岸综合开发的方案征集都采取了国际招标的形式，保证了高品质的城市设计。

但是，现阶段的滨水区开发主要集中在物质形态的改善上，对于滨水区的景观环境、空间形态和交通联系等做出了诸多优秀的设计，但是对于滨水区之于整个城市发展的经济、社会等综合效益却没有明确的策略框架。

例如苏州河线形的河流形态，决定了它在城市景观中以一种景观廊道的方式存在，起着联系各种镶嵌体的作用。作为上海市核心绿化"两纵一横"的组成部分，苏州河是不可多得的城市和自然景观相结合的通廊。但是目前沿岸建筑过于密集，缺少开放式的公共活动空间，所以今后规划应从宏观上形成苏州河整个沿岸的绿化和公共开放空间，恢复苏州河的自然特征。

另外，由于没有统一的规划，苏州河规划只是做了景观和绿化设计，以水务治理为主，发挥主要作用的是水务、环保、城管部门，规划部门还是以所在各区为主。由于缺乏有效的城市设计控制文化措施，出现了河岸控制混乱、水域空间狭窄等物质形态的问题，而且社会和经济问题难于平衡，滨水区形成的社会隔离，成为富有阶层的专属领地。

三、结论

通过分析和论证，本文得出城市滨水区复兴策略的以下七点结论。

第一，城市滨水区是城市不可分割的组成部分。复兴城市滨水区要从整个城市和区域的角度出发制定复兴目标，从增强城市的竞争力的角度出发，提升物质环境，建设以服务业为主的经济结构，增强就业能力，加强社区建设，提高社区的多样性和活力。通过滨水区的复兴创造属于滨水区自身的文化特色，进而带动整个城市的活力。

第二，从公众利益出发复兴城市滨水区。首先要提高滨水区的可达性，滨水区应该为所有收入阶层和年龄段的当地和外来游客提供物质和视觉上的可达性。城市滨水空间应该建设成为高品质的城市公共空间，集中使用。其次，保证公众的生活品质，从社会住宅的比例到社会配套设施的提供都应该体现社会公平。滨水区不是城市某个阶层专属的领地，应该使大众成为城市滨水区复兴的最终受益者。

第三，紧凑和混合的土地使用模式。滨水区的土地资源是极其珍贵的，紧凑的土地使用模式将使得滨水区的土地得到有效利用，同时也是创造城市可持续发展模式的机会。城市滨水区紧凑的土地使用模式，有利于利用城市的基础设施和公共交通为主的交通模式，提倡步行交通，将健康的城市生活方式重新还给市民。滨水区应该还其本身多样性的特色，滨水区应该能够展开多样的文化、商业和居住用途，增强城市活力，激发市民对于城市滨水区的归属感和自豪感。居住邻里社区在功能和社会结构上混合也能够进一步消除社会隔离，形成多元化的社会文化氛围。

第四，保护和合理再利用滨水区的历史遗迹，创造独特的滨水区历史文化。滨水区复兴项目中大量的工业遗迹是珍贵的历史建筑，如何利用历史遗迹，将其融入今天的生活、延续其生命力，将是滨水区复兴中要解决的重要问题。遗迹的保护不仅仅是对于物质实体的保护，通过现代功能的融合，赋予其新的生命力，从而成为滨水区的标志和发展的一部分。

第五，优秀的城市设计是滨水区复兴成功的关键所在。城市设计作为一项科学技术工作，虽不能直接解决城市的社会、经济等问题，但是它能直接提供经济发展的合适环境，从而间接带来经济效益，提供就业岗位。物质形象的构建形成居民的场所趋向。在城市滨水区复兴的大前提下，过去的设计与社会和经济发展脱节的做法已经受到质疑。对城市意象的操作，包括了重拾和复兴城市空间，从而创造一个安全、愉悦的环境。城市滨水区复兴的城市设计要从设计控制管理机制入手，制定相应的设计导则。

第六，建立全面的城市滨水区复兴策略框架。城市滨水区复兴的策略框架是整个复兴任务中极为重要的部分，建立一个可持续发展的明确的目标体系是合理利用有限资源的前提。从滨水区复兴的前期分析、社会与经济发展、土地利用、交通和基础设施建设、城市设计、项目实施几个方面构建复兴项目的策略和原则。城市滨水区复兴的策略框架是一个灵活开放的结构，其目的是在一个整体和有效的框架结构下，规范开发建设，并激发创新潜力，为滨水区复兴提供坚实的基础和保证。

第七，城市滨水区复兴应该建立公私合作伙伴制。一方面，以政府领导为核心的公私合作制，能够有效控制城市滨水区复兴项目的整体性和公众利益，通过法规和政策引导协调各方利益，控制开发结果，保证设计的品质，提供基础设施，维护社会平衡。私人企业从项目的开始就应该介入，保证了滨水区城市复兴项目对市场回应的灵敏度，并且从经济上促进开发进程，社会团体是代表公众利益的，在公私合作伙伴关系中，可以弥补政府能力所不及的关乎社区利益的具体问题。协调各方利益的原则，不仅是公私合作伙伴制运作的基础，更是保证城市实现长远的经济利益、社会利益和环境利益的有力手段。

苏州河中段居住区滨水景观研究

邹兆颖

邹兆颖，建筑学硕士，
国家一级注册建筑师，
高级工程师。有多年
大型甲级设计院工作
经验,曾在仁恒置地、
中华企业等地产公司
和企业工作，现就职
于上海地产集团下属
的上海房地（集团）
有限公司。

论文时间

2006 年 3 月

摘要

本文摘选自笔者的硕士毕业论文。原论文一共分为五个
部分：第一章介绍了国内外滨水研究的动态以及苏州河的历
史背景；第二章以理论概述的方式介绍了时下滨水环境研究
主要关注的一些理论和概念；第三章以苏州河中段居住区域
的滨水景观作为研究的对象，并分区域进行用地现状的调查
研究；第四章是在第三章的调研基础上，将苏州河中段区域
的滨水景观按照景观组成元素的分类来进行单独的分析研究；
第五章总结苏州河中段住区滨水景观建设的经验与不足，并
指出问题和矛盾的所在，对今后的滨水开发与改造提供一些
可以借鉴的经验并提出一些建设的展望。

一、苏州河中段滨水景观要素分析

为了更具体地分析滨水景观，下面将苏州河中段的滨水景观分成几大类来进行研究。滨水景观主要由水体景观、桥梁、滨水绿化、滨水广场、滨水公园、滨水建筑以及其他景观要素共同构成。

（一）水体

滨水景观，"水"自然是景观中的主体，几乎所有的设计都是围绕着"水"来进行的。水体本身有很多自然特性，在景观层面上作用最明显的有以下几点：

1. 水的走势与形态

城市中河道的平面形态多样，有的河段屈曲自然，有的河段膨大成较开阔的水湾，形成丰富自然的景观。河流的形成是一个自然循环和自然地理等多种自然力综合作用的过程，河流自然的流路形态是这种作用的直接结果，不同的河流具有各自不同的流路形态，自然的流路特征是河流自然性的最直观表现，是人工所不能创造出来的，具有极高的美学价值，从生态角度讲，河流的自然流路是维系河流生态系统正常运转的最基本条件。但是，目前我国许多城市在河道整治中，对于河流的自然流路没有很好地尊重，主要表现在：

第一，宏观方面，对河流经常采取"裁弯取直"的"大手术"，许多原本自然、富于变化的流路形态经过"整治"变成了僵硬单调的直线。如苏州河整治措施中就曾经有"裁弯取直"的考虑。

第二，微观方面，尽管在流路线形上顺应了河流的自然走向，没有"裁弯取直"的大动作，但把河流简单地划定为两条平行蓝线所夹的范围，加上两侧直立的驳岸、等宽的绿带，自然的河流变成了人工的渠道。尽管看上去很"干净""整洁"，但景观效果却较为单调。

之所以出现以上现象，主要是由于在河道流路处理上只片面地强调了河流排水泄洪的水利要求，而没有从景观生态上综合考虑问题，没有很好地协调水利和景观生态的矛盾。"裁弯取直"或者是"渠化"后的河流，表面上似乎有利于排水泄洪，但却会影响甚至是破坏河流生态系统的运转，还会使河流的景观美学功能在很大程度上丧失。基于此，在河道整治中必须研究和尊重河流的自然流路，否则我们将会重走一些发达国家治理河流的老路。

2. 水质

水质在现今大多数城市滨水区开发中都是一个关键，很多城市滨水区开发都是从河道清污、净化水质开始的。城市滨水地段环境和景观问题的最基本条件是要有良好的水质。水质对于亲水行为的影响非常大。很难想象，受到严重污染的水体会有很高的亲水性，即使岸边景观做得再好，也很难提高人们对于水的兴趣，与水有关的活动更是难以展开；这就意味着，生态环境出现的问题不解决，亲水行为及亲水环境的塑造都将成为一纸空谈。水体污染造成的水边环境持续恶化将使人们的亲水天性长期受到抑制，最终导致行为和心理的逆反——憎水性。

水的颜色是水质情况的一个表现。纯净的水是透明没有颜色的。水中倘若含有微生物或者其他杂质，水的颜色就会有所不同。一些有机物含量过高或者污染严重的水呈现出的颜色是浓重，有的甚至还达到了乌黑的程度。

水味的因素也不容忽视。我们常常有种体验，就是在滨水的地区离着水还老远就闻见了水味，这在江南的水乡是不足为奇的，湿润的水气和淡淡的鱼腥暗示着水乡的环境。城市水体如果受到有机物的污染，就会发出一股令人不悦的气味，在相当程度上影响到观赏者的心情。

苏州河水从 20 世纪 20 年代开始受到污染后，水质状况每况愈下。黑臭的河水严重影响了两岸人们的正常生活。从 1997 年开始对苏州河的环境进行了整治，经过综合整治，苏州河的水体和环境有了很大改善，苏州河沿岸已经开始变样了。滨水设计都努力开始营造出一种亲水的氛围。水质由坏变好，人们对水也由"憎水"变成"亲水"。水质的确是一个非常重要的水环境因素。

3. 倒影

河流景观的特点之一是映照在水面上的河岸景观。水中的倒影能让人浮想联翩，具有很强的文化意味。倒影和地面上真实的景色融合在一起，构筑了一幅更为迷人的画卷。

滨水空间中,要使河岸的树木和建筑形成很强的倒影需要两个条件:第一,形成倒影的对象离水边要尽可能近;第二,形体要高大。[1]

1. 日本土木学会编:《滨水景观设计》,孙逸增译,大连理工大学出版社,2002。

因为苏州河中段主要是居住用地,楼盘比较多。很多高楼倒映于水面,形成了一幅气势宏伟的画面。风平浪静的时候,水面如镜,倒影的画面可以清楚地看到;水波荡漾之时,倒影就不那么清晰了,只能朦胧中欣赏幽幽的虚幻。夜晚,万家灯火齐明,倒映于水面的景象又别有一番壮观。此外,滨水平台处的小雕塑在景观灯的照射下,映于水中,连成一片繁华的景色。

(二)护岸

护岸是水域与陆域的交界线,由于防洪的要求,城市滨水区的护岸一般采用硬式护岸,如钢筋混凝土或石砌挡土墙等。

护岸设计时主要考虑以下几个方面。一是其治水性,即护岸的首要功能是稳固堤岸,防洪,保护城市免遭水淹。二是亲水性,使人们走在岸边能接近水面,观赏美丽的水边风景。三是安全性,水给人柔美感受的同时,也是深浅莫测的。尤其在深水区域或水流湍急的滨水段,过于强调亲水而忽视安全的做法是危险的。在进行护岸设计时应结合滨水活动空间因地制宜选择不同的护岸形式。

首先,造成滨水开敞空间亲水性差有两方面原因:一种是河流由于淤泥不断沉积等原因,河床不断抬高,水位也随之升高,而两岸陆地由于地下水的过度开采,引起严重沉降,于是河面标高超过沿线陆地的标高,出于防洪的考虑,就需要修建高高的防汛堤或防汛墙,这样势必会阻碍人们的视线。有的防汛墙不算特别高,人们还可以倚墙观水;有的防汛墙甚至高于头顶,人们连水都无法看见。这样又如何能考虑亲水的问题呢?

另外一种情况是人们在最初规划设计的时候,没有对河流水位问题进行系统研究,没能从发挥河流娱乐游憩、自然生态、提高城市形象等综合功能的角度确定河水标高体系,造成河流沿线建设滨河绿化带时无所适从,无法保证亲水性。出现这种情况一个很重要的原因就是目前国内的很多滨水设计,没能做好各部门各专业的良好配合与沟通,造成每个部门各自为政,缺乏有效的合作。

其次,由于受到各种因素如防洪、防汛的制约,城市滨水区的驳岸与护坡处理方式会有很大不同,一般有以下几种模式:直立式、倾斜式、台阶式。

第一,直立式。适合这种岸地的地方有三种情况:水面和陆地的平面差距很大；水面涨落高差较大的水域；建筑面积受限，没有充分的空间而不得已建的护岸（图1、图2就是属于直立式护岸）。

第二，倾斜式。这种护岸比较容易使人接触到水面，有较高的亲水性，从安全方面来讲也比较理想。适用这种设计的地方需有足够的空间容纳护岸，随倾斜度的不同及表面堆砌方法的不同可形成不同的景观效果，同时有利于营建生态驳岸，如块石护坡、地被护坡、地被与块石结合的护坡等（图3、图4属于倾斜式护岸）。

第三，台阶式。这种方式使人很容易接触到水，并可坐在台阶上眺望水面，是亲水性很高的护岸。目前这样的护岸在苏州河中段新一批的堤岸改造工程中被广泛地运用。很多处景观设计都是用的这类护岸（图5、图6）。

最后，关于驳岸界面的类型可分为三类。第一类是"光滑规整型"，这种水与岸的界面比较光滑，无论是弧线形还是接近直线的形式，它们的共同点就是水与岸分界线很清楚。这样的界面能给人以明确清晰的岸

图1 直立式护岸（昌化路桥附近）

图2 直立式护岸

图3 倾斜式护岸（武宁路桥附近）

图4 台阶式护岸（半岛花园）

315

图5 水与岸光滑的交界面（中远两湾）

图6 水与岸相互咬合（中远两湾码头）

线观感。但是这样的护岸倘若过长会给人一种单调的感觉。如中远两湾城一期入口的那段弧线界面就属于光滑的弧线形，而绿洲城市花园滨水景观处的水与交接处则属于接近直线的光滑界面。

第二种是"相互渗透融合型"。这类水与岸的交接处则不是分得很明确。水和护岸彼此渗透到对方，形成参差咬合的状态。此类界面水与岸的融合度比较好，水与岸融为一体，整体感比较强。例如中远两湾城一期和三期中间的游艇码头处就是这样的处理手法。

最后是"自然生态型"。在驳岸的处理上可以灵活考虑。根据不同的地段及使用要求，进行不同类型的驳岸设计，如自然型驳岸等。生态驳岸除护堤防洪的基本功能外，还可治洪补枯，调节水位，增加水体的自净作用，同时生态驳岸对于河流生物过程同样起到重大作用。目前这类护岸在苏州河中段的运用还是难以看到，有待日后进一步尝试。

（三）滨水绿化

绿化系统具有生态、休闲和景观三方面的功能。从生态方面来讲，绿化具有清洁空气、释放氧气、调节温湿度、保持生物多样性等功能；从休闲方面讲，绿化提供了卫生、整洁、适用安全、景色优美、设施齐全的户外活动交往场所；从景观方面来讲，绿化通过园林小品、花草树木提供视觉享受（图7、图8）。

滨水区空气清新，视野开阔，视线清晰度高。在滨水区沿线应形成一条连续的公共绿化地带。要将绿化空间作为一个系统来研究其分布，并按

图 7　滨水绿化（半岛花园）　　　　　　　图 8　滨水绿化（上海知音）

照一定量的要求建立网络或等级体系，创造一个整体连贯而有效的自然开放绿地系统，对营造良好的空间环境形象具有巨大的生态、文化、经济意义。

在水滨植被设计方面，注意增加植物物种的多样性，增加群落物种的多样性和适应性。另外增加软地面和植被覆盖率，种植高大乔木，以提供遮阴和减少热辐射。城市水滨的绿化应多采用自然化设计，植被的搭配——地被花草、低矮灌丛以及高大树木的层次和组合，应尽量符合水滨自然植物群落的结构。此外，植物生长发育是需要一个时间过程的，春夏秋冬时令交接、阴晴雨雪气候变化都会改变植物的生长，改变景观的空间意境，并深深影响人们的审美感受。

（四）滨水道路

"路"是人类在自然肌体上留下的最为重要的痕迹之一。在人的观念中，"路"到底应该是怎样的？凯文·林奇认为人们走在路上时的心情很大程度上取决于他知道目的地与否：人们往往留心通道的起止点，老想着此路从何而来，到哪里去的问题。有了清晰的起止点便有了一种强有力的自明性。而中国的传统园林手法中有曲径通幽之说，目的在于激发游览者一探究竟的欲望，它实际上对于将凯文·林奇的理论反其道而行之，说明我们在安全感有保障的情况下还有探险的欲望。作为滨水景观中的步行道路，它的设计可以结合以上所说的两种类型去设计安排。可以将某段步行路设计成清晰明朗的路线，另一区域变化为蜿蜒深远的路径。

步行是滨水城市中心公共环境内使用者的主要行为方式，完善的步行系统是滨水城市中心公共环境规划必须考虑的问题。良好的步行系统应该是为使用者提供流动、集散和休憩三大功能，使它在满足使用者对于安全

317

的基本需要的同时满足使用者更高层次的需要。步行系统设计在满足流线通畅安全之外，要充分考虑其与休憩空间、亲水空间和视觉景观的关系。

　　游步道的氛围和行走意愿有着极大的关联性，即使距离很长，也让人们不觉得累，兴致盎然地想再走下去，步行意愿还和天气与游步道的设计有很大关系，因此我们提倡滨水游步道的综合设计。步行道路的路径设计和路面的铺砌材质的不同都会影响人们对步行的感受。

1. 路径

　　步行路径的设计主要有两种。第一，直线或者接近直线的路径。这样的路给人清晰明了的景观意向。人站在路的一端就能看见另一端的远景，整体透视感很强。这样的路径如果过长，往往也会给人造成枯燥单调的感觉。中远两湾一期的滨水路段由于受到空间的限制，基本上是平行于河岸线的路。为了打破这种单调的局面，它采用了栏杆和绿化来形成局部曲线道路的做法，并在路面上以多样的曲线图案做装饰，以此来增加步道的趣味性。

　　第二，曲线蜿蜒转折的路径。中国古代就有曲径通幽的设计手法，人们对曲线形的步道有着特殊的喜好。当然，这也是更多地存在于休闲的步行中，需要快速通行的人不会有心境去体验这样的路径。

2. 铺地

　　铺地是指石、砖等整铺而成的路面。它的铺装材质主要有砌块、鹅卵石、木材等等。其设计手法大致有四种：第一，砌块铺路。为了方便人们行走和活动，路面多数由硬质材料制成的砌块铺设，具有防滑、耐磨、防尘、排水等性能，并因其具有较强的装饰性，得到广泛的运用。[2] 砌块铺设的路面可以形成各种不同的图案，不仅能美化环境，有时候还能起到一定的引导作用。

　　第二，水泥铺地。由于部分滨水步道为了营造趣味性和空间的丰富性，路面存在高差。这样的路面有时候用砌块或地砖等铺砌不是很方便，也难以使路面完全平整。这种情况下采用水泥铺地就比较方便。路面表层可以用一些涂料加以装饰，增加艺术性。

　　第三，木板路面。把游步道设计成木板步行道第一个有利之处是木

2. 刘文军、韩寂：《建筑小环境设计》，同济大学出版社，1999。

板有适当的弹力，另外木材特有的颜色和手感符合人们的感性，随着时间推移更增加自然的风味，而且能调和周围的环境。在很多港口的历史中，木材是主角，因而使用木材能体现历史延续性。

第四，鹅卵石路面。步行道上我们还经常可以看到鹅卵石铺设的路面。这样的路面可以起到按摩足底的健身作用，因此近年来此类材质的路面得到了广泛的应用。这样的路面往往长度不会很长，主要是集中在某一段路上铺设。

影响步道质量的还包括沿路设置的许多小景观，例如小品、缘石、花坛、栅栏、支柱、椅子等。这些将在后文中作进一步的分析。

（五）桥梁

桥在跨河流的城市形态中占有特殊地位，正是由于桥梁对河流的跨越，使两岸的景观集结成整体，特殊的建筑地点、间接而优美的结构造型以及桥上桥下的不同视野，使桥梁往往成为城市的标志性景观。城市桥梁的美，不只体现在孤立的桥梁造型上，更主要是体现在把桥的形象与两岸城市形体环境、水道的自然景观特点有机地结合。因此应充分重视城市桥梁的空间形态作用，将具有强烈水平延伸感的桥梁与地形、建筑及周围环境巧妙结合，创造出多维的景观效果。

步行桥提高了人通过的行程质量，没有机动车的干扰（如噪声、高速行驶给人造成的恐惧、尾气、骤风等），人可以慢速通过，甚至驻足、停留、休憩，有充足的时间和机会感受水。

从桥上观水，与岸上有不同的视角——与两岸垂直，与水道平行，顺着水的流向纵观水面，更觉浩淼无边，烟雨朦胧。看到水滚滚而来，有海纳百川之势，感觉心胸开阔；看到水缓缓而去，有天地合一之态，感觉心气平和。桥的设计要利于观水，首先栏杆要通透，高度要适宜。桥上的栏杆不同于岸上，一般不用考虑防洪和防浪的要求，所以更容易做得通透、精致、轻巧。形态可以结合桥整体的特点和文化信息。驻足停留的人和行路的人流要适当分开，这就要求桥的宽度要足，边缘的处理要有余地。由于空间广阔，又处在一定高度，风比较大，所以观水区适宜安排在常年风向的顺风向一侧。

苏州河是一条多桥的河，每一座横卧南北的桥梁都是苏州河的一部分。1856年，苏州河上架起了第一座桥，即木质的威尔斯桥，后变为浮桥，再变为铁桥，沿革至今就成了上海著名的外白渡桥。外白渡桥至河南路桥沿河一带，几乎每一条南北走向与苏州河相交的马路，均有一桥相配，桥身也多具百年以上历史。这些桥梁以各异其趣的历史风格，记录了自己所产生的年代，连成了一种水上风景。[3]

3.《上海母亲河》，《中国水利报》2001 年 11 月 26 日第 5 版。

苏州河的桥由于建造年代不同，体现的功能和特色有所不同。根据近百年来上海城市发展的轨迹，苏州河的桥也随着城市扩展而逐步增加。早期的桥，主要是从外滩到西藏路。这些桥无论造型、材料还是色彩大都考虑到与周围环境的和谐。桥体线型优美，桥身细部刻画丰富，成为苏州河不可缺少的景观。对这些桥的整治着重从景观改造角度考虑，从色彩、栏杆、照明、桥头堡等方面考虑与周围建筑相协调。从西藏路往西到中山路的桥，从形式到材料大都非常简陋，这些桥建于 20 世纪 50 至 70 年代，有的是在原来木桥的基础上改建的，因为当时经济所限，仅仅考虑两岸的通行，无力顾及其他方面。而这一地区两边都是工厂，还有不少棚户。这些桥有的已经处于老龄阶段，迫切需要改造。笔者认为对这些桥的整治幅度要大，有的甚至应考虑重建。

（六）滨水广场

滨水广场是滨水区提供交通和各种滨水活动的城市外部公共空间。相对于狭长且呈线性流动的滨水街道空间，滨水广场更加开阔，活动以静态为主，是滨水区居民以及游客的大型活动中心。滨水广场亲临水面，是城市居民的公共财产，应该保证市民都可以便捷地到达水边，作为易达的滨水公共场所来设计。这里的"公共"并不仅仅限定于受公共管理的空间，还包括了显示各地区特性的、开放的滨水区域（图 9、图 10）。

图 9　滨水广场（两湾 1 期）

图 10　滨水广场（两湾 3 期）

1. 水边的广场

面向广阔水面的滨水区广场给人们的心灵带来无限的解放感，在喧噪的城市里，可谓是消除疲倦的良好去处。

2. 码头式小广场

在水面上伸展开来的"甲板"状的广场，给我们带来了与水的亲密感和趣味感，于水面上造广场，广场的周围被水包围，与水相接的水际线的长度增加，甲板下面的水波相互撞击，更是带来令人身心舒爽的潮水声。

3. 水广场

在滨水区的水边环境中，再造人工水景，增加人直接与水亲近的机会，特别是在由于潮汐干满差很大、人不能与水直接接触或是水面被污染的滨水区，就显得特别重要。还有供小孩玩耍的浴池、戏水池，这些游乐设置在滨水区，会让人感到更加温暖、惬意和舒畅。

（七）滨水景观公园

利用河流开辟公园，具有普通城市公园难以企及的特殊吸引力。开辟河畔公园时，要更好地开发与河流相邻的公园景观资源，使之产生互补性，对完善河畔公园环境具有事半功倍的作用。

在苏州河中段的中远两湾城版块就规划设计了一个大型的滨水景观公园"梦清园"。"流花五月眼边明，角簟流冰午梦清。"[4] 梦清，一个如诗如画的名字，记载永恒的梦想。由江宁路桥向东，在中远两湾城的对面，河中三面环水的半岛处，优雅地拐了个弯，就在这个弯度形成的半岛形土地上，建造了这个令市民欣喜的活水公园。岛上的大型公共绿地临水而建，为上海新城增添了一个自然生态的绿色世界。梦清园也是苏州河上第一块大型开放绿地、第一个活水公园。

洁净的水体、茂密的植被、舒适的场所是该项目所追求的最佳景观环境。从公园西南区河道上游方向取水口取得的苏州河水，经溪涧的曝气复氧、人工湿地过滤床等物理、生物净化流程，达到景观用水标准，

4. 赵彦瑞：《瑞鹧鸪》，作者为宋朝诗人。

并用于公园人工瀑布、喷泉、湖泊等水景绿化灌溉，以及地下设施的冲洗等。在绿化种植设计方面，考虑到植物多样性原则和适地适树原则，公园共选用了160多种植物，核心区大量建设生态效益高的复层式混交林，将乔木、灌木、草本植物穿插运用，在高强度开发的城市中心区域增加了一片浓绿。

在活动休闲场所的建设中，该园注重生态与舒适。洒满树荫的硬地广场、依山傍树的玻璃咖啡屋、透水基层和面层的路面、经防腐处理的木材铺设的亲水平台以及木质的座椅、随处可见的无障碍通道……让广大市民在享受到美景和舒适的同时，亦让土地最大限度地呼吸并接受到雨水的浸润，减少暑天暴晒和冬季冰冷的不适感。

（八）滨水建筑

滨水区作为一个较为开敞的空间，沿岸建筑即是对这一空间进行限定的一个重要界面。当观者在较远的距离观看时，城市轮廓线往往成为最外层的公共轮廓线，通常是剪影式的、缺乏层次的；而当视距达到一定范围内，建筑轮廓的层次性便显得极为重要；再近一些的视点，观者往往对建筑物的细部甚至广告、标识和环境小品都能一览无余，城市两岸的景观不再局限于单纯的轮廓线。使建筑、自然和人实现全面融合，是滨水空间设计成功的关键。滨水区的建筑与水体和绿地互为背景，其造型应从体量、尺度、色彩和材质等方面保持与自然的呼应。

1. 建筑的体量与尺度

滨水区的建筑大致分为两种类型：一种是以商贸、办公、旅游服务等设施功能为代表的公共建筑，另一种则是以住宅、公寓、别墅为代表的居住建筑。高层建筑的运用在滨水区的住宅建造方面则利弊兼存。

有利的方面为：其一，高层住宅可满足现代城市日益增长的人口居住需要，滨水的高层还可最大限度地增加观景房的数量；其二，在滨水地段的社区住宅建筑适当考虑以点缀少量高层为主，高、多、低层穿插结合的布局方式，可以创造较丰富的景观轮廓。

不利的因素为：其一，居住在高层住宅既减少了市民出门活动的频率，更隔绝了邻里交往的机会；其二，楼体面宽和高度形成一面"巨墙"

而在视线上封闭滨水岸线，隔断了滨水与陆域间彼此眺望的视野，形成了所谓的"视墙效应"，城市天际线的基本结构和层次被破坏；其三，两岸的高层建筑离水距离过近，还形成了一种"高山夹水"的局面，从而使河道宛如峡谷般压抑。

因此，在滨水区应该结合视线组织和构成景观轮廓的需要，利用局部区域点缀高层来加强滨水整体环境空间的形态特征，使之成为视觉焦点和空间构图中心；而其他区域更适宜采用以多层或点式建筑表现水平伸展特点为主。在滨水区居住建筑应适当降低密度，注意建筑与周围环境的结合，布置应体现紧凑与疏朗相结合，可考虑底层架空，使滨水区空间与城市内部空间通透，不仅有利于形成视线走廊，而且形成了良好的自然通风。有利于滨水区自然空气向城市内部的引入。总之，滨水区建筑在设计时应该考虑建筑密度、体型、尺度与自然的佳构，保证最佳的环境效益和投资效益。

2. 色彩材质

建筑的色彩与材质同样会令人们感受到特定时代和地区不同的文化气息。滨水地段的现代中心区和由蓝色玻璃、银色的铝制墙面、不锈钢的入口柱廊和多彩的装饰线脚与微波荡漾的水面、动感的喷泉水池构建了另外一种和谐，尽显都市的繁华。临水游览建筑如果能合理运用当地自然材料（木材、石材或海草）则更能获得相得益彰的效果。因此，城市滨水区在色彩和材质运用上更应遵循对比与协调的法则，顺应地域的历史文化与自然特色则是关键要素。

（九）其他景观元素

景观要素中除了以上几种元素外，环境小品也十分重要。环境小品包括有花台、踏步、灯具、座椅、栏杆、雕塑等。环境小品自身的空间感比较弱，但是却能提供观赏凭靠和休息的场所。小品的设置方式和尺度往往和身处其间的人们紧密联系，任何细微的疏忽都有可能导致负面的效果。

323

1. 雕塑小品

在现代都市空间中，雕塑作品作为人与空间环境进行交流的媒介和情感信息的载体，具有改善空间视觉质量，提高空间的文化品质，使空间变得更有意义的作用。滨水地段是城市的开放空间，具有单纯、空旷的背景，为环境雕塑的设置提供了良好的条件。滨水地区通常是一个城市发展最早的地区，悠久的历史在这里凝聚了城市最主要的文化元素。深厚的文化底蕴和丰富的文化积淀为雕塑的创作提供了大量的素材。在《城市雕塑设计》中，将城市雕塑分为五类，这五类雕塑在滨水地段都可以运用。[5]

第一，纪念性雕塑，可以重要的历史事件和人物为题材（如治水、抗洪等），结合滨水广场，限定宏大、庄重的空间（如哈尔滨的防洪纪念碑）。纪念性雕塑有助于"重现水的历史"，加强滨水地段对历史的表现。

第二，主题性雕塑，可以民间故事和神话传说为题材，充分展示地方特色文化，创造生动、活泼的形象，限定亲切宜人的小尺度空间。

第三，装饰性雕塑，不一定要留出对应的观赏空间，可以见缝插针、恰到好处地点缀环境，也不一定要有完整的主题和鲜明的思想性，只要能美化景观、丰富视觉环境、提高环境的艺术情趣。

第四，功能性雕塑，既有实用目的，又具雕塑的美感，结合场地设施如栏杆、座椅、垃圾桶甚至小型建筑。

第五，陈列性雕塑，可将一些艺术家的知名作品直接展示在滨水地段，提高环境的艺术品位。也可将地方上的文物、民俗器物等以复制品甚至原样在滨水地段的适当空间中展出，更具体、详尽地展示地方文化。

2. 坐椅

最有效也最实在的休憩设施是各种形式的座椅。滨水地段的座椅应该连续不间断地布置，消除步行者的疲劳，也为丰富活动的发生提供条件，从而延长人们在水边的活动时间。通透的栏杆旁设置的座椅为人们观水提供了舒适的条件，也不妨碍散步的人观水。这时座椅朝向以及栏杆高度的配合很重要。座椅尽量设在能眺望到河面的位置

5. 白佐民、艾鸿镇：《城市雕塑设计》，天津科学技术出版社，1985，第33页。

上，兼作疏散设施时可用藤架、灌木、乔木等围起来，成为稳固的设施。颜色不求显眼，形状要稳固，使人坐着舒服。远离栏杆的长条座椅受距离和散步动态人流的干扰，观水条件不是很好，坐在上面的人不可能专注于眺望活动，需要一些交流活动进行弥补。而分散布置的座位通常只提供浅层次的交流，甚至没有交流。围合的座椅为人们提供深层的交流机会，更为一些活动的发生提供了条件，尤其是远离栏杆不具备观水条件的座椅，这些活动更为重要。由于滨水地段用地狭长，为了保证空间的连贯和开敞，就难以形成大面积停靠边界，而花坛边沿和树干之类的设施可在一定程度上起到依靠的作用，因此围树而设的座椅也比较常见。

当人们在公共空间选择座位时，发现能很好观赏周围活动的座椅就比难于看到别人的座椅使用频率高，建筑师约翰·赖勒（John Lyle）对哥本哈根铁凤里游乐场的调查表明，沿着游乐场主要道路布置的座椅使用最多，可以看到各种游艺区的活动，而位于游乐场所僻静处的座椅则很少有人问津。另外，沿建筑四周和空间边缘的座椅比在空间当中的座椅更受欢迎；位于凹处、长凳两端或其他空间划分明确之处的座位，以及人的背后受到保护的座位较受青睐，而那些位于空间划分不明确之处的座位则受到冷落。座位的布局必须在通盘考虑场地的空间与功能质量的基础上进行。每一条座椅或者每一处小憩之地都应有各自相宜的具体环境，置于空间内的小空间中，如凹处、转角处等能提供亲切、安全和良好微气候的地点。[6]不仅坐椅的位置需要精心规划，其样式、材料、质地、朝向以及视野等都需要精心设计。

3. 栏杆 / 扶手

防护栏的颜色应尽量和"背景"协调，最好采用黑色、暗茶色和灰色等稳重的颜色。栅栏的材料从投产性、施工性、维护性、强度、价格等各方面考虑，常用铁制品和铝制品，但从统一河流的风格考虑，最好采用当地的天然材料和制品（石、木、竹、铸造产品、砖、陶器等）组合使用。防护栏不仅有保护功能，也应考虑其他用途和将来的利用，还要在形态和设置方法上下功夫。

对于栏杆，合适的形式就会有合适的用途，这不是人的素质问题，而只是场地休憩设施的容量问题，而能提供休憩条件的栏杆在一定的

6. 扬·盖尔：《交往与空间》，何人可译，中国建筑工业出版社，1986。

情况下应该受到鼓励，毕竟这里有良好的"视野和朝向"。

4. 缘石

在游步道的水边设置缘石，能给街路增添变化，尤其是在滨水区，尽管没有栅栏那样大的强制力，但能唤起行人的注意，不但不妨碍景观，还是安全保护的有效手段。

5. 信息标志板

作为河流各种信息的传递方法就是设置标志和导向板。这些同河流有关的标志导向板可以分为如下几种：河流管理的标志板，警告、提醒，专用许可等的标示板，包括街区在内的导向板、地图等。

其中任一种都应该使市民方便观看，并且能清楚地表达主题意思。而且，这些标示板不应该仅仅作为标示的单一功能而存在，它可以通过精心设计成为引人注目的设施和地区标志，具有同其他设施一样的复合功能，还应该起到改善河流景观的作用。

6. 台阶 / 坡道

台阶和坡道作为两个不同高差的联系体，它不仅仅拥有实际功能上的作用，同时它也在景观设计的实际工程中越来越多地被设计成为艺术与休闲的载体。台阶的不同大小与造型变化使之成为了一种具有观赏性的景观，不同高差的搭配使之兼有了踏步与休息座椅的双重功效。

7. 照明与路灯

在环境景观中，灯光在夜间会形成奇特的效果，创造完全不同于白天的景观。灯光成了影响景观效果的一个重要因素。每当夜幕降临、万家灯火闪烁之际，滨水景观中的灯具也悄然开启。无论是绿地的夜景照明还是水面的夜景照明都透露出设计者们的巧妙构思。尤其是水面的夜景，灯光映在水面上形成了美丽的倒影，显示出梦幻的效果。

灯具不仅仅可以满足夜间的照明，它还可以在白天作为一种艺术欣赏品而存在。时下越来越多设计精美的路灯走进了人们的生活，大街小巷都经常可以看到它们优美的造型，这些都给环境景观增添了不少活力。

二、苏州河滨水景观建设的经验总结及对未来的展望

（一）苏州河中段住区滨水景观建设中的经验总结

通过以上对苏州河中段区域大量的现实状况调研和分析，针对目前景观建设中做得比较好的地方总结归纳如下几点：

第一，苏州河水质的治理改善成效显著。上海市从 1997 年开始对苏州河的环境进行综合整治，历经数年的不懈努力，而今的苏州河水质已经得到了大幅度的改善。苏州河干流基本消除了黑臭现象，干流水质主要指标年均值基本达到国家景观水标准，河道生态系统逐步改善。苏州河整治成果得到了国际社会的关注与肯定。

笔者家乡广西南宁市的朝阳溪是南宁市主要的城市内河，河道全长14.28 千米，总流域面积 24.4 平方千米。很多老南宁人记得，朝阳溪最初是一条鱼跃蛙鸣的清流，在他们那个年代，朝阳溪是玩耍的好去处。然而经过几十年的演变，特别是最近 20 年来，南宁市在城市发展的同时，也有了环境污染。朝阳溪两岸居住的市民数量快速增长，他们源源不断地向溪中排放生活污水，后来越来越多的工业废水也直接排放到了溪里，溪水由清变浊，再由浊变得发黑发臭。朝阳溪污染最严重的时候，溪流沿岸出现了数十家工矿企业，居住着 27.1 万居民，每天直接排入溪中工业废水和生活污水。此时人们看到的朝阳溪满是污物，水质黑腻，散发出的难闻的恶臭，在数十米外都闻得到。朝阳溪沿岸的生态环境极为恶劣，岸边杂草丛生，蚊虫苍蝇滋生。对于这条密切关系到邕江水质和城市生态环境的城市内河，加快对它的生态环境进行综合整治的呼声越来越高。1997 年至今，朝阳溪一次又一次地在接受着河道治理、洪涝防治、污水处理、小区环境改造及雨水污水管网改扩建、固体废物处理、景观绿化和机构加强等多方面、大规模、大投入的"整容手术"。而今重游朝阳溪，沿着婉转流长的朝阳溪，人们看到水变清了，两岸变绿了，岸边被草皮、树木覆盖，石径、亭台、造型灯、休闲座椅、小花园星罗棋布。不仅如此，朝阳溪边还新建了大坑口广场、中心广场、朝阳桥西侧广场、城北广场、明秀喷泉广场等景观广场。在经过了多年的治理后，朝阳溪是旧貌换新颜。

对比可知，朝阳溪和苏州河都是在经济的发展中得到了重视，环境得到改善；但是，在水质的改善上，苏州河的整体水质把关和改善都是明显超过朝阳溪的。在苏州河中段的调研中观察和体验到的河水清洁度，要明显比朝阳溪的水质稳定。我在对朝阳溪的整体调查中发现，其中接近邕江的那段朝阳溪下游水域，还是存在大量的污染物品，水面清洁度还是糟糕，没能完全做到全段河水清洁。相比之下，苏州河的环境专家们做得要成功很多。

第二，苏州河滨水设计中考虑了人们的亲水需求。在新时期的河岸改造与建设开发过程中，人们逐步认识到了亲水的重要意义。河岸设计中广泛采用了台阶式亲水景观平台的营造，使人们更容易接近水面，给市民提供了舒适宜人的观水景空间。水面上涨时，河水淹过亲水平台，人们可以在更高的标高上欣赏水景；水位落下时，人们可以愉快地在亲水平台上驻足、休憩，最大限度地缩小与水的距离。这比很多高高筑起的防汛堤坝要显得亲切很多。

第三，居民喜爱的滨水绿化步行道得到大量修建。苏州河滨河景观规划中要求苏州河沿线将建设与周围自然、建筑环境相协调，体现不同的形态、风貌的集中绿地。规划从景观视线分析出发，因地制宜地增加沿线大规模集中绿地，丰富城市空间景观，使苏州河变成"绿色走廊"。开发建设的滨水公园为人们提供了更开放的空间，开阔的人行道以及浓郁的树木形成了一个颇具吸引力、安全舒适的步行道。苏州河沿岸的绿化景观在不断的完善和发展之中。绿化的增加，是居民生活和交往的迫切需求。在绿化建设的蓬勃发展中，市民们的生存环境的质量得到了提高，这将是对全民身体素质的一大保障。

第四，具有历史价值的老建筑得到修缮与保护。上海市政府提出了"开发新建是发展，保护改造也是发展"的新观念，为上海历史建筑的未来走向定下基调，往日的盲目毁房造城一去不复返矣。苏州河沿岸许多具有历史价值的工厂和仓库建筑得到了保护和修缮，并结合艺术发展，开发成旅游新景点。这些都是对历史和文化的尊重和保护。相比于过去只懂得拆除旧建筑的行为，现在的保留和保护有价值建筑的举措更充分体现了人们对历史文化的尊重和继承。

第五，开辟景观区域供人们观景。苏州河沿岸已有多段景观区域向市民开放。景观区域内实行"四个一"的开放管理制度："一块铭牌"（明确苏州河景观绿化和通道开放时间及安全要求，每个沿岸小区至少在苏州河区域安置2块铭牌），"一张地图"（在铭牌上绘制绿化示意图，表明景观区域的位置），"一份合约"（由相关社区和建设单位签订书面协议，共同加强苏州河沿岸公共空间的管理），"一个办法"（针对苏州河沿岸公共绿化和通道的日常管理，提出具体操作办法，建立长效的管理机制）。这些景观区域已经给市民带来了极大的观水乐趣。

相比于过去很多滨水景观被各个小区或者单位圈起来的情况，现在的滨水景观能重新属于全民大众，这是个显著的变化。

（二）分析苏州河中段住区滨水景观建设中的问题

第一，滨水建筑尺度问题。根据目前对苏州河中段的多个楼盘进行的调研发现，基本上绝大多数的滨水住宅都是高层或者小高层。这样的景观界面给人带来一种排山倒海的压抑感，失去了历史中苏州河边多层建筑为主的韵味和格调。倘若滨水住宅临水的第一排设计为多层，往后再逐步升高布置小高层或者高层，那样的天际线和空间层次会更为理想。此外，从多个楼盘的建筑单体来看，目前的滨水住宅立面造型设计还是缺乏个性与特色，多数楼盘的单体都手法相似，略显单调。

对比前面提到的朝阳溪滨水建筑与苏州河的滨水建筑，朝阳溪的滨水建筑基本是多层建筑，偶尔点缀有小高层。这样的建筑尺度让观景的人有祥和舒适的感觉，视野开阔。

第二，苏州河沿河岸线依然未能全面贯通。苏州河沿岸目前已经开辟了几个观景区域，游人可以在适当的时间段去欣赏水景，体验亲水的乐趣。这比起过去景观带被各用地部门圈起来做自己的"后花园"是种进步。但是，时至今日，滨水区域中还有很多历史遗留问题未能解决，整个滨水岸线仍然有多处未能打通——有的被旧厂房所占据，有的被个别楼盘纳入围墙之中（例如半岛花园）。滨水观景区域的系统化建设仍然是一个亟待解决的大问题，需要投入更多的力量去完善处理。

如果整个滨水岸线不能形成一个系统，每个滨水的景观都只能是孤立的一个点，这将很大程度上影响苏州河作为上海市生态绿带的作用，也直接影响了市民观水、赏水的精神需求。

第三，滨水设计人工化痕迹过多，缺乏自然特色。虽然人们意识到了亲水的重要性，并在滨水区域营建了大量的台阶式亲水景观平台，但是，目前所建造的台阶亲水平台基本上属于人工痕迹十分明显的类型，驳岸空间缺乏仿自然生态的类型。倘若能在亲水的基础上再多加研究自然界的水岸特色，建造一些跟天然水岸相似的景观将会给人们带来更多美好的亲水体验。在今后的滨水开发与建设改造中，我们应该更多地去研究自然界的滨水特质，在城市的滨水区域尽力重现大自然的质朴和温馨。

第四，桥梁的保护和修缮工作还存在很多不足之处。苏州河是一条多桥的河流。目前，苏州河上的桥梁现状差异比较大。靠近黄浦江处的一段路上的桥建造较晚，状况尚可。但是苏州河中部和西部的不少桥梁已经非常破旧，十分需要进行修缮和改良。桥对滨水景观的作用很大，不仅仅是联系两岸的媒介，还是视觉的焦点所在。由苏州河中段多个桥的调研情况来看，很多桥的使用现状都不是很理想。今后应该在桥梁的改造工程上投入更多的力量。

第五，亲水设计对儿童的安全问题考虑仍不充分。人们都有亲水的愿望，都希望在水的接触和观赏中获得来自自然的陶醉与放松。现在全国各地的滨水住区都在着重强调人的"亲水"性，但是也带来了一定的安全问题，尤其是对未成年儿童少年的安全构成了很大的隐患。虽然现在很多的亲水设计都考虑到了高差的过渡，由台阶式的平台逐步展开对水的接触，也在一些滨水处设立了警告标语，但是由于儿童的身高以及自我行为控制不成熟等原因，亲水设计中的很多构思却成了儿童的安全隐患之处。今后如何在滨水设计中既充分考虑亲水性，又能有效提高儿童亲水的安全性，将成为一个值得进一步研究的问题。

（三）对未来城市滨水景观建设的展望

我们研究城市滨水居住楼盘的临水景观，其目的就是为了充分珍惜滨水资源，使这样稀缺的环境资源能得到更为合理和有效的规划与建设。切实加强滨水资源环境建设与治理改造的同时，还必须实现岸线资源环境的可持续利用，促进城市滨水地区各项建设，同时也促进住宅居住小区建设的良性发展。对于未来的城市滨水建设和发展，笔者提出以下几点建议：

第一，要制定、落实和贯彻滨水区发展规划纲要。滨水资源的不可再生性，决定了人们必须珍惜和慎重地去进行开发和建设。对于滨水景观的风格、特色，以及滨水建筑的体量、尺度和对水域的退界等问题，都需要集合无数专家和学者的智慧去规划和设计。建筑的设计和滨水景观的设计不能孤立地考虑，如果每个地块的建设开发缺乏整体意识，开发商各自为政，只考虑所属地块内的建筑形式和功能组合，忽略了对于用地范围以外的城市脉络以及相邻地块的开发情况，不利于塑造完整的滨水区形象，这些都将成为未来城市发展的一个遗憾。因此，每个城市都必须制定好一个滨水发展建设的规划纲要，而规划纲要也不是一成不变的，它需要在人们的建设中不断得到完善和提升，与时俱进。

第二，要充分重视环境保护。滨水景观的开发，首先就要对开发的对象水资源进行合理的保护和治理。只有当水体的存在状态处于良好的情况下，才有去谈论景观设计与美化环境的可能。倘若水体本身出现问题，例如受到严重污染，水质恶化，则无法吸引人们聚集到水边，所有的景观设计都将成徒劳。要想实现可持续的发展，我们必须把环境保护作为一个首要问题来抓。例如苏州河，在受到严重污染的时候，人们避之不及。而今在环境治理和改善后，两岸地价飙升，人们趋之若鹜。环境保护是个长期的、艰巨的任务，我们必须坚持到底。

第三，合理的路网设计十分重要。滨水城市都具有较为悠久的发展历史和各具特色的地域特点，并在城市中江河两岸形成了一定的传统街区模式。而现代的城市滨水开发，沿河笔直宽大的车行路，打破了居住建筑群体人性尺度的街道空间和生活空间。有的滨河城市甚至以堤代路，直接把防洪大堤改造成了交通主干道，形成难以逾越的"天堑"。放眼西方发达国家的滨水城市，交通主干道规划远离滨水岸线，最大限度地减少过境交通的干扰。例如，加拿大的温哥华在这一点上堪称典范——全长 25 千米的滨海大道都是步行道和自行车专用道，不见一辆机动车的踪影。与滨海大道平行的交通主干道，至少离海岸线 1 千米。全城组织交通以垂直于海岸线的道路为主，不管在城市的哪个角落，开车都能长驱直入、畅通无阻地到达滨水地带。滨水观光休闲区由此最大限度地为全城市民所共享。这也应当成为滨水区开发所遵循的一项基本原则。

第四，避免用地性质的单一性。在滨水建设大力发展起来之后，开发商为了盈利大都投资到滨水住宅的建设中。可以想象，如果滨水建筑沦为大片的单一的住宅，整个滨水景观就会显得单调而乏味。例如苏州河中段目前基本上开发的都是住宅项目，大片连续的高层住宅使得人们产生了视觉疲劳。因此，滨水景观建设要注意用地性质的多样化，即使是以居住为主的地段，也应该增加一些文化娱乐功能的建筑，例如戏院、商业街等建筑渗透在居住建筑中，可以使整个滨水用地的功能更完整，形象更丰富，也能更好地去继承和展示历史的风貌。

第五，桥文化的继承和发展。桥作为滨水景观的一个重要因素，它不仅仅是联系两岸交通的重要载体，还是水面上的一个重要景观。因此桥的历史、造型等都成为了重要的研究对象。如今城市河流上都存在不少过去遗留下的桥梁，这些桥有的拥有着自己的辉煌故事，有的具有历史研究的价值，也有的由于岁月的流逝，已经破旧到不适合继续履行它的职能。因此，对这些桥梁，我们应该对其进行全面的测绘和考察。有历史价值的桥梁应该进行修缮和保护；对一些不需要保留并已经破旧的桥梁可以进行拆除新建。例如塞纳河上的桥，每一座都是一个桥梁的典范，值得人们去仔细品味。而苏州河上的桥，其水准和价值应当区别对待。针对不同的桥梁，应在测绘和考察研究的基础上，根据其实际情况进行保护、修缮或者拆除，继承优秀的桥文化，并将它提升和发展下去。

总而言之，除以上问题，我们还应该清楚地认识到目前滨水建设仍然存在很多问题的原因。研究和开发以及宏观调控等都需要一定的经济基础做后盾，要搞好建设，首先要加强我们的经济实力。目前，广大市民的意识还不能完全跟上世界的先进步伐。最后，由衷地期盼我们的城市在未来的发展建设中能够得到合理完善的规划与开发，使有限的滨水资源能成为人们生活与休闲的精彩一笔。

城市线性滨水区空间环境研究
——以上海黄浦江和苏州河为例

刘开明

刘开明,同济大学建筑学硕士,一级注册建筑师,高级工程师。上海复旦规划建筑设计院刘开明工作室主持设计师,主持设计的项目涵盖城市大型综合体集群、居住社区、教育建筑等。

论文时间

2007 年 3 月

摘要

本文摘选自笔者的硕士毕业论文,十分荣幸能借此次出版《滨水空间三十年》之宝贵契机重新整理编辑。当年,笔者通过实地调研探访结合文献、资料参考,提出以线性滨水区为研究探讨对象,选择塑造了上海城市空间特质最重要的两条河流为分析研究对象,透过线性串联这一相对特殊的视角,浅析了水体流经区域,与水体紧密相关并影响城市空间环境品质重要因素的状态,进一步提出了可能的优化改进策略或建议。可喜的是,在成文后的十多年后暨进入 21 世纪第三个十年的今天来看,两条河流串联起来的重要城市空间环境品质较之以前有了长足的改善和进步。作为城市变迁的参与者和亲历者,当然更期待上海更多区域能像两河两岸一样不断优化完善,更加宜居、宜游、宜业。

城市滨水区是城市中非常重要的话题。城市依水而生，伴水而长。作为城市中一个特殊的公共空间领域，滨水区经历着诞生、发展、稳定、转换、优化的过程。在这个过程中，决定滨水区的最终走向的远景目标将决定整个城市的空间环境品质。

上海近代城市的发源地位于苏州河与黄浦江的交汇口，这两条河流在上海近代城市的演变过程中占据了至关重要的地位。同时在新一轮的上海城市总体规划中，着重体现了两条河流在整体城市布局和空间优化中的作用，而现状中两条河流滨水区存在着众多的问题需要解决。

本文选择研究城市中呈线性走向特征的滨水区，首先因为其在城市中普遍存在，同时又由于其影响着城市中广大的区域，因而对于整体城市空间环境的塑造起了决定的作用。同时本文敏锐地契合了时代的要求，将着重研究这两条河流滨水区的环境空间品质各方面的要素对于上海现在的城市空间塑造的影响。本文首先分类详细地分析了两条河流滨水区在空间环境领域的现状特征与存在的问题，然后通过演绎归纳，结合理论知识，总结出几点优化策略与建议，其意义在于为两条河流广大的滨水区提供制定远景规划的参考依据，以满足上海在城市功能转型和空间结构优化过程中对于城市滨水区空间环境品质更高的要求。

一、相关概念界定

（一）城市线性滨水区的概念

文中所讨论的"水"是指江河湖海等具有较大空间尺度的水体，这样的水源是早期城市形成时的依托，也是当今城市水体景观和公共生活的交汇点。相应的城市滨水区是指"城市范围内水域与陆地相接的一定范围内的区域，其特点是水与陆地构成环境的主导要素"。[1] 它是城市中自然因素最为密集、自然过程最为丰富的地域，同时这里也是人类活动与自然过程共同作用最为强烈的地带之一。

所谓"线性"，表示一种水体存在的形式，有连续、贯通之意，连续意味着水体空间的延伸性和延续性，贯通表示了水体所流经空间的多重性和复杂性，以及与所流经区域之间的作用力与反作用力关系。河流是塑造两岸城市空间环境的载体，两岸的城市空间环境反过来又可以影响河流所拥有的空间塑造力的大小，二者是组成城市一个特定区域内的线性滨水区空间的一对相互作用的要素。水体与陆地连续的作用力由于

1. 金广君：《日本城市滨水区规划设计概述》，《城市规划》1994 年第4 期，第 45 页。

穿越城市的不同区域而呈现不同的表现力，自然状态下，水体与陆地的连续作用力在较大区域段内呈现连续、稳定的状态，如水质、物种、驳岸、气候等。城市中的线性滨水区则由于人类活动的介入，这种作用力的状态变得十分活跃，如水质的变化、生态物种的构成、空间的开合甚至温度和湿度的变化等。

（二）城市空间环境

2. 张绍梁、袁钢、丁仪，等：《优化上海城市空间环境形象的理论探索与实施战略研究》，上海市建设和管理委员会，2000。
3. 徐思淑、周文华：《城市设计导论》，中国建筑工业出版社，1991。

如果我们将城市空间环境形象理解为"人们对在城市中由一定物质要素围合形成的公共活动空间的视觉感受"[2]，那么城市空间环境则是在城市中由一定物质要素围合而成的公共活动空间，这里的物质要素主要包括建、构筑物、道路与广场、绿化及小品设施（含人工水面）[3]。城市是第二、第三产业集中分布的地域。城市空间是城市公共活动的场所。人们各种产业活动和生活活动的空间扩展范围，即形成形形色色的城市空间。城市空间环境的设计是现代城市设计中的一个重要任务，其目的就是将城市中的建筑与周围环境同人在其中的活动感受联系起来，以空间美学和行为心理学为基础，对影响人的视觉和心理感受的各种空间物质要素进行优化设计。城市空间环境所容纳的是具体的物质形态，而这些物质形态本身和组合所形成的空间就决定了人们所处的环境是否舒适和优美。

二、黄浦江与苏州河滨水空间环境现状分析

（一）公共空间

从某种意义上来说，城市的公共空间是一种与当代逐渐私有化的城市空间进行抗衡的力量，一个城市公共空间的数量和品质，很大程度上反映了这个城市文明程度和社会平等关系水平的高低。因为城市的主体是聚集在一起的人，人的生活需要空间，空间的利用模式是城市个体或群体生活质量与生活方式及社会平等关系的表现。空间的权利和资本价值是可以随着社会民主化和市民化进程的推进而逐渐淡化的。

早在古罗马时期，城市精神生活的重要载体之一就是城市公共空间。这个公共空间是由许多公共的文化意蕴构成，如市政厅、街头喷泉、剧院、集会广场等。这种公共空间是城市所有的人都可以尽情享受的，而且更重要的一点是，它的空间环境品质是友善的，体现了更为广泛的一种平

等的精神，随时都在鼓励着人们进入其中参与或观看各种活动。

上海自改革开放和浦东的开发开放以来，城市建设进入了高强度的时期，今天的上海已经成为世界上建筑平均高度和人口密度最高的城市之一，在这里，城市尺度意义上的城市公共空间就显得尤为难得了。如果说黄浦江是一条贯穿城市南北的开放的公共廊道的话，苏州河则应该成为穿越市区东西向的生态步道，在高密度开发强度的上海建构起以江河为骨架的城市公共的开放空间，形成以水为主体，两岸的绿带、广场、道路和其他人造景观互为烘托的独特滨水环境，以满足人们亲水的需要，同时也可以有效地改善城市的气候和生态环境，使整个城市均可从河流的景观、活动、生态等效用中受益。

1. 滨水开放空间

滨水区城市开放空间数量较少，分布不均，且彼此之间缺乏联系，与水体的联结也不够紧密。从开放空间过渡到水体景观，二者之间人造的隔离物过多，造成视线上的阻隔和临水景观可达性较差等问题。场所活动设置的单一性和缺乏主题性造成了开放空间利用率低下和吸引力不强等现象。

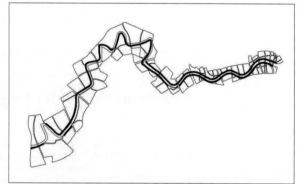

2. 道路与街区系统

步行体系缺少连贯性（图1）。道路系统设计过分重视其通过速度而没有重点地设计一些点状的放大街道空间或节点，造成滨水景观可达性差，街区公共性差，公共利用率低下等问题。苏州河与黄浦江现状滨水道路和街区系统的合理组织和优化利用等问题都亟待解决。

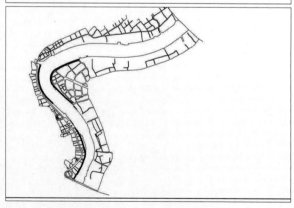

3. 桥及其周围空间

黄浦江上跨江大桥虽然方便了两岸的交通，促进了浦东的开发开放，但是为滨

图1　苏州河和黄浦江沿岸步行可通过性区域示意

图片来源：笔者依据上海市航拍地图以及现场调查绘制

水生态和城市景观带来的却非全部正面的效应，由此造成了周围空间生态环境恶化、与城市生活关系疏远等问题。

苏州河上多数新建桥梁对于周围城市空间环境的作用也不具有积极性，无论从所用材料上、构件尺寸设计上还是交通联系上都显得与周边环境不相协调，在今后的新架设桥梁设计时应多考虑与周边城市环境的联系，促成优美的滨水空间形态的形成。

（二）滨水建筑物

城市公共空间除了开敞空间以外，限定空间的建筑实体对于城市公共空间的品质也有举足轻重的作用。建筑风格主要包括了建筑界面、形式、材质和色彩。建筑的轮廓线是指从河流对岸所看到的建筑的天际线以及建筑之间的层次关系，丰富协调的轮廓线也有助于塑造独特的城市景观；建筑界面是限定公共空间重要的要素。因此，在城市的空间环境设计时，应当对建筑的高度、材料、色彩等立面形态进行控制。

1. 建筑风格

苏州河东段和中段的工业建筑遗产以及黄浦江外滩区域，集中了数量众多的上海近代优秀历史建筑，和谐的尺度、优雅的细部和精细的构造都值得称道。

图 2　黄浦江沿江岸线用地现状
图片来源：笔者摄

大规模盲目扩张的高层建筑和码头、仓库、堆场等形成了相互隔离、无序分布的用地状况和建筑整体形象，既造成了滨水区城市空间环境场所感和区域感的丧失，也没有吸引人的建筑环境，城市公共生活的组织难以维系，这给这些区域带来了日趋边缘化的危险（图2）。

2. 滨水建筑的轮廓线

苏州河东段和中段的旧工业建筑以及黄浦江外滩区域，原有的优美的建筑轮廓线被许多新建的高层建筑所打破，原有的和谐、富有韵律感和标志性的建筑天际线很大程度遭到破坏。

在许多区域，原本清晰的滨水建筑层次形成了现在的多层次的、难以区分的密实的建筑界面，淡化的层次感形成了毫无美感的剪影式的建筑轮廓，使得具有历史标志性的场所感丧失和整体城市空间的单一化、平均化，原有的城市空间序列的高潮段也被日渐削弱，也使得这些难得的区域同河流岸线的其他区域日渐趋同。

（三）滨水绿化景观

1. 绿色生态与城市生存环境品质

绿化是一个城市文明与美丽的重要衡量指标，绿色空间不仅能够满足人类对于农业生产、旅游观光和休闲娱乐的需要，同时更重要的是，它有助于保护人类赖以生存的自然生态环境。

在当代中国的大城市中，整天生活在钢筋混凝土中的城市居民越来越向往大自然，而散落在城市中的园林绿地正是人们日常最易于接近自然或准自然空间的场所。建造绿色生态的城市，强调人与环境的协调统一，体现的是一种城市发展的理念，而非人是万物之首，可以无限制地向自然索取的理念。人类社会的繁荣应同自然界的物种的繁衍进化相协调。

纵观全球，世界上绿化好的城市都是非常适合人类居住的，如波兰首都华沙，素有世界"绿色首都"之称，其人均绿地面积接近80平方米，居世界城市之首。城中共有65座公共花园，市郊更是拥有100多万亩的森林防护带。法国首都巴黎则享有"世界花都"的美誉，无论在房间里、阳台上、院落中还是在商店、街道、路灯下，到处都能见到盛开的鲜花。伦敦的公园面积占到全市面积的1/7，200多座公园和更多的街心绿地使得伦敦市民可以身处闹市，而享有田园的野趣。

著名学者汤因比认为人类只有和自然环境融合，才能共存和获益。著名城市学家路易斯·芒福德也曾指出："在区域范围内保持一个绿化环境，这对城市文化来说是极其重要的，一旦这个环境被损坏、被掠夺、被消灭，那么城市也随之而衰退，因为这二者的关系是共存共荣的。"因此他强调要"保持城市社区的林木绿地，阻止城市无限制生长吞噬绿色植物、破坏城乡生态环境"，要"创造性地利用景观，使城市环境变得自然而适于居住"。

2. 滨水区绿化景观处理方式

相对于城市腹地的绿地而言，滨水地区的绿地应该更加注重其生态效益，且由于滨水岸线曲折多边，完全有条件布置更加灵活多变的绿地系统，以丰富沿岸的绿化景观。

4. 刘滨谊：《现代景观规划设计》，东南大学出版社，1999。

常见的滨水区绿化带设置有下面三个主要的方式[4]：

第一，偏重自然形态的滨水绿化带，如芝加哥的滨水绿化带的处理。1872 年的芝加哥大火后，国际景观建筑学的创始人奥姆斯特德（Frederick Law Olmsted）和美国规划师之父丹尼尔·伯纳姆（Daniel Burnham）规划了平均宽度为 1 千米的芝加哥湖滨绿化带，这里除了芝加哥自然博物馆等几个公共建筑之外，绝对禁止任何房地产开发。体现了一种规划后的理性向自然状态的靠近。

第二，偏重人工痕迹的滨水景观带，如悉尼的滨水区域，人工建造的痕迹很多，硬质景观占了绝大多数。但是在满足防海潮需要的前提下，将滨水区的亲水平台结合公共建筑做成双重退台的形式，既可以抵不时上涨的海水进入，也可以吸引人们来到水边，随时满足人们亲水的需要。完全以人为的设计为主，前提是尊重人的滨水活动的行为基础。

第三，生态化驳岸的处理手法，如中国的古典园林和日本园林中的滨水驳岸，潺潺的泉水流淌过大小错落的石头和小型的水岸植物，两边的道路处理成自然的走向，采用水石等天然的材料铺筑。在这里，人们致力于建立呈现一种自然状态的滨水空间环境，将大自然的广袤的水体空间环境及其周围的山石、地形和植物等进行还原或保存，体现了一种东方式的天人合一的处世哲学。

3. 评价绿化景观的基本标准

评价绿化和景观小品的一个重要指标就是其可亲近度。可亲近度是指人们可接近城市的难易程度。城市公共空间作为市民休闲健身的主要场所，加强人与景观的亲近程度，可以增加场所的活力，如具有亲水性的城市滨水空间要比只能远距离观赏的空间更吸引游人。不仅是山和水植物、动物等一切代表自然环境的要素都应具有可亲近度，这是人作为高级动物的本性所要求的。"可亲近度"表示人们可以亲手触摸、近距离观察，以全身心地融入环境之中。只有可亲近的自然环境才是人们生活所需要的。对于城市滨水空间，在保障防汛功能的同时，也应提高其"可亲近度"。这是塑造城市特色景观、提高城市公共空间品质的有效措施。

景观小品是指可满足人类文化精神需要的雕塑、浮雕、喷泉等具有艺术性的物质实体。评价景观小品，不在于其数量上的多少，而在于其质量上的优劣。只有在高质量的个体小品的基础上增加数量，才有助于提高整体公共空间的文化内涵。在物质生活丰富的今天，人们对精神生活的需要会更加迫切。景观小品的建设成为提高公共空间文化内涵满足多层次需要的重要内容。

4. 苏州河与黄浦江绿化景观的现状分析

苏州河与黄浦江两岸都存在着绿化率低下、景观的可达性较差等问题。局部地段拥有较好的公共绿地平台供人们休闲娱乐，但是大多数区域由于河岸边绿线过窄，没有办法设置亲水绿化带，私有性地块的隔离也人为地造成了滨水绿带无法统一规划或供市民游赏。

滨水驳岸垂直化的、渠化的处理手段和硬质场地的不合理规划也使得绿化与水不能够很好地联系起来，尤其是防汛墙的处理手法过分强调安全性而没能综合考虑各方面的需要，在这方面，浦东滨江公园的处理手法值得我们借鉴。

（四）滨水区历史文化遗产保护

1. 历史文化遗产与城市空间环境的形象

历史文化名城之所以让人向往，主要是因为其独特的历史文化积淀而形成的个性特色。她们除了具备一般城市的共性外，还具有比一般城市更高、更突出的历史文化价值。历史上形成的城市结构延续到今天，其表现出来的内在气质都具有自身鲜明的特点，因而人文历史景观是城市极具活力的视觉因素，是构成城市空间环境整体形象的精神和灵魂。

在塑造城市空间环境形象的过程中，除了地缘可辨别以外，城市的历史、文化、风俗等人文状况都是反映城市个性最重要的因素。城市的历史、文化和风俗等都是长期积累的结果，是一种历时性的遗产，而当代城市人的现实生活需要与历时性的人文遗产共存，即产生了一种城市中共时性的状态。

城市承载着数千年人类文化的创造成果，历史文化名城沉积了丰富的历史文化遗产，很容易区别于其他城市而形成独特的城市特色，如中国的平遥古城、意大利的罗马、希腊雅典等世界著名的历史名城，都是通过历史文化遗产的传承和保护，成就了其自身的知名度和辨识度。

历史文化遗产保护是指对公共空间中的历史与文物古迹进行妥善保护，而历史文物建筑保护是其重要的内容。建筑作为社会政治、经济、文化的物质载体，记载着人类社会演变发展的相关信息，是人类宝贵的历史财富。历史文物建筑保护在延续历史文化、协调现代城市发展中的文化差距上具有极其重要的作用。历史文物建筑保护不仅是保护单个建筑，而且是保护历史文物建筑所在地及其周围环境乃至整个历史地区。1987年在美国首都华盛顿通过的《保护历史城镇与城区宪章》指出："一切城市、社区，不论是长期逐渐发展起来的，还是有意创建的，都是历史上各种各样的社会的表现。本宪章设计的历史地区，不论大小，其中包括城市、城镇以及历史中心或居住区，及其自然、人工环境，除了它们的历史文献作用之外，这些地区体现着传统的城市文化价值。"宪章更是明确提出了历史地区保护内容的五个要点：第一，地段和街道的格局和空间形式；第二，建筑物和绿化、旷地的空间关系；第三，历史性建筑的内外面貌，包括体量、形式、风格、材料、色彩及装饰等；第四，地段与周围环境的关系，包括自然和人工的环境的关系；第五，地段在历史上的功能作用。历史地区的保护，同时意味着公共空间的历史文化内涵的保护和发展。

文件提出要保持历史城市的地区活力、适应现代化生活的需要、解决保护与现代生活方面的问题，指出"要寻求促进这一地区私人生活和社会生活的协调的方法，并鼓励对这些文化财产的保护，这些文化财产无论其等级多低，均构成人类的记忆""保护历史城镇与地区意味着对这种地区的保护、保存、修复、发展以及和谐地适应现代生活所需采取的各种步骤""新的功能和作用应该与历史地区的特征相适应"。

可见，伴随着人类文明的发展，人类对于文化遗产的继承是由保护可供人们欣赏的艺术品，保护各种历史建筑与环境，进而保护与人们生活密切相关的各个地区甚至整个城市。由保护实体发展到非物质实体的城市文化形态。

总而言之，文化遗迹是一座城市的起点，也是一座城市文脉发源地，是一种无法再生的文化资本与资源。与经济不同，城市的文化遗产一旦毁坏，就很难恢复，一个无视城市的历史文脉、没有文化含量和文化品位的城市是没有生命力的。

2. 历史文化风貌区保护（图3）

从2003年1月1日起实行的《上海市历史文化风貌区和优秀历史建筑保护条例》中提出要加强对上海市的历史文化风貌区和优秀历史建筑的保护，2004年年初，上海市正式划定了总面积为27平方千米的12个历史文化风貌区，其中与苏州河和黄浦江有密切关系的就有两个——外滩历史文化风貌区和愚园路历史文化风貌区，另外老城厢历史文化风貌区也紧邻着黄浦江。从一个侧面也可以看到，两条河流在上海整个城市的发展过程中所起到过的重要作用。

其实，除了这几处已列入历史风貌区名录的地区以外，苏州河与黄浦江两岸还留存有许多优秀的近代历史建筑遗产，尤其是苏州河两岸遗留下来的众多工业建筑，以及黄浦江以西沿线的诸多旧工业厂区，都保存了那段上海近当代工业化的风云岁月。这些区域完全有理由得到充分的规划保护和合理的开发利用，在更大范围内延续上海发展的历史文脉。

苏州河与黄浦江交汇处附近区域是上海城市近代发展的起点，在这一带也集中了数量众多的优秀历史建筑，这些建筑共

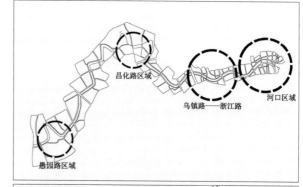

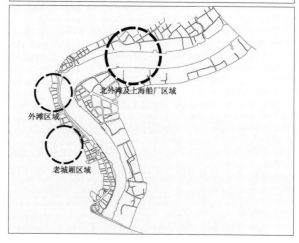

图3 苏州河及黄浦江沿线特色历史建筑区域示意
图片来源：笔者依据上海市航拍地图现场调查绘制

同组成外滩区域的历史风貌保护区，被认为是上海闻名世界的标志性区域。从浙江北路至乌镇路的苏州河北岸历史地段是旧上海金融业仓库货栈集中的地区，该区域内集中了 11 栋历史保护仓库建筑，其中包括四行仓库在内的 5 栋已被列入上海优秀历史建筑名录，区域内还有其他类型的上海优秀历史建筑（如上海总商会旧址），大部分保护建筑位于从浙江北路到乌镇路"黄金一千米"的核心地段内。这块呈 S 形的黄金岸线，是苏州河市区段唯一保持了老上海建筑原貌的河岸，也是沿岸最具开发价值的地段之一。昌化路区域也集中了如上海造币厂、上海啤酒厂、上海面粉厂等大型的民族工业企业旧址。愚园路历史风貌保护区内则拥有原圣约翰大学（今华东政法大学）校园内的众多优秀历史建筑。黄浦江西岸除了外滩和老城厢历史风貌保护区以外，北外滩区域及其附近则有杨树浦水厂、怡和纱厂厂房及浦东对岸的上海船厂船台等代表上海近代工业兴盛的历史建筑。上面所说的建筑集中分布在这些区域内，记录了一段时期内上海城市发展过程中许多重要的事件。近几年，面对这些区域老建筑和街区历史风貌和环境的日益恶化，上海市进行了多次国际方案征集的活动，目的就是为了保持和持续发挥这些区域的历史建筑风貌带给上海的文化底蕴和优美的城市生活环境。

如苏州河北岸历史地段保护与改造规划国际方案招标活动，邀请了多家国际著名规划设计单位参与竞争，最后由澳大利亚 COX 公司中标，并于 2006 年 6 月初通过了上海城市规划管理局的审批。按照该方案，将对浙江北路至乌镇路的苏州河北岸历史地段折断"黄金一千米"核心段内的保护、保留建筑进行保护性开发和改造，不仅对现在的一些入住单位进行"腾笼换鸟"式的转移置换，还将对整个四行仓库建筑群、上海工业品批发市场、上海抽纱进出口公司、香江家具城、春申江家具城等建筑外立面作"光复旧物"的整容，恢复其历史原貌。相较外滩和老城厢而言，这块区域的历史风貌遗存现状不容乐观，基础设施老化缺乏更新，周围环境的无序使得这些建筑和街区没能得到有效的风貌保护和更新利用，许多建筑处于无人管理、破旧不堪的境地。如果能够整治和恢复这些区域原有的历史风貌，并加以合理的开发利用，其突出的历史特色和文化遗存将会给整个苏州河沿岸城市空间环境品质带来质的飞跃。

对于苏州河畔的工业建筑再利用问题，最为敏感的莫过于进行创意产业的艺术家了。工业建筑遗产与个人化的居住理念和艺术创作需求完美地结合起来，这些昔日破旧不堪的大空间厂房、仓库转眼变成了个性化极强的工作生活场所，也成为了这些艺术家们酝酿他们出色创意的绝妙天地，如著名的登琨艳工作室、莫干山路创意产业区等，这些都是一个很好的开始，他们关于上海滨水区历史遗产建筑的创造性再使用，为我们开辟了一条合理而又极富魅力的旧建筑再利用的道路，既保存了旧建筑的历史风貌，又赋予其全新的艺术魅力，让艺术在这些历史悠久的区域扎下根来，丰富了这些地区城市空间的人文内涵。

三、黄浦江与苏州河滨水空间环境优化策略

就以上关于苏州河与黄浦江空间环境现状的分析，本文提出了以下的几点初步优化设想。

（一）建立与城市公共空间紧密联系的滨水开放空间网络

1. 加强滨水地区的可达性

滨水地区的可达性就是人们能够接近水体的难易程度，垂直于水体的道路是引导人们进入滨水区的有效途径。苏州河两岸的垂直向道路虽然足够多，但是基本属于穿越型的，即基本属于联结河南北向交通的作用，由于到达滨水区的人们多数采用步行的方式，如果缺少慢速的、适宜于步行的道路联系城市腹地与滨水区，那么人们在绝大多数的情况下只会快速通过，而不会采取步行的方式在滨水沿线行进；即使有平行于河流的道路存在，它们对于多数人来说仍然没有意义。而黄浦江两岸绝大多数地区的垂直向道路是缺失的，人们根本无法靠近水面，即使在外滩，人们也要通过长长的地下通道才能到达滨水岸边的防洪堤，无法直接、快捷地接触到水体空间。因此，要改善滨水地区的可达性，首要是建立起滨水区的步行交通体系，通过垂直和平行于水体的步行道路连接起城市腹地与滨水沿岸地区，使人们能够方便而灵活地接近滨水地区（图4）。

其次，在空间上接近水体还不能够说明其可达程度，视觉上的可达性

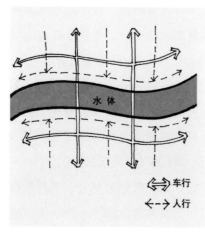

图4 滨水区道路体系示意

也是一个重要的评价因素，比如走在黄浦江边的外马路上，或者行走在苏州河畔蜿蜒的小路上，虽然在物理空间上接近了水体，但是我们仍然没法感受到水的存在，人为造成的视线阻隔干扰了人们对于存在于滨水空间的感受。因此，留出通向水面的视线通廊也是十分重要的一个手段，可结合防汛、道路剖面设计等，让人们能够无阻碍地观赏到水面及其对岸的景色。

2. 加强公共交通和文化设施对公共活动的引导

光有通向滨水区的道路还远远不够，如何能够把人们的日常活动与滨水地区紧密地结合起来也是十分重要的。公共出行与公共文化娱乐设施就是有效的引导方式，可以吸引人们利用滨水区来组织日常的生活与休闲活动。其实这一思想在中国古代已经很普遍了。刘易斯·芒福德在《城市发展史》最后引用了中国宋代的《清明上河图》中的景观和图片，他认为《清明上河图》（图5）中的城市"所显示的那种质量：各种各样的景观，各种各样的职业，各种各样的文化活动，各种各样的人物的特有属性——所有这些能组成的无穷的组合，排列变化。不是完善的蜂窝而是充满生气的城市"。在中国古代，街市承载着大部分的公共生活的内容，《清明上河图》中所揭示的正是古人关于滨水区结合市民公共出行与生活设施的考虑，这一派热闹非凡、充满生气的景象在当代中国许多城市的滨水区已经很少可以见到了。

图5 宋代画家张择端所绘《清明上河图》局部

又如美国纽约的炮台公园区开发计划，将市民日常的交通、购物，散步等功能和设施布置在滨水区空间，每天吸引许多市民来这里进行日常的、必要的活动，正因为这样，这块水域空间才成为整个城市的一个生气勃勃的滨水区。

3. 保证滨水区沿线道路的连续性

保证滨水区沿线道路的连续性，对于处于线性滨水区两侧的城市空间具有极其重要的意义。人们的日常活动带来的活力是一个地区或地段保持其城市活力的重要支撑。如果随着人们正常的活动的消失，一个地区被隔离、成为人们遗忘的角落的话，它很快将会成为城市中最为衰败的地区，混乱的环境秩序和升高的犯罪率将会接踵而至，之后形成的恶性循环更是难以挽救。在后工业化背景下，西方许多工业城市经历了逆工业化道路，造成许多衰败的城市地区——这就是以上观点的最好例证。

道路系统的连续性是组织起一切公共活动的基础和前提，苏州河中段和西段多数地方，以及黄浦江绝大多数滨水区都缺少沿岸道路系统的组织，也就没有市民日常活动进入的可能，这些沿岸城市空间缺乏活力，环境状况不佳已经严重影响了上海整体城市空间环境品质的提高，因此这些地区都亟待有连续的步行系统的介入以为其带来城市生活的活力，达到复苏的可能。

4. 结合景观节点设置滨水广场

景观节点往往位于活动密集、交通往返或者环境转换之地，例如水面与陆地、河流和街道、车行、船行与步行的交汇点所形成的广场及公共建筑群等。一般来讲，景观节点包括视觉控制点、对景点以及视线的交汇和转折点。视觉控制点有突出的高度或者开阔的视野，在一定区域内是视觉的焦点，可以是自然景点或人工构筑。景观节点一般位于主要道路口、道路转折交叉口或濒水岸线突出区域等重要位置，具有可识别性，造型和品质要能反映滨水景观的特性和区位特征。而视线的交汇和转折点一般位于重要的道路交叉口或转折处，既是视线的交点又是方位的转换点。

而广场则是城市的客厅，也是人群集结的地方。F. 吉伯德在《市镇设计》一书中说道："人群是壮观的艺术"[5]，广场是"人群可以壮观的地方"，人在广场上观察别人和被别人观察的过程中，实现了人对于群聚和社会交往的渴望，以及互换彼此看法和获得心理满足的基本心理需要。

在呈线性走向的江河两岸，相比于大尺度的城市广场来说，滨水广场的概念更加广泛，与中国古代的街道空间相类似，这些滨水区广场往往更加类似于因需要而局部放大的街道空间。对于垂直于河流的道路来说，适宜采取在道路接近河流的端点处形成局部放大的小型广场的策略；对于平行于河流的道路来说，适宜采取道路两边设置局部的向水面延伸的平台或者点状的观景台的策略。这些局部放大的区域应该结合地理位置，如抬高的地势、开阔的视野，或者在道路交汇处、水体转折处，以及可以提供良好对景的景观节点来设置（图6）。这样一来，人们在沿

5. F. 吉伯德：《市镇设计》，程里尧译，中国建筑工业出版社，1983。

水边行走的过程中，就可以适时地到达就近的具有可识别性、开放性、可停留性和良好的观景特点的开放空间。而这些散布的广场节点与滨水区道路共同组成一个开放空间系统，从而将水域沿岸的良好景观串联，并且很好地展示在人们眼前。

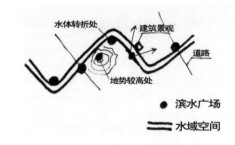

图 6　滨水广场结合景观节点设置示意图

5. 加强岸线地块的公共性，还滨水区于民

水体沿岸地块的公共性是水域空间发挥其作为城市重要开放空间的前提和基础，作为一个基本的开发理念，滨水区是属于广大市民还是少数人拥有的地区，完全体现在其两岸的地块的公共性程度上。地块只有对市民完全开放，才能确保其为人们所共享，才会使得人们临水观景成为可能。

从前文的分析来看，苏州河中段和西段两岸多数地块以及黄浦江两岸的大多数地块都属于半公共性、私密性的地块，这种情况一方面使得人们无法进入其中，另一方面，也造成了对水体空间不同程度的侵占。另外地块之间相互隔离也为日后滨水区岸线的统一规划带来了许多问题。

武汉汉口江滩地区在 20 世纪 90 年代前也面临着同样的问题，其滨水岸线被近 23 万平方米的历史遗留仓储、堆场、破旧建筑和近 50 座码头所占据，虽然拥有宽阔的水域，但是市民使用滨水区的机会却很少。为了解决这一问题，政府于 1996 年开始着手治理这一地区，拆迁了 20 万平方米的危旧临时建筑，建成了长 3.4 千米、宽 0.4 千米的公共开放空间[6]，使得汉江作为城市开放空间的作用得到了充分发挥，真正做到还滨水区于民。

苏州河东段适合于利用其已有的商业和公共设施基础，加强与南面南京路商业圈的联系，保持其密集的沿街商业模式；中段可以利用其旧工业基地的优势建成特色的创意产业区块。长寿路以西的地块适宜结合一些大型的绿地和公园发展旅游文化产业和市民休闲活动区域。

黄浦江北外滩区域适宜于借鉴武汉汉口江滩地区的理念，将原有的仓储用地、码头及工业用地置换出去，然后引入公共性的文化、商业、旅游休闲功能，连接起外滩与小陆家嘴的滨江大道，共同组成属于全体市民的城市公共性地区，为市民所共享。

6. 刘志奇等：《城市滨江地区景观建设探索——武汉市汉口江滩工程规划设计》，《城市规划》2004 年第 3 期。

347

（二）组织丰富视觉感受的水上通道

1. 优化桥梁的形态设计

桥梁本身就是构成城市水域空间环境景观的重要组成要素。"建造桥梁不仅是为了解决交通问题，而且更重要的是为了满足人们对环境的要求和艺术享受。"[7]大凡世界上著名的拥有河流的城市都拥有其标志性的桥梁，如伦敦的塔桥、悉尼的铁桥、旧金山的金门大桥等。

苏州河由于其宽度较小，适宜于设置较为密集的小型的桥梁。对于苏州河东段多数造型优美、历史悠久的地表性桥梁，则应注重修缮和维护工作，定期清洗表面、维护结构和保养都是十分必要的。而新建的桥梁如果能够更多考虑满足步行需求，则因为其荷载小于机动车通过为主的桥梁，可以设计得更为纤细轻巧（图7），可以通过国际设计竞赛的招标征集到更富有新意、造型独特的桥梁设计，一改河流上桥梁笨重、形制单一的面貌，甚至可以在桥梁上设置较宽的步行街道、小型广场等，将一些设施如座椅、花卉、彩灯、售货店等移植到桥上，可以使人们在欣赏景色的同时，享受公共设施带来的便利，以便人们在桥上停留更久。

黄浦江则由于其横跨距离较长，受限于现有工程技术和资金的水平，前期建设的桥梁多为尺度巨大的悬索桥、斜拉桥，新近建设的卢浦大桥在形态上的考虑明显要多于南浦大桥和杨浦大桥，甚至在桥拱上还设置了人行梯，方便行人在更高的地方观赏滨水区景色，算是考虑到了人车并行的需要。在今后的跨江通道建设中，建议考虑设置更多偏重人行或人车并行的桥梁，车辆则优先考虑从水下通道通过，将水面上的空间更多地留给行人。如在《上海市黄浦江两岸地区总体规划构思及重点地区城市设计》国际方案征集中，SOM 公司就曾考虑设置步行桥梁连接浦江两岸（图8），为我们提供了一条值得借鉴的思路。

而黄浦江上的桥梁对于整个城市来说更具有标志性的作用，因此应该更为重视其桥梁形体设计。人行桥梁正是发挥建筑

7. Spiro Kostof and Greg Castillo, A History of Architecture (London: Oxford Press, 1995).

图7 圣地亚哥·卡拉特拉瓦设计的位于西班牙毕尔巴鄂的坎波·博兰廷步行桥
图片来源：马修·威尔斯著．张慧 黎楠译．世界著名桥梁设计，中国建筑工业出版社，2003.

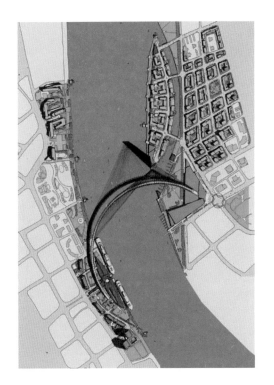

图 8　SOM 公司考虑在黄浦江上架设弧形斜拉步行桥
图片来源：上海市城市规划设计研究院，黄浦江国际
竞赛方案介绍（SOM）

8. Spiro Kostof and Greg
Castillo, *A History of
Architecture* (London:
Oxford Press, 1995).

师和工程师丰富想象力、充分利用现有工程技术优势的很好的选择，如福斯特建筑事务所设计的位于伦敦的千禧桥就是这种类型的优秀案例，它也是伦敦唯一一座只为行人设计的桥梁，将泰晤士河两岸的几个重要文化建筑，如圣保罗大教堂（St Paul's Cathedral）和南部的环球剧院（Globe Theatre）及泰特现代馆联系起来。其跨度也达到了 320 米，整体桥梁结构经过优化设计，使得它成为一座矢跨比很小的悬索桥，通过建筑师和结构师的共同努力，造就出了这座有着独一无二的轻盈体态、有着"光的锋刃"之称的桥梁。

2. 丰富桥梁与两岸空间联系的空间类型

桥梁架设联系水体两岸，其桥头的部分则是设计中应该重点注意的地方，是桥梁与邻接要素"统一、渗透、结合的关键所在"[8]。

苏州河东段的多数桥梁桥头与周边联系顺畅，建议局部放大桥头空间，在其与公共性建筑之间设置小型广场，缓冲交通带来的压力，同时也可为人们提供良好的观景点。新近修建的桥梁起坡点多数远离水体，建议将桥头与邻近建筑的二层相结合，同时结合滨水防洪要求和绿化景观设计优化桥下涵洞与步行道空间，避免其环境状况继续恶化。

对于黄浦江，前期建设桥梁因为连接着内环高架道路，交通流量很大，不可避免地造成引桥过长。建议将引桥下空间开辟成公园、绿地或文化设施，提高其利用率。新建桥梁适当考虑步行桥梁，可以缩短引桥距离，减少桥梁对两岸桥头区域的影响。

（三）促成建筑与水体的和谐共存

1. 确保建筑临水界面的连续性

建筑界面的连续性是塑造城市滨水区整体空间环境意向的重要影响因素。连续、严整而又不失活泼与跳跃的建筑临水界面，可以很好地塑造属于这个水域空间独特的场所感，也符合人的视觉连续性美感的要求。断断续续、参差不齐、残缺的建筑界面无法给人们带来愉悦的视觉感受。其实外滩的建筑群就是一个很好的例子，那配合黄浦江的走向形成的连续整齐的建筑界面，高度统一而又有重点的突起的轮廓线形成了独一无二的滨水区建筑意象，具有无可复制的特征。

从现状可以看到，由于东段和中段存在的优秀老建筑多数为4～5层，苏州河两岸临水面适宜于形成较为低矮的建筑界面，且不宜将建筑退后过多。黄浦江两岸则需要重新规划地块范围，适当将现有超大型工业用地划分成较小尺度地块，且在满足防洪和景观需要的前提下，按照河水的走向形成较为连续的临水建筑界面，局部地区则可以放大成为广场，建筑后退，为人们提供远眺的观景区，以符合黄浦江视野开阔的水体特性。

2. 合理规划建筑布局，突出其层次感

适宜的建筑尺度既能保证滨水区空间视线开敞，其建筑自身又能组成丰富的空间景观。

对于建筑组合的控制可从平面布局和建筑高度两方面来进行，首先控制建筑平面布局，主要是协调滨水区建筑群前后的层次关系：通过控制建筑间距以及建筑用地平面构成，来避免严重遮挡景观的板式建筑；通过建筑群体前后错落布置，使后排建筑透过前排建筑的间口位置来争取水景。建筑高度控制则包括建筑与建筑之间的高度关系以及建筑的表层轮廓线。临水建筑层数较低，靠后的建筑高度可逐步增加。这种变化符合视线开敞的原则，同时也能丰富滨水岸地的轮廓线，形成渐变的景观层次。

其次需要控制建筑的临水距离。通过调整建筑群与岸线的关系，使建筑群适当后退，形成开阔、舒缓的濒水岸线。其中还包括对建筑临水一侧的外墙与水边的距离控制，底层部分的外墙在一定高度之上的退后。

屋顶形式的统一与协调也是滨水区建筑意象整体感的一个重要影响因素。一般应对屋顶的风格及体块处理等方面加以控制，以保证滨水岸地空间景观的一致性。体块处理则需遵循建筑立面边缘线和谐的原则，使建筑单体立面与群体立面协调，创造有节奏感的滨水天际线。

3. 标志性建筑宁缺毋滥

体型或体量突出的建筑物具有地标作用，但只有在外观和地理位置

以及意义上都有标志作用的建筑物才是真正意义上的标志性建筑物。现在的城市建造活动中，人们往往进入一个误区，即认为高度才是标志性建筑的标准——其实不然，尤其在开阔的滨水岸线地区，可以在地表层轮廓线中通过高度不高但造型独特的建筑物来增加轮廓线的吸引力和标志性，如香港国际会展中心、悉尼歌剧院等都是很好的先例。

在没有很好的城市设计进行控制以前，滨水区不适宜大规模的开发建设，尤其是对于苏州河和黄浦江两条具有浓厚历史底蕴的河流，任何城市空间上结构性的破坏都是很难挽回的损失，当然，即使有了人们所认可的城市设计理念，也需要按照其设想进行优化并严格执行，否则就如同现在的小陆家嘴区域，形成千楼一面、高层建筑不断从后面耸立出来、韵律感丧失的建筑群，原有的标志性建筑的地标性作用也越来越不明显。其实早在20世纪90年代，上海市曾经组织过一次大规模的国际规划竞赛，目的就是通过城市设计，形成整合机制和远景规划，塑造一个独特而具有鲜明整体形象的城市形象，如理查德·罗杰斯的完整圆形方案（图9），伊东丰雄规整的网格状地块划分等都为我们提供了很好的参考，但是后来由于管理力度不够，以及经济利益的驱使，使得高层建筑无序地增长，终于造成了今天的状况。

苏州河由于尺度宜人，其标志性建筑尺度宜小，建议利用老建筑，或者在临水的第一线建造较为低矮的新建建筑成为某个地区的标志性建筑，如现有的上海邮政博物馆、四行仓库，以及改造中的苏河艺术中心（原福新面粉厂一厂），还有上海啤酒厂、华东政法大学校舍等建筑，都是它们所在区域的标志性建筑。而所谓的标志性建筑，不应该为城市滨水区的空间环境带来负面的作用，而应该起到提升整体空间环境品质的作用。

9. 徐萱、周均清、王乘：《城市滨水岸地空间设计研究》，《华中科技大学学报（城市科学版）》2005年第5期。

（四）优化水环境，完善滨水区生态系统

水环境是城市滨水区空间区别于其他城市公共空间的显著要素，也是滨水岸地景观的主要构成要素。古语云："得其性，仿其形，取其意"，以大自然的水体为蓝本来进行设计是总的原则[9]。水环境除了水体本身以外，同时还包括滨水驳岸的生态环境、岸线上的绿化景观等组成的自然物质环境。

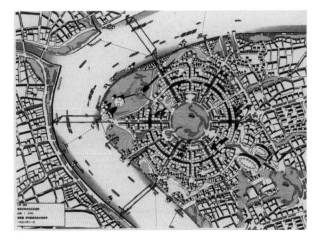

图9 理查德·罗杰斯的完整圆形方案
图片来源：上海陆家嘴金融中心区规划与建筑-国际咨询卷

1. 减少污染，提高水体质量

苏州河治理工程已经取得了明显的成效，但是离恢复到理想的状态还有很长的路要走。黄浦江水虽然自净能力较强，但是沿岸的工业废弃物、来往的运输船只都给其水质造成了严重的破坏，尤其是运送工业原料和能源的船只，事故时有发生，大量工业原料的泄漏污染了大片的水面，这种事故造成的污染往往需要数年，甚至数十年才能分解完毕。因此建议将沿岸的工业、船运业迁出城区，到河流的下游或者长江口，以避免污染城市水体环境。

2. 优化滨水驳岸设计

苏州河与黄浦江现状的驳岸人工化严重，建议采取生态化驳岸的处理方法。生态驳岸是恢复滨水岸地空间生态功能的重要手段。在驳岸的断面设计上因地制宜，结合防汛和地势情况进行不同的竖向设计，模拟水系形成自然过程中所形成的典型地貌，如河口及湿地等。在条件允许的滨水岸地，可采用绿化护岸、碎石护岸等生态护岸措施。这种"可渗透性"的人工护岸可以充分保证河岸与河流之间的水分交换和调节功能，同时还具有抗洪的基础功能。还可在滨水岸地的生态敏感区引入天然生态植被、建立滨水生态保护区或滨水绿色生态廊道等。

（五）注重滨水区历史风貌保护，提升城市文化资本优势

上海是中国城市近代化进程中最具有代表性的城市之一，苏州河与黄浦江又是上海近代化过程中外来资本输入与民族资本兴起起步最早、也最为集中的地区，城市作为人类物质财富的集中地和精神文化的大容器的特征，都集中反映在这两条河流两岸的众多近代建筑以及它们共同形成的历史风貌区中了。这些城市的"记忆"构成城市的财富，也构成了城市的文化符号和"城市文化资本"[10]的形式。从某种意义上说，这些文化符号和文化资本代表的就是整个城市。

因此我们应该着力保存苏州河与黄浦江两岸滨水区特有的殖民地文化、近代产业文化所形成的历史遗产及场所的风貌，通过划分不同的区域、制定不同的保护策略，将具有共性的建筑组合成更多的、具有不同风貌呈现的区域，以体现出两条河流完整的历史演变和整个发展历程；并且通过合理的改造利用，如公共文化功能介入、创意产业的介入等，赋予这些建筑以新的活力。

10. 张鸿雁：《城市形象与城市文化资本论——中外城市形象比较的社会学研究》，东南大学出版社，2004。

期刊论文
选编

Selected Periodical
Papers

滨水城市天际线浅析

王欣　梅洪元

王欣

国家一级注册建筑师，现任职上海鹏欣集团设计管理部总经理，世界华人建筑师协会创会会员。

梅洪元

教授，博士生导师，国家一级注册建筑师，全国工程勘察设计大师，现任哈尔滨工业大学建筑学院院长、学位委员会主席，哈尔滨工业大学建筑设计研究院院长、总建筑师。

摘要

原文刊载于《哈尔滨建筑大学学报》，1998 年第 4 期。从三个方面探讨了滨水城市天际线的控制和塑造：第一，当前国内滨水城市天际轮廓线的现存问题；第二，塑造滨水城市天际线的原则；第三，滨水城市天际线的创作手法。

1   引言

城市天际线是城市总体形象和宏观艺术效果的高度概括，它综合体现了城市功能和文化上的内涵，成为城市的标志和象征。凯文•林奇在《城市的印象》（The Image of the City）一书中指出："良好的城市视觉质量具有鲜明的可识别性，即其道路、边沿、节点、区域和标志有一定的形象特征，结构清晰、易于识别。清晰的环境印象可以成为一种普遍的参照系统，给人以安全感、归属感，并且增强人们内在体验的深度和强度。"城市天际线正是建立城市可识别性的起点和最重要的因素之一，科学地控制和规划城市天际线是城市建设的重要内容。

2   滨水城市天际线的结构与特点

滨水城市包括两大类型，即海滨城市和内陆河港城市，在城市类型中占有相当的比重，而滨水城市的天际线较之于其他城市的天际线又有明显的不同。首先，滨水城市天际线底部具有十分明确的视觉边界——水面。这种水平方向的边界框定，通过对比强化了城市轮廓变化，并提供了展示城市天际线的大面积视域和多方位的视角。滨水城市天际线的个性特征还表现为它由前景天际线和背景天际线两部分组成：前景天际线由邻水和近水建筑轮廓所组成，背景天际线由处于沿岸纵深方向的建筑轮廓所构成。

前景天际线以水平构图为主，强调适宜的尺度和亲切性，注重与沿岸植被和水景相互协调，避免过大体量对沿岸人群的活动造成压迫感。背景天际线是以竖向构图为主，在体量和尺度上一般应当突出其挺拔、宏伟的气势。从总体轮廓来讲，背景天际线是构成滨水城市天际线的主体，处于支配地位；而前景天际线处于从属地位，它的作用主要是框定边界，并且烘托背景天际线（图 1）；从城市类型的角度出发，海滨城市和内陆河港城市的天际线又有不同侧重：内陆河港城市天际线的展示水域主要是河道，因此其展示方式是线性的、动态的、逐步展开的。随着两岸建筑高度 H（以较低一侧的建筑高度为准）和河道宽度 D 的比值的由小变大，两岸建筑的相互关系和影响相应加强：当 H/D 比值小于 1/4 时，两岸建筑的相互关系比较疏离；当 H/D 比值处于 1/4 ~ 1/2 之间时，形成场所感，两岸建筑轮廓之间应相互协调、统一；H/D 比值应小于 1，否则将失去展示天际线的正常视点。海滨城市天际线有连续而广阔的水域，其展示方式为面状的、静态的、全景式的，强调多角度、全方位观赏的整体性和层次感[1]。

图 1　德国法兰克福城市天际线

3 现状与问题

目前，我国滨水城市天际线的规划和控制工作取得了相当的成绩，但仍存在着一些问题。由于理论指导相对滞后，相应法律法规不健全，加上重视程度不足，许多滨水城市天际线存在着混乱、无序的现象，破坏了城市整体风貌，导致环境质量下降：首先，许多滨水城市的天际线没有鲜明的个性，可识别性差，尤其是构成现代城市天际线的主体——高层建筑布局散乱，风格上千篇一律，丧失了作为城市标志和象征的作用，造成城市总体形象流于平庸；其次，前景天际线和背景天际线相互关系含混，缺乏协调，弱化了滨水城市天际线的结构与特点。许多城市的前景天际线中出现连续的板式高层建筑，形成视墙效应，对背景天际线造成严重的遮挡。许多高度和体量巨大的建筑，混淆了前景天际线和背景天际线的界线，弱化了二者之间的对比，使城市天际线丧失了其基本结构和层次。例如广州市珠江北岸的城市天际线，沿岸由于规划的不足，建设了成片的板式高层公寓，形成连续的视墙，严重遮挡了背景天际线，破坏了珠江北岸城市天际线的视觉质量。

众所周知，城市建设是一个历史性的连续过程，许多滨水城市的前景天际线往往是经历长期的历史积淀才形成的，具有极高的历史和文化价值。它体现了城市的演进和发展，为市民所熟知和认同，成为城市的标志和象征。但是，一些滨水城市由于规划不当，不但没有保护其原有的风貌，反而破坏了那些早已被市民认同、具有心理归属感的天际线，造成了严重损失，带来了深刻教训。例如，哈尔滨松花江南岸原本的天际线由防洪纪念塔、江上俱乐部、友谊宫等丰富多彩、别具一格的建筑物、雕塑等组成，整体高低错落、疏密有致、特色突出，表现出丰富的美学特征要素，体现了哈尔滨这座城市百年沧桑的历史，极富历史和文化价值，多少年来，成为哈尔滨这座城市的象征，却在近20年来遭受了严重破坏：在友谊路，与沿江南岸一街之隔的条形地带落成了许多高层建筑，如友谊宫北侧的两幢高层板式住宅，中央大街北端的工商银行和香格里拉饭店等。这些高耸的巨厦，在尺度上与旧天际线形成巨大的反差，严重削弱和破坏了原有的天际线。究其原因，除了规划不当，还涉及诸多相关方面；显然，滨水城市天际线的塑造与保护已成为目前城市建设发展中一个亟待探索研究的问题。

4 滨水城市天际线的塑造原则

4.1 深化个性特征

滨水城市天际线应当具有鲜明的个性特征，成为城市的标识和象征。视觉心理学认为，人辨别区分事物主要是依据事物间的不同之处，没有差别就无所谓个性。凯文·林奇在《城市的印象》中指出："一个有效的印象首要的是目标的可识别性，表现出与其他事物的区别，因而作为一个独立的实体而被认出。"如曼哈顿林立接踵的摩天巨厦群，以其无双的气势和巨大尺度成为纽约市的象征；人们看见泰晤士桥和市政厅的哥特式钟塔就会识别出这是伦敦。由此可见，突出鲜明的个性特征是塑造城市天际线的首要原则。实践表明，塑造个性特征突出的城市天际线可以通过如下途径：

图 2　上海东方明珠电视塔

（1）造型独特的建筑物、构筑物（如电视塔）和雕塑是构成天际线独特性的重要元素。即使天际线的其他组成部分并不突出，一个别具特色的建筑也能使天际线变得生动，具有可识别性。例如自由女神像代表了纽约港，埃菲尔铁塔是巴黎的标志，而上海东方明珠电视塔则以其新颖、独具特色的造型成为上海新的城市象征（图 2）。

（2）对建筑物进行特殊的排列组合，是形成天际线特征的另一重要手段。诸如高度、体量上的强烈对比和起伏，间距上的疏密韵律变化和方位上的特殊组合等，都可以塑造个性鲜明的天际线形象。新加坡的城市天际线在这方面是一个典型代表。

（3）地形地貌特殊的城市，可以结合地势特点，形成有个性的城市天际线。美国的旧金山是山地城市，其城市规划结合地势将"高而挺拔的建筑放在山丘顶上，低层建筑放在山坡或山谷，加强山丘的形态"，从而强化了城市的地形特征，赋予其天际线独特的形式。

4.2　建立视觉中心

高品质的城市天际线切忌单调乏味，应当有起伏变化、高潮和重点，这就要形成明确的视觉中心。英国的 M. D. 索斯马兹（Maurice de Sausmarez）在《基本设计：视觉形态动力学》（*Basic Design: The Dynamics of Visual Form*）中指出，视觉运动表现为沿着一定方向的视线移动和对节点的聚焦，节点的符号性愈强，由其引起的"视觉冲击"的效果愈强。城市的建筑从视觉上可分为背景建筑和标志性建筑。从人的视线活动角度看，背景建筑总体上宜拥有某种共同元素，使视线持续延伸并令观者有所期待。而标志性建筑则需较宽裕空间，以便有近、中、远距离的观赏点。其造型应从背景中凸显出来，成为视觉焦点与高潮（图 3）。类似于音乐和文学作品，城市天际线也需要有序幕、承接、高潮和结尾的序列变化。需要着重指出的是，视觉中心不是单一的，而是包含若干节点，在诸节点中仍有主次之分，如富于特色的上海外滩天际线就体现了若干视觉中心的变化："上海大厦是外滩天际线北部的第一个重点和高潮，向南经过外白渡桥，经过

357

图3 日本横滨城市天际线

一系列轻微的起伏，在中国银行和和平饭店处形成第二个高潮，再向南到达最后一个视觉高潮——天文台塔楼。在此处，高层建筑起着重音和强烈的符号作用，吸引和凝聚人们的注意力，成为天际线中的最强音。"[2]

4.3 注重前景天际线与背景天际线的关系

前文指出，滨水城市天际线由前景天际线和背景天际线有机构成。因此，控制和协调二者关系是塑造城市轮廓线的重要内容。背景天际线是构成滨水城市天际线的主体，前景天际线是它的补充和陪衬，二者既相互区别、互为对比，又彼此协调、统一。前景天际线主要由高度与体量较小的建筑组成，强调水平方向的构图，起烘托作用；背景天际线主要由高层建筑组成，以竖向构图为主，二者之间通过强烈的水平和垂直对比，使城市天际线生动而富于层次和变化。在前景天际线中，应尽量避免出现高层尤其是连续的板式建筑。如果必须设置，则其在造型、色彩等方面宜与周围环境协调一致，避免造成干扰。在追求前景、背景对比的同时，还需注意保持二者间的统一和谐，以保持城市总体轮廓的完整性，避免产生断裂现象。如果前景天际线是经过较长历史时期形成的，宜保持其完整的风貌，上海外滩天际线在这方面既有成功的经验，也有失败的教训："位于延安东路、四川路口的联谊大厦以其简单的玻璃方盒子突出于外滩群体轮廓线的南端，与外滩原有风貌并不相联，难免造成遗憾。而位于南京东路的华东电管大楼，高层上部体型尽管也叠现在外滩全景中，但它用切角、挑出斜顶、三角老虎窗和顶部收缩的透空构架等手法增加细部，总的轮廓呈下大上小的趋势，虽然材料、造型手法新颖，但仍与外滩近代建筑取得了某种内在的联系，是一种较高层次的统一。"[3]

5 滨水城市天际线的塑造手法

5.1 群集效应

在滨水城市天际线的塑造中，使高层建筑集中或成簇出现，能比将之散乱布局形成更强烈的视觉张力。松散的单体之间缺乏相互联系和影响，而集中出现的群体组合内各元素之间联系紧密，形成整体力场，其整体效果远胜于单体的机械相加，更富于力量和凝聚力，此即群集效应。法国批评家丹纳（Hippolyte Adolphe Taine）在《艺术哲学》（*Lectures on Art*）中将效果集中的程度作为衡量艺术品价值的三个尺度之一，他指出，艺术品中的各个部分通力合作，特征才能更为显著，轮廓完全突出。在城市天际线的创作上，切忌将高层建筑沿天际线等高、等距地机械排列，而宜在城市的重要地段成组成群地集中布置。组群之间应避免等距排布，从而实现天际线的高低起伏与疏密相间的变化。为了进一步突出高层建筑群体的雄伟气势、加强视觉上的对比效果，可以使高层建筑的尺度与一般建筑拉开一定差距。美国的城市天际线基本上体现了高层建筑集中出现的群集效应，如纽约曼哈顿的天际线是群集效应的典型案例（图4）。远眺纽约港，高密度组合的摩天楼群所形成的天际线以其巨大的尺度、紧密的联系、火焰般的上冲气势给人以强烈的视觉冲击力和震撼，为城市形象赋予了突出的特征，体现了纽约作为世界大都会的恢宏气势。相比来讲，中国的城市天际线在这方面存在不足，高层建筑往往散乱分布于城市的各个角落，不能形成明确的核心。美国城市天际线的成功经验可以起到很好的借鉴作用。

5.2 节奏感、韵律感

　　高层建筑的排布，也宜通过高低起伏和疏密的变化来形成天际线的节奏和韵律感。与其他艺术门类一样，天际线的组成遵循着基本的美学规律，建筑之间也应避免等高、等距的机械排列而使得城市天际轮廓线单调、呆板，缺乏特色。滨水城市天际线的韵律感主要体现在"虚—实—虚—实"的变换。"实"是指建筑物等物质元素，"虚"是指实体元素间的空隙。"实"有高低宽窄的变化，"虚"有广狭长短的区分。"实""虚"以及二者组合的有序变化赋予城市天际线以韵律和节奏的变化，成为生动的乐章，产生强烈的艺术效果（图5）。

　　天际线的节奏有规则和不规则两种，规则的节奏是由相同或相关的间隔和实体重复出现产生的。不规则的节奏则是通过多种不同符号的组合产生的。相较而言，后者更为丰富和生动，同时也给单体创作留有更多的余地，具有更大的灵活性。通过特殊的韵律和节奏组合，较为平淡的建筑也能形成特征明确的天际线形象。新加坡的城市天际线（图6）即以节奏和韵律的变化取胜：不同于

图4 纽约曼哈顿城市天际线

图5 美国波士顿城市天际线

359

图 6　新加坡城市天际线

纽约，它的高层建筑不是集中出现，而是松散地沿岸地段呈带状排列，并且高层建筑的高差也较小，但是由于间距适当、疏密相间、富于变化而形成独特的节奏和韵律变化。

5.3　层次感、阶梯效应

图 7　中国香港城市天际线

优美的城市天际线有着丰富的层次感，并且由前至后各层次呈由低而高的阶梯状排列。这首先是由滨水城市的天际线构成决定的：较低的前景天际线和较高的背景天际线天然形成了前低而后高的两级阶梯。它们之间的对比使滨水城市的天际线生动活泼。为了进一步丰富天际线的层次，背景天际线应由不同的层次组成，以形成层层集聚、累次上升的富于上冲动势的天际线形象。为了保持视线通畅和天际线的完整、统一，各层次之间应有适当的高差，以保证天际线的透视效果，这就是"阶梯效应"。在强调各层次高度的同时，还要注意保持各层次间结合部分的视线走廊的通畅，即各层次天际线的虚实比例应适度。一般来讲，位于前面层次的天际线"虚"的比例应略大一些，避免过多的单个实体横向尺度过大（如连续出现板式高层建筑）而产生视觉屏蔽效应，造成对后面层次的遮挡。各层次间的"虚"的部分，在保证街道体系的完整的前提下，应错落布置，以免形成单调感，从而保证视线在各层次间的相互渗透、相互贯通（图 7）。

5.4　色彩

第一，建筑物的色彩在一定程度上影响天际线的视觉效果。滨水城市的天际线以天空和水面的蓝色基调为背景，当天气晴朗时，建筑物的色彩愈接近背景的颜色，其可辨识度愈低，因此在色彩控制上应考虑与背景色形成对比，具体可以从色相和明度两方面形成与背景色的反差，以使天际线清晰明确。当天空的明度较高时，建筑的色彩愈接近天空，其可辨度愈弱，而色彩厚重的建筑物却格外清晰醒目。当水体的明度较低而建筑呈浅色时天际线倒影明显，呈深色时则相反。当背景蓝色为冷色调而建筑以暖色为主时，也会增强天际线的可识别性；当可见的建筑呈淡色时，它能加强视觉上的统一性并强化城市的特征 [4]。

图 8　美国旧金山环美大厦

第二，前景天际线和背景天际线的色彩对比可以进一步突出天际线的生动变化和层次感。一般认为，高明度、暖色调有凸出感而低明度、冷色调有凹进感。因此，前景天际线的明度高于背景天际线，或二者色调为前暖后冷的关系，可以进一步强化天际线的层次感。

第三，天际线的各组成部分在保证整体色彩的统一协调的前提下，应有适当的变化。当位于天际线视觉高潮部分的建筑与其余建筑的颜色有一定的对比时，天际线的个性特征会得到强调。

5.5　屋顶形式

建筑物的屋顶部分对天际线的影响最为显著，注重屋顶形式，尤其是高层建筑的屋顶形式，是塑造城市天际线的重要途径之一。建筑物对天际线的影响可分为两个部分，即建筑物的主体墙身和屋顶部分。墙身主要提供城市天际线"实体"部分的竖向边界和水平对角线的宽度，屋顶则提供天际线顶部水平方向的变化。由于墙身的轮廓基本上是竖直线，变化余地相对较小，故天际线的变化主要体现于屋顶部分。"与其说是建筑构成城市天际线的变化，不如说是建筑的屋顶形式，尤其是高层建筑的屋顶形式使之具有鲜明的特征和较强的可识别性。"构成城市天际线的标志性建筑的特殊屋顶形式，往往会强化城市天际线的特征，甚至其本身已成为城市的象征。如美国旧金山的环美大厦（图 8），其大尺度的四棱锥形的屋顶造型已成为城市天际线的重要标识[5]。

参考文献

[1] 崔志华 . 关于城市天际线问题的研究 [D/OL]. 哈尔滨：哈尔滨建筑工程学院，1993.

[2] 汪定曾，张皆正 . 建筑创作与城市设计 [J]. 建筑学报，1991(6)：9-14.

[3] 朱斌泽 . 天际线美学 [J]. 哈尔滨建筑大学学报，1987.

[4] 托伯特·哈姆林 . 建筑形式美的原则 [M]. 邹德侬，译 . 北京：中国建筑工业出版社，1987.

[5] E. N. 培根 . 城市设计 [M]. 黄富厢，朱琪，译 . 北京：中国建筑工业出版社，1989.

城市滨水区空间形态的整合

李麟学

李麟学

同济大学建筑与城市规划学院长聘教授，博士生导师，同济大学艺术与传媒学院院长，麟和建筑工作室主持建筑师。

摘要

原文刊载于《时代建筑》，1999 年第 3 期。滨水区在滨水城市的形成、演变过程中有着多方面的意义，其空间形态也在城市更新中不断整合、演化。本文通过对城市滨水区整合的构成要素展开剖析，力求为广泛开展的滨水区更新提供一个设计和操作的纲要。

1 意义

滨水区往往是城市发展的起点，从城市发展史来看，都市聚落的形成往往与河流、海洋、湖泊有着相当密切的关系。古人建城理论中就有"依山者甚多，亦须有水可通舟楫，而后可建"之说；《建筑模式语言》（A Pattern Language）也就城市水体的利用有过精辟的描述："保存天然水池和河流，并让河流流经全市，两岸修筑小路，供游人散步，并修筑人行桥横跨河流，让河流成为市内的天然屏障，车辆只能在少量的桥梁上通过。"在近代，随着大量沿海殖民地城市的兴起，水域在城市发展中得到充分重视。在中国及许多东南亚国家和地区，许多港口城市曾经是殖民地，其滨水区在城市中起到核心作用（图1）。

从城市的构成来看，城市滨水区是构成城市公共开放空间的重要部分，并且是城市公共开放空间中兼具自然地景和人工景观的区域，是尤显独特和重要之处。在生态层面，城市滨水区的自然因素使得人与环境间达到和谐、平衡的状态；在经济层面，城市滨水区具有潜在的高品质休闲、旅游资源特性；在社会层面，城市滨水区提高了城市可居性，以水域为中心，往往构成城市最具活力的开放性社区，是具有丰富的生活性的城市组织；最后，在都市形式的层面，城市滨水区对于形成一个城市的整体感知意义重大，海克斯齐（August Heckscher）认为，"每个城市本身就是一个地点，城市的实体与虚体编织出这些地点的骨架，而使它的独特性可被测知，并使得城市的社区、机构、商业中心有依附的所在"。城市滨水区的公共开放空间是构成城市骨架的主导要素之一，并增强了城市的可识别性（图2）。

2 背景

城市滨水区的演化，可以概括为自然形态的发展、工业化时代的发展以及现代滨水区开发三个阶段。在城市形成的初期，滨水区域往往呈现自发性的良性

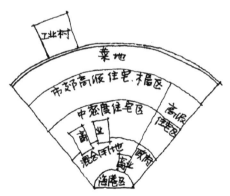

图1　东南亚殖民地城市空间模式

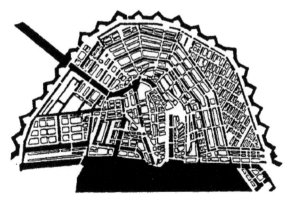

图2　阿姆斯特丹城市骨架中的水域空间（黑色部分）

363

发展，从《清明上河图》展现的中国古代滨河生活场景，到保存完好的威尼斯水网景观，鳞次栉比、带有随机性的建筑布局提供了生动的滨水景观。而工业化时代的社会经济发展给城市滨水区带来强烈的冲击，河流、湖泊、海港码头的航运功能得到强调，码头、仓库、工厂占据滨水区域，水体遭到工业废水的严重污染，许多城市内河的污染达到触目惊心的地步。这也是当时许多欧美城市中产阶级纷纷外迁、城市中心衰退的原因之一。

20 世纪 70 年代中期，随着能源危机的矛盾凸显，欧美大城市中兴起了重返城市中心的潮流，城市滨水区的再开发成为城市中心区复兴的有效手段之一。这种再开发的目标在于解决城市中心的衰退和活力问题，实现荒废地资源潜质的再开发以及城市环境内涵的提高。城市滨水区的更新趋向大规模、整体性展开，在空间观念上则受到后现代主义的影响，更加强调城市空间的人性化尺度，强调新旧建筑的和谐，强调公共空间的形式多样化，强调步行街、步行道的营造，在操作层面则注重多功能的开发以及提高开发的有效性。

在我国大量的滨水城市，城市空间在经历了一个急剧的外延式扩展之后，内向式品质提升的诉求也越来越迫切，城市滨水区这一拥有高品质自然资源的区域理所当然成为城市更新的一个活跃地带。城市滨水区的空间形态也在保护、整治、再开发中进行着整合。

3　要素

城市滨水区的更新涵盖生态要素和实体形式要素两个方面。上海的苏州河环境改造工程，其初期改造的目标就在于河流污水的整治、绿化植被的建设，可以说是偏重生态要素。而只有在生态整治的同时，对实体的空间形态也加以整治，城市滨水区才能真正发挥其在生态、经济、社会以及都市形式各个层面的积极作用。具体而言，城市滨水区的区域空间结构、用地形态、道路交通、实体景观、开敞空间和生活场所这些主要要素决定了空间的形式与品质。

3.1　区域空间结构的调整

城市滨水区的空间结构从二维平面布局和三维空间构成上，决定了城市滨水区空间形态的基本构架，同时决定了滨水区在整个城市空间结构中的地位。作为城市美化运动的先声，1853—1870 年由奥斯曼主持的名为"完美塞纳河"的巴黎改建方案，倡导开敞、壮美的城市结构，并将塞纳河地位提升到城市结构轴线的高度加以建设。与塞纳河平行的景观主轴线，以及与其垂直的多个景观副轴，围绕河流构成城市空间的骨架（图 3）。在上海的城市空间结构中，我们同样可以看到滨水区存在的意义，以虹桥机场为起点，经虹桥新区、静安寺—上海展

图3 巴黎塞纳河空间结构

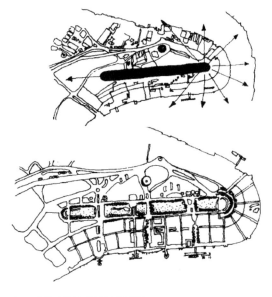

图4 伦敦东格林威治滨水区更新

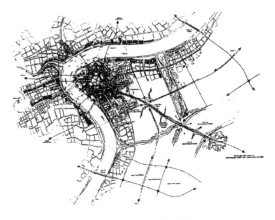

图5 浦东陆家嘴与外滩滨水区空间结构分析

览中心、人民广场—南京东路、外滩、陆家嘴形成了东西向建筑广场轴线，而黄浦江河流轴与之垂直，串联起中心外滩、南外滩、北外滩以及浦东的带状滨水区；未来的苏州河开发有望引导这一空间结构的东西向纵深发展。因此，在城市滨水空间形态的整治中，提出一个区域空间结构明晰化的目标是非常有意义的。

城市滨水区空间结构的调整，要充分分析原有空间结构的特点和不足，采用继承、调整、再生相结合的设计方法。法雷尔主持设计的伦敦泰晤士河畔东格林威治的更新计划为我们提供了一个很好的范例，该区是位于泰晤士河转折处的半岛形滨水区，并以本初子午线穿过而闻名。工业革命以后，这里发展成一个工业区，滨水沿岸密布着运煤码头和煤气厂。更新方案试图重建该区的城市空间结构，发展居住、娱乐、商业、港口，其基本理念是，在半岛中央建立一个绿色河岸腹地，使之成为与河流相呼应的空间焦点，围绕这一中央公园，扩展传统的绿化空间。同时，历史上遗留下来的防波堤码头、船坞、煤气站，作为具有历史感的标志物均加以保留和整治（图4）。在罗杰斯的浦东陆家嘴城市设计中，同样可以看到滨水区空间结构明晰化的尝试（图5）。

3.2 用地形态的调整

城市滨水区的土地使用，大致包括居住区、文化博览区、娱乐休闲区、办公商业区等几种形态。土地使用形态的单一化和片断化是滨水区更新中普遍存在的问题。形态单一造成滨水区功能的隔离与分化，许多滨水区由于缺乏市民可

365

参与的商业、文化、娱乐设施，而失去了作为公共空间的吸引力；而许多以商业、办公为主的滨水区，则由于居住用地的缺乏，形成夜间活动缺乏、城市空间利用低效的"空洞化"现象。由此，我们提出公共性、多样化、延续性、层次性和立体化等用地形态的调整原则。

公共性是指滨水区对城市开放，用地形态公共化，使得滨水区成为城市公共空间的有机组成部分。美国华盛顿特区的下哈德逊河滨步道工程，通过土地调整，对原有29千米长的滨河区内孤立的码头、工厂加以整治，形成一条连续的漫步道，从而充分利用对岸的曼哈顿所提供的视觉资源。

在城市滨水区进行综合性社区建设，形成多样化的用地平衡。土地使用的时间性和空间性是这一策略的基础。如槙文彦所说，"作为唯一功能形态的建筑的时代已经过去了"，复合型城市空间可避免和减少土地使用的"低谷"，增强滨水区的吸引力。其中当然也包括整合原有的建筑和城市空间，形成城市生活景观的延续。

此外，建设纵深多层次和立体化的城市滨水空间，是对滨水区自然景观潜质的充分发掘。在对宽400米以下的滨河区域进行纵深开发的同时，还可以进行滨河两岸的一致性开发。立体化的开发充分利用地下空间，是平衡土地开发强度和生态保护力度的有效手段。曼哈顿河滨工程就是一个大胆的设想，这一公园提供了大型绿地和自然景观，多层的地下建筑则充分容纳停车场、商店、戏院、博物馆、运动场、餐厅和集会场地，土地使用的核心概念是"阳光下的大平台"（图6）。

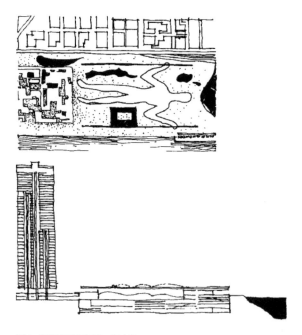

图6 纽约曼哈顿河滨工程方案

3.3 道路交通的整治

汽车的发展是对现代城市环境治理的一大挑战，布坎南在《城市交通》(Traffic in Towns) 中称之为协调"可进入性"和城市环境质量的矛盾。在滨水区也不例外，由于城市交通横穿滨水区，海滨、河岸成为人们难以靠近的区域。交通道路作为异质空间，往往会破坏城市与水域的关联性和整体感。

立体化的交通组织通过交通的地下化或高架散步道解决这一问题。塞纳河岸域开发将捷运系统地下化，使滨水区发展成拥有立体化交通的步行区，形成一个步行循环系统和步行网络。

超大街区也是一个有效的策略，即将被街道细分的街区整合为大面积的街区，将汽车道排除在街区之外，街区内专设人行道和自行车道。在不大可能像威尼斯那样建造步行城市的情况下，可以尝试在滨水的特定区段组织超大街区，从而解决保持滨水空间完整性与交通组织之间的矛盾。

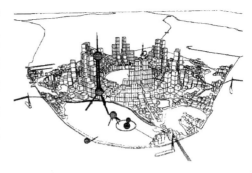

图 7　上海陆家嘴地区景观构想

3.4　实体景观的整治

在城市滨水区，实体景观组织有两方面的目标：一方面，通过滨水区建筑群体内部的景观组织实现空间的通透性，保证视觉走廊与水域联系良好；另一方面，使城市滨水区建筑群体形态形成一种外部景观，在具有广阔视野的滨水区提供展示门户性景观的机会。

滨水区的滨水岸线与建筑群体的关系，很大程度上决定了滨水区的实体景观。根据不同情况，可以通过建筑群体布局与岸线的一致来展示滨水岸线，也可以通过使某些节点区域建筑物逼近岸线来形成标志性节点；而建筑群的适当后退，可以在滨水岸线形成开阔、舒缓的空间形态。在滨水区，凹入或凸出的岸线尤其容易形成特征性景观，应特别加以强化。

上海外滩的滨水历史建筑群，由于历史的积累形成了流畅起伏、线性展开的形态，任何过于僵硬的前景都会破坏这一岸线的景观。同时，丰富而有序的滨水轮廓线、多层次且连续的外部形态都是实体景观整治的目标（图 7）。

滨水区景观的通透性则通过视觉走廊的控制来实现。在日本神户市，滨水区更新将间口率（建筑面宽／基地面宽）控制在 7/10 以下，以保证滨水景观的通透性和层次感。对于临水的高层建筑则将其分为上、中、下三段，其中上、中两段用最大建筑面积和最大平面对角线两项来控制，目的是避免板式建筑对景观过度遮挡。

3.5　开敞空间的整合

在城市滨水区，开敞空间的基本形式可以概括为水域空间、滨水广场、滨水人行步道、滨水区街道、滨水区绿地公园以及其中的公共设施等。良好的滨水区开敞空间，其基本的特征体现为系统连续性、公共可达性和高品质环境。

美国波士顿的滨水区开敞空间具有极高的系统性和可达性。在宽阔的开敞地带上，两边建设林荫大道，中间设置线状城市公园必需的零售商业建筑。这一线状开敞空间通过许多指状空间与水域空间相连，并在大的港湾区扩展为滨

367

水公园水域。清朗海风、空气和景观通过这一个个视廊，渗透到城市中心地带。滨水步道系统的建立则以步行线路为脉络，串连起滨水的广场、公园、绿地，甚至和建筑群的中庭空间或滨水捷运系统联系起来，形成一个复合性的、立体化的开敞空间（图8）。

3.6 生活场所系统的整合

城市滨水区为人们提供了一个富有特征的生活场所，滨水区的更新应充分关注其中居民的生活模式和活动模式。城市滨水区生活场所系统的整合有两个层面的含义：一方面是生活模式的延续和塑造，另一方面是活动模式与空间形态的正向相互作用。

在传统的滨水社区中，存在着多种生活空间模式。在典型的中国民居中可看到许多临河而居的景象，如住宅在河边开有"水门"，有台阶下至水边，住宅前部则是开向街道的大门，水域空间与私密性空间直接相连。这些都是可吸取的精华（图9）。

扬·盖尔把人的活动分为必要性活动、自发性活动和社会性活动。在滨水区，自发性活动如散步、驻足眺望，以及社会性活动如集会、演出等应有相应的场所和设施来加以促进。邢同和先生设计的外滩滨水散步道，充分考虑各种活动模式的需要，有相对私密的半公共空间，又有丰富的公共性空间，广场音乐会、大型活动的开幕式等许多社会活动均可在此展开。

4　操作

城市滨水区的更新是一项综合性很强的工作。在具体的设计中，城市滨水区的空间整合往往需要建立一整套更新目标和控制纲要。

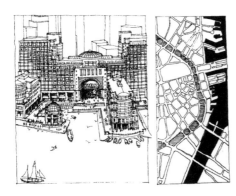

图8　波士顿滨水区开敞空间规划及罗韦斯码头区更新　　图9　中国传统滨水民居展示的生活场景

以纽约下曼哈顿滨水区整治工程为例，城市滨水区的历史意义得到了重视和保护，并制定了设计纲要，以保证恢复历史性滨水区在人们生活中的意义，并最大限度地利用滨水区的自然景观。控制纲要要点有：

1）景观走廊。在一定空间范围，保障现有的建筑核心与新建筑之间视觉上的延伸关系，从而在核心处可以看到河面景观，并可延伸至远处。

2）建筑限制线。确保重要的景观走廊的边界。有些区域不得兴建，有些区域则必须建造，从而使建筑群可清晰地进行空间界定，保证视觉走廊的完整性。

3）步行系统。使主要的再开发区形成一组网络步行系统，把再开发区与核心区紧密相连。

4）滨海绿地。在滨水区整治工程中，必须在海岸的边缘为海滨绿地提供一条人行道，沿曼哈顿码头的海滨绿地进深不得少于 45 米。

中国大多数的滨水城市，还没有制定明确的滨水区设计相关法规、条例以及控制纲要，要建设充满生机与活力的滨水区空间，滨水区建设纲要的制定已迫在眉睫。

参考文献

[1] 凯文·林奇.城市的印象 [M].项秉仁，译.北京：中国建筑工业出版社，1990.

[2] 哈米德·胥瓦尼.都市设计程序 [M].谢庆达，译.台北：创兴出版社，1979.

[3] 乔纳森·巴尼特.都市设计概论 [M].谢庆达，庄建德，译，台北：创兴出版社，1982.

[4] 朱启勋.都市更新——理论与范例 [M].台北：台隆书局，1975.

上海苏州河畔新滨水住居时代

周芃　朱晓明

周芃
同济大学浙江学院建筑系副教授
朱晓明
同济大学建筑与城市规划学院教授、博士生导师

摘要

原文刊载于《规划师》，2001 年第 6 期。文章记述了上海苏州河滨水居住的历史变迁，探讨了在新一轮滨水居住开发过程中值得注意的四个方面的问题：时代感和历史感、新建和改建、高度和尺度、密度和空地。

1　变迁

　　苏州河是上海的一条内河,宽约 50 米,自西向东穿过市区注入黄浦江,市区段长约 23.8 千米。这一段苏州河原本在上海老城厢之外,上海开埠后,随着租界不断扩张,至 1915 年被纳入市区。苏州河由于和淞沪、京沪、沪杭甬铁路比邻,水陆联运发达,工业利用价值高,到抗日战争前夕,其沿线几乎布满了工厂、仓库、堆栈、码头。

　　苏州河沿岸用地自西向东呈现三种不同情形:①上游为工厂夹缝间、沿河滩地边的简屋及棚户;②中游腹地多为与仓库相间分布的、本地平民居住的旧式里弄(多建于 20 世纪 30 年代,高 2 ～ 3 层)(图 1);③下游河口地带为西方现代主义风格的中高档高层公寓,如河滨大楼(建于 1933 年,高 8 层)、百老汇大楼(现上海大厦,1934 年建,高 22 层)。由于大量未经处理的生活、工业污水被直接排入河道,20 世纪 20 年代起苏州河开始污染发臭,并逐渐演变成一条"臭水明沟",严重影响了全流域的滨水环境。20 世纪 50 年代,市政府对上游沿河滩地上的棚户进行集中拆除,建立了工人新村。自此,苏州河畔的住宅格局基本稳定。

　　20 世纪 80 年代末期,沿岸老厂开始大量倒闭。苏州河内河运输萎缩,许多仓库、码头、堆栈被废弃空置,或转变为低档农副产品交易市场和生活垃圾堆放场所。早年的住宅大多年久失修,违章搭建现象严重;许多原住居民搬离,大量低收入外地务工人员入住,社区人口流动性增大,原有的社区结构崩离,使得苏州河两岸环境迅速恶化。因此只有首先治理好河水污染,才能从根本上扭转这种衰败局面。市政府早在 80 年代初就着手的治污工作,至 2000 年 5 月启动调水工程后终见成效,苏州河的黑臭从观感上已消除。同时,市政府斥资进行"苏州河环境综合整治",目标是到 2002 年,重点整治的绿化带和 23.8 千米的苏州河市区段等长,宽度为 16 ～ 20 米,从中游至河口完成滨河林荫道建设。目前,其样板段的绿化和亲水游戏平台已令公众倍感兴奋和欣喜。

　　一方面,对市政府治理苏州河的财力、技术的信心,唤醒了人们沉睡已久的"依水而栖,傍水而居"的美梦;另一方面,苏州河横贯上海市中心,沿岸土地较高的级差地租,使得苏州河沿岸的土地置换、吸引投资成为可能。新一轮滨水区的开发始于 20 世纪 90 年代后半期,目前沿线大约有 30 多个新建、在建住宅楼盘,多集中于苏州河河套区原工厂拆迁置换出来的土地。如上海第

图 1　苏州河沿岸河南路至山西路旧式里弄(现已拆除)

371

一棉纺织厂原址上的"绿洲城市花园"、上海第一印染厂原址上的"世纪之门半岛花园",以及上海无线电三厂原址上的"天鼎花园"(图2),也有与旧城区改造相结合而建设的中远两湾城、河滨豪园等,其房地产开发正呈良性循环,虽售价都偏高,但几乎全是开发一期售罄一期。如此骄人的业绩自然吸引了更多的房地产投资,带动价格的上扬。在21世纪初,苏州河终于开始回到城市的生活中来了,其更新改造的结果是对包括城市管理部门、开发商、专业设计人员在内的众多利益相关方共同参与城市设计的成效的综合检验。

图2　天鼎花园

2　　应对

显然,从滨水旧工业区更新改造的角度来看,位于上海市中心地带旧工业区的苏州河滨水开发应具有多样性目标,兼顾历史性、教育性、经济性、娱乐性;但从改造总量来看,重点将集中在住宅上面。究其原因,一方面,城市滨水居住环境确有其独特的魅力,另一方面,如果没有一个稳定的居民群体,其沿岸的商业、办公、娱乐活动及公共交通等功能也难以实现均衡,并产生最高效益。因此,住宅将成为新苏州河畔比重最大的建筑类型。

从不断落成的住宅楼盘可以看出,苏州河两岸的新建住宅以高层住宅居多,均着力突出采光通风朝向与景观朝向的协调,并在造型设计中有意识地呼应其滨水特征,其中"绿洲城市花园"在形式、色彩上与周围旧厂区、传统街区环境协调得最好,"天鼎花园"向河面层层跌落的建筑体型与苏州河形成较好的尺度关系。但新建住宅区都具有高度太高、密度较大、历史感不强的缺点。由于苏州河两岸目前仍存在着大量拆迁空地,沿线建筑的平均高度、密度很低,故新建住宅区对未来景观的影响还未引起公众的广泛注意。然而蜂拥而至的房地产密集开发,会在很短时间内将这些缺点迅速放大,因此尽快制定苏州河全流域城市规划和城市设计指导性原则(以下简称"指导性原则"),成立苏州河开发委员会来指导开发是非常必要的。然而,基于苏州河两岸地块涉及多个区的规划土地管理部门,其更新改造的复杂性、特殊性是任何一个计划、组织都无法独自应对的,因此"指导性原则"应有一定的弹性,在保证各具体项目能表现出各自的个性,不致产生过于单调僵化的水上城市形象的基础上,就总体原则在以下四个方面进行严格控制。

2.1 时代感和历史感

在过去的城市衰败地区更新中，为了在周遭不利的环境中突出自己，项目往往倾向于强调新的时代感和自身的特殊性，比如使用夸张的造型和刺眼的颜色，而疏于兼顾其同现有的历史景观的连续。苏州河是上海近代工业发展历史的见证，虽然一些楼盘的广告屡次提及"百年纱厂原址"，但到目前为止还未见哪一座楼盘能应对这一段历史，急于让苏州河摆脱衰败面貌和获得经济效益的情绪超越了对其历史的尊重。相比之下，世界上其他城市滨水地区如英国伦敦泰晤士河码头区、澳大利亚悉尼岩石区等，在更新改造中都顺应历史保护的潮流，新建住宅也以尊重当地历史文化为主旨，采用历史上滨水工业建筑的形式，如连绵不断的人字形山墙、砖砌的实墙面、平缓的直跑楼梯、镂空的铸铁栏杆等，建造了唤起城市历史温馨回忆的新住宅，获得了广泛的市场认可和较高经济收益。幸运的是，苏州河畔仍有不少早期的仓库、厂房保留下来，让人感受到其昔日的繁荣和未被湮灭的片段历史。历史的重要特征之一在于它的连续性，我们自然不必保存苏州河沿岸建筑的所有旧形式，而应努力寻找一种使其连续感更鲜明的方式去创造新的形式。因此"指导性原则"应鼓励将苏州河的水景特征和历史特征通过建筑造型细节、环境小品等糅合在新的滨水居住环境中，以增强整个苏州河景观的连续性。

2.2 新建和改建

大面积的拆迁在滨水区的改造中是不可避免的，由大型开发商进行的整体开发更容易形成有恢宏感的整体城市形象，同时个别建筑的改建也别有生命力。如南苏州路 1305 号，台湾设计师登琨艳主持的上海大样设计工作室，即由民国时期上海滩大亨杜月笙的一个苏州河畔的面粉仓库（建于 1933 年）改造而成。这个砖木结构、有着装饰艺术风格（Art Deco）立面的建筑，在 1998 年被改建前是一个水果批发市场和外来务工人员的聚居地，建筑破烂不堪、摇摇欲坠。经过登琨艳先生精心设计、加固、改建，它被打造成一个现代设计工作室（图 3），给人以时空交错的怀想，吸引了全国各地的参观者。这一现象给我们一个启发：即使在苏州河畔的大型新居住区的建设中，我们仍可能有选择地保留、改建一些旧仓库、厂房，将其设计成诸如小区会所、小型博物馆、书画廊、酒吧等，为这个区域带来宝贵的历史文化和艺术气息，这种由旧建筑改建带来的丰富体验是历史对于今日的一种馈赠，是新建建筑短时间内无法提供的。目前苏州河沿岸仍有不少待拆迁的旧建筑，"指导性原则"可对"旧瓶装新酒"式的改造给予政策性鼓励，使其在拆迁的浪潮中得以被拯救，成为滨水居住生活魅力的一部分。

373

图3 大样工作室

2.3 高度与尺度

回归滨水居住的时尚，反映了在喧嚣城市里的人们对于宜人的自然环境和内心平静的渴望。滨水住宅本身包括宜人的空间尺度、有效的景观眺望、安全的滨水步道等要素，然而从现状来看，苏州河沿岸新建住宅多为体量巨大的高层住宅，而且大有蔓延趋势。虽然新近已出台了针对苏州河两岸宽100米景观走廊的建筑限制，但对滨水步道的行人和苏州河里船上的游人来讲，若为两岸100米高的建筑相夹，其仰观视角仍将大大超过45°，整个苏州河的沿岸空间仍将十分逼仄。过大的建筑体量也给居住本身带来一些问题，如一些贴近水面的高层水景住宅根本无法看到近处的水面，放眼远望时由于透视缩小和密集的建筑物遮挡，苏州河看上去不过是地上一道浅浅的、时断时续的、反光的痕迹。而且高于20层的景观阳台受高处大风影响，使用率不高，"细草微风长流水"的水岸气氛也弥漫不上来。因此"指导性原则"应根据具体的河面宽度、潮位涨落、滨水游步道的位置、不同高度的有效视角范围等因素，确定具体地块的建筑高度，以确保苏州河水上开放空间的和谐和水景住宅的有效观景视野。

另外，苏州河穿上海市中心而过，特别是在中游腹地，至今仍然有大量石库门住宅，千百条里弄构成具有浓郁上海特色的城市住宅肌理，是上海城市历史的珍贵财富（图4）。在近十多年的城市快速建设中，大量高层住宅取代了传统街区，传统城市住宅肌理范围大大缩小。苏州河沿岸大量突兀的新建住宅与这种小尺度的传统街区的"冲突"将更加激烈，由于其地处城市中心，将形成一条沿苏州河的城市脉络的巨大断裂带，这个"断裂"的影响

图4 河南路与山西路之间的老式里弄（现已拆除）

可能非常深远，它会使传统街区进一步缩小、破碎，失去其作为城市肌理的地位，最终消亡。因此，在苏州河一些具有城市历史价值的传统街区地段，"指导性原则"应严格控制沿岸建筑尺度，化"冲突"为"和谐"，保存和提升传统街区的价值。

正如苏州河的纳污能力有限一样，它提供的景观资源也有一定的限度，苏州河在市区段只有 23.8 千米长，过度的使用同样会造成"环境污染"。为了提高市中心滨水区的活力，规划时在沿岸纵深方向一定范围内适当提高住宅区密度是有利的。而目前，苏州河沿岸各地块由各自所属区的规划土地管理局管理，这些部门在进行居住区开发时多只考虑本地块的规划、经济目标，缺乏相互间的协调。因此从整个流域来看，规划密度都较高，无明显的疏密变化，存在以下缺陷：其一，密度向来与绿化率、公共空地量、区域交通量有着此长彼消的关系，过于拥挤的建筑实体、逼仄的外部环境会造成心理上的紧张和压力，与滨水居住的初衷完全相反；其二，苏州河以"景观＋生态河"为更新目标，即使届时能实现水清鱼游的生态目标，不受控制的高密度的景观仍将严重影响其景观目标的实现。解决这个问题的好方法是建设一些开放式的公共空地，因此"指导性原则"应结合沿岸地块的具体情况，如将有轻度污染的前工厂、堆栈、填埋区等在短期内不适合再建和吸引投资的地块，规划为开放式的公共空地，由政府出资购买，并通过激励和补偿政策吸引相邻地块参与建设、维护，有效地降低成本和维护费用，使其在如此珍贵的市中心滨水区得以长存并获得经济上的平衡，最终达到沿岸景观疏密有致的综合环境效果。

3　小结

以上四个方面的控制均涉及规划管理部门、开发商、使用者的利益，只有在以苏州河整体利益为优先考虑对象时，三者的目标才能一致；而任何一个新的住宅项目都将在很长一段时间内影响苏州河的水上景观。对于苏州河滨水居住生活新时代的到来，上海人既新鲜又兴奋，并殷切地希望苏州河能成为"东方塞纳河"，上海人能有自己的滨水住宅。因此，只有在尊重城市环境效益与历史文化价值的前提下，谨慎地对待每一个项目，避免急功近利，才能真正为苏州河、为这座城市做好新一轮的建设。

论城市滨水环境的再生

李蕾　刘云

李蕾
同济大学建筑与城市规划学院建筑设计及其理论方向建筑学博士，上海联创建筑设计集团有限公司联创研究院副院长。
刘云
同济大学建筑与城市规划学院教授，博士生导师。长期担任学院学术委员会副主任委员。

摘要

原文刊载于《现代城市研究》，2004 年第 11 期。本文论述了城市滨水环境四个方面的基本生态特征和滨水环境要素再生的基本理论。认为滨水环境是城市经济生态系统、社会生态系统与自然生态系统不可分割的一部分，从广义的生态体系意义出发的滨水环境要素之间的协调共生，是滨水环境乃至城市环境持续性、生态化发展的基本保障。

1 城市滨水区开发背景

长江口的上海、泰晤士河口的伦敦、莱茵河口的鹿特丹、哈德逊河口的纽约这些世界著名的滨水都市，都因坐拥河海的优良环境提升了城市的品质。国外在20世纪70年代、我国在改革开放20年后的今天，开始将滨江滨海的用地整饬提上议程。例如，上海先后进行了黄浦江、苏州河两岸的复兴规划，迁移了依托河道形成的大工业、码头等，为城市营造了新的自然开放空间。在其他城市，江、河、湖、海之滨所拥有的开放空间、环境护岸、历史性水路都成为开发与复兴的黄金地段。

滨水区成为城市再开发的热点。其意义正如查尔斯·摩尔所言："滨水区是一个城市非常珍贵的资源，也是对城市发展富有挑战性的一个机会，它是人们逃离拥挤的、压力锅式的城市生活的机会，也是人们在城市生活中获得呼吸清新空气的疆界的机会。"[1] 实现滨水地区的开放，要在充分把握滨水地区的生态特性、环境再生、建设模式的基础上进行。

2 滨水环境生态特性

2.1 系统整合性

系统整合性是滨水生态环境的最基本特性。保持滨水环境的系统整合性，就要从滨水地段功能配置的合理限度出发，处理好水环境与滨水区域、滨水区域与城市空间之间复杂的功能关系。城市滨水区在达到其最佳发育状态之前，其承载限度表现出一定的弹性，随着生活人口数量的增长，大致要经过城市依赖型、城市并进型、城市独立型等阶段。

滨水环境的系统整合性，要求我们在滨水区环境开发的总体进程中分阶段综合衡量，以确保城市局部区域的发展与城市总体发展的动态相协调。在开发初期，应当选择与城市中心区交通联系便捷的地段，鼓励多种类型的开发和经营方式并存，以弥补开发初期的人气不足。随着滨水区发展的日益成熟，其产业类型也不断丰富，环境承载能力逐渐增强，甚至对城市的发展起到龙头和带动作用。良好的系统性发展是滨水区综合生态体系完善与成熟的表现。

对于位于城市内陆、发展历史悠久的滨河地段，应当注重在环境承载限度下有节制、分阶段推进开发，注重开发上的连续性，保障滨水空间体系与城市空间体系的互动与平衡。

377

2.2 形态演替性

城市滨水区的形态演替特性，首先体现在产业结构的变化中。例如在工业经济向第三产业经济转化的过程中往往会出现建筑物大量闲置、建筑老化、环境恶化等社会问题，另一方面，滨水地区的商业、文化与旅游设施却深受人们喜爱并得到迅速发展，使得被废置的滨水工业区变为新的生活区域，打破了过去单一的产业类型，使更多的新兴制造业及第三产业应运而生，多样化功能也能得到更加合理的配置。

同国外相比，我国城市的滨水区尚处于工业化建设的上升阶段，这时，应当注重传统滨水产业的可持续发展，并规模性、分阶段地发展新兴产业。

2.3 内核稳固性

内核稳固性就是强调滨水环境在生态和生活方面的持久的、连续的关联性。保持这一关联性是滨水环境开发应注意的问题。如在我国绍兴、楠溪江、周庄等地，水系与每一个居民生活的空间唇齿相依，滨水生活的精神特质构成城市生活的"内核"。

现代城市滨水区开发也以凸现和巩固历史内核为基础，在伴随有一定范围的土地功能置换的滨水开发中，应将一些凝聚着工业文明精髓的老工业区和凝聚着居民们长期地域情感的老传统街区，转化为适应现代化生活需求的功能组织。除了将以物质形态存在的历史性建筑保存下来，还应将以物质形态存在的地域基因沿传下去，表现为沿传当地的风土人情与富有地域特色的生活方式。

3 从要素再生到环境再生

滨水要素构成滨水空间的基本形态。滨水要素包括整体空间意象、建筑群体、开放空间、交通空间。这些要素组成的不同环境肌理，反映出滨水环境生态特性的不同层面和向度。

3.1 意象与肌理的整合

从内部空间重组与外部空间扩张两方面发展滨水区的城市肌理，鲜明生动、高度概括的空间设计总能够获得良好的效果。鲜明的意象不仅能够提高滨水地段的可识别性，还能界定出具有现代生活气息的城市边界。在实际设计时，滨水整体空间意象的再造，往往更加注重突出滨水区与城市中心区之间的轴线关系，将主要的城市商业区、居住区及办公区布置在轴线两侧，以

图1 纽约炮台滨水公园

图2 巴尔的摩港城市活力滨水环境

图3 波士顿罗尔码头

形成不同的场所特征，如我国上海浦东的世纪大道，以及纽约的炮台公园。后者以一条沿哈德逊河的宽21米的壮丽河滨广场轴线将居住、金融功能联系起来，空间意象简单明确，使炮台公园融入城市中心区的整体肌理中（图1）。

滨河区改造的城市肌理应将两岸的对应关系，以及滨河地段与城市内陆空间的关系整合为一体，营造独特的整体性空间意象。

3.2 群体与功能聚合

建筑群体各要素通过空间上的优化与重组，有机聚合成为功能协调、富于活力的滨水场所，将多层面、多向度的城市生活引向滨水区。一种聚合就是利用滨水环境的景观优势，使其成为城市空间中的繁华地段，强调城市功能的多样混合，提升空间的集约性与环境容量。北美的很多重要城市正是依靠这种新的混合功能空间发展起来。美国东海岸马里兰州的最大城市巴尔的摩，首先突破了"功能分区"的传统观念，将商业零售与休闲娱乐产业组织在一起，保障了巴尔的摩港24小时都具有城市活力（图2）[2]。波士顿的市中心区的罗尔码头，同样以多样混合的现代城市功能，成功地将滨水区域的活力引向城市中心，复苏了城市中心区的经济（图3）。

另外一种聚合强调高层、超高层及标志性的大体量景观建筑，将其点布于滨水岸线，功能多以居住、商务办公为主，以提高滨水地段的商业价值。著名的例子如美国曼哈顿的天际线已经被超高层建筑控制，我国上海浦东外滩的天际线也日见饱满。

3.3 场所与地域象征

独特的滨水建筑形态能够立足于此情此景，生动传达出地域基因，成为和谐滨水环境的要素，使人产生无尽的联想。悉尼歌剧院以白帆、贝壳作为形象的依托，

379

香港面向维多利亚湾的会展中心则如同白色的海鸥浮翼海滨；日本横滨的亚太贸易中心则如扬帆启程的巨轮，这些都是在滨水地区塑造地域象征的成功设计。

标志性建筑在城市设计中的重要作用不仅在于外部形态的象征意义，更在于特色化的公共空间的创造。如 1987 年波士顿建成的罗尔码头拱门设计，使滨水区与城市空间之间的视线更为通透，成为城市热情的象征；上海江南造船厂改建利用了过去船厂的原址和意象作为现代大型商业中心的雏形，造型独特，成为船厂滨水地段的核心建筑。

3.4 滨水开放空间

滨水区是城市中景观优美的地区，滨水区开放空间是建筑实体与水面之间的有机过渡，最能够体现出一个城市的可识别性。

滨水岸线是滨水空间的灵魂，连续的、视野开阔的共享滨水步道系统能够联系起各种空间，如巴尔的摩港通过沿游步道的街区将具有历史文化意味的建筑环境、社会历史环境充分展现出来。滨水公共空间形式灵活，可根据不同的功能需求设计出各种不同标高与形式的连续开放空间，这种层次性所营造的公共性与私密感，对于滨水居住场所来说更加重要，如英国威尔斯地区斯温西的曲线型滨水岸线，分为两层游步道体系，贯穿于斯温西的海湾与居住社区之间，尺度宜人的步行体系具有不同的公共性与开放性；而日本大阪港却以巨大的广场、超大尺度雕塑和博物馆等巨型结构，塑造出截然不同的旷达感受（图 4）。

澳大利亚维多利亚州亚拉（Yarra）河滨步道成功地将两岸混合功能的文化与商业空间有机整合为一体，河面上形象独特的步行桥两端布置了观光平台，吸引了来自两岸的大量游客（图 5）。

图 4　日本大阪港

滨水开放空间还往往呈现出明显的地域特征。哈尔滨冬季严寒，难以通过大面积的绿化空间渲染氛围，因而通过硬质铺装的广场和一些商业零售空间为人们提供休闲场所，而防洪纪念塔广场形态简洁，一弯柱廊呈环抱之势伫立在广场上，是沿江观光的人们驻足游玩的场所；青岛四季分明，市区内沿着弯曲的海岸线形成宽阔整洁的海滨街道，沿途经过鲁迅公园、水族馆，可容纳异常丰富的活动，另一侧是海水浴场，夏季的人潮尤其庞大。

城市重要滨水地段的开放空间维护常常需要法规的保障。我国由于城市用地紧张，尚未形成大规模滨水绿地开发的保障体系，因此城市内河的治理更应注

图 5　澳大利亚维多利亚州亚拉河滨步道

重水面的可达性，提倡有余度的开发，建设更多的滨河绿地系统将有助于提高滨水生态体系的生物多样性，并创造健康的滨水气候。

3.5　交通促进陆水共生

滨水区交通提倡以步行体系为主的多样化的交通形式，既保障城市人流的通达与便捷，又保证滨水环境内部交通的安宁。过去，很多滨水城市沿岸设置了城市高速路、快速路等隔离带，如上海延安路外滩，城市空间与滨水廊道之间是宽六车道的城市主干道，行人需要借助人行天桥或地下通道穿行，造成滨水带型空间的局促感。巴尔的摩内港区在交通规划中距离城市中心较近，以高架的步行系统和市中心相连，提供便捷的步行体系。

随着家用小汽车的普及，水路与陆路交通用地的重新配置应当融入传统水乡的现代生活模式中，例如在上海嘉定区，现代交通工具已经开始过多地占据过去富于人情味的步行街道空间。重新整理水网和街区的平面肌理，实施两套路网的交通体系，促进陆水共生，是滨水交通规划的当务之急。

4　建设的实施

城市滨水区作为城市重要公共空间，不仅体现了规划师、建筑师的专业能力，也是宏观层面上城市乃至国家政治和法律制度的物质表现，是投资者的经济目标与政府官员的政治目标相互影响的结果。

可持续发展与生态化城市的建设思想在国外的演变已经长达数十年，其中正确的政策引导与法规约束尤其起了巨大推动作用。我国城市滨水区的再开发，需要积极借鉴国外滨水建设的成功实例，建立自上而下的政策拉动机制，促进政府与开发商之间的互利合作，并根据我国现行体制的实际情况，积极提倡有效的公众参与，这些措施都有助于优秀滨水项目的全面实施。城市滨水区的开发决策主要受到三种力的制约："政府力"（主要指当地政府的相关部门及其采用的发展战略）、"市场力"（主要包括控制资源的各种经济部门及其与国际资本的关系）和"社区力"（主要包括社区组织、非政府机构及全体市民），在滨水规划从方案到实施的全过程中，应当以合理的组织原则引导三种力量，使之与城市滨水开发自身的规律共同作用、协同发展。

参考文献

[1] 张庭伟，冯晖．城市滨水区设计与开发 [M].上海：同济大学出版社，2002.
[2] 李伟伟，王晋良．特色与探求——城市建筑文化论 [M].大连：大连理工大学出版社，1999.

基于公共空间热力学的城市滨水区更新设计——以杨浦大桥滨江文化公园为例

李麟学　张琪

李麟学
同济大学建筑与城市规划学院长聘教授、博士生导师，同济大学艺术与传媒学院院长，麟和建筑工作室主持建筑师。

张琪
同济大学建筑与城市规划学院、宾夕法尼亚大学建筑学院联培博士生在读。

摘要

本文提出城市滨水区更新设计的空间热力学方法，以室外热舒适为评价指标，以实现理想的舒适环境为目标进行全过程室外公共空间设计，并研究"设计追随能量"的建筑性能模拟优化设计方法。以上海杨浦大桥滨江文化公园设计为例，以 UTCI 为评价指标，采用 Ladybug 等模拟工具对室外热舒适进行评价，并辅助优化建筑设计。在设计全阶段特别是设计初期引入热舒适作为优化目标，有助于整合建筑与景观的各种要素，为建筑使用者提供高舒适度与高性能的公共空间环境。

滨水空间三十年

382

1 概述

当下，受全球变暖和城市热岛效应影响，城市热环境不断恶化，环境性能和能耗越来越受到关注。人离不开自然环境，有室外活动的需求，尤其我国正处于人口老龄化加速发展的阶段，老年人对于室外公共空间的使用需求不断增加，室外公共空间也是儿童室外活动的主要场所之一。室外公共空间为人们提供了进行户外交往、休闲、健身、娱乐等活动的场所，营造舒适的室外环境能使人感到愉悦，有利于人体健康与建筑节能，因而显得尤为重要。近年来，国内外部分学者对室外热舒适进行了研究，主要关注室外热环境的测试和人体热舒适的调研，并取得大量研究成果。能够在设计阶段引入热舒适的视角干预方案设计，对提高环境性能和降低能耗具有重要意义。在现有实践过程中，建筑师往往根据经验和已有案例判断建筑环境的热舒适和能耗，准确性不高，且难以针对多个相似方案进行比较。因此，一种创新的以热舒适为评价指标的公共空间热力学方法显得愈发重要。

2 室外热舒适理论及模型比较

2.1 室外热舒适

热舒适与人的生理反应密切相关，是一种心理感受。美国供暖制冷空调工程师协会（ASHRAE）将热舒适定义为人类个体对周围热环境是否满意的主观判断。ISO 7730 将热舒适定义为人们对热环境的主观满意度。丹麦学者范格尔（Fanger）将热舒适定义为人体产能和失能处于平衡状态时的生理状态。对于热舒适的评价有两种意见。加奇（Gagge）和范格尔等人认为，热舒适等同于热感觉。只要热感觉投票接近热中性（即在热舒适区范围内），人们就会感到热舒适。埃贝克（Ebbecke）、汉森（Hensel）和卡巴纳克（Cabanac）等人认为，热舒适只存在于一些动态过程中，不存在于稳态环境中。对人体热舒适度的研究经历了一个从简单到复杂、从稳定到动态的过程。

早期对热舒适性的研究多在室内进行。PMV-PPD 热舒适指标（PMV，Predicted Mean Vote，衡量热舒适感的综合预测平均反应；PPD，Predicted Percentage Dissatisfied，预测不满意百分数）以特定环境的物理参数或与人体相关的参数作为输入参数，来预测人体在一定室内环境中的热感觉。然而，人体热舒适并不局限于室内，室外热环境也极为重要。针对室外热舒适的研究最早可以追溯到 1930 年，由盖尔（Gehl）和 A. 艾希（A. Ishii）等人首先进行研究，之后对于室外热舒适的研究陆续展开，但整体发展速度缓慢。直到最近 20 年，对室外热舒适的研究开始迅速发展。

383

2.2 室外热舒适评价指标及模型

随着对室外热舒适度研究的逐渐深入，各种室外热舒适评价模型相继被提出，但 PMV、OUT_SET*（Standard Effective Temperature）、PET（Physical Equivalent Temperature）和 UTCI（Universal Thermal Climate Index）仍然是最常用的室外热舒适评价模型。

PMV 模型认为，在一定的活动水平下，人的热感与人体热负荷有关，可以通过人体的平均皮肤温度和出汗率来调节。当 PMV=0 时，人体处于舒适状态。

OUT_SET* 模型认为室内外的主要区别是太阳辐射和红外辐射。通过该模型，可以计算出一个假想的包围着标准物体的围护结构的均匀表面温度。在全波辐射、复杂和真实的太阳辐射和红外辐射环境中，墙体的热交换能力与被包围的标准物体的热交换能力相同。

PET 模型基于慕尼黑人体热平衡模型（MEMI）建立，在人体热平衡的基础上，采用 Gagge 双节点模型，在热平衡方程的基础上引入"人体核心到皮肤的热流量"和"皮肤到服装外表面的热流量"方程。

UTCI 模型采用 Fiala 人体模型，能更好地反映人体整体和局部的生理和热反应。

基于以上比较我们可以看出，PMV 模型基于室内稳态环境提出，更适用于接近热舒适状态的热评价。而当 PMV 小于 −2 或大于 +2 时，会有较大的偏差。OUT_SET* 模型应用广泛，是目前所有室外热环境评价指标中应用最广泛的评价指标之一。PET 模型是一种真实的气象指数，广泛应用于气象预报和城市规划设计中。UTCI 模型与上述三个模型有很大的不同，它是基于非稳态环境提出的模型，同时考虑了人体的热适应性，它可以模拟任何气候条件、任何季节、任何城市尺度的室外热舒适。

2.3 适应性热舒适

随着研究的深入，学者们发现人体对外界环境的适应能力对热舒适有很大的影响，并提出了适应性热舒适理论。在适应的过程中，人体往往会适应当前的环境，从而提高对环境的耐受力，因此人体的实际舒适范围往往比舒适指数所表示的范围要宽。

动态环境下的热舒适称为适应性热舒适，即在动态热环境中，人们通过与环境的相互作用以及生理和心理的反复调整（图 1）来适应热环境。因此，适应性热舒适是具有时效性和动态性的热舒适。适应性热舒适的主要影响因素是气候、建筑和适应时间。在气候影响因素中，温度、湿度、太阳辐射、风速、大气压等因素总是相互影响、相互耦合，共同作用于人体的热适应（图 2）。本文将对上述因素进行分析，并以适应性热舒适作为主要目标。

3 基于室外热舒适的公共空间设计策略：以上海杨浦大桥滨江文化公园设计为例

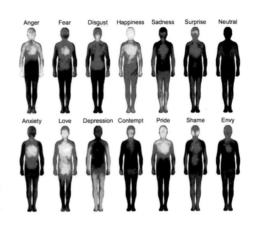

图 1　心理情绪影响下的人体热图

3.1　项目概况

基地位于上海市杨浦大桥滨江地区，其设计目标是打造为市民提供便利的公共空间和活动场所。杨浦大桥滨江区域的开发是上海城市总体规划的战略组成部分，近年来上海也已经开发出数千米的滨水河畔。这项计划对于市民体验城市乐趣至关重要，也是可持续发展的现代模式的核心，其不仅能够吸引来自世界各地的游客，而且将为上海打造全球领先的快乐健康的生活体验。设计旨在创造具有热舒适性的公共空间（街道、公园等），为人们提供高质量的生活体验。

同济大学李麟学团队与哈佛大学伊纳吉·阿巴罗斯（Inaki Abalos）教授团队，在之前的国际竞标中获得第一名，基于"形式追随能量"的热力学方法论，提交了城市滨水区绿色低碳与环境智能发展的前瞻性创新设计提案（图 3 ~ 图 5）。

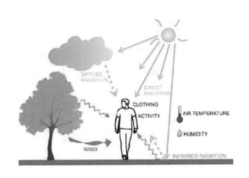

图 2　影响室外热舒适的主要参数（Kessling 等，2013）

3.2　气候分析

我们采用能量模型来评价上海的气候，所用数据是基于城市的历史记录（图 6、图 7）。数据显示上海的气象特征为夏季湿热、冬季湿冷，太阳辐射水平良好但有非常严重的漫反射，在建筑物的日光防护设计中需重点考虑这一点。

杨浦滨江的场地具有更加特殊的气候特征，是一个值得研究的对象，具体表现在：夏季风尤其是来自黄浦江的风特别潮湿，

图 3　杨浦滨江区域总平面图

图 4　设计总平面图

385

图5 设计效果图

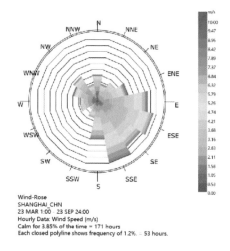

图6 上海3—9月风玫瑰图

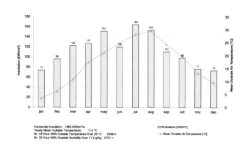

图7 上海每月太阳水平辐射量

其温度受到河流的冷却效应影响比较低；冬季风主要为来自北部、东部和西部的风，因而在设计建筑群朝向的过程中应着重考虑如何减小冬季寒风的影响。

3.3 设计策略

城市空间和建筑能为市民创造符合人体舒适要求的多样化空间，不只是通过形态或尺度的介入，更是通过对周边环境的充分了解和适应。污染、温度、湿度、风和光照、空间的动态要素，甚至是颜色和材料都会影响人对空间的使用方式和舒适感。另一方面，人体可调节的身体与情绪状况等要素，包括能量、舒适温度、希望活动或休息的主观意愿、独立行动或群体行动、互动或退却，这些因素都会随着生活而变化，且存在个体差异。基于以上分析，我们决定以室外热舒适作为评价指标来优化设计方案。

3.3.1 选择评价指标和模拟工具

基于对室外热舒适理论、评价指标和模型进行的研究分析，我们决定选用通用热气候指数 UTCI 作为室外热舒适的评价标准，辅助进行优化设计。

UTCI 被定义为参考条件下的空气温度（t_a），造成与实际条件相同的模型反应（应变：出汗、发抖、皮肤湿润和皮肤血流以及直肠、平均皮肤和面部温度）。UTCI 和空气温度之间的差异取决于空气温度（t_a）、平均辐射温度（T_{mrt}）、风速（v）和水汽压力（v_p）的实际值，公式如下：

$$UTCI = f(t_a; T_{mrt}; v; v_p) = t_a + Offset(t_a; T_{mrt}; v; v_p)$$

我们选择搭载在 Rhino 平台上的 Ladybug 作为工具进行模拟辅助方案设计，Ladybug 采用上述公式计算 UTCI。通过模拟计算得出的重要数值是平均辐射温度，在计算过程中需要设定反射率指标（albedos），其中草为 0.25，水泥和沥青为 0.08。通过模拟优化得到的方案可以最大限度提高绿化面积，并最大限度减少暴露在太阳下的混凝土表面。

3.3.2 室外热舒适度模拟

我们对现有街道和室外区域进行了热性能模拟分析，并通过研究，为在室外公共空间实现人体热舒适确定了设计策略。这项研究的侧重点是设计上的策略以及其可能对上海杨浦滨江地块产生的热舒适影响，研究对象限于景观和遮阳系统完成后的街道情况。我们使用软件 Ladybug + TRNLIZARD（TRNSYS）模拟街道的热性能。为了量化舒适度，我们采用了通用热气候指数。这个指数以干球温度、平均辐射温度、湿度比、风速、新陈代谢和衣物综合计算确定。UTCI 表示的是对温度的感觉，单位是摄氏度（℃），我们假设没有热应力的舒适范围是 9 ~ 26℃。在 UTCI 图中可以看出，如果我们将前两个阶段与当前方案进行比较，绿地已经显著最大化以优化人群的户外舒适度（图 8）。

3.3.3 基于室外热舒适的优化设计

根据 UTCI 模拟结果，公园的中央区域以及城市开发区域在夏季将十分舒适。为了改善公共空间的舒适度，将某些立面向后移动了 20 米，以创造出适合户外运动的巨大廊道。同时，绿地面积也显著增加了，绿地和绿化屋顶的蒸腾作用显著降低了该地区的辐射温度，缓解了热岛效应。

根据热舒适标准，我们对运动的最佳区域（在夏天不太热）作了合理的划分，也为儿童和老人的最佳活动区域（位于桥下但冬天有潜在的热辐射）作了划分。通过这种方式最大程度地满足了社会需求的多样性，同时实现了合理分区，为直线运动、静态运动和户外运动创造了各自最佳的活动空间。

所有热舒适标准都得到了优化，同时降低了噪声（噪声也是影响室外舒适度的重要因素之一），最大限度地提高了河流的能见度，减少了当地的空气污染，这要归功于植被（树木）对污染物的吸收（图 9、图 10）。

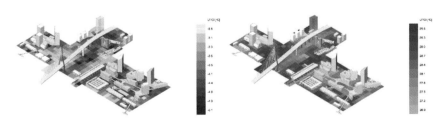

图 8 场地 UTCI 图

387

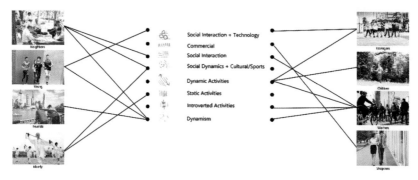

图 9　人群及其活动特征

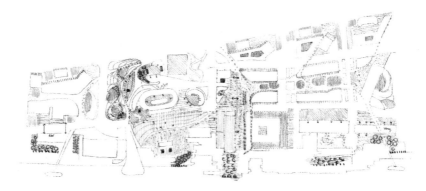

图 10　匹配人群及其活动特征的功能分区设计

4　结论

随着形态生成学设计方法、绿色建筑性能模拟技术、参数化设计方法及相关工具的快速发展，以实现热舒适和低能耗为目标，国内外研究了诸多优化方法，但仍存在"回溯性"验算的缺陷。本文侧重于模拟优化在建筑设计全过程尤其是建筑设计初期的重要意义，将基于室外热舒适评价的模拟优化设计方法引入室外公共空间设计过程中。本文选取了上海杨浦大桥滨江文化公园设计这一案例，在方案设计全过程中运用环境性能模拟技术进行方案优化，研究并验证了一种以室外热舒适为评价指标的室外公共空间整合设计方法。该案例以 UTCI 为评价指标，采用 Ladybug 工具对室外热舒适进行评价，以辅助优化建筑设计。本文结果对城市和建筑设计具有重要的指导意义。

参考文献

[1] Nicol J F, Humphreys M A. Adaptive Thermal Comfort and Sustainable Thermal Standards for Buildings[J]. Energy and Buildings, 2002, 34(6): 563-572.

[2] Nicol J F. Adaptive Thermal Comfort Standards in the Hot–Humid Tropics[J]. Energy and Buildings, 2004, 36(7): 628-637.

[3] Yang L. Architectural Climate Analysis and Design Strategy Research[D]. Xi'an University of Architectural Science and Technology, Xi'an.

[4] Roudsari M S, Pak M, Smith A. Ladybug: A Parametric Environmental Plugin for Grasshopper to Help Designers Create an Environmentally-Conscious Design[C]// Proceedings of the 13th International IBPSA, August，2013, Lyon, France.

[5] Naboni E. Integration of Outdoor Thermal and Visual Comfort in Parametric Design[C]// International PLEA conference, 2014, Ahmedabad, India.

[6] Lin B, Li Z. Building Energy Conservation Optimization Method Oriented to the Early Stage of Design[J]. Scientific Bulletin, 2016, 61(01): 113-121.

造园手法在山水社区设计中的尝试

李振宇　羊烨　卢汀滢

————————————

李振宇
同济大学建筑与城市规划学院教授，博士生导师。

羊烨
同济大学建筑与城市规划学院博士后。

卢汀滢
同济大学建筑与城市规划学院博士研究生。

摘要

原文刊载于《世界建筑》，2020 年第 2 期。"山水"是中国传统居住环境的理想图景。在当今高密度居住社区中再现山水意象，殊为不易。本文分析了二十年来作者团队几个中国城市居住社区的设计探索，试图把中国园林中诗情画意的理想在较大尺度的场景中呈现。在青岛、都江堰、上海浦东、宁波奉化、温州等地的实践中，利用山水环境条件，运用陈从周先生《说园》中所总结的"对景借景""小中见大""动观静观"三种造园手法，对社区内普通的高层住宅、多层住宅、低层住宅进行不同空间组合和类型变化，强化山水意境，营造戏剧性效果，力求形成新的"模山范水"，从而打造面向日常生活、面向当下的山水社区的空间环境。

1 引言

园林是中国理想的宇宙观，是对空间认知的概括[1]，而山水则是传统居住环境的理想图景。钱学森提出"山水城市"，给规划师、建筑师出了一道难题[2]。王澍醉心于古代山水画，把《岸溪图》（图 1）奉为圭臬，将古典园林的意境融入现代建筑创作中[3]；马岩松在北海的"假山"住宅和北京的"山水城市"，亦是当代重要的山水建筑实践。

在住宅社区设计中，利用大量日常性的居住建筑对公共图景进行营造，是对传统和现代生活相结合的理想居住形态的构筑。而传统园林的造园手法，可以帮助我们进行社区空间和建筑设计，向着山水社区的理想靠近。

笔者从陈从周先生《说园》一书中总结了中国传统园林的五个要点：诗情画意是目标，因地制宜是原则；借景对景、小中见大和动观静观是造园的三个基本手法[4][5]。

图 1 《岸溪图》（五代南唐，董源）

这五个要点也是我们在过去近二十年中力求掌握并运用的，依照不同的场地条件，它们在高层式、多层围合式和高层围合式等不同布局类型的住宅小区中可以有不同的运用场景。本文以三个基本手法为线索，探索在商品住宅、灾后重建新城区、保障房等不同类型的居住社区设计中塑造山水空间意境的途径。

2 借景对景：山水之间的对答

"我见青山多妩媚，料青山见我应如是。"——辛弃疾

中国园林式的诗意栖居与常见的高层住宅小区类型之间存在诸多现实的矛盾。高密度的城市环境中，可供借景的自然山水尤其难得，而 2001 年的青岛"湖光山色"居住社区和 2019 年的宁波奉化华侨城滨海社区有难得的山水背景，由此使"借景对景"手法成为可能。在城市设计、景观设计、住宅单体三个层面将用地外的景观渗透进小区内部，既营造了园林式的公共图景，也打造了可游可憩的共享空间。

青岛"湖光山色"居住社区项目（团队成员：李振宇、王志军、蔡永洁等）将山水景观的塑造作为设计的初衷。项目基地周边有山有水：南侧的浮山秀出天际，妩媚无比，中央有约 1.8 公顷的废弃水库。基地南高北低，坡度为 10%。在当时商品住宅社区普遍要求"均好性"的情况下，山水景观的引入较为困难。

规划设计打破了这种狭隘的"均好"，把 21 公顷的居住社区作为一个整体来考虑，以山为借景主体，以水为对景要素，在规划架构上，8 栋长楼的布局

呈现放射式结构，形成视觉通廊，并强化以"湖"为中心的放射状布局（图2）。建筑由最高的9层到最低的4层向中心湖景跌落，形成居住单元的观景平台（图3）。自建筑望向中心的湖水，如同人望向心中的湖水，能够获得生活片刻的宁静；自水面望向建筑，其与水体、山景、绿化借对掩映，浑然一体。

建筑单体和景观设计紧密配合。呈"三级台地"式分布的建筑体量高低错落，与浮山的轮廓形成对答，并调整了山脚处南高北低的倒坡地形。跌落式的单体形式与放射状的规划形态共同形成间距小处建筑低、间距大处建筑高的合理状态[6]。不同组团间有着相对集中的室外空间，同时在两组建筑之间又分布着"楔入式"的对景空间（图4）。湖心水景沿着建筑轴线向外放射扩展，用地外的山景渗入社区公共空间，并随着建筑群高度的变化，越往湖心越显聚集、收缩，在一张一弛的虚实之间形成空间张力。

宁波奉化滨海华侨城（团队成员：李振宇、宋健健、成立、徐旸等）拥有开阔的天然景观。第一组地块用地约10公顷，南面临海，三面有山，可谓水光山色，处处有景。由此，设计团队提出"面海临风"的设计概念，把握山水景观特色，以海为主景，以山为次景，以小区空间为补景。方案整体采用分层结构，从东、西方向向中心内街进行划分，由南至北形成低、中、高三个片区：高区户户看海，中区看海、看河、看街，低区享受小庭院、小街景（图5）。

在用地小、商品住宅设计限制条件多的情况下，设计团队反复尝试，不断争取，通过住宅建筑本身的造景，形成与周边山水环境的对答。在住宅类型上，围绕内向的院落和外向的观景进行创作。通过个性化的"宅语"（图6），在情理之中寻求意料之外。经过反复修改，架屋（图7）、捧屋（图8）、雁屋（图9）最终得以实施，在较高密度的社区环境中，形成自然景观和人工建筑景观的对答。

图2　湖光山色住宅区航拍照片

图3　对景：向湖心层层跌落的住宅

图4　借景："楔入式"的正负空间

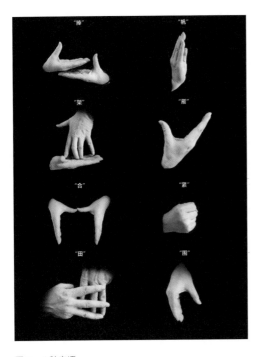

图 6　八种宅语

图 5　宁波奉化滨海华侨城鸟瞰效果图

图 7　架屋

图 9　雁屋

图 8　捧屋

3　小中见大：小街坊的公共图景

"旷如也，奥如也，如斯而已。"——柳宗元

　　"小街坊，窄马路，围合布局，开放街区"是对封闭式住区的一种变革。2010年的都江堰"壹街区"项目（总规划师周俭，总建筑师吴长福）旨在为汶川地震灾后的受灾群众提供社会住宅（图10、图11），其城市设计中采用小街区来体现空间的层次感，以完成公共性的城市空间向私密性的居住空间的过渡。在小尺度的用地条件下，公共的城市街道、半公共的院落与私密的居住区域借助古典园林中"小中见大"的设计手法融合在一起。

　　都江堰是青城山麓一座因水而生的城市，受地理气候和历史传统的影响，都江堰的传统民居是典型的围合式布局空间[7]。"壹街区"的1号、2号、4号、7号街坊（团队成员：李振宇、蔡永洁等）位于整个灾后重建项目的西南部，设计打破当时惯用的封闭式居住小区模式，结合当地传统的居住空间形式和现代规划语境，进行了围合式小街坊的类型学探索。

　　"小街坊"的尺度为一百米左右，"窄马路"的宽度为一二十米，取代了一般新城中常见的三四百米宽的路口和三四十米宽的道路。小街坊没有围墙，通过周边式布局的建筑，将内部与外部分隔，形成两个层级的社区公共图景——第一层级的街市和第二层级的庭院，街坊外是公共的街道，街坊内是次公共的庭院。街坊内部的庭院空间通过对建筑高度的合理控制以及多样化的建筑立面创造出宜人的空间尺度，使社区居民人人有邻里感（图12、图13）。

　　在小尺度街坊中隔出的更小的公共庭院，建筑围而不死，庭院合而能透（图14）。街坊的庭院景致与街坊外的街市、与街市另一侧街坊中的庭院、与远处的城市一起，构成多层次的园林意象。人为设计的空间对比使在此活动的居民产生园林中的观景联想，形成"赏园"的不尽之感。

图10　都江堰壹街区航拍照片

图11　都江堰壹街区平面图

4　动观静观：路径中的戏剧性变化

"却忆金明池上路，红裙争看绿衣郎。"——王安石

对于中国园林而言，路径实为空间对时间的引述 [8]。动观静观，是指在造园过程中，结合路径的设计营造生活趣味的关键点，静观综合运用借景对景手法营造画面感和标志性，动观强调节点、路径等空间序列的产生 [8]。陈从周还指出，大园宜动观，小园宜静观。[4] 动游大园如观摩长卷，静观小园如把玩册页。

上海浦东三林动迁安置房设计方案和温州生态城林里 A 街坊设计方案，分别用"静中求动"和"动中观静"的设计手法，营造动静结合的社区氛围。以这种方式强化居民对山水社区的感知，使居住社区不再仅仅是民生的物质保障，更能成为社区居民园林精神的寄托。

2015 年的三林项目以围合街坊为单元，通过空间的序列、节奏、反差，创造行进中的形式惊喜。在设计过程中，团队不仅对住宅建筑本身进行了类型学的探索，还通过与周边场地的对话，因地制宜地创造了社区公共空间中的兴趣点。

图 12　沿河的街坊图景

图 13　小街坊，窄马路

图 14　围合内院景观

项目基地周边有水无山，环绕着生态林带与河流。建筑布局突破用地周边既有的行列式高层排列的做法，运用围合式布局，以合院形态为基础，通过对水系、绿带、街道、转角等要素的呼应，衍生出双 L 院、三合院、四方院、田子院、转角院、水滴院等九种创新住宅类型（图 15），并以此为基点，寻求统一中的参差多态。综合运用高低结合、过街楼架空及退台手法，赋予每个街坊独特的个性，营造山水社区的画面感和标志性（图 16 ～图 18）。

395

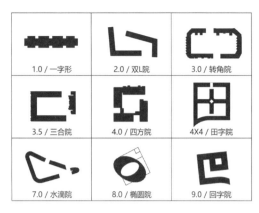

图 15　上海浦东三林项目中九种创新住宅类型

图 16　中地块鸟瞰效果图

在建筑层面，以庭院为核心组织景观节点，并构筑街坊内部半公共的共享空间。水平方向的围合院落巧借规划河流和外环绿带景观（图 19），朝向庭院增加驻足停留的观赏、交往空间（图 20）；在垂直方向上，向建筑单体插入空中花园、活动平台以及二层空中绿廊步道（图 21）。水平和垂直两个方向的景观在庭院内进行对比、组合，相互交织，结合院落内部的界面进行设计，形成园林式山水意象，并创造出向居民开放共享、可组织各种公共活动的场所。

图 17　北地块鸟瞰效果图

2016 年的温州林里项目则是实践了"以动观静"的园林设计手法。方案充分利用基地上 27°的陡坡，通过四个层层下跌的台地消解陡峻的坡度，通过 S 形道路满足 8% 的车道坡度极限（图 22）。沿场地中轴的"花径"构成景观通廊，营造自然连续的步行

图 18　西地块鸟瞰效果图

体验（图 23）。步移景易的中心花街乃至整个社区公共空间的坡地形态，在 S 形的动态路径上呈现出连续的景观体验，在每一个驻留点都产生不同的戏剧性景象。

对于住宅本身的设计，同样尝试了以景观为导向的类型学创新。在四层台地上，两排低层住宅形成南北联院（图 24），用地北侧标高最高

图 19　北地块沿河景观

图 22　温州林里Ａ街坊鸟瞰效果图

图 20　围合内院景观

图 23　中央"花街"

图 21　水滴院沿街的竖向景观

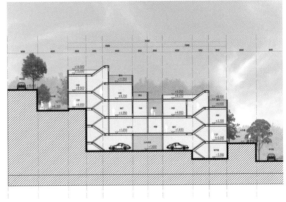

图 24　南北联院剖面图

处布置高层公寓，创新的空中三合院具有独特的折线形立面造型，宛如扬起的船帆，既提供绝佳的观景视野，也自成一道景观（图 25）。

我们可以想象，在动静结合的山水社区中，路径的丰富和变化能形成多少有趣的故事，停留空间也会因此变得更加生动。可惜由于种种原因，"三林"和"林里"两个方案未能付诸实施。

397

4　结语

山水社区，景观为上；看与被看，两不相厌。中国的城市居住社区在前些年过于关注"套内空间"的精打细算，过于屈从于市场的导向。近年的标准化装配化潮流，无意间又加剧了对建筑物理性的强调，而削弱了感性的设计。

为回应这些问题，可将借景对景、小中见大、动观静观三种手法用于现代社区的公共空间的设计中，以营造出中国园林式的公共图景。应当注意的是，三种手法并非孤立存在，而是互为依托的。在青岛住宅社区项目中，椭圆形的

图 25　空中三合院

环形路径从 8 栋湖滨住宅下穿过，移步换景，体现了"动观"的手法；都江堰安置社区突破小街坊的界限，将界外的景色框入街坊内部，大小关系与借景对景相互交织；三林动迁社区将借景、对景的手法融入公共景观的设计，营造出动静结合的社区公共空间。

参考文献

[1] 宗白华 . 美学散步 [M]. 上海：上海人民出版社，1981.

[2] 钱学森 . 园林艺术是我国创立的独特艺术部门 [J]. 城市规划，1984(01)：23-25.

[3] 王澍 . 隔岸问山——一种聚集丰富差异性的建筑类型学 [J]. 建筑学报，2014(01)：42-47.

[4] 陈从周 . 说园 [M]. 上海：同济大学出版社，1984.

[5] 李振宇，朱怡晨 .《说园》三法的意义与启示 [J]. 时代建筑，2018(04)：32-37.

[6] 蔡永洁，黄林琳 ."观景"与"景观"之间——滨水居住空间模式的思考与三次尝试 [J]. 建筑学报，2008(04)：32-35.

[7] 周俭 . 新城市街区营造——都江堰灾后重建项目"壹街区"的规划设计思想与方法 [J]. 城市规划学刊，2010(03)：62-67.

[8] 宋昆，冯琳，张威 . 话"径"说"园"——来自现象学语境中的解读 [J]. 天津大学学报（社会科学版），2012,14(06)：529-534.

图片来源

图 2 ～图 4、图 12 ～图 14：吴青山摄

图 5 ～图 9、图 11、图 15 ～图 25：李振宇工作室提供

图 10：同济大学都江堰壹街区项目组提供

后记

李振宇
同济大学建筑与城市规划
学院教授，博士生导师

古人云，仁者乐山，智者乐水。

我们的老师刘云教授就是一位宽厚而睿智的先生。他对人、对事、对学问、对专业，总有很多独到的看法。许多年以后，我们回头一看，原来刘老师早有预判在先，其精准程度，令人叹服。

20 世纪 80 年代后期，同济大学所在的上海，处在改革开放和城市化进程中一个重要的阶段。刘老师正值五秩初开、年富力强之时，视野开阔，心有所属，把学术兴趣集中到城市滨水空间方面。于是带领一届一届的研究生，对此专题进行了长达 30 年的研究。结合沪港城市发展比较研究等课题，他指导了黄浦江、苏州河、渤海湾、松花江等滨水空间的分析和设计研究，历届同门学人共完成"滨水"题材的学位论文 15 篇，内容涉及城市开发、空间组织、遗产保护、环境生态、景观设计、城市风貌等，非常丰富。这本论文集，就是这 15 篇学位论文的节选合集，加之同门学人发表的与滨水相关的期刊论文 6 篇，成为滨水研究 30 年的成果小结。

这本论文集所收录的文章主要分为四类。

第一类，"滨水更新"。较早提出了滨水地带的城市更新理念和方法（卢永春，1990；白小鹏，1991；李麟学，1996；韩峰，1996；李蕾，2004；要威，2005），并结合具体对象进行研究。

第二类，"滨水环境"。主要研究滨水自然环境保护与开发之间的关系（孙彤宇，1992；周明祥，1993；李彤，1996；邹兆颖，2006；刘开明，2007），提出了基本的方法和原则。

第三类，"滨水风貌"。主要研究空间组织、形态风格、天际线控制、遗产保护等（张帆，1992；高磊，1997；王欣等，1998；李麟学，1999；周芃等，2001），从形态到空间都有不同角度的探索。

第四类，"滨水设计"。主要研究不同功能的滨水建筑空间设计方法（周芃，1993；郗志国，1995；吴向阳，1995；李麟学等，2019；李振宇等，2020），既有传统类型的分析，也有新设计方法的探索。

在我看来，有三件事情很令人感动。

其一，刘云教授先后指导博士、硕士研究生共 56 名，其中 15 名研究生的学位论文是关于滨水空间研究的，这成为学术界的一段佳话。为了做好研究工作，老师和学生们都倾注了心血和热情，拓展了学术边界。例如刘云教授指导的第一位研究生卢永春学长，其学位论文即专注于上海苏州河沿岸"更新设计"（1990），曾认真地调查苏州河岸十余次，特别对外白渡桥至浙江路桥两岸进行了城市更新设计，而近年来，城市更新已经成为业界普遍关注的热点；白小鹏学长为进行北方滨水环境的研究，足迹几乎踏遍松花江畔，拓展了滨水研究的区域。

其二，这项研究培养了一批领军人才和中坚力量。许多年以后，各位毕业生活跃在天南海北，在上海、深圳、广州、哈尔滨、昆明等地，以及大阪、纽约、西雅图等地工作、生活，研究和设计工作继续与水有缘。例如张帆学长在毕业后，曾多年专门从事黄浦江沿岸贯通工作，从理论研究开始，进而身体力行、学以致用，令刘老师特别欣慰。

其三，此次为了编这本论文集，不同年资的同门学人再度集结，同心协力。由于研究生毕业时间跨度近 30 年，工作变动多，加之疫情期间线下工作不方便，早期论文资料不易收齐；幸而周芃学姐等多次去图书馆借阅资料，大家通过网络反复联系协作，这本论文集的资料最终得以整理齐全。

今天，我们的城市越来越重视滨水空间环境的建设——绿水青山、天际水岸是城市文明的最好体现。上海的黄浦江两岸 42 多千米已经贯通，还江于民，江岸成了"人民城市"的最好见证；多年来的心血没有白费，刘云老师在专题基础研究、专业人才培养的两方面都作出了非常有意义的贡献。

这本论文集的完成同时也是师生情谊的见证。刘老师对学生们非常关心，能讲得出每个人的特点和长处，也时常关心着毕业多年的学生们。大家的每一点收获和进步，都会为老师带来喜悦。三年前，2018 年元旦，为祝贺刘云先生执教五十年，我们举行了一次学术报告会，当时就有意出版一本纪念文集，并已着手准备；2020 年 12 月，我和孙彤宇学长一起去看望刘老师，在一番热烈讨论之后，觉得"滨水空间三十年"这个题目比较好，同门学人论文集的形式也比较有意义。于是由刘老师发起，我和孙彤宇、李麟学协助，请周芃、李蕾等同门一起开展编辑整理工作，并委托晁艳编辑负责编务。经过多年的努力，今天，这本论文集终于可以呈现在大家的面前了。这是一个团队 30 年学术工作的记录，也是对一段不平凡时代的变迁历程的纪实，同时也是一段从预见到看见的记载。

智者乐水，贤者乐学。前浪后浪，源远流长。

左图：2018 年 1 月，刘云执教 50 年学术研讨会合影
右图：2003 年 7 月，同济大学校园内师门聚会

图书在版编目（ＣＩＰ）数据

滨水空间三十年 / 刘云主编；李振宇，李麟学，孙
彤宇副主编 . -- 上海：同济大学出版社，2023.7
ISBN 978-7-5765-0645-7

Ⅰ.①滨… Ⅱ.①刘…②李…③李…④孙… Ⅲ.
①城市景观－景观设计－研究－中国 Ⅳ.① TU-856

中国国家版本馆 CIP 数据核字 (2023) 第 001827 号

滨水空间三十年

刘　云　主编

李振宇　李麟学　孙彤宇　副主编

出 版 人：金英伟
责任编辑：晁　艳
实习编辑：张晓艺
平面设计：张　微
责任校对：徐逢乔
版　　次：2023 年 7 月第 1 版
印　　次：2023 年 7 月第 1 次印刷
印　　刷：上海安枫印务有限公司
开　　本：787mm×1092mm 1/16
印　　张：25.5
字　　数：637 000
书　　号：ISBN 978-7-5765-0645-7
定　　价：228.00 元
出版发行：同济大学出版社
地　　址：上海市杨浦区四平路 1239 号
邮政编码：200092
网　　址：http://www.tongjipress.com.cn
经　　销：全国各地新华书店

本书若有印装质量问题，请向本社发行部调换

版权所有 侵权必究